测绘地理信息国家一流专业建设项目
测绘地理信息工程省级教学团队建设项目
地理信息科学省级特色专业建设项目 资助
江西省研究生优质课程建设项目
江西理工大学教材建设项目

普通高等教育“十四五”规划教材

冶金工业出版社

地理空间数据科学基础

兰小机 兰 馨 吴启用 钟世彬 编著

扫码获得数字资源

北 京
冶 金 工 业 出 版 社
2024

内容提要

全书共分8章，主要内容包括：开放地理信息科学基础，几何对象模型与矢量数据分析处理基础，栅格数据处理与分析基础，交互式数据探索与可视化，网络分析，空间统计分析，空间变异分析与克里金模型，空间分布不均及空间分布动态性分析。

本书可作为高等院校地理信息科学、测绘等专业的本科生和研究生教材，也可供从事 GIS 应用开发和相关软件开发人员阅读参考。

图书在版编目（CIP）数据

地理空间数据科学基础 / 兰小机等编著. -- 北京：冶金工业出版社，2024. 12. --（普通高等教育“十四五”规划教材）. -- ISBN 978-7-5240-0027-3

Ⅰ. P208. 2

中国国家版本馆 CIP 数据核字第 2024SG4721 号

地理空间数据科学基础

出版发行	冶金工业出版社	**电　　话**	(010)64027926
地　　址	北京市东城区嵩祝院北巷 39 号	**邮　　编**	100009
网　　址	www. mip1953. com	**电子信箱**	service@ mip1953. com

责任编辑　郭冬艳　美术编辑　吕欣童　版式设计　郑小利

责任校对　梁江凤　责任印制　禹　蕊

北京富资园科技发展有限公司印刷

2024 年 12 月第 1 版，2024 年 12 月第 1 次印刷

787mm×1092mm　1/16；20. 75 印张；501 千字；317 页

定价 59. 00 元

投稿电话　(010)64027932　投稿信箱　tougao@cnmip. com. cn

营销中心电话　(010)64044283

冶金工业出版社天猫旗舰店　yjgycbs. tmall. com

（本书如有印装质量问题，本社营销中心负责退换）

前　言

可重现性（Reproducibility）是科学发现的基本原则，理论上任何成功的科学实验都应该可以在不同的研究主体间重复检验。开放性是科学的本质属性之一。2021 年联合国教科文组织发布的《开放科学建议书》，标志着开放科学（Open Science）迈入全球共识的新阶段。在开放科学的大背景下，开放获取、开放同行评审、开放数据、开放源代码、开放硬件、开放标准、开放教育以及开放科学工具等日趋成熟，地理信息科学也快步迈向开放、开源，开放地理信息科学实践不断深入。

以往依赖于国外封闭的黑箱式的商业软件的人才培养模式，在开放科学背景下不利于学生的实践能力、开发能力和创新能力的培养。本书充分利用开放开源开发包，重构以开放开源为主线的 GIS 应用开发教学资源。

Python 语言具有简单易学、免费开源、跨平台、面向对象等优势，已经成为开放科学、开放地理信息科学的首选语言。同时，Python 生态提供了丰富的各种功能的 GIS 库（包），包括矢量的、栅格的，二维的、三维的，地理计算的、空间统计的，桌面的、Web 的，人工智能的、大数据分析的，绘图的，等等。在此背景下，本书以开放开源为主线，采用开放开源 Python 包和 JupyterLab 开发环境，从数据科学和 GIS 应用开发视角，全面系统地阐述地理空间数据分析处理的基本思路、技术方法和应用实例。

本书具体内容包括：

第 1 章开放地理信息科学基础，主要介绍开放科学与开放地理信息科学概述、Python 开发环境、Python 语言基础、常用的 Python 包等。

第 2 章几何对象模型与矢量数据分析处理基础，主要介绍矢量空间数据分析处理相关的 3 个包 Shapely、Pandas 和 GeoPandas 的主要功能及应用。

第 3 章栅格数据处理与分析基础，主要介绍栅格数据处理与分析的 4 个包 NumPy、Rasterio、Xarray、Rioxarray 的主要功能及应用、遥感影像云遮盖数据处理。

第 4 章交互式数据探索与可视化，主要介绍 Python 可视化包概述、PySAL 的 Mapclassify 包提供的分级分类方法的基本思想及使用 Matplotlib、GeoPandas、Cartopy 绘图；重点介绍 HoloViz 交互式数据探索与可视化的相关内容，主要包括 hvPlot 交互式 API 及应用，HoloViews 及 GeoViews 基础，Panel 与 Param 基础，Panel 三种类型 API 及应用，使用 interactive、link_selections 和 Selection1D 创建交互式仪表板应用程序、使用 Holoviews 和 Streamz 处理流数据（Streaming Data）、使用 HoloViews 和 Datashader 处理大型数据集等。

第 5 章网络分析，主要介绍网络及网络分析基本概念、理论基础，NetworkX、OSMnx、PySAL 的 Spaghetti 三个网络分析包的主要功能及应用，以及基于 PySAL 的 Spopt 地理网络空间设施选址优化（包括 LSCP、MCLP、PCenter、PMedian 四类问题的优化求解）。NetworkX 重点关注基于图论的复杂网络分析；OSMnx 侧重于从 OpenStreetMap 获取和分析地理空间网络数据；Spaghetti 专注于地理空间网络及网络事件的分析。

第 6 章空间统计分析，主要介绍空间统计分析基础、空间自相关分析、空间点模式分析、聚类与区域化、空间回归分析及应用；其中，空间统计分析基础包括基本概念、数据归一化处理、基本统计量、正态 QQ 图和普通 QQ 图、z 得分与 p 值、空间关系概念化建模等内容；空间自相关分析包括空间权重矩阵、全局和局部空间自相关等内容；空间点模式分析包括点模式分析的基本概念、样方统计法、基于距离的点模式分析等内容；聚类与区域化包括普通的聚类分析、带空间邻近约束的聚类分析——区域化等内容；空间回归分析及应用包括各种空间回归模型的基本原理，以及普通最小二乘法回归、空间回归中的空间异质性、空间回归中的空间依赖、GWR 与 MGWR 等的应用。

第 7 章空间变异分析与克里金模型，主要介绍区域化变量分析基础、半变异函数的理论模型与拟合、克里金模型、半变异函数及克里金模型应用；其中：区域化变量分析基础主要包括区域化变量的平稳性假设、相似性测度（协方差函数）、相异性测度（半变异函数），以及两种测度的关系和特征等内容；半变异函数的理论模型与拟合主要包括具有固定变程和渐近变程的半变异函数理论模型、根据经验半变异函数拟合理论模型等内容；克里金模型主要包括常用的克里金模型、克里金插值原理及步骤、效果评估等内容；半变异函数及克里金模型应用结合两个实例，介绍了如何应用 GSTools 进行空间随机场建模、变异函数估计与拟合、克里金插值与模拟等内容。

第 8 章空间分布不均及空间分布动态性分析，主要介绍空间不平等、空间隔离和空间分布动态性分析的相关内容。空间不平等内容主要包括二八法则、Gini 指数和 Theil 指数三种不平等测度。空间隔离内容主要包括单组/多组、局部三种类型的隔离指数，以及多尺度隔离测度剖面、隔离测度的统计推断。空间分布动态性分析内容主要包括离散 Markov 链（DMC）、空间 Markov 模型和局部空间 Markov 模型。

本书第一作者工作单位为江西理工大学，30 多年来一直从事测绘地理信息的教学与科研工作，主讲了“地理信息系统基础”“空间数据库理论及应用”“GIS 应用开发”等多门核心专业课程，出版了《基于 ArcObjects 与 C#. NET 的 GIS 应用开发》《空间数据库理论及应用》等多部教材。本书的讲义已在江西理工大学测绘地信专业的本科生和研究生教学中使用了多届，与国内外出版的同类书相比，具有先进性、前沿性、系统性、应用性和实践性，更适合作为本科生和研究生的教材。本书的正式出版将进一步丰富和完善测绘地信教材体系。

本书在编写过程中，参考了有关文献资料，在此对其作者表示感谢。

由于作者水平所限，书中不足和疏漏之处在所难免，敬请读者批评指正。

作　者

2024 年 5 月

目　录

1 开放地理信息科学基础

在开放科学的大背景下，地理信息科学也逐步迈向开放、开源，开放获取、开放同行评审、开放数据、开放源代码、开放硬件、开放标准、开放教育以及开放科学工具等日趋成熟，开放地理信息科学实践也不断深入。

本章主要介绍开放地理信息科学概述、Python 开发环境、Python 语言基础、常用的 Python 包等。

1.1 开放地理信息科学概述

1.1.1 开放科学的基本内涵

科学发现是一个复杂的过程，可重现性（Reproducibility）是科学发现的基本原则，理论上任何成功的科学试验都应该可以在不同的研究主体间重复检验（有些领域如地质历史、物种进化等，不可能做可重复试验，需要使用其他方法）。为了保证客观性，科学发现理应是公开的，开放性是科学的本质属性之一。

2021 年联合国教科文组织发布的《开放科学建议书》，标志着开放科学（Open Science）迈入全球共识的新阶段。开放科学（Open Science）利用信息通信技术（Information and Communications Technology，ICT）工具、平台传播并转变科学研究的新方式，为科学合作提供新工具，促进科学研究过程更加高效、透明。开放科学高度开放，任何单位和个人都可以跨越时空直接或间接参与科学研究过程；同时可以免费、开放获取科学数据、科研成果、科研方法及工具，既扩大了知识传播范围，提高了知识传播效率，也加速了知识创新。

开放科学背景下，科学研究的可重现性（Reproducibility）、可复制性（Replicability）、可重复性（Repeatability）、可重计算性（Recomputability）、可重用性（Reusability）得以实现。

1.1.2 开放科学的实现途径

实现开放科学的主要途径有：开放获取（Open Access）、开放同行评审（Open Peer Review）、开放数据（Open Data）、开放源码软件（Open Source Software）、开放硬件/计算平台（Open Hardware/Computing Platform）、开放标准（Open Standards）、开放教育（Open Education）、开放方法及工具（Open Methodology&Tools）等。

1.1.2.1 开放获取（Open Access）

开放获取（Open Access）是指人们自由获取公众网上经同行评审的科学文献、科学研究成果、学位论文、技术报告、科研工作进展等科研信息的一种新的学术传播方式，允许读者阅读、下载、拷贝、传播、检索这些文献。

开放获取文献主要分为两大类：

（1）开放获取期刊（Open Access Journals），包括新创办的开放获取期刊和由原有期刊改造转变而来的开放获取期刊。与传统期刊一样，开放获取期刊对提交的论文实行严格的同行评审，从而确保期刊论文的质量。

（2）开放获取仓库（Open Access Repository，OA 仓库），不仅存放学术论文，还存放其他各种学术研究资料，包括实验数据和技术报告等。OA 仓库一般不实施内容方面的实质性评审工作，只是要求作者提交的论文基于某一特定标准格式（如 Word 或 PDF），并符合一定的学术规范。

目前，主要的开放获取期刊平台有：DOAJ、Springer open journals、中国科技图书文献中心开放资源集成获取系统、搜索引擎 BASE（比菲尔德学术搜索引擎）、科学文献预印本的在线数据库、地球科学文献预印本的在线数据库等。

部分 GIS 开放期刊有：***Journal of Spatial Information Science*（*JOSIS*）、*PLOS ONE*、*EPJ Data Science*、*Nature Scientific Reports*、*ISPRS International Journal of Geo-Information*（*IJGI*）、*GEO*：*Geography and the Environment*、*Open Geospatial Data*, *Software and Standards*** 等。

1.1.2.2 开放同行评审（Open Peer Review）

同行评审（Peer Review）已成为学术期刊稿件评审与质量控制的一种基本制度规范。同行评审体系是学术出版的核心，是目前在研究发表前，公认最可靠的研究质量评价方式。开放同行评审（Open Peer Review）就是把评审专家的身份姓名、审稿意见、作者的修改反馈向读者公开，读者可以针对论文、审稿意见和作者的修改情况发表意见，指出问题与不足，作者也可以随时修改完善自己发表的论文，使文章的发表成为一个编者、审者、读者、作者互动的动态过程。

1.1.2.3 开放数据（Open Data）

数据开放共享一直是科学研究和各种应用的瓶颈问题。数据开放共享不仅要求合法，而且要求技术可行，真正确保数据可用、能用。

开放数据（Open Data）是任何人都可以自由获取、利用、再利用、再分发的数据资源。目前，开放数据主要包括开放政府数据、开放科学数据（或研究数据、科研数据）、开放机构数据（如开放企业数据）、开放个人生产的数据等。

文件格式直接影响数据的访问和使用能力。尽可能的情况下，应该使用非专用文件格式，即使用开放文件格式存储数据，这样不需要专用软件就能使用这种格式的数据。在选择存档的文件格式时，理想的格式应该是：非专用的、未加密的、未压缩的、由研究团体共同使用的、遵循开放的、有文档记录的标准格式。

常用的开放文件格式有：

（1）容器：tar、GZIP、ZIP 等。

（2）文本数据：CSV、TXT、XML、PDF/A、HTML、ASCII、UTF-8 等。

（3）开源数据库：PostgreSQL/PostGIS、MySQL、MongoDB、Redis、SQLite 等。

（4）地理空间数据：GML、SHP、DBF、GeoTIFF、NetCDF 等。

（5）移动图像：MOV、MPEG、AVI、MXF 等。

（6）声音数据：Wave、AIFF、MP3、MXF 等。

（7）静止图像：tiff、JPEG 2000、PDF、PNG、GIF、BMP 等。

1.1.2.4 开放源码软件（Open Source Software）

开放源码软件，简称开源软件，是开放科学发展最成熟的领域。开放源码（Open Source）是指遵循开放源代码授权许可，可进行自由发布、自由复制、自由修改、自由使用、自由再分发的软件。不同的开源许可规定不同开源软件具有不同的自由度。开放源码不仅仅指开放源代码软件，同时也是一种软件开发模式。使用开放源代码开发模式的软件代表有 GNU/Linux 操作系统。

SourceForge. net，又称 SF. net，是全球最大开源软件开发平台和仓库。

开源地理空间基金会（Open Source Geospatial Foundation，OSGeo）为全球性非营利性组织，目标是支持全球性的合作，建立和推广高品质的空间信息开源软件。

1.1.2.5 开放硬件/计算平台（Open Hardware/Computing Platform）

开放硬件/计算平台主要包括：开源硬件开发包（根据需要进行二次开发）、开放云存储和开放计算平台。开放计算平台主要包括：开放科学网格、开放云计算、开放分布式处理、开放访问网络和开放系统架构。

1.1.2.6 开放标准（Open Standards）

为了使开放数据、软件和硬件无缝地工作并实现互操作，所有相关各方必须遵循一套共同的标准。标准是对重复性事物和概念所做的统一规定，它以科学技术和实践经验的结合成果为基础，经有关方面协商一致，由主管机构批准，以特定形式发布作为共同遵守的准则和依据。标准的制定和类型按使用范围划分有国际标准、区域标准、国家标准、专业标准、地方标准、企业标准等。

开放的 GIS 标准主要有两大体系：开放地理空间信息联盟 OGC（Open Geospatial Consortium）、国际标准化组织 ISO（International Organization for Standardization）ISO/TC211。前者为 ISO 国际组织制定的标准添加详细的实现标准，侧重于系统的实现，如 WKT、WKB、GML、WMS、WFS、WCS、WPS 等，GIS 厂商按照这些标准进行开发可保证空间数据的互操作。后者所制定的 ISO 19100 系列的地理信息标准，是属于基础性的标准，注重概念性规格叙述，独立于执行平台。

1.1.2.7 开放教育（Open Education）

技术的进步总是在不断改变人们的生产、生活和学习方式。新技术的发明不断促进人类文明走向新阶段。历史上，每一次新的技术发明，总会带来教育领域教、学工具的改变，教育开放越来越显著。当邮政出现的时候，就有了函授大学；收音机、广播发明之后，有了广播大学；电视发明之后，有了广播电视大学；互联网初期产生了网络学院、网络公开课等。近 10 年来，MOOC 的兴起、建设及应用对高等教育的教育理念、教育资源、教育过程、教育方式方法及技术手段等都产生了深刻的影响，要充分利用 MOOC，不断充实提升自我。

目前，国内外主要 MOOC（Massive Open Online Courses）平台有：Coursera、Udacity、 edX、FutureLearn、OpenLearning、清华大学学堂在线、网易云课堂、中国大学 MOOC、超星 MOOC、顶你学堂、华文慕课、好大学在线、MOOC 中国、MOOC 学院、Open GIS Education 等。

1.1.2.8　开放科学工具（Tools for Open Science）

为了更高效开展开放科学研究，开源生态提供了以下几种类型的工具。

（1）计算笔记本（Computational Notebooks）：Jupyter Lab/Jupyter Notebook 等。Jupyter Lab/Jupyter Notebook 是基于 Web 的 Python 交互式开发环境，在一个 Notebook 文档中可以同时包含说明文本、公式、图片、程序代码及代码运行结果等内容，是开放科学、开放研究的重要工具，仅需文件共享，他人就能很方便地重现你的研究结果，非常适合探索性的科学研究。

（2）文档或代码版本管理工具：Git/GitHub 等。Git 是开源的最先进的分布式版本管理系统，GitHub 是全球最大的代码托管平台，基于 Git 版本控制技术实现。同时 GitHub 也是一个活跃的开发者交流社区，许多开源项目都在 GitHub 上发布。

（3）代码运行环境：容器（Container）技术，如 Docker，Vagrant，virtual machines 等。Docker 是一个可以将应用程序及其依赖打包到几乎可以在任何服务器上运行的容器工具。

1.1.3　开源 GIS 平台及软件

开放地理信息科学（Open GIScience）作为开放科学中的一员，在开放获取（Open Access）、开放同行评审（Open Peer Review）、开放数据（Open Data）、开放源码软件（Open Source Software）、开放硬件/计算平台（Open Hardware/Computing Platform）、开放标准（Open Standards）、开放教育（Open Education）、开放方法及工具（Open Methodology & Tools）等方面都取得了较大进步，特别是开源 GIS。

开源 GIS 是开放地理信息科学发展最成熟的领域，并且覆盖面广，包含 GIS 的方方面面。同时，开源 GIS 已经渗透到许多行业，包括教育、科研、企业和政府等。

开源 GIS 平台及软件包括：开源 GIS 桌面应用程序、开源 GIS 开发库、开源空间数据库管理系统、开源 Web 制图等。

（1）开源 GIS 桌面应用程序主要有：QGIS、GRASS（Geographic Resources Analysis Support System）、SAGA、SharpMap、OpenJUMP、gvSIG、uDig、MapWindow 等。

（2）开源 GIS 开发库主要有：JTS（Java Topology Suite）、GEOS（Geometry Engine-Open Source）、NTS（Net Topology Suite）、GDAL/OGR、Geotools、GeoAPI、OpenMap 等，还有大量的栅格矢量数据处理、深度学习的 Python 包。

（3）开源空间数据库管理系统主要有：PostGIS、MySQL Spatial、SpatiaLite、mongoDB、TimescaleDB、GeoMesa 等。

（4）开源 Web 制图主要有：GeoDjango、geomajas、GeoMoose、GeoServer、MapServer、MapBuilder、MapFish、MapGuide Open Source、Mapbender、OpenLayers、Leaflet、deegree、GeoNode 等。

1.2 Python 开发环境

1.2.1 为什么选择 Python

Python 是一种开源的面向对象的解释型编程语言，它功能强大且简单易学，因而得到了广泛应用和支持。

1.2.1.1 Python 语言的特点

Python 语言具有以下主要特点：

（1）简单易学：与其他高度结构化编程语言（如 C++）相比，Python 语法很简单，更容易学习。这让用户有更多的时间专注于解决问题，而不是学习语言本身。

（2）免费开源：Python 是免费开源的。可以免费分发软件副本、阅读源代码、对其进行修改，并在新的免费程序中使用。Python 工作如此出色的原因之一，它是由一个活跃而专注的用户社区创建，并不断改进。

（3）跨平台：Python 支持 Windows、macOS 和 Linux 平台。Python 程序几乎不用或很少的修改，就可以在任一平台上运行。Python 用户规模庞大，它的跨平台特性是一个重要原因。

（4）解释性语言：许多编程语言需要相应的语言编译器将程序源代码（如 C++、C#）转换成计算机能够理解的二进制代码。Python 是一种解释性语言，在程序运行之前不需要编译成二进制代码。只需直接从源代码运行程序，这使得 Python 比其他编程语言更易于使用和移植。

（5）面向对象：Python 是一种面向对象编程（OOP）语言。与传统的任务列表不同，面向对象程序包含一组交互对象。许多现代编程语言支持面向对象编程。

Python 的以上特性使之成为目前最流行的编程语言之一，越来越多的开发人员转向 Python 编程，越来越多的第三方提供各种各样功能丰富的 Python 包。Python 已成为高校计算机程序设计入门课教学中广泛使用的语言。Python 的流行也意味着有越来越多资源可以学习使用。

1.2.1.2 GIS 开发为什么选择 Python

Python 是 GIS 应用开发非常有用的语言，是开放科学和开放 GIS 的最佳选择，主要理由如下：

（1）Python 语言特点：简单易学、免费开源、解释性语言、跨平台、面向对象，非常适合初学者，也特别适合专家使用。

（2）不依赖特定的 GIS 专业软件：对于矢量、栅格数据的处理与分析，通常需要特定的 GIS 专业软件，如 ArcGIS、ENVI 等。免费开源 Python 包，提供了矢量、栅格数据处理与分析等常规功能，不需要购买昂贵的 GIS 专业软件。

（3）丰富的 GIS 功能 Python 库（包）：Python 社区提供了丰富的各种功能的 GIS 库（包），包括矢量的、栅格的，二维的、三维的，地理计算的、空间统计的，桌面的、Web 的，人工智能的、大数据分析的，绘图的等等。

（4）日趋成熟的开放科学工具：可重现性（Reproducibility）是科学发现、科学研究的基本原则，开放科学工具能够高效实现科学研究的可重现性。近年来，开放科学工具诸如版本管理工具 GitHub、Python 包和环境管理工具 Anaconda、Python 开发环境 Juypter Lab 和 Juypter Notebook 等日趋成熟，并得到广泛应用，为开放科学和开放 GIS 提供了快速实现途径。

（5）Python 社区规模大、资源丰富：Python 官网、Stack Overflow、GitHub、Python 各类中文社区等提供了 Python 教程、文档、代码、资源、技术问答等相关内容，方便用户学习、交流。

1.2.2 Python 开发环境概述

Python 是一种开源的面向对象的解释型计算机程序设计语言，其编写的代码可以跨平台（Linux、macOS、Windows）运行。此外，Python 的强大之处在于它的应用广泛，遍及人工智能、科学计算、Web 开发、系统运维、大数据及云计算、金融等领域。实现其强大功能的前提，就是 Python 具有数量庞大且功能相对完善的标准库（包）和第三方库（包），通过对库（包）的引用，能够实现不同领域的业务开发。然而，正是由于库的数量庞大以及库之间的依赖，管理维护这些库成为既重要又复杂的问题。为解决 Python 开发中的这一问题，Anaconda 等开源工具应运而生。

1.2.2.1 Anaconda 简介

Anaconda 是各类 Python 工具的集成平台，包含 conda 和 Anaconda Navigator，以及某个版本的 Python 和数百个科学软件包。Anaconda 主要提供了包管理和环境管理功能，可以方便地解决多版本 Python 并存、切换以及各种第三方包安装问题。

Anaconda 通过管理 Python 包、开发环境、Python 版本，大大简化了 Python 开发的工作流程。不仅可以方便地安装、更新、卸载 Python 包，而且安装时能自动安装相应的依赖包，同时还能使用不同的虚拟环境隔离不同要求的项目。

Conda 在命令行界面上工作，比如 Windows 上的 Anaconda Prompt 和 macOS、Linux 上的终端。

Anaconda Navigator 是一个桌面图形用户界面，允许用户启动应用程序并轻松管理 conda 包（packages）、环境（environments）和通道（channels），而无需使用命令行命令。

Anaconda 集成工具可从 Anaconda 官网直接下载并安装，本课程选择的是 Windows 下的 64-Bit Graphical Installer。

Anaconda 安装完成后，可以从 Windows “开始” →“Anaconda3(64-bit)”程序组中看到 Anaconda 集成工具，包括：Anaconda Navigator、Anaconda Powershell Prompt、Anaconda Prompt、Jupyter Notebook 等。

A Anaconda Navigator

Anaconda Navigtor 用于管理包和环境的图形用户界面。启动 Anaconda Navigator 有以下两种方法：

（1）鼠标点击 Anaconda Navigator 菜单栏启动。

（2）打开“Anaconda Prompt”并键入命令 anaconda-navigator。

Anaconda Navigator 界面如图 1-1 所示。

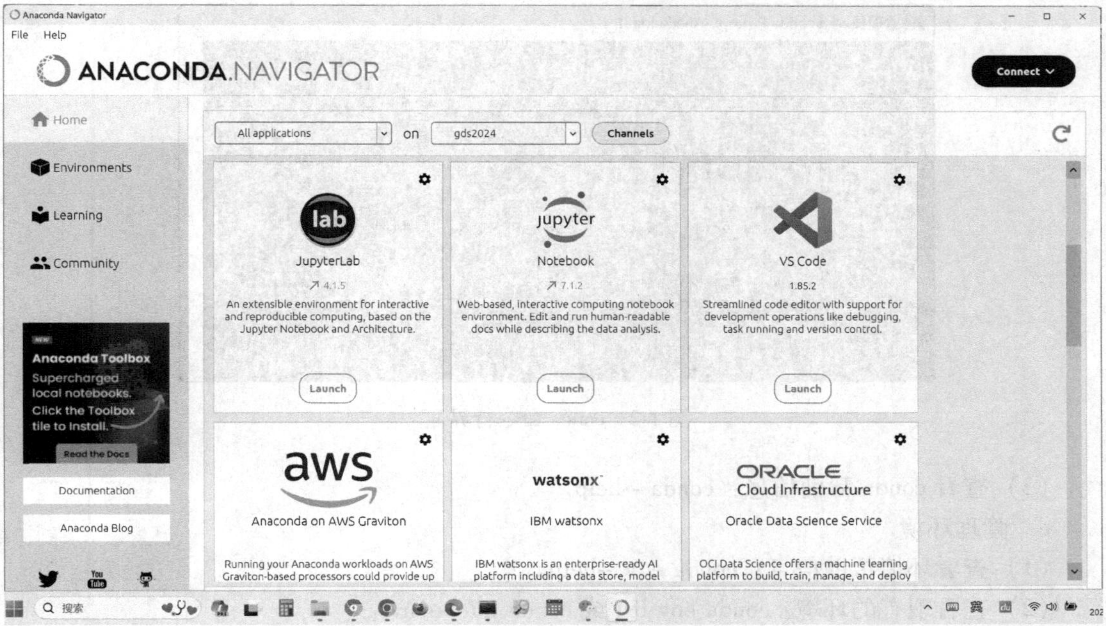

图 1-1 Anaconda Navigator 界面

启动 Anaconda Navigator 后，通过 Navigator 的 Home 属性页可以安装、启动自带的应用程序，如 Jupyter Lab、Jupyter Notebook、VS Code、QT Console、RStudio、Spyder 等。

通过 Anaconda Navigator 的 Environments 属性页可以创建（Create）、克隆（Clone）、导入（Import）、删除（Remove）、切换 Python 环境（Environments）。Navigator 可以从 Anaconda Cloud 或者本地 Anaconda 仓库搜索所需要的 packages（若查找不到，则需要使用 conda 命令行安装）；同时，在相应的环境中可以添加、更新所需要的包。

通过 Anaconda Navigator 的 Learning 属性页可以查看相关主题的文献资料、文档等。

通过 Anaconda Navigator 的 Community 属性页可以了解相关社团的会议、博客等信息。

B conda

conda 是 Anaconda Prompt 命令行环境下的包管理器和环境管理器。conda 的主要功能：

（1）启动 conda；

（2）管理 conda；

（3）管理环境；

（4）管理包。

a 启动 conda

从 Windows 的“开始”→“Anaconda3(64-bit)”程序组中点击“Anaconda Prompt”启动 conda（可以通过鼠标右键点击“以管理员身份运行”），如图 1-2 所示。

b 管理 conda

（1）查看 conda 版本（同时核查有没有安装 conda），在“Anaconda Prompt”命令行窗口当前提示符下输入命令：conda --version。

（2）更新 conda：conda update conda。

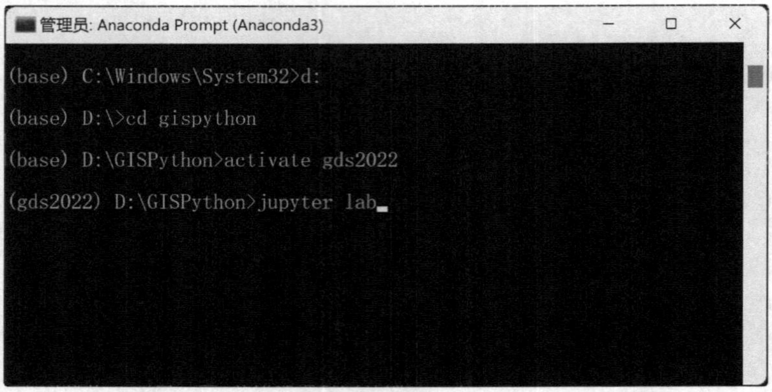

图 1-2　conda 命令行界面

（3）查看 conda 帮助信息：conda --help。

c　管理环境

（1）查看环境帮助信息：conda env --help。

（2）查看现有的环境：conda env list 或 conda info --envs。

（3）创建新环境：conda create --name <env_name>或 conda create -n <env_name>。

如果要在创建环境时指定包内容，可以用

conda create -n <env_name> python=3.12

如果要指定多个包，可以用

conda create -n <env_name> python=3.12 numpy pandas geopandas

<env_name>为要创建的环境名。建议以英文命名，且不加空格，名称两边不加尖括号“<>”。

根据 yml 或 yaml 文件创建环境：conda env create -f <yml_name>. yml

对 yml 文件修改后更新环境：conda env update -f <yml_name>. yml

（4）激活或切换环境：conda activate <env_name>或 activate <env_name>。

（5）退出当前环境：conda deactivate。

（6）复制环境：conda create --name <new_env_name> --clone <copied_env_name>。

（7）导出环境：conda env export> <yml_name>. yml 或 conda env export -f <yml_name>. yml。

（8）删除环境：conda remove --name <env_name> --all。

d　管理包

（1）列出当前环境下的所有包：conda list。

（2）列出某个特定名称包：conda list <package_name>。

（3）搜索某个包：conda search <package_name>。

（4）安装包。

1）在指定环境中安装包：conda install --name <env_name> <package_name>。

2）在当前环境中安装包：conda install <package_name>。

3）在指定通道安装包：conda install conda-forge:: geopandas 或 conda install -c conda-forge geopandas 在指定通道 conda-forge 中安装包 geopandas。

e 删除包

（1）删除当前环境某个包：conda remove <package_name>。

（2）删除某环境中的某包：conda remove -n <env_name> <package_name>。

f 更新包

（1）更新当前环境某包：conda update <package_name>。

（2）更新某特定环境某包：conda update -n <env_name> <package_name>。

（3）更新所有包：conda update --all。

以上的 update 也可使用 upgrade。

另外，还可以使用 pip 包管理工具管理 Python 包。

1.2.2.2 Jupyter Lab 与 Jupyter Notebook

A Jupyter Lab 与 Jupyter Notebook 概述

Jupyter Lab 与 Jupyter Notebook 是基于 Web 的 Python 交互式开发环境，在一个 Notebook 文档中可以同时包含说明文本、公式、图片、程序代码及代码运行结果等内容，是开放科学、开放研究的重要工具，仅需文件共享，他人就能很方便地重现你的研究结果。

Jupyter Lab 包含了 Jupyter Notebook 所有功能，并增加了较多功能。Jupyter Lab 最大的更新是模块化的界面，可以在同一窗口以标签的形式同时打开多个文档，同时增加了功能强大的扩展模块，另外还具有命令行（Console）、终端（Terminal，如 Windows PowerShell）等功能。

安装 Anaconda 会自动安装 Jupyter Lab 和 Jupyter Notebook，可以从 Anaconda Navigtor 中启动 Jupyter Lab 和 Jupyter Notebook。另外还可以通过 Anaconda Prompt 命令行安装、启动 Jupyter Lab 和 Jupyter Notebook。

安装 Jupyter Lab 的 conda 命令：conda install jupyterlab 或 conda install conda-forge::jupyterlab。安装 Jupyter Notebook 的 conda 命令：conda install jupyternotebook。

Anaconda Prompt 命令行中，可以从指定目录启动 Jupyter Lab 和 Jupyter Notebook：

（1）在 Anaconda Prompt 命令行中，CD 到指定目录，如 d：-> cd gispython。

（2）激活 Python 工作环境，如：activate gds2024。

（3）启动 Jupyter Lab 或 Jupyter Notebook，即在 Anaconda Prompt 命令行中直接输入：jupyter lab 或 jupyter notebook。

启动后，默认服务器的运行地址为 http://localhost：8888（每新增一个服务，端口号+1，即 8889、8890、…）。只要服务器仍在运行，随时可以在浏览器中输入 http://localhost：8888 返回到 Web 页面中。

B JupyterLab 扩展

JupyterLab 扩展包含安装到 JupyterLab 并在浏览器中运行的 JavaScript 程序。JupyterLab 扩展有以下两种管理方式：

a 通过 jupyter labextension 管理扩展

（1）安装/卸载扩展。

jupyter labextension install my-extension my-other-extension；

jupyter labextension uninstall my-extension my-other-extension；

jupyter lab build。

（2）列表扩展。

jupyter labextension list。

（3）启用/禁用扩展。

jupyter labextension disable my-extension；

jupyter labextension enable my-extension。

b 通过 JupyterLab Extension Manager 管理扩展

可以使用 JupyterLab 中的扩展管理器来管理扩展，管理界面如图 1-3 左侧所示，可以安装、禁用相关扩展。

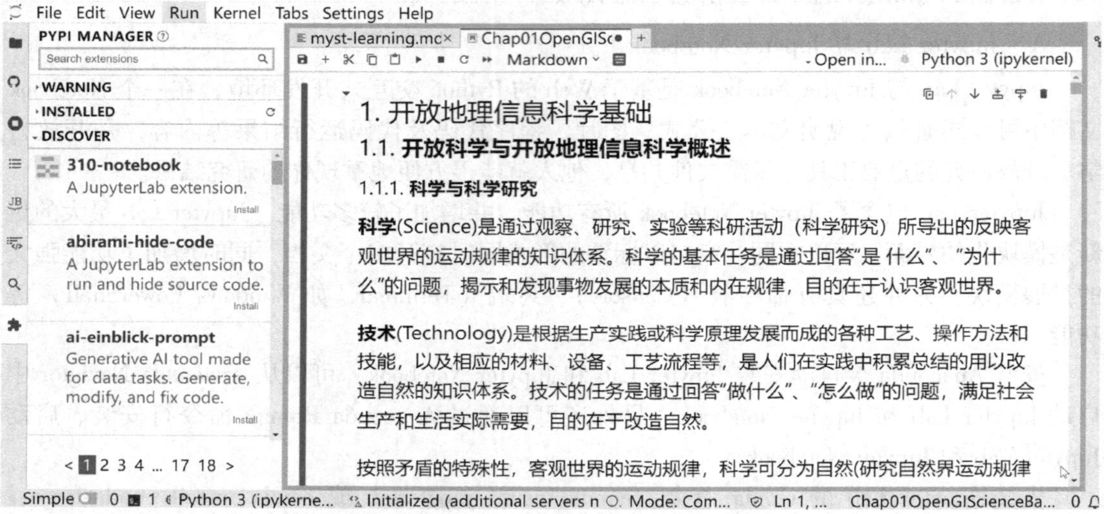

图 1-3 JupyterLab 扩展管理器

C Jupyter Notebook 文档基本结构

Jupyter Notebook 文档由基本的单元格组成，单元格有代码单元格（Code）、Markdown 单元格两种基本类型，新建单元格的默认类型为代码格式。每个单元格在编辑状态下可以任意的输入代码和注释说明（Markdown）。

Jupyter Notebook 文档基本结构如图 1-4 所示。

1.2.2.3 Markdown 与 MyST Markdown 基本语法

Markdown 是一种轻量级标记语言，允许人们使用易读易写的纯文本格式编写文档。Markdown 编写的文档后缀为 . md 或 . markdown，可以导出 HTML、Word、图像、PDF、Epub 等多种格式的文档。

Markdown 能用来撰写电子书，如：Gitbook。当前许多网站广泛使用 Markdown 撰写帮助文档或是用于论坛上发表消息。

MyST（Markedly Structured Text，显著结构化的文本）专为 Sphinx 项目使用而设计的

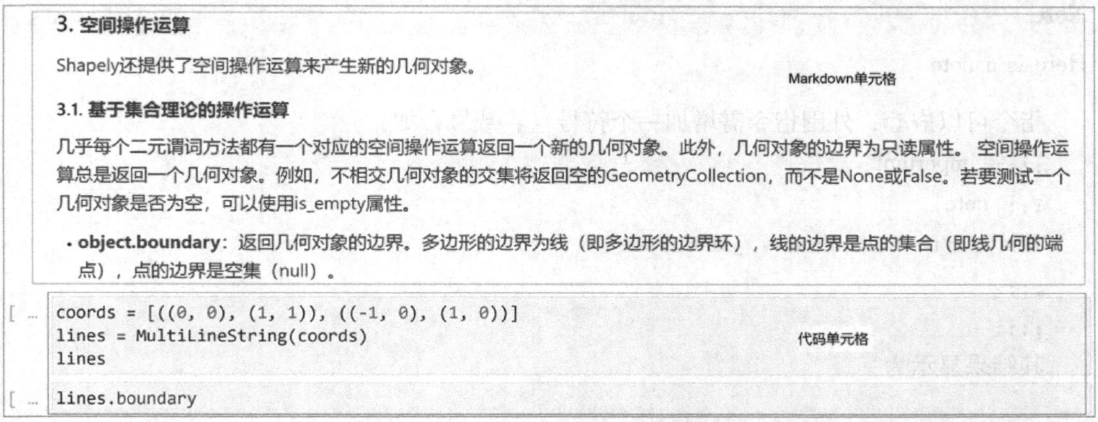

图 1-4 Jupyter Notebook 文档基本结构

Markdown 风格。它是 CommonMark Markdown 和一些额外的语法片段的组合，以支持 Sphinx 的功能，可以用纯 Markdown 编写 Sphinx 文档。MyST 是 Jupyter Book 使用的核心技术之一。MyST 语法可以在 Jupyter Notebook 中的 markdown 文件或 markdown 单元格中使用。

A MyST Markdown 概述

与普通的 Markdown 相比，MyST Markdown 增加了一些特有功能，如指令（directive）、角色（role）、交叉引用（cross-references）、外部引用（external references）、引用（citations）、内联数学公式（inline math）、悬停链接（Hover link）等。MyST 还支持在公共服务（如 Wikipedia 或 DOI 链接）中链接到其他文档的丰富信息。

角色和指令是 Jupyter Book 中最强大的两个工具，它们有类似的功能，但是角色是在一行内编写的，而指令则可跨越多行。

角色的一般格式：{rolename}'role content'

指令是包含标识符（identifier）、参数（arguments）、选项（options）和内容（content）的多行容器，如警告（admonitions）、图（figures）和方程式（equations）等。指令使用 3 个反引号（'''）或冒号（:::）包围，使用花括号 {directivename} 命名，如：

'''{somedirectivename}

Some directive content example

'''

这只会在一个名为 somedirectivename 的指令已经存在的情况下起作用。有许多预定义的指令与 Jupyter Book 相关联，如 {note}、{warning}、{admonition}、{important} 等。例如，要在内容中插入一个注释框（note box），可以使用以下指令：

'''{note}

Here is a note

'''

其结果显示为：

Note

Here is a note

指令可以嵌套，外围指令需增加一个符号（：或'），如：

::::{important}

:::{note}

This text is **standard** _Markdown_

:::

::::

其结果显示为：

Important

Note

This text is **isstandard** *Markdown*

B 标题

使用#号可表示 1~6 级标题，一级标题对应一个#号，二级标题对应两个#号，以此类推。使用#号标记标题语法格式：# 后跟空格，然后是标题内容。如：

一级标题

四级标题

C 列表（Lists）

列表有无序列表、有序列表、任务列表、定义列表等类型；另外，列表还可以嵌套。

a 无序列表

无序列表用 *、-、+任何一种都可以，后跟空格，然后是列表内容。如：

* 这是一个一级无序列表示例 1Item1

* 这是一个一级无序列表示例 1Item2

b 有序列表

数字加点，后跟空格，然后是列表内容。如：

1. This is a list item1。

2. This is a list item2。

3. This is a list item3。

4. This is a list item4。

c 列表嵌套

上一级和下一级之间敲三个空格即可。如：

* 一级无序列表内容

    * 二级无序列表内容

    * 二级无序列表内容

    * 二级无序列表内容

＊一级无序列表内容

1. 二级有序列表内容
2. 二级有序列表内容
3. 二级有序列表内容

d 任务列表

MyST Markdown 任务列表语法在普通的列表符号（＊、－、+）后跟［X］或［］，［X］表示被选，如：

-[X]求交叠置分析

-[]求并叠置分析

e 定义列表

定义列表（Definition Lists）基于 Pandoc 的定义列表规范，其语法格式为每个名称术语的下一行由冒号或波浪号开始，即

名称术语 1

：名称术语 1 的定义或解释

名称术语 2

：名称术语 2 的定义或解释

如：

地理信息科学

：GISience

信息地理学

：Information Geography

每个术语必须在一行中，这一行后面可以有一个空行，并且后面必须有一个或多个定义。定义以冒号或波浪号开头，可以缩进一个或两个空格。一个术语可以有多个定义，每个定义可以由一个或多个块元素（段落、代码块、列表等）组成。

D 字体

a 粗体、斜体

粗体、斜体首尾使用＊或_。

＊斜体文字＊

＊＊粗体文字＊＊

＊＊＊粗斜体文字＊＊＊

b 删除线

普通的 markdown 的删除线首尾使用两个～～。

MyST 删除线使用 del 或 strike 角色，如｛del｝'这是加删除线的文字'，结果显示为：~~这是加删除线的文字~~。

c 下划线

Markdown 下划线（Underline）可以使用 HTML 的 u 标签，即：<u>这是加下划线的文本</u>

MyST Markdown 使用 u 或 underline 角色，如｛underline｝'这是加下划线的文本'，结果为：<u>这是加下划线的文本</u>。

d 上下标

使用 HTML 中上下标的语法：

上标：a^{上标}　$a^{上标}$

下标：a_{下标}　$a_{下标}$

sup 指的是 superscript 上标，sub 指的是 subscript 下标。HTML 上下标示例：

H₂O = H_2O, CO<sub>2 = CO_2

QGIS^{TM} = $QGIS^{TM}$

MyST Markdown 使用 sub、sup 角色分别表示下标、上标，如：

H{sub}'2'O,4{sup}'th' of July 结果为：H_2O，4th of July

e 缩略词

MyST Markdown 使用 abbr 角色来表示缩略词（Abbreviation），其语法如下：

{abbr}'缩略词（缩略词表示的文本）'，当鼠标悬停于缩略词时，会弹出缩略词表示的文本，如：

Well{abbr}'MyST(Markedly Structured Text)' is cool!

显示为：Well MyST is cool!

E 脚注

脚注（Footnotes）使用 pandoc 规范。脚注用［^label］标记，label 可以是任何字母数字字符串（不含空格），不区分大小写。这将创建一个指向脚注定义的链接。如果 label 是一个整数，那么它将始终使用该整数来呈现标签（即它们是手动编号的）。对于任何其他标签，它们将按照被引用的顺序自动编号，跳过任何手动编号的标签。如：

-A footnote reference[^myref]

-Manually-numbered footnote reference[^3]

[^myref]:This is an auto-numbered footnote definition.

[^3]:This is a manually-numbered footnote definition.

显示为：

- A footnote reference[1]
- Manually-numbered footnote reference[3]

F 分隔线

可以在一行中用三个以上的星号 * 、减号-、下划线_来建立一个分隔线，行内不能有其他内容，也可以在星号或减号间插入空格。

G 链接

Markdown 的链接语法为：

[链接名](链接地址 "链接 title")

"链接 title"可选。

示例：

[江西理工大学](https://www.jxust.edu.cn/)　<u>江西理工大学</u>

另外可以使用 HTML 的超链接：

<a href="https://www.jxust.edu.cn/" target="_blank">江西理工大学</a> <u>江西理工大学</u>

H 表格

Markdown 的表格语法如下：

```
| 表头 1 | 表头 2 | 表头 3 |
| ---- | ---- | ---- |
| 内容 11 | 内容 12 | 内容 13 |
| 内容 21 | 内容 22 | 内容 23 |
```

说明：

(1) 单元格使用 | 来分隔，为了阅读更清晰，建议最前和最后都使用 |。

(2) 单元格和 | 之间的空格会被移除。

(3) 表头与其他行使用 --- 来分隔。

(4) 表格对齐格式如下：

1) 左对齐（默认）：:----。

2) 右对齐：----:。

3) 居中对齐：:----:。

示例：

```
| Python 库 | 官方网站 |
| -- | -- |
| numpy | http://numpy.org/ |
| pandas | https://pandas.pydata.org/ |
| matplotlib | https://matplotlib.org/ |
| scipy | https://www.scipy.org/ |
| scikit-learn | https://scikit-learn.org/stable/ |
| statsmodels | https://www.statsmodels.org/stable/index.html |
```

I 插入图片

a 使用标准的 Markdown 语法

插入图片最简单的方法是使用标准的 Markdown 语法：

```
![图片替代文字](图片地址 "可选的图片提示")
```

说明：

(1) 图片替代文字在图片无法正常显示时使用，正常情况下可以为空。

(2) 图片地址可以是本地图片的路径也可以是网络图片的地址。

(3) 本地图片支持相对路径和绝对路径两种方式。

(4) "可选的图片提示"，当鼠标移到图片上时显示的内容。

(5) 这种语法不能设置图片的长宽、对齐方式等属性。

插入图片示例：`![Markdown 图片示例](../Resources/earth.jpg)`

b 使用 HTML 的 img 标签

可以通过 HTML 的 img 标签插入图片，利用 width、height 属性设置图片的宽度、高度像素大小或百分比，格式形如：<img src="../Resources/earth.jpg">

c 使用 MyST Mrakdown 指令

MyST Mrakdown 提供了 image、figure 两个指令，用于插入图片。image 指令允许指定图片的长宽、对齐方式，还可以添加其他类。figure 指令还可以包含图片标题，并允许在文档的其他部分交叉引用此标题。

~~~
```{image}../Resources/earth.png
:alt:imgexample
:align:center
:width:40%
```
```{figure}../Resources/figure 示例.jpg
:name:myFigure
:alt:figure 示例
:align:center
:width:600
```
~~~

J 公式

a 公式标记

Markdown 两种输入公式的方法：

(1) 一是行内公式，用一对美元符号$包围。

(2) 二是跨行公式，用一对紧挨的两个美元符号$$包围。

MyST Markdown 为公式提供了 math 角色（行内）和指令（跨行）。math 角色如：

`This math is a role,{math}'e=mc^2',while this math is wrapped in dollar signs,$Ax=b$.`

显示为：

This math is a role, $e=mc^2$, while this math is wrapped in dollar signs, $Ax=b$.

math 指令如：

~~~
```{math}
:label:myequation
w_{t+1} = (1 + r_{t+1}) s(w_t) + y_{t+1}```
See{ref}'myequation' for more information!
~~~

显示为：

$$w_{t+1} = (1 + r_{t+1})s(w_t) + y_{t+1} \tag{1-1}$$

See (1-1) for more information!

math 指令中可选的 label 参数可用于文档的其他位置交叉引用。

$$跨行公式示例：

$$(W_1 - W_2)x + b_1 - b_2 = 0 \tag{1-2}$$

b 公式中的上标/下标

上标和下标分别使用^和_来实现。例如：

\$x_{(i,j)}^2\$ = $x^2_{\{(i,j)\}}$

\$log_2^x\$ = $\log_2^x$

c 求和/积分

\sum 用来表示求和符号，其下标表示求和下限，上标表示上限。如：

\$\sum_1^nx_i\$，即 $\sum_1^n x_i$；\$\sum_{i=0}^n x_i\$，即 $\sum_{i=0}^n x_i$。

\int 用来表示积分符号，其上下标表示积分的上下限。如：\$\int_1^\infty f(x)\$，即 $\int_1^\infty f(x)$。

与此类似的符号还有：\$\prod\$（$\prod$）、\$\bigcup\$（$\cup$）、\$\bigcap\$（$\cap$）、\$\iint\$（$\iint$）等。

d 分式/根式

分式有两种表示方法：

（1）第一种：使用\$\frac ab\$，即 $\frac{a}{b}$，如果分子或分母不是单个字符，需要使用 {} 来分组。

（2）第二种：使用\over 来分隔一个组的前后两部分，如\${a+1}\over{b+1}\$，即 ${a+1 \over b+1}$。

根式使用\$\sqrt[a]b\$即 $\sqrt[a]{b}$ 来表示，其中，方括号内的值用来表示开几次方，省略方括号则表示开方。如：\$\sqrt[4]{\frac xy}\$为 $\sqrt[4]{\frac{x}{y}}$，\$\sqrt{x^3}\$为 $\sqrt{x^3}$。

1.3 Python 语言基础

1.3.1 注释

注释可以帮助阅读程序，通常用于概括算法、确认变量的用途或者阐明难以理解的代码段。随着程序越来越大、越来越复杂，就应在其中添加说明，对我们解决问题的方法进行大致阐述。在 Python 程序中有两种类型的注释，分别是单行注释和多行注释。

（1）单行注释。单行注释是只在一行中显示注释内容，Python 中单行注释以井号（#）开头，井号（#）后面的内容都会被 Python 解释器忽略。

（2）多行注释。多行注释也称为成对注释，这类注释的标记是成对出现的。在 Python 语言中，多行注释使用 3 个单引号或 3 个双引号将其括起来。

1.3.2 标识符

标识符是用来标识某个实体的一个符号。在编程语言中，标识符是计算机语言中作为名字的有效字符串集合。标识符是用户编程时使用的名字，变量、常量、函数、语句块也有名字，它们的名字称为标识符。

1.3.2.1 合法的标识符

在 Python 语言中，所有标识符可以包括英文、数字以及下划线，但要符合以下规则：

（1）标识符开头必须是字母或下划线，剩下的字符可以是字母和数字或下划线。

（2）标识符中不能包含空格、@、% 以及 $ 等特殊字符。

（3）标识符区分大小写。

（4）标识符不能使用关键字。

（5）标识符不能和 Python 中内置函数和内置对象相同。

在 Python 环境下，可以通过 dir(_ builtins _）查看所有内置函数和内置对象。

1.3.2.2 下划线标识符

以下划线开头的标识符具有特殊意义。

以单下划线开头（_ xxx）的标识符代表不能直接访问的类属性，需要通过类提供的接口进行访问，不能用"from xxx import x"导入。

以双下划线开头（_ xxx）的标识符代表类的私有成员。

以双下划线开头和结尾（_ xxx _）的标识符代表 Python 中特殊方法专用的标识，如 _ init _代表类的构造函数。

1.3.3 关键字

在 Python 中，关键字作为语言的保留标识符，不能用于其他用途，否则会引起语法错误。可以导入 keyword 模块，查看所有 Python 关键字。

```
import keyword
print(keyword.kwlist)
['False','None','True','and','as','assert','async','await','break','class','continue',
'def','del','elif','else','except','finally','for','from','global','if','import','in','is','lambda',
'nonlocal','not','or','pass','raise','return','try','while','with','yield']
```

关键字解释如下：

（1）and：用于表达式运算，表示逻辑与操作。

（2）or：用于表达式运算，表示逻辑或操作。

（3）not：用于表达式运算，表示逻辑非操作。

（4）as：用于类型转换。

（5）assert：断言，用于判断变量或条件表达式的值是否为真。

（6）for、while：循环语句。

（7）break：中断循环语句的执行。

（8）class：用于定义类。

（9）continue：继续执行下一次循环。

（10）def：定义（define）函数。

（11）return：用于从函数返回计算结果。

（12）del：删除 Python 对象。

（13）if：条件语句，与 else、elif 结合使用。

（14）elif：条件语句，与 if else 结合使用。

（15）else：条件语句，与 if else 结合使用，也可用于异常和循环。

（16）try：包含可能会出现异常的语句，与 except、finally 结合使用。

（17）except：包括捕获异常后的操作代码，与 try 和 finally 结合使用。

（18）finally：用于异常语句，出现异常后，始终要执行 finally 包含的代码块，与 try、except 结合使用。

（19）raise：异常抛出操作。

（20）import：用于导入模块，与 from 结合使用。

（21）from：用于导入模块，与 import 结合使用。

（22）global：定义全局变量。

（23）nonlocal：用于表示外部作用域的变量。

（24）in：判断变量是否存在序列中。

（25）is：判断变量是否为某个类的实例。

（26）lambda：定义匿名函数。

（27）pass：空的类、函数、方法的占位符。

（28）with：简化 Python 的语句。

（29）yield：用于从函数依次返回值。

Note

温馨提示：None 是一个特殊的 Python 对象，和 False 不同，不是 0，也不是空字符串、空列表等。None 有自己的数据类型 NoneType，None 和任何其他数据类型进行是否相等比较，结果返回永远是 False。可以将 None 赋值给任何变量，但是不能创建其他 NoneType 对象。

1.3.4 变量

变量用于表示可变数据，通过变量名访问，不同变量通过变量名相互区分。Python 变量名的命名规则：

（1）变量名只能包含字母、数字和下划线，但不能用数字开头。

（2）变量名不能包含空格，但可使用下划线来分隔其中的单词。

（3）不要将 Python 关键字和函数名用作变量名。

（4）除了下划线之外，其他特殊符号不能用于变量名。

（5）变量名应既简短又具有描述性。

1.3.5 数据类型

Python 语言中提供了常用的数据类型，如数值（int、float、complex）、布尔（bool）、字符串（str）、列表（list）、元组（tuple）、字典（dict）、集合（set）等。

1.3.5.1 数值类型

（1）整数型 int。整数是没有小数部分的数值，分为正整数、0 和负整数。例如下列值都是合法的整数：100、0、-100。

（2）浮点型 float。浮点数是包含小数点的数或科学计数法表示的数。例如下列值都是浮点数：-56、0.19、10.0、5.12e2、3.14e-1、22.1E-10。

（3）复数型 complex。复数由实数部分和虚数部分构成，复数形式为：实部+虚部 j 或者 complex(a，b)，如 3.14j、5.213e-11j、-0.987+0j。

1.3.5.2 布尔型

布尔型是一种表示逻辑值的简单类型，它的值只能是真或假中的一个，即 True 和 False。

10>8:True

1+2==2+1:True

True and False:False

1.3.5.3 字符串 str

可以使用单引号、双引号、三引号来创建字符串，如：'Hello'、"Python"、'''Jupyter'''。

字符串的基本操作：

strname[index]：使用 index 访问对应的字符，index 从 0 起算。index 可以是正数（表示从前往后的顺序），也可以是负数（表示从后往前的顺序）。

strname[start :end :step]：

（1）start：表示要截取的第一个字符所在的索引（截取时包含该字符）。如果不指定，默认为 0，也就是从字符串的开头截取；

（2）end：表示要截取的最后一个字符所在的索引（截取时不包含该字符）。如果不指定，默认为字符串的长度；

（3）step：指的是从 start 索引处的字符开始，每 step 个距离获取一个字符，直至 end 索引出的字符。step 默认值为 1，当省略该值时，最后一个冒号也可以省略。

字符串的数据类型为 str，可使用 dir(str) 来查看该类型包含哪些方法。

1.3.5.4 列表 list

列表用方括号“[”和“]”将列表中的元素括起来，元素间用逗号分隔，如：[1,2,3]、['apple','pear','orange']。

列表是 Python 序列的一种，可以使用索引（Index）访问列表中的某个元素（得到的是一个元素的值），也可以使用切片访问列表中的一组元素（得到的是一个新的子列表）。

a 使用索引访问列表元素

格式为：listname[i]

其中，listname 表示列表名字，i 表示索引值。列表的索引可以是正数（表示从前往后的顺序），也可以是负数（表示从后往前的顺序）。

b 使用切片访问列表元素

格式为：listname[start:end:step]，其中，listname 表示列表名字，start 表示起始索引，end 表示结束索引，step 表示步长。

c 添加列表元素

使用 append（）方法在列表的末尾追加元素，该方法的语法格式如下：

listname.append(obj)

其中，listname 表示要添加元素的列表；obj 表示添加到列表末尾的数据，它可以是单个元素，也可以是列表、元组等。

使用 insert( ) 方法在列表中间某个位置插入元素，语法格式如下：

listname. insert(index,obj)

其中，index 表示指定位置的索引值，insert( ) 会将 obj 插入 listname 列表第 index 个元素的位置。

d 删除列表元素

删除列表元素的主要方法：

(1) 根据目标元素所在位置的索引进行删除，可以使用 del 关键字或者 pop( ) 方法，如：del listname[index]，del listname[start:end]，listname. pop(index)。

(2) 根据元素本身的值进行删除，可使用列表提供的 remove( ) 方法，如：listname. remove（某个值）。

(3) 将列表中所有元素全部删除，可使用列表提供的 clear( ) 方法，如：listname. clear( )。

(4) 删除列表，可使用 del listname 删除列表对象。

e 查找列表元素

index( ) 方法用来查找某个元素在列表中出现的位置（即索引），如果该元素不存在，则会导致 ValueError 错误。

listname. index(obj,start,end)

其中，listname 表示列表名称，obj 表示要查找的元素，start 表示起始位置，end 表示结束位置。

1.3.5.5 元组 tuple

元组用“（”和“）”作为边界将元素括起来，元素间用逗号分隔。从存储内容上看，元组可以存储整数、实数、字符串、列表、元组等任何类型的数据，并且在同一个元组中，元素的类型可以不同。如：(1,2,3)、('apple','pear','orange')、(1,'a',3)、("github. com",1,[2,'a'],("abc",3.0))。

和列表类似，元组也是由一系列按特定顺序排列的元素组成。元组和列表（list）的不同之处在于：

(1) 列表的元素是可以修改的，包括修改元素值、删除和插入元素，所以列表是可变序列；

(2) 元组一旦被创建，它的元素就不可修改，所以元组是不可变序列。

和列表一样，可以使用索引（Index）访问元组中的某个元素（得到的是一个元素的值），也可以使用切片访问元组中的一组元素（得到的是一个新的子元组），如：tuplename[i]、tuplename[start:end:step]。

1.3.5.6 字典 dict

Python 字典（dict）是一种无序的、可变的序列，它的元素以“键值对（key-value）”的形式存储。字典类型是 Python 中唯一的映射类型，是键值对的映射。字典中每个元素都包含键和值两部分。字典用大括号 { } 来表示，键和值间用冒号分隔，元素之间用逗号分隔，如：scores={'语文':122,'数学':110,'英语':125}，可以使用 key 来访问字典元素，如：scores['语文']。

字典的主要特征：

（1）通过键而不是通过索引来读取元素：字典通过键将一系列的值联系起来，可以通过键从字典中获取指定项，但不能通过索引来获取。

（2）字典是任意数据类型的无序集合：和列表、元组不同，通常会将索引值 0 对应的元素称为第一个元素，而字典中的元素是无序的，不能使用索引获取其中的元素。

（3）字典是可变的，并且可以任意嵌套：字典可以在原处增长或者缩短（无需生成一个副本），并且它支持任意深度的嵌套，即字典存储的值也可以是列表或其他字典。

（4）字典中的键必须唯一：字典中，不支持同一个键出现多次，否则只会保留最后一个键值对。

（5）字典中的键必须不可变：字典中每个键是不可变的，不能修改键（key）的名字，只能修改其值（value）。

字典的数据类型为 dict，可使用 dir(dict) 查看该类型包含哪些方法。

dict 主要方法有：'clear'，'copy'，'fromkeys'，'get'，'items'，'keys'，'pop'，'popitem'，'setdefault'，'update'，'values'等。

（1）keys() 方法用于返回字典中的所有键（key）；

（2）values() 方法用于返回字典中所有键对应的值（value）；

（3）items() 用于返回字典中所有的键值对（key-value）；

（4）copy() 方法返回一个字典的拷贝，也即返回一个具有相同键值对的新字典；

（5）update() 方法可以使用一个字典所包含的键值对来更新已有的字典；

（6）pop() 和 popitem() 用来删除字典中的键值对，不同的是，pop(key) 用来删除指定的键值对，而 popitem() 用来随机删除一个键值对。

以下为字典遍历代码：

```
data = {'city': 'San Francisco', 'population': 881549, 'coordinates': (-122.4194, 37.7749)}
for x,y in data.items():
    print(x,y)
```

输出如下：

```
city San Francisco
population 881549
coordinates (-122.4194,37.7749)
```

1.3.5.7 集合 set

集合由各种不可变类型元素组成，但元素之间没有任何顺序，并且元素不能重复。Python 集合将所有元素放在一对大括号 {} 中，相邻元素之间用逗号“,”分隔，如：{element1,element2,...,elementn}，sa = {1,'c',(1,2,3)}。

由于集合中的元素是无序的，因此，无法像列表那样使用索引访问元素。Python 中，访问集合元素最常用的方法是使用循环结构，将集合中的数据逐一读取出来，如：

```
for ele in sa:
```

print(ele)

set 主要方法有：'add','clear','copy','difference','difference_update','discard','intersection','intersection_update','isdisjoint','issubset','issuperset','pop','remove','symmetric_difference','symmetric_difference_update','union','update'等。

集合的运算有：交集（&, intersection）、并集（|, union）、差集（-, difference）以及对称差集（^, symmetric_difference），假设 set1={1,2,3}, set2={3,4,5}，集合运算如下：

```
set1 & set2 == {3},set1.intersection(set2)
set1 | set2 == {1,2,3,4,5},set1.union(set2)
set1 - set2 == {1,2},set1.difference(set2),set2 - set1 == {4,5}
set1 ^ set2 == {1,2,4,5},set1.symmetric_difference(set2)
```

1.3.6 运算符

常用的运算符有：算术运算符、比较运算符、测试运算符、逻辑运算符、位运算符。

1.3.6.1 算术运算符

算术运算符用于实现数学运算功能。常用运算符功能如下：

（1）加+：实现两个对象相加。

（2）减-：得到负数或表示一个数减去另一个数。

（3）乘*：实现两个数相乘，或一个字符串重复 n 次。

（4）除/：实现一个数除以另一个数。

（5）取模%：返回除法的余数。

（6）取整除//：返回商的整数部分，不包含余数。

（7）幂**：返回 x 的 y 次幂。

1.3.6.2 比较运算符

比较运算符也称为关系运算符，表示两个变量或常量之间的关系，可用来比较两个数字的大小。常用比较运算符功能如下：

（1）大于>：如 $x>y$，用于返回 x 是否大于 y。

（2）小于<：如 $x<y$，用于返回 x 是否小于 y。

（3）大于等于>=：如 $x>=y$，用于返回 x 是否大于等于 y。

（4）小于等于<=：如 $x<=y$，用于返回 x 是否小于等于 y。

（5）等于==：用于比较对象是否相等。

（6）不等于!=：用于比较对象是否不相等。

1.3.6.3 测试运算符

测试运算符也称为成员运算符，测试实例中包含的一系列成员，包括字符串、列表或元组。常用测试运算符功能如下：

（1）in：如果在指定序列中找到值则返回 True；否则，返回 False。

（2）not in：如果在指定序列中没有找到值则返回 True；否则，返回 False。

1.3.6.4 逻辑运算符

对两个变量或对象进行逻辑运算，结果返回 True 或 False。常用逻辑运算符功能如下：

(1) 逻辑与 and：a and b，当 a 和 b 两个表达式都为真时，a and b 的结果才为真，否则为假。

(2) 逻辑或 or：a or b，当 a 和 b 两个表达式都为假时，a or b 的结果才是假，否则为真。

(3) 逻辑非 not：not a，如果 a 为真，那么 not a 的结果为假；如果 a 为假，那么 not a 的结果为真。相当于对 a 取反。

1.3.6.5　位运算符

按位运算符是把数字看作二进制进行计算的。按位运算法则如下（设变量 a 为 60，其二进制表示为 00111100；b 为 13，其二进制表示为 00001101）：

(1) 按位与 &：参与运算的两个值，如果两个相应位都为 1，则该位的结果为 1，否则为 0。(a & b) 输出结果 12，即二进制：0000 1100。

(2) 按位或 |：只要对应的两个二进位有一个为 1 时，结果位就为 1。(a | b) 输出结果 61，即二进制：0011 1101。

(3) 按位异或 ^：当两对应的二进位相异时，结果为 1。(a ^ b) 输出结果 49，即二进制：0011 0001。

(4) 按位取反 ~：对数据的每个二进制位取反，即把 1 变为 0，把 0 变为 1。(~a) 输出结果的二进制为：1100 0011。

(5) 左移位<<：运算数的各二进位全部左移若干位，<< 右边的数字指定了移动的位数，高位丢弃，低位补 0。a<<2 输出结果 240，即二进制：1111 0000。

(6) 右移位>>：运算数的各二进位全部右移若干位，>>右边的数字指定了移动的位数。a>>2 输出结果 15，即二进制：0000 1111。

```
#位运算示例
a = 60   # 60 = 0011 1100
b = 13   # 13 = 0000 1101
c = 0
c = a & b;  # 12 = 0000 1100
print("a & b 的结果为:",c)
c = a | b;  # 61 = 0011 1101
print("a | b 的结果为:",c)
c = a ^ b;  # 49 = 0011 0001
print("a ^ b 的结果为:",c)
c = ~a;  # -61 = 1100 0011
print("~a 的结果为:",c)
c = a << 2;  # 240 = 1111 0000
print("a << 2 的结果为:",c)
c = a >> 2;  # 15 = 0000 1111
print("a >> 2 的结果为:",c)
a & b 的结果为：12
a | b 的结果为：61
```

a ^ b 的结果为：49

~a 的结果为：-61

a << 2 的结果为：240

a >> 2 的结果为：15

1.3.7 流程控制

和其他编程语言一样，按照执行流程划分，Python 程序也可分为 3 大结构，即顺序结构、选择（分支）结构和循环结构：

（1）顺序结构：程序按照从头到尾的顺序依次执行每一条 Python 代码，不重复执行任何代码，也不跳过任何代码。

（2）选择结构（分支结构）：依据条件，有选择性地执行代码；即条件满足时，执行相应的程序代码，否则，执行其他代码。

（3）循环结构：条件满足时，不断地重复执行同一段代码，直到条件不满足为止。

以下主要介绍选择结构和循环结构。

1.3.7.1 选择结构（分支结构）——if else 条件语句

在 Python 中，可以使用 if else 语句对条件进行判断，然后根据不同的结果执行不同的代码。Python 中的 if else 语句可以细分为三种形式，分别是 if 语句、if else 语句和 if elif else 语句，它们的语法如下：

```
if 表达式：
        代码块
if 表达式：
        代码块 1
else：
        代码块 2
if 表达式 1：
        代码块 1
elif 表达式 2：
        代码块 2
elif 表达式 3：
        代码块 3
...//其他 elif 语句
else：
代码块 n
```

Note

温馨提示：“代码块”由具有相同缩进量的若干条语句组成；if、elif、else 语句的最后都有冒号：

在 if else 条件语句中，可以使用 pass 空语句，表示程序执行跳过此处。

if 语句中嵌套 if else 语句,形式如下:

```
if 表达式 1:
    if 表达式 2:
        代码块 1
    else:
        代码块 2
```

if else 语句中嵌套 if else 语句,形式如下:

```
if 表达式 1:
    if 表达式 2:
        代码块 1
    else:
        代码块 2
else:
    if 表达式 3:
        代码块 3
    else:
        代码块 4
```

1.3.7.2 循环语句

A while 循环

while 语句的语法格式如下:

```
while 条件表达式:
        代码块
```

这里的代码块,即循环体,指的是缩进格式相同的多行代码。

while 语句执行的具体流程为:首先判断条件表达式的值,其值为真(True)时,则执行代码块中的语句,当执行完毕后,再回过头来重新判断条件表达式的值是否为真,若仍为真,则继续重新执行代码块……如此循环,直到条件表达式的值为假(False),才终止循环。

B for 循环

for 循环的语法格式如下:

```
for 迭代变量 in 字符串 | 列表 | 元组 | 字典 | 集合:
    代码块
```

迭代变量从序列类型变量中读取元素,读完为止。

for、while 循环可以嵌套使用。

C 循环语句中的 break、continue 语句

在执行 while 循环或者 for 循环时,只要循环条件满足,程序将会一直执行循环体。但在某些场景,我们可能希望在循环结束前就强制结束循环,Python 提供了 2 种强制离开当前循环体的方法:

(1)break 语句。break 语句立即终止当前循环的执行,跳出当前所在的循环结构,完全终止循环。

(2)continue 语句。continue 语句终止执行本次循环中剩下的代码,继续执行后续循环。

1.3.8 Python 函数

除了可以直接使用内置函数,Python 还支持自定义函数,即将一段实现某种功能的、可重复使用的代码定义成函数,从而达到一次编写、多次调用的目的。

1.3.8.1 Python 函数定义及调用

定义函数使用 def 关键字,具体的语法格式如下:

```
def 函数名(参数列表):
        //实现特定功能的多行代码
    [return[返回值]]
```

其中,用[]括起来的为可选择部分,即可以使用,也可以省略。

Note

温馨提示:函数体代码须缩进。

函数定义中各部分的含义如下:

(1) 函数名:符合 Python 语法的标识符,函数名最好能够体现出该函数的功能。

(2) 参数列表:函数可以接收多个参数,参数之间用逗号(,)分隔。函数也可以没有参数,这时一对空的“()”还必须保留。

(3)[return[返回值]]:可选部分,用于设置函数的返回值。一个函数,可以有返回值,也可以没有返回值,视实际情况而定。

调用函数也就是执行函数,基本语法格式如下:[返回值变量]= 函数名([参数值])。

1.3.8.2 函数参数的值传递和引用传递

在使用函数时,经常会用到形式参数和实际参数。形式参数是在定义函数时,函数名后面括号中的参数;实际参数是在调用函数时,函数名后面括号中的参数。Python 中,根据实际参数的类型不同,函数参数的传递方式可分为 2 种,分别为值传递和引用(地址)传递:

(1) 值传递:适用于实参类型为不可变类型(字符串、数字、元组)。

(2) 引用(地址)传递:适用于实参类型为可变类型(列表,字典)。

值传递和引用传递的区别是,函数参数进行值传递后,若形参的值发生改变,不会影响实参的值;而函数参数进行引用传递后,改变形参的值,实参的值也会一同改变。

1.3.8.3 Python 函数参数

Python 函数参数有必要参数、关键字参数、默认参数、不定长参数几种类型。

(1) 必要参数(位置参数、必备参数):即函数调用时必须要传的参数,传入函数的实际参数必须与定义函数时的形式参数的数量和位置对应,否则 Python 解释器会抛出 TypeError 异常,并提示缺少必要的参数。

(2) 关键字参数:指使用形式参数的名字来确定输入的参数值。通过此方式指定函数实参时,不再需要与形参的位置完全一致,只要将参数名写正确即可。

（3）默认参数：在调用函数时如果不指定某个参数，Python 解释器会抛出异常。为了解决这个问题，Python 允许为参数设置默认值，即在定义函数时，直接给形式参数指定一个默认值。这样的话，即便调用函数时没有给拥有默认值的形参传递参数，该参数可以直接使用定义函数时设置的默认值。

Python 定义带有默认值参数的函数，其语法格式如下：

```
def 函数名(...,形参名,形参名=默认值):
    代码块
```

（4）不定长参数（可变参数）：传入的参数个数是可变的。Python 提供了两种方式来定义可变参数：

1）在参数前边加“*”，使用元组 tuple 来接收多个可变参数。

2）在参数前边加“**”，使用字典 dict 来接收任意多个以关键字参数赋值的实际参数。

Note

温馨提示：

（1）在函数调用时，既可以根据位置参数来调用，也可以使用关键字参数来调用。在使用关键字参数调用时，可以任意调换参数的位置。

（2）还可以使用位置参数和关键字参数混合传参的方式。但混合传参时，关键字参数必须位于所有的位置参数之后。

（3）元组和字典参数的位置位于最后，且字典参数在元组参数后面，非元组与字典参数中，非关键字参数一定要排在关键字参数前面。

1.3.8.4 lambda 表达式（匿名函数）

lambda 表达式，又称匿名函数，常用来表示内部仅包含 1 行表达式的函数。如果一个函数的函数体仅有 1 行表达式，则该函数就可以用 lambda 表达式来代替。

lambda 表达式的语法格式如下：

```
name = lambda[参数列表]:表达式
```

其中，定义 lambda 表达式，必须使用 lambda 关键字；[参数列表]作为可选参数，等同于定义函数时指定的参数列表。

1.3.8.5 Python 函数式编程

一个函数可以接收另一个函数作为参数，这种函数称为高阶函数。函数式编程就是指这种高度抽象的编程范式，纯粹的函数式编程语言编写的函数没有变量，因此，任意一个函数，只要输入是确定的，输出就是确定的，这种纯函数称为没有副作用。而允许使用变量的程序设计语言，由于函数内部的变量状态不确定，同样的输入，可能得到不同的输出，因此，这种函数是有副作用的。

函数式编程的一个特点是，允许把函数本身作为参数传入另一个函数，还允许返回一个函数。纯粹的函数式编程语言（如 Scala），其编写的函数中是没有变量的，因此可以保证只要输入是确定的，输出就是确定的。

Python 对函数式编程提供部分支持。由于 Python 允许使用变量，因此，Python 不是纯函数式编程语言。Python 对函数式编程的支持主要包括 map()、filter() 和 reduce() 3 个函数，它们通常都结合 lambda 匿名函数一起使用。

A Python map () 函数

map() 函数基本语法格式：

map(function,iterable)

function 参数表示要传入一个函数，其可以是内置函数、自定义函数或者 lambda 匿名函数；iterable 表示一个或多个可迭代对象，可以是列表、字符串等。

map() 函数的功能是对可迭代对象中的每个元素，都调用指定的函数，并返回一个 map 对象。

Note

温馨提示：map 对象不能直接打印出来，需要通过 for 循环遍历或者将其通过 list () 转化为 list 对象才能显示出来。

```
#示例：
listDemo =[1,2,3,4,5,6,7,8]
new_list = map(lambda x:x ** 2,listDemo)
print(list(new_list))
```

输出结果为[1,4,9,16,25,36,49,64]

B Python filter() 函数

filter() 函数基本语法格式：

filter(function,iterable)

功能：对 iterable 中的每个元素，都使用 function 函数判断，并返回 True 或者 False，最后将返回为 True 的元素组成一个新的可遍历的集合。

```
#示例：
list_demo =[1,2,3,4,5,6,7,8]
new_list=filter(lambda x:x%2==0,list_demo)
print(list(new_list))
```

输出结果为 [2, 4, 6, 8]

C Python reduce() 函数

reduce() 函数基本语法格式：

reduce(function,iterable)

其中，function 规定必须是一个包含 2 个参数的函数；iterable 表示可迭代对象。

reduce() 函数通常用来对一个集合做累积或求和操作。

reduce(f,[x1,x2,x3,x4]) = f(f(f(x1,x2),x3),x4)

使用之前需要导入 functools 模块。

```
#示例：
#计算列表乘积
```

```
import functools
list_demo =[1,2,3,4,5,6,7,8]
result=functools.reduce(lambda x,y:x * y,list_demo)
print(result)
输出结果为 40320
#计算列表 Sum
list_demo =[1,2,3,4,5,6,7,8]
result=functools.reduce(lambda x,y:x+y,list_demo)
print(result)
输出结果为 36
#如果要把序列 [1, 3, 5, 7, 9] 变换成整数 13579, 可以使用 reduce
def fn(x,y):
    return x * 10 + y
functools.reduce(fn,[1,3,5,7,9])
输出结果为 13579
```

1.3.9 Python 文件操作（I/O）

和其他编程语言一样，Python 也提供了操作文件（I/O）功能，如打开文件、读取和追加数据、插入和删除数据、关闭文件、删除文件等。还提供了较多模块，例如 fileinput 模块、pathlib 模块等，通过引入这些模块，可以获得大量文件操作的函数和方法（类属性和类方法），大大提高编写代码的效率。

1.3.9.1 文件路径

在 Windows 中，文件路径使用反斜杠\作为文件夹之间的分隔符；在 OS X 和 Linux 中，使用正斜杠/作为路径分隔符。本书使用的操作系统为 Windows，在 Python 中，反斜杠\为转义字符，比如\n 表示换行，\t 表示制表符，路径中的\需要用\\表示，如：C:\\Users\\Administrator；此外，也可在常规路径前加 r 表示，如：r'C:\Users\Administrator' 即为 C:\\Users\\Administrator。

文件路径有 2 种表示方式：

（1）绝对路径：总是从根文件夹开始，Window 系统中以盘符（C:\、D:\）作为根文件夹，如：d:\gisdata\geopy。

（2）相对路径：文件相对于当前工作目录所在的位置。例如，当前工作目录为 d:\gisdata\geopy，若文件 demo.txt 就位于这个 geopy 文件夹下，则 demo.txt 的相对路径表示为 .\demo.txt（其中 .\就表示当前所在目录）。另外，..\表示当前所在目录的父目录。

1.3.9.2 文件基本操作

A 打开文件——open() 方法

open() 函数用于打开一个文件，并返回文件对象。如果该文件无法打开，则会抛出 OSError。open() 函数完整的语法格式为：

open(file,mode='r',buffering=-1,encoding=None,errors=None,newline=None,closefd=True,opener=None)

参数说明：

（1）file：必需，要打开的文件（相对或者绝对路径）。

（2）mode：可选，文件打开模式。

（3）buffering：设置缓冲。

（4）encoding：一般使用 utf8。

（5）errors：报错级别。

（6）newline：控制通用换行符模式的工作方式。

（7）closefd：关闭文件时保持文件描述符打开。

（8）opener：用于低级 I/O 操作的自定义打开器。

文件打开模式（mode）：

（1）r：以只读方式打开文件。文件的指针将会放在文件的开头。

（2）w：以只写方式打开文件，原有内容会被删除。如果该文件不存在，创建新文件。

（3）a：对文件内容进行添加，指针位置在文件内容的最后。

（4）r+：读+写，打开一个文件进行读写。

（5）x：新建文件。

（6）t：文本模式（默认）。

（7）b：二进制模式。可以用来读取图片。

Note

温馨提示：使用 open() 方法一定要保证关闭文件对象，即调用 close() 方法。

B 读取文件中的数据

打开文件之后，就可以读取文件中的数据，Python 提供了三个函数：

（1）file.read() 函数：逐个字节或者字符读取文件中的内容；

（2）file.readline() 函数：逐行读取文件中的内容；

（3）file.readlines() 函数：一次性读取文件中多行内容。

C 向文件中写入数据

Python 中的文件对象提供了 write() 函数，可以向文件中写入指定内容。该函数的语法格式如下：

file.write(string)

另外，还提供了 writelines() 函数，可以实现将字符串列表写入文件中。

close() 函数是专门用来关闭已打开文件的，其语法格式如下：

file.close()

其中，file 表示已打开的文件对象。

Note

温馨提示：

在使用 write( ) 向文件中写入数据，需保证使用 open( ) 函数是以 r+、w、w+、a 或 a+的模式打开文件，否则执行 write( ) 函数会抛出 io. UnsupportedOperation 错误。

写入函数只有 write( ) 和 writelines( ) 函数，而没有名为 writeline( ) 的函数。

D 使用 with 上下文管理器

open( ) 打开文件使用之后，关闭文件（close( )）非常重要，但时常会忘记关闭文件。Python 提供 with 上下文管理器可以有效防止读取文件后忘记关闭文件的情况发生。

```
with open(file="../data/addresses.txt",mode="rt",encoding="utf-8") as f1:
        data1 = f1.read()
        print(data1)
```

当操作完成后自动调用 close( ) 方法关闭打开的文件。

1.4 常用的 Python 包概述

1.4.1 Python 中的包与模块

1.4.1.1 模块（module）

在 Python 中，一个 Python 文件（以 .py 结尾）称之为一个模块（module）。模块包含了 Python 对象定义和 Python 语句。

在开发过程中不会把所有的代码都写在一个 .py 文件中。随着代码量的增大，可以按照功能将函数或者类分开存放到不同的 .py 文件中。这样代码更方便管理以及后期维护，也方便他人使用。

在开发过程中，我们也经常引用其他模块，例如：time、os、re 等。

在 Python 中模块一般有如下 3 种：

(1) Python 内置模块。

(2) 第三方模块。

(3) 自定义模块。

导入模块的语法如下：

```
import module1,module2[,... moduleN]
from 模块名 import 功能名
from 模块名 import *
import 模块名 as 别名
from 模块名 import 功能名 as 别名
```

导入模块后，就可以通过 module. variable 或 module. function( ) 直接调用相关功能。

1.4.1.2 包（package）

Python 中的包（Package）是包含模块文件的目录，目录名称就是包名称，目录中可以包含目录，子目录也是包，但包名称应该包含上一级目录的名称。每一个包目录下，都有一个__ init __. py 文件，若这个文件不存在，那么这个目录只是一个普通目录而不是一个包。__ init __. py 文件中列出对外界提供的模块列表。

Python 引入了按目录来组织模块是为了避免模块名冲突，不同包中的模块名可以相同。

A 导入包

导入包的本质：导入一个包就是执行包下的__ init __. py 文件。

导入包的语法与导入模块类似，要注意包、子包、模块的层次，如：

import 包名

import 包名 as 别名

import 包名 . 模块名 . 函数（类、全局变量等）

from 包名 import 模块名

from 包名 import 模块名 as 别名

模块其实就是 py 文件，里面定义了一些函数、类、变量等。包是多个模块的聚合体形成的文件夹，里面可以是多个 py 文件，也可以嵌套文件夹。库是参考其他编程语言的说法，是指完成一定功能的代码集合，在 Python 中的形式就是模块和包。

B 查看包结构

导入 Python 包（如 import shapely）后，在代码单元格中输入包名+. +Tab，可以递归查看包结构，如图 1-5 所示。

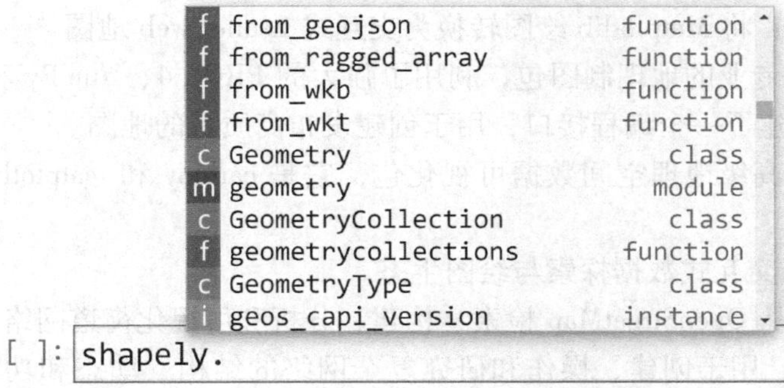

图 1-5 Python 包结构示意图

1.4.2 常用的 Python 包简介

Python 生态提供了功能丰富的开源包，矢量栅格数据分析处理常用的包有：

（1）NumPy：Python 科学计算基础软件包，用于处理 N 维数组、矩阵。

（2）GDAL/OGR：用于处理矢量和栅格数据的基本包。

（3）Rasterio：构建在 GDAL 之上，使得 Python 用户能够更方便直观地使用 GDAL 的栅格数据处理分析功能。

（4）Xarray：以维度、坐标和属性的形式在原始的 numpy 的多维数组上引入了标签，为开发人员提供了更直观、更简洁、更不容易出错的体验。

（5）Rioxarray：构建于 rasterio 和 xarray 之上的栅格数据处理分析包。

（6）RSGISLib：遥感与 GIS 软件包。

（7）Pandas：扩展 numpy，并提供新的数据类型，如 Index、Series、DataFrames 和数据分析工具。

（8）Shapely：GEOS 的 Python 接口，提供了几何对象模型和空间操作。

（9）Fiona：GDAL/OGR 的 Python 接口，提供了空间数据读写功能。

（10）Pyproj：PROJ 的 Python 接口，提供了地图投影和坐标变换功能。

（11）Rtree：空间索引包。

（12）GeoPandas：矢量数据处理分析包。GeoPandas 扩展了 Pandas，并提供新的数据类型 GeoSeries、GeoDataFrame；同时，GeoPandas 构建在 Shapely、Fiona、PyProj 等数据之上，使之具有矢量数据处理分析能力。

（13）Geocube：将 GeoPandas 矢量数据转换为栅格化的 Xarray 数据。

（14）Geopy：地理编码包，提供了使用第三方地理编码器和其他数据源进行地理编码与反向地理编码等功能。

（15）Matplotlib：非常强大的 2D 绘图工具包。

（16）Bokeh、Plotly：Web 交互式可视化（包括地图）。

（17）Seaborn：基于 Matplotlib 的数据可视化库，提供绘制更加高层和优美的图形接口。

（18）Contextily：添加底图（basemap，或称背景图）。

（19）Folium：地理信息可视化库 leaflet. js 的 Python 接口。

（20）Mplleaflet：将 Matplotlib 绘图转换为交互式 Leaflet web 地图。

（21）Cartopy：专业的地理制图包，利用了强大的 PROJ. 4、NumPy 和 Shapely 库，并在 Matplotlib 之上构建了一个编程接口，用于创建发布高质量的地图。

（22）Geoplot：高级地理空间数据可视化包，它是 cartopy 和 matplotlib 的扩展，使得制图更简单。

（23）HoloViz：交互式数据探索与绘图生态。

（24）OSMnx：从 OpenStreetMap 检索、构建、分析和可视化街道网络的 Python 包。

（25）Networkx：用于创建、操作和研究复杂网络的结构、动态和功能，提供了常用的图论经典算法等。

（26）PySAL：空间统计分析包。提供了空间簇、热点和异常点的检测，从空间数据构建图形，空间回归与统计建模，空间计量经济学，探索性时空数据分析等功能。

（27）Scipy：数值算法和特定领域工具箱的集合，包括统计、优化、线性代数、积分、插值、拟合、特殊函数、快速傅里叶变换、信号处理和图像处理、常微分方程求解和其他科学与工程中常用的计算等。

（28）Scipy. spatial：空间算法和数据结构，包括构建三角网、Voronoi 图、计算凸多边形等功能。

（29）GSTools：地统计分析和建模的 Python 库，提供了丰富的功能和工具，用于空间随机场建模、半变异函数拟合、克里金插值与模拟等。

（30）Scikit-learn：适用于数据处理和机器学习处理非常强大的库。提供数据降维、回归、聚类、分类等功能，是机器学习从业者的必备库之一。

（31）TensorFlow：由 Google Brain 团队为深度神经网络（DNN）开发的功能强大的开源软件库。

（32）PyTorch：使用 GPU 和 CPU 优化的深度学习张量库。

Tip

本章小结：主要介绍了开放地理信息科学概述、Python 开发环境、Python 语言基础、常用的 Python 包等。其中，开放科学与开放地理信息科学概述主要包括开放科学与开放地理信息科学的内涵及实现途径、开源 GIS 平台及软件；Python 开发环境主要包括 Anaconda 及 Jupyter Lab/Jupyter Notebook 简介、MyST Markdown 基本语法；Python 语言基础简要介绍了 Python 语言的基本语法。

参考文献

[1] 联合国教科文组织．开放科学建议书［R/OL］. 2022：1-33［2023-05-06］. https://doi.org/10.54677/RZRA1657.

[2] Open Geospatial Consortium. OGC Standards［S/OL］. 2005-2023［2023-01-01］. https://www.ogc.org/.

[3] Slashdot Media. SourceForge［CP/OL］. 1999-2023［2023-07-01］. https://sourceforge.net/.

[4] OSGeo. Open GIS Source Software［CP/OL］. 2005-2023［2023-06-01］. https://www.osgeo.org/.

[5] NCSU GeoForAll Lab. Tools for Open Geospatial Science［Z/OL］. 2022［2023-06-01］. https://ncsu-geoforall-lab.github.io/open-science-course/.

[6] Python Software Foundation. Python［CP/OL］. 2001-2023［2023-05-06］. https://www.python.org/.

[7] Anaconda Inc. Anaconda［CP/OL］. 2023［2023-06-01］. https://www.anaconda.com/.

[8] MyST Team. MyST［Z/OL］. 2023［2023-06-01］. https://mystmd.org/.

[9] The Jupyter Book Community. JupyterBook［Z/OL］. 2023［2023-06-01］. https://jupyterbook.org/en/stable/intro.html.

2 几何对象模型与矢量数据分析处理基础

地理空间数据的两种主要类型是矢量数据和栅格数据。矢量数据使用点、线、面（多边形）等几何对象来表达地理要素的几何形状。矢量空间数据分析处理主要涉及几何对象模型、空间谓词与空间关系、空间操作运算、矢量空间数据读写、矢量空间可视化及制图、地图投影及坐标参考系、地理编码等内容。

本章主要围绕 Python 生态中的 Shapely、Pandas 和 GeoPandas 三个最基础的包，介绍矢量空间数据分析处理的相关内容。

本章涉及的详细示例代码，详见本书附带的 ipynb 文件。

2.1 几何对象模型

Shapely 是 GEOS（Geometry Engine-Open Source）的 Python 接口，提供了矢量空间数据的几何对象模型及相应的空间操作运算。GEOS 是 JTS（Java Topology Suite）的 C++实现，也是 PostgreSQL 的空间扩展 PostGIS 的几何引擎。JTS 和 GEOS 遵循 OGC 简单要素访问规范。

本节主要介绍 Shapely 中的几何对象模型、空间谓词与空间关系、空间操作运算。

2.1.1 几何对象模型概述

Shapely 实现的几何对象，包括基本几何类型：Point、LineString 和 Polygon，以及集合类型：MultiPoint、MultiLineString、MultiPolygon 和 GeometryCollection。

（1）Point：表示空间中的单个点。点可以是二维（x，y）或三维（x，y，z）。

（2）LineString：表示由一条或多条直线段组成的线几何对象，至少由两个坐标元组的列表组成。

（3）Polygon：表示一个填充区域，该区域至少由三个坐标元组的列表和孔多边形（可能）列表组成，坐标元组构成外层环。

（4）MultiPoint：表示点的集合，由坐标元组列表组成。

（5）MultiLineString：表示线几何的集合，由一系列线列表组成。

（6）MultiPolygon：表示多边形的集合，该集合由构成多边形的一系列外环和空洞组成。

（7）GeometryCollection：表示任意几何对象的集合，即可以同时包含任何类型的几何对象。

2.1.1.1 Point

创建点仅需将 x 和 y 坐标（或可选的 z 坐标）传递到 Point 对象。

Note

温馨提示： Shapely 是一个平面几何库，在几何分析中忽略 z 值。

以下分别使用（x、y）及（x、y、z）坐标创建二维、三维点对象。

```
from shapely.geometry import Point,LineString,Polygon
point1 = Point(111.89,25.78);point2=Point(115.69,23.68)
point3D = Point(111.89,25.78,888.88)
print(point1)   #输出为:POINT(111.89 25.78)
print(point3D)   #输出为:POINT Z(111.89 25.78 888.88)
print(type(point1))   #输出为:<class 'shapely.geometry.point.Point'>
```

A　Point 的属性与方法

点几何对象 Point 提供了内置的属性和方法可供访问，其中最常用的是能够提取点的坐标和计算点之间的欧几里得距离。

提取一个点的坐标，可以使用 Point.coords 属性或 Point.x、Point.y 属性，如：

```
point_coords = point1.coords
xy = point_coords.xy
x = point1.x
y = point1.y
```

Point 提供的 distance（）方法可以计算该点与其他点之间的距离。

```
point_dist = point1.distance(point2)   #计算 point1 到 point2 之间的平面距离
```

在 Shapely 中，距离是平面上两点之间的欧氏距离或线性距离。如果想计算地球表面的实际距离，则需要计算球体上的距离。通常情况下，地球的赤道半径为 6378 km，极地半径为 6356 km，即相差 22 km。

pyproj.Geod 支持大地解算的正算（fwd）和逆算（inv），Geod 类的初始化输入可以是椭球体参数，也可以是椭球体名称，如示例代码中的“WGS84”。

（1）正向变换：根据起始点的经度和纬度，加上前向的方位角和距离，确定终点的经度、纬度和后向方位角。

```
lons2,lats2,back_az = geod.fwd(lons1,lats1,forward_az,dist)
```

（2）逆向变换：根据两点经纬度，计算前向、后向方位角和距离。

```
forward_az,back_az,dist = geod.inv(lons1,lats1,lons2,lats2)
```

说明：以上角度单位为（°），距离单位为 km。

以下代码先计算 point1、point2 之间的两个半径（赤道半径为 6378 km、极地半径为 6356 km）下的球面距离，然后再计算这两点之间的 WGS84 椭球面距离。

```
from math import acos,sin,cos,radians; import pyproj
p1x=radians(point1.x)
p1y=radians(point1.y)
p2x=radians(point2.x)
p2y=radians(point2.y)
```

```
distance_eq = acos(sin(p1y) * sin(p2y)+cos(p1y) * cos(p2y) * cos(p2x-p1x)) * 6378 #赤道球面距离
print("{0:8.4f} for equatorial radius in km".format(distance_eq))  #输出距离为:449.6977
distance_po = acos(sin(p1y) * sin(p2y)+cos(p1y) * cos(p2y) * cos(p2x-p1x)) * 6356 #极地球面距离
print("{0:8.4f} for polar radius in km".format(distance_po))  #输出距离为:448.1465
geod = pyproj.Geod(ellps='WGS84')
angle1,angle2,distance_el = geod.inv(point1.x,point1.y,point2.x,point2.y)  #椭球面距离
print("{0:8.4f} for ellipsoid WGS84 in km".format(distance_el/1000))  #输出距离为:449.3002
```

B 从文本文件中读取 XY 坐标

可以使用 Pandas 包的 read_csv() 方法读取文本文件中的坐标数据，并转换为 Pandas 的 DataFrame 类型，然后根据 DataFrame 中的坐标数据创建点几何对象。主要代码如下：

```
import pandas as pd; from shapely.geometry import Point
datapath = '../data/Chap02/'
df = pd.read_csv(datapath + 'worldcities.csv')
#根据 df(DataFrame)中的 Longitude、Latitude 数据创建点几何对象
def make_point(row):
  return Point(row['lng'],row['lat'])
# apply()方法中的参数 axis=1,表示按列方向'lng'、'lat'生成 Point
df['points'] = df.apply(make_point,axis=1)
```

2.1.1.2 LineString

创建 LineString 对象与创建点的方式非常相似，可以使用 Point 点对象列表或传递坐标元组列表来创建 LineString 对象，如：

```
line = LineString([point1,point2,point3])  #使用点对象列表创建
line2 = LineString([(111.89,25.78),(115.69,23.68),(117.89,26.78)]) #使用坐标元组列表创建
print(line)  #输出为 LINESTRING (111.89 25.78,115.69 23.68,117.89 26.78)
print(line2)  #输出为 LINESTRING (111.89 25.78,115.69 23.68,117.89 26.78)
print(type(line))  #输出为<class 'shapely.geometry.linestring.LineString'>
#获取线几何对象的真实最小外包矩形,不要求与坐标轴平行或垂直
line.minimum_rotated_rectangle
```

A LineString 的属性与方法

LineString 对象有内置属性和方法。例如，可以提取线串的坐标或长度，计算线的质心，沿线以特定距离创建点，计算线到指定点的最近距离，简化几何图形等。

以下代码可提取线串的相关信息，如 xy 坐标数组、长度、质心等。

```
lxy = line.xy #获取线顶点的 x 坐标数组、y 坐标数组
print("line 的 xy 坐标:",lxy)
#输出为:(array('d',[111.89,115.69,117.89]),array('d',[25.78,23.68,26.78]))
line_x,line_y = lxy[0],line.xy[1]
print("line 的 x 坐标:",line_x)   #输出为:array('d',[111.89,115.69,117.89])
print("line 的 y 坐标:",line_y)   #输出为:array('d',[25.78,23.68,26.78])
l_length = line.length
l_centroid = line.centroid
centroid_type = type(l_centroid)
print("Length of our line:{0:.2f}".format(l_length))   #输出长度为:8.14
print("Centroid of our line:",l_centroid)
#输出为:POINT (115.19046454302645 24.96341075717108)
print("Type of the centroid:",centroid_type)
#输出为:<class 'shapely.geometry.point.Point'>
```

B　线性参考（Linear Referencing）

使用一维参照系统沿线性要素（如 LineStrings、MultiLineStrings）定位非常有用。Shapely 支持基于长度或距离的线性参考，计算沿几何对象到给定点的投影距离，计算沿几何对象在给定距离处的点。

（1）object.interpolate(distance[,normalized=False])：返回沿此线性几何对象指定距离处的点。如果 normalized 参数为 True，则距离将被解释为占几何对象整个长度的多少，如 0.5 为整个长度的一半。

（2）object.project(other[,normalized=False])：返回沿此线性几何对象到距离另一个对象最近的点的距离。如果 normalized 参数为 True，则距离将被解释为占几何对象整个长度的多少，如 0.5 为整个长度的一半。project() 方法是 interpolate() 的逆方法。

以下代码为 interpolate、project 应用示例。

```
from shapely.geometry import Point,LineString
line = LineString([(0,0),(0,1),(1,1)])
ip = line.interpolate(1.5)   #沿线指定距离处内插一点
ip.wkt   #输出为'POINT (0.5 1)'
line.interpolate(0.75,normalized=True).wkt   #沿线按给的比例处内插一点,输出为
'POINT (0.5 1)'
line.project(ip)   # ip 投影到线处的距离,输出为 1.5
line.project(ip,normalized=True)   # ip 投影到线处的距离比例,输出为 0.75
```

2.1.1.3　Polygon

创建多边形对象与创建 Point、LineString 的逻辑相同，但多边形对象只接受坐标元组列表作为输入。多边形至少需要三个坐标元组。

以下代码为创建多边形示例。

```
#由坐标元组(x,y)列表创建多边形
```

```
from shapely.geometry import Point,Polygon
poly = Polygon([(111.89,25.78),(115.69,23.68),(117.89,26.78)])
#也可以使用已有的点对象,但多边形对象需要 x,y 坐标作为输入创建
point1 = Point(111.89,25.78)
point2 = Point(115.69,23.68)
point3 = Point(117.89,26.78)
poly2 = Polygon([(p.x,p.y) for p in[point1,point2,point3]])
#多边形几何类型 geom_type(字符串)
poly_type = poly.geom_type   #这里为:Polygon
#多边形对象类型
poly_type2 = type(poly)   #这里为:<class 'shapely.geometry.polygon.Polygon'>
print(poly)   #输出为:POLYGON ((111.89 25.78,115.69 23.68,117.89 26.78,111.89 25.78))
```

Note

温馨提示： 多边形的坐标由双圆括号包围。这是因为多边形内部可能有孔。可以使用外部坐标和内部坐标（可选）构建多边形，其中内部坐标为多边形内的空洞。创建带空洞的多边形，需要给定多边形的外环、内环坐标元组列表。

创建带空洞多边形需要通过 shell 参数指定外环，holes 参数指定内环，以下代码为创建带空洞多边形示例。

```
#外环坐标元组列表
world_exterior =[(-180,90),(-180,-90),(180,-90),(180,90)]
#内部空洞坐标元组列表,注意:可以有多个孔,需要提供一个孔列表[[......],...[......]]
hole =[[(-170,80),(-170,-80),(170,-80),(170,80)]]
world = Polygon(shell=world_exterior)
#创建带空洞多边形,shell 参数指定外环,holes 参数指定内环
world_has_a_hole = Polygon(shell=world_exterior,holes=hole)
print(world)
print(world_has_a_hole)
type(world_has_a_hole)
```

多边形的主要属性有:面积、质心、MBR、外部和外部长度等,如:

```
world_centroid = world.centroid
world_area = world.area
world_bbox = world.bounds
world_ext = world.exterior
world_ext_length = world_ext.length
```

2.1.1.4 几何集合对象

在某些情况下，单个地理要素的几何形状由多部分（Multi Part）组成，如 MultiPoint、

MultiLineString、MultiPolygon，这些集合类型对于建模某些类型的要素非常有用，如 Y 形线要素（如道路）或多个多边形（如岛等）可以通过相应地使用 MultiLineString 或 MultiPolygon 作为一个整体表达。

以下代码为创建 MultiPoint、MultiLineString、MultiPolygon 的示例。

```
from shapely.geometry import MultiPoint,MultiLineString,MultiPolygon,box
multi_point = MultiPoint([point1,point2,point3])
multi_point2 = MultiPoint([(111.89,25.78),(115.69,23.68),(117.89,26.78)])
line1 = LineString([point1,point2])
line2 = LineString([point2,point3])
multi_line = MultiLineString([line1,line2])
west_exterior =[(-180,90),(-180,-90),(0,-90),(0,90)]
west_hole =[[(-170,80),(-170,-80),(-10,-80),(-10,80)]]
west_poly = Polygon(shell=west_exterior,holes=west_hole)
min_x,min_y = 0,-90
max_x,max_y = 180,90
east_poly_box = box(minx=min_x,miny=min_y,maxx=max_x,maxy=max_y)
multi_poly = MultiPolygon([west_poly,east_poly_box])
```

几何集合对象具有基本几何对象的通用属性、方法，此外，通过 geoms 属性可以获取几何集合对象的某一组成部分，进而获取该部分的相关属性，调用相关方法。

2.1.2 空间谓词与空间关系

几何对象提供了标准谓词作为属性（一元谓词）和方法（二元谓词）。无论一元谓词还是二元谓词，都返回 True 或 False。

2.1.2.1 一元谓词（Unary Predicates）

标准的一元谓词实现为几何对象的只读属性，主要有：

（1）object.has_z：如果要素不仅具有 x 和 y 坐标，还具有 z 坐标的 3D（或所谓的 2.5D）几何图形，则返回 True。

（2）object.is_ccw：如果坐标按逆时针方向排列（用正号的面积包围一个区域带），则返回 True。此方法仅适用于 LinearRing 对象。

（3）object.is_empty：如果要素的内部（interior）和边界（boundary）都为空集，则返回 True。

（4）object.is_ring：如果要素是闭合的简单 LineString，则返回 True。闭合线要素的边界（boundary）为空集。此属性适用于 LineString 和 LinearRing 实例，对其他实例没有意义。

（5）object.is_simple：如果要素没有自相交，则返回 True。该属性仅对 LineString 和 LinearRing 有意义。

（6）object.is_valid：如果要素符合 OGC 简单要素访问规范意义上的“有效”，则返回 True。一个有效的 LinearRing 不能自交叉，或在单个点相接（touch）。有效的多边形不能有任何重叠的外环或内环。有效的 MultiPolygon 不能有任何重叠的多边形。

2.1.2.2 二元谓词（Binary Predicates）

标准二元谓词作为方法实现。二元谓词用于检测两个几何对象之间的拓扑关系、基于集合理论的关系。二元谓词都以另一个几何对象作为参数，并返回 True 或 False。主要包括：

（1）object.eq(other)：如果两个对象具有相同的几何类型，并且两个对象的坐标精确匹配，则返回 True。

（2）object.equals(other)：如果对象的边界、内部和外部与其他对象的边界、内部和外部一致，则返回 True。

（3）object.almost_equals(other[,decimal=6])：如果对象在指定小数点精度的所有点上都近似等于其他对象上的所有点，则返回 True。

（4）object.contains(other)：如果该对象包含其他几何对象，则返回 True。即：如果其他几何对象没有点位于该几何对象的外部，且其他几何对象内部至少有一个点位于该几何对象内部，则返回 True。该谓词适用于所有几何类型，与 within（）相反。表达式 a.contains(b)==b.within(a)。

（5）object.within(other)：如果对象的边界和内部仅与另一个对象的内部（而不是其边界或外部）相交，则返回 True。a.within(b)== b.contains(a)。

（6）object.crosses(other)：如果该对象穿越其他对象，则返回 True，如线穿越面。即，如果该对象的内部与另一个对象内部相交但不包含该内部，并且相交的维度小于其中一个的维度，则返回 True。

（7）object.disjoint(other)：如果对象的边界和内部与另一个对象的边界和内部完全不相交，则返回 True。

（8）object.intersects(other)：如果对象的边界或内部以任何方式与其他对象的边界或内部相交，则返回 True。换句话说，如果几何对象有共同的边界或内部点，它们就会相交。

（9）object.overlaps(other)：如果两个相同几何维度的几何对象具有多个但不是所有的公共点，且它们的内部交集也具有相同的几何维度，则返回 True。

（10）object.touches(other)：如果两个几何对象至少有一个公共点，并且它们的内部不与另一个的任何部分相交，则返回 True。

部分二元谓词应用示例如下：

```
a = LineString([(0,0),(1,1)])
b = LineString([(0,0),(0.5,0.5),(1,1)])
c = LineString([(0,0),(0,0),(1,1)])
a.equals(b)  #结果为 True
a == b  #结果为 False
b.equals(c)  #结果为 True
b == c  #结果为 False
coords =[(0,0),(1,1)]
LineString(coords).contains(Point(0.5,0.5))  #结果为 True
Point(0.5,0.5).within(LineString(coords))  #结果为 True
```

```
LineString(coords).contains(Point(1.0,1.0))  #结果为 False
LineString(coords).crosses(LineString([(0,1),(1,0)]))  #结果为 True
LineString(coords).crosses(Point(0.5,0.5))  #结果为 False
a = LineString([(0,0),(1,1)])
b = LineString([(1,1),(2,2)])
a.touches(b)  #结果为 True
```

2.1.2.3 九交模型关系

两个几何对象之间的空间关系通常可以通过基于维数扩展的九交模型（DE-9IM）即九交矩阵来表达，反过来，也可以给定一个九交矩阵（或对应的字符串），来检测两个几何对象是否满足九交矩阵对应的空间关系。

（1）object.relate(other)：返回该对象的内部、边界、外部和其他几何对象的内部、边界、外部之间关系的九交矩阵的字符串表示。

（2）object.relate_pattern(other,pattern)：如果几何对象空间关系的 DE-9IM 字符串满足 pattern 模式，则返回 True，否则返回 False。pattern 模式可以是完全匹配（0、1 或 2）、布尔匹配（T 或 F）或通配符（*）。例如，within 谓词的模式是 T*****FF*。

应用示例如下：

```
Point(0,0).relate(Point(1,1))  #结果为'FF0FFF0F2'
Point(0,0).relate(LineString([(0,0),(1,1)]))  #结果为'F0FFFF102'
point = Point(0.5,0.5)
square = Polygon([(0,0),(0,1),(1,1),(1,0)])
square.relate_pattern(point,'T*****FF*')  #结果为 True
point.within(square)  #结果为 True
point.relate(square)  #结果为'0FFFFF212'
square.relate(point)  #结果为'0F2FF1FF2'
```

2.1.3 空间操作运算

Shapely 还提供了空间操作运算来产生新的几何对象。

2.1.3.1 基于集合理论的操作运算

几乎每个二元谓词方法都有一个对应的空间操作运算返回一个新的几何对象。空间操作运算总是返回一个几何对象，例如，不相交几何对象的交集将返回空的 GeometryCollection，而不是 None 或 False。若要测试一个几何对象是否为空，可以使用 is_empty 属性。空间操作运算主要有：

（1）object.union(other)：返回两个几何对象的并集（即所有部分）。

（2）object.intersection(other)：返回两个几何对象的交集（即公共部分）。

（3）object.difference(other)：该几何对象去除与其他几何对象的公共部分。

（4）object.symmetric_difference(other)：去除两个几何对象的公共部分，其余部分保留。

（5）object.boundary：返回几何对象的边界。多边形的边界为线（即多边形的边界环），线的边界是点的集合（即线几何的端点），点的边界是空集（null）。

（6） object. centroid：返回几何对象的质心（Point）。

（7） object. envelope：返回几何对象的最小外包矩形 MBR，MBR 的两边平行于坐标轴。

（8） object. minimum_rotated_rectangle：返回最小外包矩形，不要求与坐标轴平行，可旋转。

（9） object. convex_hull：返回几何对象（构成几何对象的点数≥3）的最小凸多边形；点数为 2 时，最小凸多边形退化为一线段；点数为 1 时，最小凸多边形退化为一个点。

（10） object. buffer(distance, resolution = 16, cap_style = 1, join_style = 1, mitre_limit = 5.0, single_sided = False)：返回几何对象给定距离的缓冲区多边形。该方法的主要参数有：

1） cap_style 参数：用于确定线末端缓冲类型：1(round，圆头)，2(flat，扁平)，3(square，方形)，对应 shapely. geometry. CAP_STYLE 的值。

2) join_style 参数：用于确定线段之间连接类型：1(round，圆头)，2(mitre，锐角斜接)，3(bevel，平头斜切)，对应 shapely. geometry. JOIN_STYLE 的值。

3） 可选的 resolution 参数：确定用于表达四分之一圆弧的线段数。

4） distance：正距离具有扩张效应，正常的内外缓冲；负距离表现为侵蚀效应，一般仅做内缓冲。

5） single_sided：该参数为 True，仅做单边缓冲；distance 为正，做左边缓冲；distance 为负，做右边缓冲。

（11） object. parallel_offset(distance, side, resolution = 16, join_style = 1, mitre_limit = 5.0)：返回距离对象右侧或左侧一定距离的 LineString 或 MultiLineString 几何对象。该方法的主要参数有：

1） distance 参数：必须为正的浮点数。

2） side 参数：为'left' 或 'right'。'left'、'right'是根据 LineString 的给定几何点的方向来确定的。右侧偏移，按与原始线串或线环相反的方向返回，而左侧偏移，按与原始线串或线环相同的方向返回。

3） resolution 参数：确定用于表达四分之一圆弧的线段数。

4） join_style 参数：确定用于线段之间连接类型：1（round，圆头），2（mitre，锐角斜接），3（bevel，平头斜切）。

5） mitre_limit 参数：确定用于控制斜接角（mitre）。平行线的转角将比斜接样式的大多数地方离原始位置更远。此距离与指定距离 distance 的比值为斜接比。比例超过限制的角将被平头斜切（bevel）。

（12） object. simplify(tolerance, preserve_topology = True)：返回简化后的几何对象。简化对象中的所有点都将在原始几何图形的容差范围内。默认情况下，使用较慢的算法来保留拓扑。如果 preserve topology 设置为 False，则使用更快的 Douglas-Peucker 算法。

以上应用示例，详见本书附带的 ipynb 文件。

2.1.3.2 其他操作运算

Shapely 还提供了其他操作运算，主要包括：

（1） shapely. ops. polygonize(lines)：由线几何生成多边形几何对象，返回由输入线构造的多边形的迭代器。

（2） shapely. ops. polygonize_full(lines)：返回多边形及剩余的线几何。

（3） shapely. ops. linemerge(lines)：返回合并后的线几何，LineString 或 MultiLineString。

（4） shapely. ops. unary_union(geoms)：返回 geoms 的并集。

（5） shapely. ops. triangulate(geom, tolerance = 0.0, edges = False)：构建三角网。

（6） shapely. ops. nearest_points(geom1, geom2)：返回输入几何图形中最近点的元组。返回点的顺序与输入几何图形的顺序相同。

（7） shapely. ops. snap(geom1, geom2, tolerance)：将 geom1 中的顶点捕捉到 geom2 中的顶点。将返回捕捉的几何图形的副本，不会修改输入几何图形。

（8） shapely. ops. shared_paths(geom1, geom2)：当两个几何图形都为 LineStrings 时，查找 geom1 和 geom2 之间的共享路径。当两个几何图形为 GeometryCollection 时，返回两个元素。第一个元素是包含两个输入方向相同的共享路径，第二个元素是包含两个输入方向相反的共享路径。

（9） shapely. ops. split(geom, splitter)：一个几何对象被另一个几何对象拆分（分割），返回拆分后的几何对象的集合 GeometryCollection。该方法支持：用（Multi）Point 或（Multi）LineString 或（Multi）Polygon 的边界拆分（分割）（Multi）LineString；用 LineString 拆分（分割）（Multi）Polygon。

（10） shapely. ops. substring(geom, start_dist, end_dist[, normalized = False])：返回沿线几何对象指定距离之间的线段。

以上应用示例，详见本书附带的 ipynb 文件。

2.1.3.3 仿射变换

shapely. affinity 模块提供了一组仿射变换函数，它们通过直接将系数提供给仿射变换矩阵，或通过使用特定的命名变换（如旋转、缩放等）来返回变换后的几何图形。这些函数可以用于所有几何类型（GeometryCollection 除外）。具体包括以下几个变换方法：

（1） shapely. affinity. affine_transform(geom, matrix)，即仿射变换，使用仿射变换矩阵返回变换后的几何对象。系数矩阵以列表或元组的形式提供，分别为 6 项或 12 项用于二维或三维变换。

（2） shapely. affinity. rotate(geom, angle, origin = 'center', use_radians = False)，即旋转变换，返回二维平面上旋转后的几何对象。旋转角度 angle 参数：可以通过 use_radians 参数设置为度（默认）或弧度。正角度是逆时针方向，负角度是顺时针方向。旋转原点 origin 参数：取值为"center"(默认)、"centroid"(几何体的质心)、点对象或坐标元组（x0，y0）。

（3） shapely. affinity. scale(geom, xfact = 1.0, yfact = 1.0, zfact = 1.0, origin = 'center')，即缩放变换，返回缩放后的几何对象。

（4） shapely. affinity. skew(geom, xs = 0.0, ys = 0.0, origin = 'center', use_radians = False)，即倾斜变换，返回倾斜后的几何对象。

（5） shapely. affinity. translate(geom, xoff = 0.0, yoff = 0.0, zoff = 0.0)，即平移变换，返回平移后的几何对象。

2.2 Pandas 基础

Numpy 是一个高性能的多维数组、矩阵分析处理包。Pandas 是基于 Numpy 的二维表格数据处理分析的 Python 包。

Pandas 可以使用后台的 numpy 函数，也可以使用专门为 Pandas 编写的函数。Pandas 不仅仅是简单易用的 numpy，还结合了其他 Python 包的许多功能，如 matplotlib 和 scipy（数学、科学、工程），因而功能更强大。Pandas 是一个非常成熟的数据分析框架，已在不同领域得到广泛使用。

本节主要介绍 Pandas 数据结构、文件操作、DataFrame 行列数据选择、数据分组汇总、缺失数据处理等内容。

2.2.1 Pandas 概述

2.2.1.1 Pandas 数据结构简介

Pandas 提供了两种基本数据结构：Series 和 DataFrame。

（1）Series（系列，一维数据结构）：用于存储和操作一维数据序列。Series 类似于列表、一维数组，但更灵活。Series 将一组数据和一组索引绑定在一起，可以通过 values 属性和 index 属性获取相应的数据。DataFrame 中的一行或一列实际上是一个 Series。

（2）DataFrame（数据框，二维数据结构）：用于在 Python 中存储和操作类似于表的数据（包含行和列数据）。可以把 DataFrame 看作一个可编程的电子表格。

DataFrames 和 Series 都有一个索引（index），可以用来选择值（data value），但是它们还有列标签来标识 DataFrames 中的列。Pandas 数据结构如图 2-1 所示。

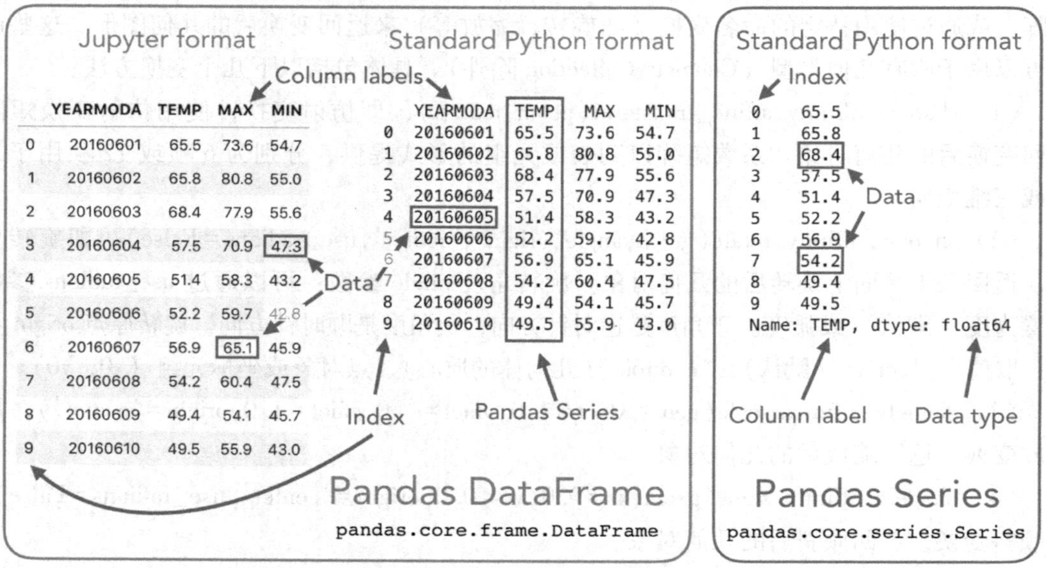

图 2-1 Pandas 数据结构示意图

2.2.1.2 Pandas 文件操作

Pandas 支持多种不同的数据格式，可以通过 read_csv( )、read_json( )、read_html( )、read_excel( )、read_hdf( )、read_stata( )、read_sas( )、read_spss( )、read_pickle( )、read_parquet( )、read_sql( )、read_sql_table( )、read_sql_query( ) 等方法，读取 CSV、JSON、HTML、MS Excel、HDF5、Stata、SAS、SPSS、Pickle、Parquet 格式、SQL 等各种不同类型的数据。

read_csv( ) 方法用于读取由逗号（,)、分号（;)、空格或其他常用分隔符分隔的数据文件，可以通过 sep 参数指定分隔符，缺省分隔符为逗号（,)，可以不用指定；read_csv( ) 方法返回值为 DataFrame 类型的对象。

要将内存中的 DataFrames 和 Series 写入文件，有相应的 to_csv( )、to_json( )、to_html( )、to_excel( )、to_hdf( )、to_stata( )、to_pickle( )、read_sql( ) 等方法。

2.2.1.3 DataFrame 常用属性方法

使用 DataFrame.shape 属性，可以获取数据集的（行数，列数）。使用 DataFrame.columns 属性，可以获取 DataFrame 的列名信息。使用 DataFrame.dtypes 属性，可以获取 DataFrame 每一列的数据类型信息。使用 DataFrame.index 属性，可以获取 DataFrame 的行标识符-行索引信息，返回信息形如：RangeIndex(start=0，stop=26569，step=1)，可以看到此索引从 0 开始，以 26569 结束，每个值之间递增 1，与 Python 列表的索引方式相同。不过，Pandas 还允许其他方式标识行，例如，DataFrame 索引可以是字符串或日期对象。

使用 DataFrame 对象的 .head( ) 方法可以快速查看前几行的数据，默认情况下，.head( ) 返回 DataFrame 的前 5 行；当然也可以返回指定前多少行，如 .head（15），前 15 行。

另外，可以使用 .tail（）方法查看 DataFrame 对象的最后几行数据，默认情况下为最后 5 行数据，也可指定返回最后多少行。

DataFrame['name'].unique( )、.nunique( )、.value_counts( )：可以获取数据集某个列（字段）'name'上取值的唯一值、唯一值的个数、各唯一值出现的次数。

DataFrame 和 Series 包含了获取汇总统计数据的方法：mean( )、median( )、min( )、max( ) 和 std( )(标准差)，这些方法仅对数值型列有效。

可以对 DataFrame 单个列、所有列（数值型的）进行汇总统计，如：data['population'].mean( )、data.mean( )。

可以使用 describe（）方法，获取 DataFrame 所有数值型列的更详细的汇总统计信息，包括 count、mean、std、min、max、三个分位数（25%、50%、75%）。

以下代码先使用 read_csv( ) 方法打开一个 csv 文件，得到 DataFrame 类型的对象 data，然后查看其相关属性。

```
import pandas as pd
datapath = '../data/Chap02/'
data = pd.read_csv(datapath + 'worldcities.csv')
type(data)   #输出为:pandas.core.frame.DataFrame
#获取数据集的(行数,列数)
```

```
data. shape  #输出为(26569,11)
#获取 DataFrame 数据集的行数
len(data)  #输出为 26569
#获取数据集的列名信息
data. columns
#获取 DataFrame 的行索引信息
data. index  #输出为 RangeIndex(start=0,stop=26569,step=1)
#获取 DataFrame 每一列的数据类型信息
data. dtypes
```

2.2.2 DataFrame 的行列数据选择

通常只希望从 DataFrame 中选择特定的行、列进行进一步分析，有多种方法可以选择 DataFrame 的子集。

2.2.2.1 选择连续的行——切片

从 DataFrame 中，只选择特定行的一种常见方法是通过索引切片提取 DataFrame 的一部分。Pandas 中的切片，与普通 Python 列表类似，即在方括号中指定想要选择的索引范围：dataframe[start_index：stop_index]，如 selection=data[5：10]。

Note

温馨提示：

（1）与 numpy 数组一样，所提供的切片范围包含第一个值（start_ index），但不包含第二个值（stop_ index）。

（2）行索引除了使用整数外，还可以使用字符串、日期等数据类型。

（3）当使用字符串作为行标签（行索引）时，不能使用切片。否则，会抛出“SyntaxError：invalid syntax”错误！

2.2.2.2 选择特定的列

可以根据列名或列名列表选择特定的列。

基本语法如下：

dataframe['列名']或 dataframe[['列名列表']]

如：data['city']、data[['city','population']]。

2.2.2.3 使用条件过滤数据

从 DataFrame 中，可以使用比较运算符（>、<、= =、>=、<=、! =）对特定列值进行条件过滤。过滤有单条件过滤和多条件过滤。

A 单条件过滤

基本语法如下：

DataFrame.列名 比较运算符 值 #列名不用引号

如：cn_cities = data[data. iso3 = = 'CHN']

或

DataFrame[列名] 比较运算符 值　　#列名用引号

如：cn_cities = data[data['iso3'] == 'CHN']

megacities = data[data['population'] >= 10000000]

B　多条件过滤

基本语法如下：

(DataFrame[列名] 比较运算符 值) & (DataFrame[列名] 比较运算符 值)

如：megacities_cn = data[(data['iso3'] == 'CHN') & (data['population'] >= 10000000)]

2.2.2.4　使用.loc 选择特定的行、列

在选择行子集时，还可以控制选择哪些列，这时可以使用 DataFrame.loc[]，它基于轴标签（行标签和列标签）选择数据。基本语法格式：

DataFrame.loc[行标签或列表或切片,列名或列名列表]

如：Dataframe.loc[start_index:stop_index,'列名']

或 Dataframe.loc[start_index:stop_index,['列名列表']]

或 Dataframe.loc[[行标签列表],['列名列表']]

或 Dataframe.loc[[行标签列表],:],获取[行标签列表]中的所有列数据

或 Dataframe.loc[:,列名或列名列表],获取所有行中相关的列数据。

如：selection = data.loc[5:10,'population'], selection = data.loc[5:10,['city','lat','lng','population']]。

另外，还可以使用.loc[] 从特定索引位置选择单个行。如：row = data.loc[4]，这里使用索引 4（第 5 行）选择所有的数据值。

有时只需要访问 DataFrame 中的单个值，在这种情况下，可以使用 DataFrame.at[]，而不用 DataFrame.loc[]。如：data.at[8,'population']，但仍可用 data.loc[8,'population']。

Note

温馨提示：

(1) 行标签除了使用整数外，还可以使用字符串、日期等数据类型。

(2) 可以使用 Dataframe.set_index() 方法设置 Dataframe 行索引，使用 Dataframe.reset_index() 重置 Dataframe 行索引。

2.2.2.5　使用.iloc 选择特定的行、列

DataFrame.loc[] 是基于轴标签（行标签和列标签）选择数据，而 DataFrame.iloc 是基于行、列整数值索引选择数据。

如：states.iloc[5：10,3：7]　#行切片为 5：10，列切片为 3：7。

2.2.3　数据分组汇总

DataFrame.groupby() 方法将 DataFrame 中所有行按照一列或多列划分为多个组，列值相同的在同一组，列值不同的在不同组。分组后，就得到一个 DataFrameGroupBy 对象，代表着已经被分开的各个组。后续所有的操作，如计数、求平均值等，都是针对这个对

象，也就是针对各个组。即在每个组组内进行计数、求平均值等。

DataFrame. groupby( ) 基本语法如下：

DataFrameGroupBy = DataFrame. groupby（列名或列名列表）

如：grouped = data. groupby('iso3')。

groupby( ) 返回 DataFrameGroupBy 对象。返回的对象是一系列（key，value）键值对，其中键是分组的字段值，值是该字段值下的 DataFrame 数据表。可用循环对分组后的结果进行遍历。

DataFrameGroupBy 对象常用功能如下：

（1）查看每组各列唯一值的个数：DataFrameGroupBy. nunique( )。

（2）查看每组数据的个数：DataFrameGroupBy. size( )。

（3）查看每组数据的行索引列表：DataFrameGroupBy. groups。

（4）查看每组的第一个元素：DataFrameGroupBy. first( )。

（5）查看某个分组的详细信息：DataFrameGroupBy. get_group(分组列名某个特定值)，如 grouped. get_group('CHN')，CHN 为分组字段 iso3 的一个取值。

（6）查看每组的统计信息：DataFrameGroupBy. describe( )，返回的是一个 Dataframe。对数据表中的数值列进行统计，信息包括：count = 计数，mean = 平均数，std = 标准差，min = 最小值，25% = 四分之一分位数，50% = 二分之一分位数（中位数），75% = 四分之三分位数，max = 最大值。

（7）查看指定列的统计信息：DataFrameGroupBy. describe( )[指定列名或列名列表]，如：grouped. describe( )['population']。

查看组内数据统计信息。

（1）组内离散列计数：DataFrameGroupBy[列名]. value_counts( )，如：grouped['admin_name']. value_counts( )。

（2）组内数值列求和：DataFrameGroupBy. sum( )，如：grouped. sum( )。

（3）组内成员数：DataFrameGroupBy. count( )，如：grouped. count( )。

（4）组内数值列均值：

1）各数值列的均值：DataFrameGroupBy. mean( )，如：grouped. mean( )。

2）指定数值列的均值：DataFrameGroupBy[数值列名]. mean( )，如：grouped['population']. mean( )。

（5）组内数值列中位数：

1）各数值列的中位数：DataFrameGroupBy. median( )，如：grouped. median( )。

2）指定数值列的中位数：DataFrameGroupBy[数值列名]. median( )，如：grouped['population']. median( )。

（6）组内数值列最大值：

1）各数值列的最大值：DataFrameGroupBy. max( )。

2）指定数值列的最大值：DataFrameGroupBy['population']. max( )。

（7）组内数值列最小值：

1）各数值列的最小值：DataFrameGroupBy. min( )。

2）指定数值列的最小值：DataFrameGroupBy[数值列名]. min( )。

（8）组内数值列标准差：

1）各数值列的标准差：DataFrameGroupBy. std( )。

2）指定数值列的标准差：DataFrameGroupBy[数值列名]. std( )。

（9）组内数值列方差：

1）各数值列的方差：DataFrameGroupBy. var( )。

2）指定数值列的方差：DataFrameGroupBy[数值列名]. var( )。

（10）组内数值列分位数：

1）统计所有数值列的分位数：DataFrameGroupBy. quantile( )。

2）统计单个数值列的分位数：DataFrameGroupBy［数值列名]. quantile（）。

（11）组内数值列的聚集统计 agg( )：可将多个统计函数一起放在 agg( ) 函数中，也可以加入自定义函数。DataFrameGroupBy. agg(['max','min','mean','median','std','var'])。

（12）组内数值列累计和：DataFrameGroupBy. cumsum( )。

2.2.4　缺失数据处理

数据文件中缺失数据是很常见的情况，这些缺失的值表示为 NaN(not-a-number)，通常需要以某种方式处理它。处理 NaN 值的常见方法是从 DataFrame 中删除它们，或者用特定值填充它们。

2.2.4.1　删除缺失值

使用 DataFrame. dropna( ) 函数，从指定列或列名列表中删除 NoData 值（即清除数据）。dropna（）的 subset 参数用于指定 DataFrame 的列名或列名列表。基本语法如下：

DataFrame. dropna(subset=[列名或列名列表])

如：new_data = data. dropna(subset=['city'])。

dropna( )函数也可以应用“inplace =True”，意味着该函数更新原有的 DataFrame 对象，即：data. dropna(subset=['city'],inplace=True)。

2.2.4.2　填充缺失值

使用 DataFrame. fillna( ) 函数，用某个特定值填充 NoData。通常可以用值-9999 来填充缺失的值。不指定 subset 参数，意味着全列填充。基本语法如下：

DataFrame. fillna(某个特定值,subset=[列名或列名列表])

如：data. fillna(-9999)用-9999 填充 NoData。

2.3　GeoPandas 基础

GeoPandas 结合了 Pandas 分析表格数据的能力，以及 Shapely 处理几何类型、空间关系运算及空间操作运算的能力。

此外，GeoPandas 还依赖于其他软件包，如 fiona 用于读取和写入文件，pyproj 用于管理坐标参考系，matplotlib 用于绘图。

Pandas 主要功能是分析处理普通的二维表格类型的数据（如 table、csv、excel 等），

GeoPandas 主要功能是分析处理 GIS 中的要素类（如 GeoPackage、GeoJSON、Shapefile 等），即带几何类型列的二维表格。

本节主要介绍 GeoPandas 的数据结构、矢量空间数据读写、地图投影及坐标参考系、空间操作运算、地理编码等内容。

2.3.1 GeoPandas 数据结构

GeoPandas 通过增加对地理空间数据的支持，扩展了 Pandas。GeoPandas 核心数据结构是 GeoSeries 和 GeoDataFrame，分别是 Pandas 中的 Series、DataFrame 的子类。

2.3.1.1 GeoSeries 数据结构

GeoSeries 是由几何对象构成的数据系列，系列中的一个条目表达对应的地理要素的几何形状，几何形状可以是单部分的（如单一的多边形 Polygon），也可以是多部分的（如 MultiPolygon）。

GeoPandas 中的几何对象包括：Point/MultiPoint、LineString/MultiLineString、Polygon/MultiPolygon。

Note

温馨提示：GeoSeries 系列中的所有条目不要求是相同的几何类型。但如果几何类型不同，某些导出操作将失败。

GeoSeries 类实现了 Shapely 中几何对象几乎所有的属性和方法（详见几何对象模型）。主要属性、方法如下：

（1）GeoSeries 的一般属性和方法：主要有 length、area、x、y、z、geom_type、boundary、interiors、exterior、bounds、total_bounds、distance（other）、representative_point() 等。

（2）GeoSeries 的一元谓词：主要有 is_empty、is_ring、is_simple、is_valid、has_z 等。

（3）GeoSeries 的二元谓词：主要有 contains、crosses、disjoint、geom_equals、geom_almost_equals、geom_equals_exact、intersects、overlaps、touches、within、covers、covered_by 等。

（4）GeoSeries 的基于集合理论的方法：主要有 difference、intersection、symmetric_difference、union 等。

（5）GeoSeries 的构造性方法和属性：主要有 buffer、boundary、centroid、convex_hull、envelope、simplify 等。

2.3.1.2 GeoDataFrame 数据结构

GeoDataFrame 由常规数据（如数字、布尔值、文本等）系列 Series 和 GeoSeries 组成。GeoDataFrame 可以拥有任意多个带有几何图形的列 GeoSeries，需要设置其中的一列 GeoSeries 为当前活动状态的 GeoSeries，即应用于 GeoDataFrame 的所有几何操作运算都是针对当前处于活动状态的 GeoSeries。GeoDataFrame 缺省的“几何列”名为“geometry”。

GeoDataFrame 中不同的 GeoSeries 可以处于不同的地图投影中，也即在一个

GeoDataFrame 中，可以存储表达一个几何对象的不同 CRS 的多个版本。

GeoDataFrame 相当于 GIS 数据中的一张属性表，可以直接操作矢量空间数据。

GeoDataFrame 中调用的空间数据相关的属性、方法，实际上是 GeoDataFrame 当前活动几何列上的属性、方法。所以，GeoDataFrame 空间数据相关的属性、方法与 GeoSeries 的基本相同（GeoDataFrames 提供了额外的几个 I/O 方法）。

使用 GeoDataFrame.set_geometry() 方法，可以切换 GeoDataFrame 中的活动几何列，如：gdf=gdf.set_geometry('centroid')。这时，使用 GeoDataFrame.geometry.name 可以返回当前活动几何列的列名，如'centroid'。

Note

温馨提示1：GeoDataFrame 按名称跟踪当前活动几何列。当重命名活动几何列时，还必须重置当前活动几何列：

```
gdf = gdf.rename(columns={'old_name':'new_name'}).set_geometry('new_name')
```

温馨提示2：有点令人困惑的是，默认情况下，当使用 read_file() 方法时，包含空间对象的列被默认命名为'geometry'，并被设置为活动几何列。使用 set_geometry() 方法可将活动几何列设置为不同的 GeoSeries。

此外，GeoDataFrame.geometry 将始终返回当前活动几何列，而不是名为'geometry'的列。如果希望将一个列命名为'geometry'，而另一个列是活动几何列，请使用 GeoDataFrame['geometry']，而不是 GeoDataFrame.geometry。

以下代码说明 GeoDataFrame 当前活动几何列应用示例。

```
import geopandas as gpd
datapath = '../data/Chap02/'
world = gpd.read_file(datapath + 'continents.geojson')
type(world)  #输出为 geopandas.geodataframe.GeoDataFrame
world.geometry.name  #输出为'geometry'
world['geometry'][:2]
world.plot(figsize=(8,6)); #此时几何类型为多边形
world['centroid'] = world.centroid
world = world.set_geometry('centroid')
world.geometry.name  #输出为'centroid'
world.plot(figsize=(8,6)); #此时几何类型为点
```

2.3.2 GeoPandas 文件读写操作

GeoPandas 提供的 read_file() 方法用于读取各种类型的矢量数据文件（如 GeoPackage、GeoJSON、Shapefile 等），并创建一个 GeoDataFrame 对象。

read_file() 方法在读取文件时，会自动探测文件的类型。

GeoDataFrame.to_file() 方法用于将内存中的 GeoDataFrame 写入指定文件中，缺省文件格式为 Shapefile，但可通过 driver 关键字指定输出的文件格式。

2.3.2.1 读空间数据

GeoPandas 利用 Fiona 包读写空间数据，而 Fiona 是基于 GDAL/OGR 的，提供了读写空间数据的 Python API。Fiona 可以使用多层 GIS 格式和压缩虚拟文件系统读写矢量空间数据，并且很容易与其他 Python GIS 包（如 pyproj、Rtree 和 Shapely）集成。

Fiona 采用 Python 中内置的数据结构表示矢量数据，一个要素以 GeoJSON 表示，使用 Python 内置的字典（dict）结构组织，一个图层包含在一个集合（Collection）中，可以对该集合进行迭代遍历，得到其中的要素。

使用 geopandas.read_file() 方法，可以读取几乎所有格式的矢量空间数据，包括 ESRI shapefile、GeoJSON、GeoPackage 等文件。使用 geopandas.read_file() 读取某种类型的数据文件，在后端实际上是使用 fiona.open() 来读入数据，读入的数据自动转换为 GeoDataFrame 对象类型。

geopandas.read_file()与 fiona.open() 语法格式如下：

geopandas.read_file(filename,bbox=None,mask=None,rows=None, ** kwargs)

fiona.open(filename,mode='r',driver=None, schema=None,crs=None,encoding=None, layer=None,vfs=None,enabled_drivers=None,crs_wkt=None, ** kwargs)

以下是 geopandas.read_file()主要参数：

（1） filename：str 类型，带路径的文件或 url，或 zip 文件。

（2） bbox：矩形空间范围过滤，格式为（左下角 x，左下角 y，右上角 x，右上角 y）。

（3） layer：str 类型，当要读入的数据格式为 Geodatabase.gdb 或 .gpkg 时，传入对应图层（要素类）的名称。

（4） mask：与 bbox 过滤功能相似，不同的是 mask 可以传入任意形状的多边形。

（5） rows：行过滤，通过传递一个整数（前 n 行）或一个 slice() 对象来加载特定的行。

（6） ** kwargs：通过关键字传递参数，如 layer='states',driver="GPKG"

以下代码展示使用 geopandas.read_file() 方法读取不同类型的矢量空间数据。

```
import geopandas as gpd; import fiona
datapath = '../data/Chap02/'
#可以使用 driver 关键字显式设置数据格式（shapefile，GeoJSON），或者使用 layer 关键字从多层文件中选择单层
states = gpd.read_file(datapath + 'usa.gpkg',layer='states')
states.plot();
#直接从 ZIP 文件读取数据。如果 ZIP 文件包含文件目录结构，则需按目录结构读取其中的数据。
zipfile = "zip://../data/Chap02/world.zip"
countries = gpd.read_file(zipfile)
countries.plot();
# read_file 还可以读取某个已打开的文档对象中的数据。
filename = datapath + "states.geojson"
file = open(filename)
```

```
states = gpd.read_file(file)
states.plot();
```

2.3.2.2 使用过滤器读取部分空间数据

geopandas.read_file() 在读取较大的数据集时可以利用过滤器。过滤器有几何过滤器、空间范围过滤器、行过滤器等。

（1）几何过滤器。几何过滤器仅加载与指定几何对象相交的数据。使用 mask 参数可以设置几何过滤器，如：

```
states = gpd.read_file(datapath + "states.geojson")
ushigh_mon = gpd.read_file(datapath + "ushigh.geojson", mask=states[states.STATE_NAME=="Montana"])
```

（2）边界框（Bounding Box）过滤器。边界框过滤器仅加载与边界框相交的数据。使用 bbox 参数可以设置边界框过滤器，如：

```
rect = (-108.98,36.12,-95.38,42.35)
ushigh_bbox = gpd.read_file(datapath + "ushigh.geojson",bbox=rect)
```

（3）行（rows）过滤器。行过滤器，通过传递一个整数（前 n 行）或一个 slice() 对象来加载特定的行。使用 rows 参数可以设置行过滤器，如：

```
states_head10 = gpd.read_file(datapath + "states.geojson",rows=10)
states_slice10_20 = gpd.read_file(datapath + "states.geojson",rows=slice(10,20))
```

（4）字段/列过滤器。geopandas.read_file()方法通过设置 ignore_fields 关键字过滤不需要的字段列表，通过设置 ignore_geometry=True，不加载几何列。如：

```
states_some_fields = gpd.read_file(datapath + "states.shp",
    ignore_fields=['UNITS2','UNITS3_9','UNITS10_49','UNITS50_UP'])
#通过设置 ignore_geometry=True，不加载几何列，这时返回的是 pandas.DataFrame 对象。
states_pdf = gpd.read_file(datapath + "states.shp",ignore_geometry=True)
```

2.3.2.3 写空间数据

使用 geopandas.GeoDataFrame.to_file() 方法，可以将内存空间中的 GeoDataFrame 导出为多种不同的标准矢量格式，具体支持的格式，可通过 fiona.supported_drivers 查询。

另外，GeoDataFrame 可以通过使用 geopandas.GeoDataFrame.to_postgis() 方法上传数据到 PostGIS 数据库。

（1）写入 Shapefile 文件。GeoDataFrame.to_file() 方法，若不指定 driver 参数，默认保存为 Shapefile 文件格式。如：

```
states_some_fields = gpd.read_file(datapath + "states.shp",
    ignore_fields=['UNITS2','UNITS3_9','UNITS10_49','UNITS50_UP'])
states_some_fields.to_file(datapath + "states_some_fields.shp")
```

（2）写入 GeoJSON 文件。将 GeoDataFrame.to_file()方法的 driver 参数设置为 'GeoJSON'，如：

```
states_some_fields.to_file(datapath + "states_some_fields.geojson",driver='GeoJSON')
```

（3）写入 GeoPackage 文件。需要设置 GeoDataFrame. to_file( )方法的 layer、driver 两个参数：layer='图层名', driver="GPKG"，如：

```
states_some_fields.to_file(datapath + "usa.gpkg", layer='states_some_fields', driver="GPKG")
```

2.3.3 地图投影及坐标参考系

GeoSeries. crs 属性可以访问几何系列的坐标参考系（Coordinate Reference System, CRS）；坐标参考系包括大地基准和坐标系两大部分，是定位空间位置的基准。GeoSeries 或 GeoDataFrame 对象中的几何形状的坐标是以 CRS 为基准的。

坐标参考系有地理坐标系（大地坐标系）和投影坐标系两种类型。投影坐标系是地理坐标系依据某种地图投影后得到的坐标系。

常用的地理坐标系如 WGS84（EPSG：4326）、我国的 2000 大地坐标系（EPSG：4490），投影坐标系如我国的 Gauss-Kruger 6 度带第 20 带投影坐标系（EPSG：4509）、Gauss-Kruger 3 度带第 38 带投影坐标系（EPSG：4547）等。每个坐标参考系都有一个唯一的 epsg 代码。CRS 的表达主要有 WKT 和 PROJ 字符串两种方式。

地图投影的相关操作有：设置投影和重投影。

大多数情况下，不需要设置地图投影，因为一般的空间数据文件包含了 CRS 信息，使用 geopandas. read_file( ) 读取文件，通过 GeoSeries 可以查看 CRS 的相关信息。

但是，当空间数据文件没有包含 CRS 信息时，则必须设置 CRS。例如，当从包含纬度、经度的文本文件或电子表格文件中读取数据并转换为 GeoSeries 时，可以通过 GeoSeries. set_crs( ) 方法设置几何对象的坐标参考系，即

```
my_geoseries = my_geoseries.set_crs("EPSG:4490")
```

或

```
my_geoseries = my_geoseries.set_crs(epsg=4490)
```

重投影是将位置表示从一个坐标系变换到另一个坐标系的过程。所有的地图投影都存在投影变形，但可以选择最适合研究区域的地图投影。可以通过 GeoDataFrame. to_crs( )、GeoDataFrame['几何列']. to_crs( )、GeoSeries. to_crs( ) 等方法完成坐标系的转换。

以下代码说明 to_crs( )的应用。

```
import matplotlib.pyplot as plt; import geopandas as gpd
datapath = '../data/Chap02/'
world = gpd.read_file(datapath + 'world.geojson')
#查看 world 的坐标参考系
world.crs
ax = world.plot();
ax.set_title("WGS84 (lat/lon)");
# Reproject to Mercator
world = world.to_crs("EPSG:3395")
ax = world.plot()
ax.set_title("Mercator");
```

2.3.4 数据连接

GeoPandas 提供了两种方法连接数据集：属性连接（attribute joins）和空间连接（spatial joins）。

（1）属性连接：基于公共属性值连接两个数据集（GeoSeries 或 GeoDataFrame），与 Pandas 中的 merge、join 类同。

（2）空间连接：基于两个数据集（GeoSeries 或 GeoDataFrame）的空间关系连接数据。

2.3.4.1 串接（concat）数据集

使用 Pandas 的 concat( ) 方法，用于在行方向（axis=0，默认）或列方向（axis=1）上串接数据集；当按行方向进行串接时，要求串接的几何列具有相同的 CRS。

以下代码展示使用 Pandas 的 concat( ) 方法将 world（多边形）、cities（点）几何形状在行方向上串接，得到的结果 joined 几何类型前面部分为多边形、后面部分为点。

```
import pandas as pd; import geopandas as gpd
datapath = '../data/Chap02/'
world = gpd.read_file(datapath + 'world.geojson')   #多边形几何类型
cities = gpd.read_file(datapath + 'worldcities.geojson')   #点几何类型
joined = pd.concat([world.geometry,cities.geometry])
joined.plot(figsize=(8,6));
```

2.3.4.2 属性连接

Pandas 的 DataFrame 数据连接有两个方法：

（1）DataFrame.join：将另一 DataFrame 的列连接到该 DataFrame（即 concat（）方法在列方向上的串接）。

（2）DataFrame.merge：使用数据库样式的连接（join）合并 DataFrame 或系列（Series）对象，可以实现更复杂的连接。

A 使用 DataFrame.join( ) 进行属性连接

DataFrame.join( )语法如下：

```
DataFrame.join(other,on=None,how='left',lsuffix='',rsuffix='',sort=False)
```

基于索引（index）或指定列，将其他 DataFrame 的列连接到该 DataFrame。通过传递一个列表，能够有效地通过索引或指定列一次连接多个 DataFrame 对象。

主要参数如下：

（1）other：DataFrame，Series，或 DataFrame 列表，Index 应该类似。如果传递了一个 Series，则必须设置它的 name 属性，并将其用作连接结果 DataFrame 中的列名。

（2）on：str，列表或数组类型，可选参数。当通过该 DataFrame 列或索引级别的名称（即 on 参数的值）与 other 的索引进行连接时，需要设置该参数；否则通过两边的索引进行连接。

（3）how：{'left','right','outer','inner'}，缺省为'left'。

1）left：使用该 DataFrame 的索引或列进行连接。

2）right：使用 other 的索引或列进行连接。

3）outer：将两个数据集的索引合并，并按字典顺序排序。

4）inner：将两个数据集的索引求交集。

（4）lsuffix：str，缺省为''。

（5）rsuffix：str，缺省为''。

（6）sort：bool，缺省为False，连接结果是否排序。

以下代码先创建两个DataFrame，然后展示DataFrame.join()方法使用的不同情况，连接结果详见本书附带的ipynb文件，读者可自行演练。

```
import pandas as pd
df = pd.DataFrame({'key1':['K0','K1','K2','K3','K4','K5'],
                   'A':['A0','A1','A2','A3','A4','A5']})
other = pd.DataFrame({'key2':['K0','K3','K5'],
                      'B':['B0','B1','B2']})
```

（1）使用各自的索引连接两个DataFrame，索引值相同的连接起来，属于数据集的默认连接方式。即

```
df.join(other,lsuffix='_caller',rsuffix='_other')
```

（2）如果要通过公共列值进行连接，则要分别对公共列创建索引，然后列值相同的连接起来。即

```
df.set_index('key1').join(other.set_index('key2'))
```

（3）使用on参数设置该DataFrame的连接列key1，该连接列与other的key2对应；原始数据集的索引保留。即

```
df.join(other.set_index('key2'),on='key1')
```

B 使用DataFrame.merge()进行属性连接

DataFrame.merge()语法如下：

DataFrame.merge(right, how='inner', on=None, left_on=None, right_on=None, left_index=False, right_index=False, sort=False, suffixes=('_x','_y'), copy=True, indicator=False, validate=None)

基于列或索引进行连接。如果基于列进行连接，则忽略DataFrame的索引。否则，如果基于索引-索引连接或索引-列连接，则会传递索引。执行交叉合并时，不允许指定列。

主要参数如下：

（1）right：DataFrame或命名的Series。

（2）how：{'left', 'right', 'outer', 'inner', 'cross'}，缺省为'inner'。'cross'，创建两个数据集的笛卡尔积，保持左键的顺序。其余的几个取值与DataFrame.join()中的含义相同。

（3）on：label或list。用于连接的列或索引名称，必须能在两个数据集中找到。如果on是None并不是基于索引进行合并，则默认为两个DataFrames中的列的交集。

（4）left_on：label或list或数组类型。左边DataFrame用于连接的列或索引名称。

（5）right_on：label或list或数组类型。右边DataFrame用于连接的列或索引名称。

（6）left_index：bool，缺省为False。使用左边DataFrame的索引用于连接键（join key(s)），左右两边应该一致。

（7）right_index：bool，缺省为 False。使用右边 DataFrame 的索引用于连接键（join key(s)），左右两边应该一致。

（8）sort：bool，缺省为 False，连接结果是否排序。

（9）suffixes：列表类，缺省为（'_x','_y'）。长度为 2 的序列，其中每个元素都是可选的字符串，分别指示要添加到左边和右边重叠列名的后缀。传递值为 None 而不是字符串，以指示左列名称或右列名称应按原样，不带后缀。至少有一个值不能为 None。

（10）copy：bool，缺省为 True。

（11）indicator：bool 或 str，缺省为 False。如果为 True，则向输出的 DataFrame 添加名为"_merge"的一列，其中包含每一行的源信息。通过提供字符串参数，可以为列指定不同的名称。该列将有一个分类类型，其值为"left_only"用于合并键只出现在左边的 DataFrame，"right_only"用于合并键只出现在右边的 DataFrame，如果在两个 DataFrame 中都发现了观察的合并键，则为"both"。

（12）validate：str，可选。如果指定了，则检查 merge 是否为指定类型。

1）'one_to_one'或'1：1'：检查合并键在左数据集中和右数据集中是否唯一。

2）'one_to_many'或'1：m'：检查合并键在左数据集中是否唯一。

3）'many_to_one'或'm：1'：检查合并键在右数据集中是否唯一。

4）'many_to_many'或'm：m'：允许，但不检查。

属性连接使用 merge 方法时，建议从空间数据集 GeoDataFrame 调用 merge 方法。DataFrame 调用 merge 方法，结果将不再是 GeoDataFrame。如：

```
#根据公共字段进行合并
country_shapes = country_shapes.merge(country_names,on='iso_a3')
```

2.3.4.3　空间连接

GeoPandas 的空间连接 sjoin（两个数据集基于空间关系进行连接）的实现有两种类型：一是 geopandas.sjoin()，二是 GeoDataFrame.sjoin()。

geopandas.sjoin() 基本语法：

```
sjoin(left_df,right_df,how='inner',predicate='intersects',lsuffix='left',rsuffix='right')
```

GeoDataFrame.sjoin()基本语法：

```
GeoDataFrame.sjoin(right_df,how='inner',predicate='intersects', *args, **kwargs)
```

主要参数如下：

（1）left_df,right_df：要连接的两个数据集 GeoDataFrames。

（2）how：string，缺省为'inner'，指定将发生的连接类型，以及在结果 GeoDataFrame 中保留哪些几何图形。

1）'left'：使用 left_df 的键（索引），只保留 left_df 的 geometry 列。

2）'right'：使用 right_df 的键（索引），只保留 right_df 的 geometry 列。

3）'inner'：使用两边的键（索引）的交集，只保留 left_df 的 geometry 列。

（3）predicate：string，缺省为'intersects'；predicate 参数指定了 GeoPandas 如何根据空间关系决定是否将一个对象的属性连接到另一个对象。predicate 的值对应于几何二元谓词的名称，并依赖空间索引实现。predicate 取值：'intersects'、'contains'、'within'、'touches'、'crosses'、'overlaps'。

（4）lsuffix：string，缺省为'left'。后缀应用于重叠的列名（左边的 GeoDataFrame）。

（5）rsuffix：string，缺省为'right'。后缀应用于重叠的列名（右边的 GeoDataFrame）。

以下使用两种类型的空间连接，按'intersects'空间关系连接两个 GeoDataFrames(cities, countries)。

```
cities_with_country = gpd.sjoin(cities, countries, how = "inner", predicate = 'intersects')
cities_with_country2 = cities.sjoin(countries, how = "inner", predicate = 'intersects')
```

2.3.5 GeoPandas 的空间操作运算

2.3.5.1 几何操作运算

GeoPandas 利用 shapely 库中提供的所有几何操作工具，包括构造方法和仿射变换方法。

（1）构造方法主要有：GeoSeries.buffer(distance, resolution = 16)、GeoSeries.boundary、GeoSeries.centroid、GeoSeries.convex_hull、GeoSeries.envelope、GeoSeries.simplify(tolerance, preserve_topology = True)、GeoSeries.unary_union 等。

（2）仿射变换方法主要有：GeoSeries.affine_transform(self, matrix)、GeoSeries.rotate(self, angle, origin = 'center', use_radians = False)、GeoSeries.scale(self, xfact = 1.0, yfact = 1.0, zfact = 1.0, origin = 'center')、GeoSeries.skew(self, angle, origin = 'center', use_radians = False)、GeoSeries.translate(self, xoff = 0.0, yoff = 0.0, zoff = 0.0) 等。

2.3.5.2 空间叠加操作（overlay）运算

当使用多个空间数据集时，特别是多个多边形或线数据集，用户通常希望基于这些数据集叠加来创建新的数据集。这些操作经常使用集合语言：交集、并集和差集等。这些操作可以使用 GeoPandas 中的叠加函数（overlay）。

叠加操作是在 GeoDataFrame 级别上操作的，而不是在单个几何图形上，并且保留了这两种数据集的属性。实际上，对于第一个 GeoDataFrame 中的每一个几何对象，叠加操作将针对另一个 GeoDataFrame 中的每一个几何对象执行。

GeoPandas 中叠加函数（overlay）的实现有两种类型：一是 geopandas.overlay()，二是 GeoDataFrame.overlay()。

geopandas.overlay()基本语法如下：

```
geopandas.overlay(df1, df2, how = 'intersection', keep_geom_type = None, make_valid = True)
```

GeoDataFrame.overlay()基本语法如下：

```
GeoDataFrame.overlay(df2, how = 'intersection', keep_geom_type = None, make_valid = True)
```

两类方法都是对两个 GeoDataFrames 数据集执行空间叠加操作运算，返回新的 GeoDataFrame。

主要参数如下：

（1）df1：GeoDataFrame。

（2）df2：GeoDataFrame。

（3）how：string，空间叠加操作的类型：'intersection'，'union'，'identity'，'symmetric_ difference' 或 'difference'。

(4) keep_geom_type：bool，如果为 True，则只返回与 df1 具有相同几何类型的几何对象，如果为 False，则返回所有生成的几何对象。

(5) make_valid：bool，缺省为 True。如果为 True，则通过调用 buffer（0）纠正任何无效的输入几何对象，如果为 False，则任何无效的输入几何对象将引发 ValueError。

应用示例请查阅本书附带的 ipynb 文档。

2.3.5.3　数据溶解聚合（dissolve）

在 GIS 应用中，有时需要将细粒度的空间数据聚合成更粗粒度的空间数据。例如，需要将具有相同属性的多边形聚合为更高层次更大的多边形。在非空间应用中，可以使用 groupby 函数来聚合数据。在 GeoPandas 库中，可以使用 dissolve 函数来聚合几何特征。

溶解可以认为是做三件事：(1) 将给定组中的所有几何对象溶解为一个单一的几何要素（使用 unary_union 方法）；(2) 使用 groupby. aggregate（）聚合一组中的所有行数据；(3) 汇合前两个结果。

假如对全球各大洲感兴趣，但只有国家级别的数据，使用 dissolve( ) 方法可以很容易地将国家数据集转换为各大洲级的数据集。如果对人口聚合感兴趣，可以使用 aggfunc 参数向 dissolve 方法传递不同的函数来实现。不同的函数有：'first'、'last'、'min'、'max'、'sum'、'mean'、'median'。

以下代码将 world 各个国家的多边形按所在的'continent'进行溶解聚合得到全球各大洲的多边形。

```
world = gpd.read_file(datapath + 'world.geojson')
world = world[['continent','geometry','pop_est']]
continents = world.dissolve(by='continent',aggfunc='sum')
continents.plot(column = 'pop_est',scheme='quantiles',cmap='YlOrRd');
```

2.3.6 地理编码（geocoding）

GeoPandas 通过 geopy 支持地理编码（即将地名转换为地球上的位置）。使用 geopandas.tools.geocode( ) 方法即可实现地理编码功能。默认情况下，geocode( ) 方法使用 Geocode.Farm 地理编码 API（有速率限制），但是可以使用 provider 关键字指定不同的地理编码服务。

geocode( ) 方法语法格式如下：

```
geopandas.tools.geocode(strings,provider=None, ** kwargs)
```

该方法对地址字符串列表或系列 strings 进行地理编码，返回代表字符串位置的点类型的 GeoDataFrame。

参数 provider 为 str 或 geopy.geocoder，指定要使用的地理编码服务。provider 参数可以是一个引用地理编码服务的字符串，比如'google'、'bing'、'yahoo'或'openmapquest'，也可以是一个来自 geopy 的 Geocoder 实例。对于许多提供商需要的 API Key 等参数，可通过 ** kwargs 参数传递。

反向地理编码，根据坐标确定其所在的地址。使用 geopandas. tools. reverse_geocode( ) 可以实现反向地理编码功能，语法格式如下：

geopandas. tools. reverse_geocode(points, provider=None, ** kwargs)

该方法根据点集合，返回包含其对应地址的 GeoDataFrame。

以下代码展示地理编码、反向地理编码的应用。

```
import geopandas as gpd; import geopy

datapath = '../data/Chap02/'
boros = gpd. read_file( datapath + 'nybb. geojson')
#时常出现网络连接超时
"""
boro_locations = gpd. tools. geocode( boros. BoroName, provider='nominatim', user_agent="
myApp")
boro_locations
"""
#反向地理编码
from shapely. geometry import Point
#时常出现网络连接超时
"""
gdf = gpd. tools. reverse_geocode(
    [Point(-71. 0594869, 42. 3584697), Point(-77. 0365305, 38. 8977332)],
provider='nominatim', user_agent="myApp"
)
"""
```

另外，geopy 提供了目前流行的地理编码 web 服务，使 Python 开发人员能够使用第三方地理编码服务和其他数据源轻松定位全球各地的地址、城市、国家和地标的坐标。

geopy. geocoders 模块将第三方地理编码服务 API 抽象为一个一个的类，如 OpenStreetMap 的 Nominatim，百度的 Baidu、BaiduV3 等。可以使用 dir(geopy. geocoders) 查看 geopy. geocoders 模块中的地理编码服务类，即首字母大写的类。

每个地理编码服务类也提供了反向地理编码方法 reverse( )。

以下代码展示 geopy 地理编码服务的应用。

```
from geopy. geocoders import Nominatim
#时常出现网络连接超时
"""
geolocator =Nominatim( user_agent="myapplication")
location = geolocator. geocode("175 5 th Avenue NYC")
print( location. address)
"""
print( ( location. latitude, location. longitude))
```

```
print(location.raw)
"""
#反向地理编码
#时常出现网络连接超时
"""
location = geolocator.reverse("52.509669,13.376294")
print(location.address)
print((location.latitude,location.longitude))
print(location.raw)
"""
```

Tip

本章小结： 主要介绍了矢量空间数据分析处理相关的三个包 Shapely、Pandas 和 GeoPandas 的主要功能及应用。其中，Shapely 包主要介绍了几何对象模型、空间谓词与空间关系、空间操作运算等内容；Pandas 的主要功能为普通的二维表格数据分析处理，主要内容包括二维表格文件读写、DataFrame 的行列数据筛选、数据分组汇总等；GeoPandas 的主要功能为分析处理 GIS 中的要素类（如 GeoPackage、GeoJSON、Shapefile 等），即带几何类型列的二维表格，主要内容包括常用的矢量空间数据文件的读写、地图投影及坐标参考系、属性连接与空间连接、空间叠加操作、地理编码等。

参 考 文 献

[1] Sean Gillies and Shapely contributors. Shapely [CP/OL]. 2011-2024 [2024-02-01]. https://shapely.readthedocs.io/en/stable/.

[2] Pandas developers. Pandas [CP/OL]. 2011-2024 [2024-03-01]. https://pandas.pydata.org/docs/.

[3] GeoPandas developers. GeoPandas [CP/OL]. 2013-2024 [2024-03-05]. https://geopandas.org/en/stable/.

[4] Open Geospatial Consortium. OGC Simple Feature Access [S/OL]. 2011 [2022-06-01]. https://www.ogc.org/standard/sfa/.

3 栅格数据处理与分析基础

栅格数据的基本数据结构是一个二维数组或矩阵，多波段的栅格数据是一个三维数组或矩阵。Python 生态中的 NumPy、Rasterio、Xarray、Rioxarray 等包提供了丰富的栅格数据处理与分析功能。本章主要阐述这些包的主要功能及应用。

本章涉及的详细示例代码，详见本书附带的 ipynb 文件。

3.1 NumPy 基础

NumPy 是 Python 生态中多维数组处理的基础包，是其他数组处理包如 Pandas、GeoPandas、Rasterio、Xarray 等的基础。

本节内容包括：创建数组、数组索引与切片、数组运算（Array Operations）、数组堆积（Stacking）与分割（Splitting）、线性代数（Linear Algebra）运算等。

> **Note**
>
> **习惯用法：**使用 NumPy 时，通常以 import numpy as np 方式导入，然后在代码或文字表述中，用 np 代替 numpy。

3.1.1 创建数组

NumPy 的基本数据结构为 ndarray（*N* 维数组，由相同类型的元素组成），可以通过以下多种方式创建数组。

3.1.1.1 由迭代对象创建数组

可以使用 list、tuple、range 有序地迭代对象创建数组，但不能使用 set、dict 无序地迭代对象创建数组。以下分别使用 list、tuple、range 对象创建数组。

```
import numpy as np
arr1 = np.array([1,2,3,4,5])  #使用列表对象创建数组
type(arr1)  #输出为 numpy.ndarray
arr2 = np.array((1,2,3,4,5))#使用元组对象创建数组
arr3 = np.array(range(10))  #使用 range 对象创建数组
```

3.1.1.2 指定数据类型创建数组

创建数组时，可以通过 dtype 参数指定数组的数据类型。如：

```
arr4 = np.array([[1,2,3],[4,5,6]],dtype='i2')  #'i2'表示两个字节的整数，即 int16
```

3.1.1.3 使用 np.arange() 方法创建数组

使用 np.arange() 方法，可以指定创建数组的数值范围。np.arange() 方法的语法

如下：

```
np.arange(start,stop,step)
```

Note

温馨提示： Python 的 range(start, stop, step)、np.arange(start, stop, step) 包含 start，但不包含 stop。

3.1.1.4 使用 np.linspace() 方法创建数组

使用 np.linspace() 方法，在指定范围内创建等距数字数组，该方法语法如下：

```
np.linspace(start,stop,num of elements,endpoint=True,retstep=False)
```

参数如下：

（1）start：起始数值（包含该值）。

（2）stop：终止数值（当 endpoint 参数为 True 时，包含该值）。

（3）num of elements：数组中包含的元素数目。

（4）endpoint：bool 类型，当为 True 时，stop 包含在数组中，否则不包含。

（5）retstep：bool 类型，表示是否返回步长 step 值。

示例如下：

```
arr6,step_size = np.linspace(0,5,8,endpoint=False,retstep=True)
arr7,step_size = np.linspace(0,5,8,endpoint=True,retstep=True)
```

3.1.1.5 使用随机数创建数组

np.random 模块提供的 random()、rand()、randn()、randint() 等方法，可由随机数创建数组。

（1）np.random.random(size=None)：生成指定维度的［0，1）范围内的随机浮点数数组。size 为 list 或者 tuple 时，产生相应维度的数组。

（2）np.random.rand(d0,d1,...,dn)：生成指定维度的［0，1）范围内均匀分布的随机数数组。

（3）np.random.randn(d0,d1,...,dn)：生成指定维度的服从标准正态分布的随机数数组。

（4）np.random.randint(low,high=None,size=None,dtype=int) 产生属于［low，high）范围内的 size 数量的离散均匀分布的整数。如果 high 为 None，则产生属于［0，low）的离散均匀分布；size 值可以为数值（产生结果为一维），也可以为 list 或者 tuple（产生结果为二维或者多维）。

创建随机数数组的示例如下：

```
arr8 = np.random.random(10)
arr9 = np.random.random((2,5))   #生成 2 行 5 列数组
arr10 = np.random.rand(3,3)
arr11 = np.random.randn(2,4)
arr12 = np.random.randint(0,10,(2,5))
arr13 = np.random.randint(3,size=10)
```

arr14 = np. random. randint(5,size=(2,4))

arr15 = np. random. randint(1,[3,5,10]) #使用不同的 high

arr16 = np. random. randint([1,5,7],10) #使用不同的 low

3.1.1.6 创建特定数值类型的数组

np 提供了 np. zeros()、np. ones()、np. empty()、np. full() 等方法，用于创建特定数值类型的数组。

（1）np. zeros()：根据给定维度创建所有元素均为 0 的数组。

（2）np. zeros_like()：根据已有数组，创建维度与之相同的所有元素均为 0 的数组。

（3）np. ones()：根据给定维度创建所有元素均为 1 的数组。

（4）np. ones_like()：根据已有数组，创建维度与之相同的所有元素均为 1 的数组。

（5）np. empty()：根据给定维度创建所有元素均为 empty 的数组。

（6）np. empty_like()：根据已有数组，创建维度与之相同的所有元素均为 empty 的数组。

Note

温馨提示：empty 可以是任意值。

（7）np. full()：根据给定维度、数值创建所有元素均为指定值的数组。

（8）np. full_like()：根据已有数组，创建维度与之相同的所有元素均为指定值的数组。

3.1.1.7 以重复的方式创建新的数组

使用 np. repeat() 方法，通过重复行或列的方式来创建新的数组，该方法的语法如下：

np. repeat(iterable,reps,axis=None)：重复数组 iterable 的元素 reps 次。

主要参数如下：

（1）iterable：输入数组。

（2）reps：重复次数。

（3）axis：重复的行或列方向；缺省为 None，表示先将数组展平为一维数组，然后重复其中的元素。

使用 np. tile（iterable，reps）方法，重复整个 iterable 输入数组 reps 次。

3.1.1.8 创建单位矩阵

np 提供的 eye()、identity() 方法，用于创建单位矩阵，它们的语法如下：

（1）np. eye(size,k=0)：创建给定规模 size 的单位矩阵。参数 size 为单位矩阵的规模或维数，参数 k 为单位矩阵对角线偏移量。

（2）np. identity()：与 np. eye() 基本相同。

使用 np. diag() 方法，可以获得数组的对角线元素。

3.1.2 数组索引与切片

NumPy 提供了多种方式索引数组，如通过行列号索引获取数组的某个元素，通过行列号范围（切片）来获取数组的子集，通过条件过滤来筛选数组元素，等等。

3.1.2.1 行列号索引

通过行列号索引来获取数组的某个元素，行列号为正，表示正常从上往下、从左往右的顺序号；行列号为负，表示逆序，即从下往上、从右往左的顺序号，如-1 表示倒数第一行或倒数第一列。

Note

温馨提示：行列号索引起始为 0，即 0、1、2、…。

数组行列号索引应用示例如下：

```
import numpy as np
arr = np.array([[1,2,3,4],[5,6,7,8],[9,10,11,12],[13,14,15,16]])
arr[2,1]   #通过行列号获取数组中的元素 10
arr[2][1]   #获取某行中的某一列
arr[3,-1]      #获取第 3 行倒数第一列元素 16
```

3.1.2.2 切片（Slicing）

切片（Slicing）通过行列号范围，获取数组的子集。其语法为：

array[行号范围,列号范围,第三维范围,…]

行列号范围一般表示为：start:stop:step，包含 start，但不包含 stop。如：

```
arr[:2]   #获取数组的前两行，其行索引序号为 0、1。
arr[:,:2]   #获取数组所有行的前两列，其列索引序号为 0、1。
arr[:2,:3]   #获取数组前两行的前三列，其行索引序号为 0、1，列索引序号为 0、1、2。
```

3.1.2.3 行列号索引数组

可以通过行列号索引数组（列表），对相应元素进行一对一的映射来构造一个新的数组。

特别要注意的是行列号索引列表的长度要相同，行列号索引列表一对一的映射获取原数组中对应的元素，如 arr[[0, 1, 2, 3], [0, 1, 2, 3]] 行列映射为：[0, 0]、[1, 1]、[2, 2]、[3, 3]，获取原数组中对应的元素分别为：1、6、11、16。

3.1.2.4 条件过滤

另外，可以通过条件过滤来筛选数组元素。如：

```
arr > 5
```

结果为：

```
array([[False,False,False,False],
       [False,True,True,True],
       [True,True,True,True],
       [True,True,True,True]])
arr[arr > 5]
```

结果为：array([6,7,8,9,10,11,12,13,14,15,16])

3.1.3 数组运算（Array Operations）

3.1.3.1 数组的数学运算

对于数组，np 提供了常规的数学运算，如+、-、*、/等，可应用于数组的各元素，产生新的数组。

np 还提供了通用的数学函数，如 np.add、np.subtract、np.multiply、np.divide、np.sin、np.cos、np.exp、np.log、np.log2、np.log10、np.sqrt、np.mean、np.percentile、np.std、np.var、np.cov、np.corrcoef 等，可应用于数组的各元素。

使用 np.cumsum( )、np.cumprod( ) 方法可以对数组按行或列方向进行累积求和、累积求积。

两个数组的数学运算，对应元素进行相应的数学运算。

3.1.3.2 数组的广播运算

当两个数组的维数不相同时，需要使用数组的广播运算。广播运算规则如下（见图3-1）：

规则1：数组与标量进行运算时，标量沿着数组的所有维度广播，直至维度相同，然后进行运算。

规则2：当两个数组有一定的相似性时，如数组 a1(n×m) 和数组 a2(1, m)，a2 沿着第一个维度进行广播延伸为 a2(n, m)，然后进行运算。

规则3：如果两个数组的维度在任何一个维度上都不匹配，那么两个数组需要在不同的维度上进行广播延伸，使得两个数组的维度一致，然后进行运算。

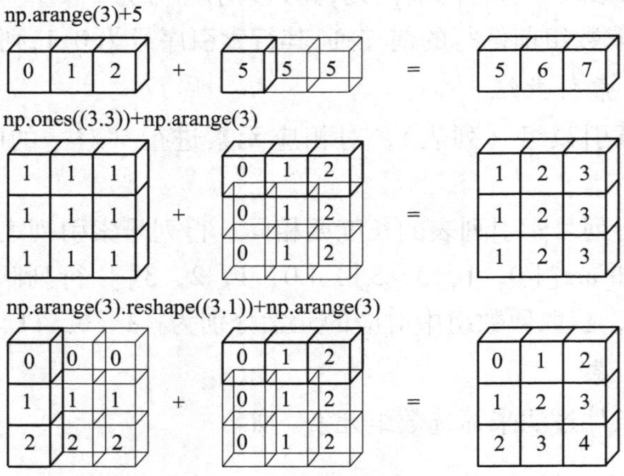

图 3-1 数组广播运算示意图

3.1.3.3 数组的转置

对于数组 arr，可以使用 arr.T 属性或 arr.transpose( )方法或 np.transpose(arr)。

对于二维数组进行转置，将行转为列，也即列转为行。

```
arr = np.array([[2,3,4],[5,6,7],[8,9,10]])
arr.T
```

结果为：

array([[2,5,8],[3,6,9],[4,7,10]])

对于多维数组，其数组维的轴系示意图如图 3-2 所示，可以通过转置改变数组维的顺序。

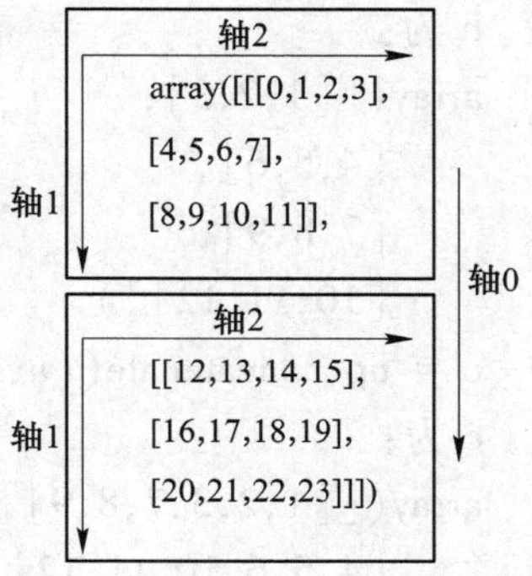

图 3-2 多维数组轴系示意图

多维数组的转置示例如下：

arr1 = np.arange(24).reshape((2,3,4))#即 2 个 3×4 的数组

arr1 为：

```
array([[[0,1,2,3],
    [4,5,6,7],
    [8,9,10,11]],
   [[12,13,14,15],
    [16,17,18,19],
    [20,21,22,23]]])
```

arr2 = arr1.transpose((1,0,2))#即 3 个 2×4 的数组

arr2 为：

```
array([[[0,1,2,3],
    [12,13,14,15]],
   [[4,5,6,7],
    [16,17,18,19]],
   [[8,9,10,11],
    [20,21,22,23]]])
```

3.1.4 数组堆积（Stacking）与分割（Splitting）

3.1.4.1 数组堆积（Stacking）

np 提供了多个方法将多个数组按行或列方向堆积成一个新数组，具体方法如下：

（1） numpy.concatenate((a1,a2,...),axis=0,out=None,dtype=None,casting="same_kind")：沿已有方向（axis）堆积数组，即在 axis 方向上直接堆积，不增加新的维度，也即二维数组堆积仍为二维数组。

（2） np.stack(arrays,axis=0,out=None)：沿着一个新的轴连接多个数组，即在 axis 方向增加维度，相当于数组的维度增加一维，也即增加维度堆积。

（3） np.vstack：沿垂直（行）方向进行堆积。

（4） np.hstack：沿水平（列）方向进行堆积。

（5） np.dstack：沿第三维度方向堆积。

（6） np.column_stack：将一个一维数组作为列堆积到一个二维数组。

（7） np.row_stack：将一个一维数组作为行堆积到一个二维数组。

数组堆积示例如下：

```
import numpy as np
a = np.array([[1,2,3],[4,5,6]])
```

```
b = np.array([[7,8,9],[10,11,12]])
h = np.concatenate((a,b),axis = 0)  #行方向堆积,行维度增加,列维度不变。
h 为:
array([[1,2,3],
      [4,5,6],
      [7,8,9],
      [10,11,12]])
c = np.concatenate((a,b),axis = 1)  #列方向堆积,列维度增加,行维度不变。
c 为:
array([[1,2,3,7,8,9],
      [4,5,6,10,11,12]])
zd_h = np.stack((a,b),axis = 0)  #行方向增维
zd_c = np.stack((a,b),axis = 1)  #列方向增维
np.vstack((a,b))  #行堆积
np.hstack((a,b))  #列堆积
```

3.1.4.2 数组分割（Splitting）

np 提供了多个方法将数组按行或列方向分割成多个新数组，具体方法如下：

（1）np.split(ary,indices_or_sections,axis=0)：将数组按行或列方向分割成多个新数组。该方法主要参数 indices_or_sections 为整数或一维数组；该参数为整数 N 时，将数组沿 axis 方向分割为 N 个维度相同的数组；该参数为排序好的整数数组时，将数组沿 axis 方向以整数数组为索引序号进行分割，如该参数为［2，3］，axis=0，将数组按行方向进行分割，分割结果为：ary[:2]、ary[2:3]、ary[3:]。

（2）np.hsplit：与 np.split(ary,indices_or_sections,axis=1）等效。无论数组的维数如何，数组总是沿着第二个轴进行分割。

（3）np.vsplit：与 np.split(ary,indices_or_sections,axis=0）等效。无论数组的维度如何，数组总是沿着第一个轴进行分割。

（4）np.dsplit(ary,indices_or_sections)：与 np.split(ary,indices_or_sections,axis=2）等效。如果数组维数大于或等于3，则数组总是沿着第三个轴进行分割。

（5）np.array_split()：按指定的方向（axis）进行分割。

数组分割示例，详见本书附带的 ipynb 文件。

3.1.5 线性代数（Linear Algebra）运算

np.linalg 线性代数模块为数组提供了各种方法，如：

（1）矩阵的逆：np.linalg.inv()；

（2）线性方程求解：np.linalg.solve()；

（3）矩阵的奇异值分解（singular value decomposition,SVD）:np.linalg.svd()；

（4）矩阵的秩（rank）：np.linalg.matrix_rank()；

（5）矩阵的迹（矩阵对角线元素的和）：np.trace()；

（6）矩阵行列式的值：np.linalg.det()；

（7）矩阵的特征值与特征向量：np. linalg. eig( )；

（8）……。

3.2 Rasterio 基础

Rasterio 是基于 GDAL 的栅格数据处理 Python 包，提供了读写栅格数据、可视化、裁剪与挖空、重投影、重采样等功能。

3.2.1 读写栅格数据

可以使用 Rasterio 结合 numpy 和 matplotlib 包打开、操作和绘制栅格数据。

使用 rasterio. open（）方法可以打开各种类型的栅格数据文件，返回 DatasetReader（以缺省模式或 'r'模式打开）或 DatasetWriter（以'w'模式打开）对象，然后可以获取已打开文件的相关属性，如 crs、width、height、transform、count、bounds、driver、nodatavals、meta、profile 等。

可以使用 rasterio. plot. show( ) 方法绘制打开的栅格数据。

栅格数据文件打开后，可以使用 DatasetReader. read( ) 方法读取文件中的栅格数据，然后可以查看栅格数据的各种属性、操作栅格数据等。

read( ) 方法返回的是 numpy. ndarray，其格式为（波段数，行数，列数）或（行数，列数）。numpy. ndarray，没有包含任何空间信息，仅仅是一个 N 维数值型数组，是一种用于数组、矩阵计算的高效数据类型。

read( ) 方法，可以指定读取的波段序号，波段序号从 1 开始，如 1、2、3、…，返回的是二维数组；若没有指定波段序号，则读取所有波段数据，返回的是三维数组，即使是只有一个波段的栅格数据（数组第一维的值为 1，即波段数）。

以下代码打开栅格数据文件，得到 DatasetReader，查看其相关属性、绘制栅格影像图。

```
import numpy as np; import matplotlib. pyplot as plt
import rasterio as rio; from rasterio. plot import show,show_hist

datapath = '../data/Chap03/'
rsreader = rio. open(datapath + 'Helsinki. tif')
type(rsreader)   #输出为 rasterio. io. DatasetReader
rsreader. crs   #栅格数据的坐标参考系
rsreader. height,rsreader. width   #栅格数据的行、列数
rsreader. res   #栅格数据的分辨率
rsreader. count   #栅格数据的波段数
rsreader. bounds   #栅格数据的空间范围
rsreader. driver   #栅格文件格式,这里为'GTiff'
rsreader. nodatavals   #栅格数据中每个波段的 NAN,这里为(None,None,None,None,None,None,None)
```

```
rsreader.meta   #栅格数据的元数据
rsreader.profile   #栅格数据的简况,与 meta 相比,多了栅格数据格式的相关内容。
#绘制栅格影像图
show(rsreader);   #绘制栅格数据的所有波段,在 crs 下绘制
show(rsreader,4);   #绘制栅格数据的指定波段,在 crs 下绘制

#行列号转换为空间坐标的仿射变换(affine transformation)
rsreader.transform
```

数据集的变换（transform）是一个仿射变换矩阵（affine transformation matrix），它将像素的（row，col）坐标映射到（x，y）空间位置。该矩阵与数据集左上角的行坐标和列坐标（0，0）的乘积即为数据集左上角的空间位置，六参数仿射变换如公式（3-1）所示。

$$\begin{bmatrix} x' \\ y' \\ 1 \end{bmatrix} = \begin{bmatrix} a & b & x_{\text{off}} \\ d & e & y_{\text{off}} \\ 0 & 0 & 1 \end{bmatrix} \begin{bmatrix} x \\ y \\ 1 \end{bmatrix} \tag{3-1}$$

```
rsreader.transform * (0,0)   #得到数据集左上角的空间位置(698592.0, 6697870.5)
```

以下代码使用 DatasetReader. read( ) 方法读取文件中的栅格数据，然后查看栅格数据的各种属性、操作栅格数据等。

```
raster = rsreader.read()   #读取所有波段数据
type(raster)   #这里为:numpy.ndarray
raster.shape   #(波段数,行数,列数),这里为:(7,1439,1288)
#计算每一波段的统计信息 min、mean、median、max
stats = []
for band in raster:
    stats.append({
        'min':band.min(),
        'mean':band.mean().round(3),
        'median':np.median(band),
        'max':band.max()})
stats
rsreader.close()
```

3.2.1.1 使用上下文管理器（Context Manager）打开栅格数据文件

在 Rasterio 中处理栅格数据的更好方法是使用上下文管理器（Context Manager），它会自动关闭栅格文件，不需要显式调用 close( ) 方法。

上下文管理器使用 with... as 语句，语法格式如下：

```
with rio.open('栅格数据文件名') as scr:
        src.rasteriofunctionname()
        ...
```

with 语句创建要打开的文件链接，默认连接类型为只读，意味着默认情况下不能修改

该文件。使用这种方式打开栅格文件是非常高效的，因为它建立栅格文件的链接，而不是直接将它读入内存。上下文管理器执行完毕，就会自动关闭文件的链接。

通过在上下文管理器中提取需要的信息，然后可以在上下文之外使用。但在 with 语句外部，不能再访问 src 对象了。

以下代码使用上下文管理器打开栅格数据文件，查看相关属性，并绘制栅格影像图。

```
file = datapath + 'sentinel2.tiff'
with rio.open(file) as src:
    sntnl = src.read()
    sntnl_meta = src.meta
    sntnl_bounds = src.bounds
    sntnl_res = src.res
    sntnl_cnt = src.count
    sntnl_crs = src.crs
    sntnl_transf = src.transform
    show(sntnl)    #,transform=src.transform)
sntnl_meta,sntnl_bounds,sntnl_res
show(sntnl,transform=sntnl_transf);
type(sntnl)   #输出为 numpy.ndarray
sntnl.shape   #栅格数据的维度:波段数、行数、列数
sntnl_d10 = sntnl/10
sntnl.min(),sntnl.max(),sntnl_d10.min(),sntnl_d10.max()
```

3.2.1.2 写栅格数据文件

要将 numpy.ndarray 连同影像相关信息保存到一个新的栅格数据文件，可以调用 rasterio.open()，其中包含要创建的新文件的路径，'w'指定写入模式，以及几个关键字参数；然后使用 DatasetWriter.write() 方法将数组写入新的栅格数据文件。

例如：上述 sntnl 进行简单变换 newsntnl = sntnl/2，然后保存到一个新的栅格数据文件 new_sntnl.tiff，具体代码如下：

```
newsntnl = sntnl/2
new_dataset = rio.open(
    datapath + 'new_sntnl.tiff',
    'w',
    driver='GTiff',
    height=sntnl.shape[1],
    width=sntnl.shape[2],
    count=sntnl_cnt,
    dtype=sntnl.dtype,
    crs=sntnl_crs,
    transform=sntnl_transf
)
```

```
new_dataset.write(newsntnl)
new_dataset.close()
```

3.2.2 可视化栅格数据

3.2.2.1 基本绘图功能

Rasterio 提供了专用的绘图函数 show() 和 show_hist() 来快速探索栅格数据。Rasterio 直接与 Matplotlib 对象交互，因此可以使用 Matplotlib 语法调整修改绘图细节，如更改标题、图例标签等。

栅格数据可视化，可以使用以下两种方法：

（1） matplotlib.pyplot.imshow()

（2） rasterio.plot.show()

rasterio.plot.show()的语法如下：

rasterio.plot.show(source, with_bounds = True, contour = False, contour_label_kws = None, ax = None, title = None, transform = None, adjust = 'linear', ** kwargs)

该方法使用 matplotlib 绘制整个栅格数据或栅格数据的特定波段，返回 matplotlib 的 Axes。

主要参数如下：

（1） source：栅格数据或特定波段。

（2） with_bounds：bool，可选，是否将图像范围更改为图像的空间范围，而不是像素坐标。

（3） contour：bool，可选，是否将栅格数据绘成等高线。

（4） contour_label_kws：字典类型，可选，标记等高线的关键字参数。

（5） ax：matplotlib 的 axes，可选，在指定的 ax 上绘制栅格数据。

（6） title：str，可选，图的标题。

（7） transform：仿射变换，可选，若 source 为数组，指定仿射变换。使用该参数可将 source 的像素坐标转换为空间坐标。

（8） adjust：'linear'或 None，如果绘制的数据是 RGB 图像，则在绘制之前调整每个波段的值，使其介于 0 和 1 之间。如果是'linear'，值将根据每个波段的最大值/最小值进行调整。如果为 None，则不应用任何调整。

（9） ** kwargs：key-value 对参数，可选，这些参数将被传递给 matplotlib imshow 或 contour 方法，具体取决于 contour 参数。

Python 图像处理软件包、Matplotlib 数组的组织方式与 Rasterio 不同。

（1） Rasterio 从栅格数据中读出的三维数组的格式是：（波段数，行数，列数）。

（2） Matplotlib 和 scikit-image、pillow 等图像处理软件读出的数组通常是：（行数，列数，波段数）。

可以使用 Numpy 的 transpose 方法实现数组的转置。另外，Rasterio 也提供了实用函数 reshape_as_image 和 reshape_as_raster 来支持转换。

以下代码展示使用 matplotlib. pyplot. imshow( )、rasterio. plot. show( ) 绘制栅格数据或波段图，注意绘图使用的坐标系（空间坐标系或像素行列号）。

```
import numpy as np; import matplotlib. pyplot as plt; import rasterio as rio
from rasterio. plot import plotting_extent,show,show_hist
from rasterio. plot import reshape_as_image,reshape_as_raster
datapath = '../data/Chap03/'
rgb = rio. open(datapath + 'rgb. tif')
#使用 matplotlib. pyplot. imshow( )方法,注意坐标标注的是像素行列号
plt. imshow(rgb. read(1),cmap='pink');   #绘制波段 1
plt. imshow(rgb. read(). transpose(1,2,0),cmap='pink');
plt. imshow(reshape_as_image(rgb. read()));
#rgb 为读出的栅格数据文件,类型为 rasterio. io. DatasetReader
#相当于绘制栅格数据所有波段,使用空间坐标进行定位
show(rgb);
# read( )方法读出所有波段数据,返回的是 numpy. ndarray(不包含空间坐标信息)
#使用像素坐标进行定位,坐标标注的是像素行列号
show(rgb. read());
#通过 transform 参数将像素坐标转换为空间坐标
show(rgb. read(),transform=rgb. transform);
#直接绘制波段 2,rgb 具有 CRS
show((rgb,2));
#通过 cmap 指定 matplotlib 色带
show((rgb,2),cmap='viridis');
#读出波段 2,返回的是 numpy. ndarray(不包含空间坐标信息)
#坐标标注的是像素坐标即行列号
show(rgb. read(2),cmap='viridis');
#使用 transform 参数可将栅格数组的像素坐标转换为空间坐标
show(rgb. read(2),transform=rgb. transform,cmap='viridis');
#绘制各波段子图
fig,(axr,axg,axb)= plt. subplots(1,3,figsize=(12,4))
show((rgb,1),ax=axr,cmap='Reds',title='red channel')
show((rgb,2),ax=axg,cmap='Greens',title='green channel')
show((rgb,3),ax=axb,cmap='Blues',title='blue channel');
#栅格图、等高线图叠在一起绘制
fig,ax = plt. subplots(1,figsize=(4,4))
show((rgb,1),cmap='Greys_r',interpolation='none',ax=ax,alpha=0. 5)
show((rgb,1),contour=True,ax=ax,alpha=0. 5);  # 绘制栅格数据等高线图
```

3.2.2.2 图像合成

真彩色合成是指多光谱遥感图像彩色合成处理时，如果参与合成的三个波段的波长与对应的红、绿、蓝三种原色的波长相同或近似，那么合成图像的颜色就会近似于地面景物的真实颜色，这种合成就是真彩色合成。

假彩色合成是指多光谱遥感图像彩色合成处理时，如果参与合成的三个波段的波长与对应的红、绿、蓝三种原色的波长不同，那么合成图像的颜色就不可能是地面景物的真实颜色，这种合成就是假彩色合成。

以下代码展示了遥感影像的真彩色合成、假彩色合成步骤及效果。

```
raster = rio.open(datapath + 'helsinki.tif')  # helsinki.tif 为 landsat8 影像
red = raster.read(3)  #红色波段
green = raster.read(2)  #绿色波段
blue = raster.read(1)  #蓝色波段
#波段数据规范化
def normalize(array):
    array_min,array_max = array.min(),array.max()
    return ((array - array_min)/(array_max - array_min))
redn = normalize(red)
greenn = normalize(green)
bluen = normalize(blue)
# RGB 真彩色合成
#使用 Numpy 的 dstack()方法,将 R、G、B 值叠加在一起生成 RGB 真彩色
rgb = np.dstack((redn,greenn,bluen))
plt.imshow(rgb);
show(rgb.transpose(2,0,1));
#假彩色合成:其中一个典型的方法是用近红外波段代替蓝波段
#在强调红色的地方可以很容易地探测到植被
red = raster.read(3)
green = raster.read(2)
nir = raster.read(4)  #近红外波段
nirn = normalize(nir)
redn = normalize(red)
greenn = normalize(green)
nrg = np.dstack((nirn,redn,greenn))
plt.imshow(nrg);
```

3.2.2.3 栅格数据的直方图

要了解栅格数据各波段的栅格值的分布，可以使用 rasterio.plot.show_hist()，其语法如下：

```
rasterio.plot.show_hist(source, bins = 10, masked = True, title = 'Histogram', ax = None,
```

label=None, ** kwargs)

该方法使用 matplotlib 显示整个栅格数据或栅格数据的特定波段的直方图，返回 matplotlib 的 Axes。

主要参数如下：

(1) source：栅格数据或特定波段。多维数组的前三个数组被绘制成红色、绿色和蓝色。

(2) bins：int，可选，指定直方图的柱子数。

(3) masked：bool，可选，当使用 rasterio. Band( ) 对象时，指定数据在读取时是否应该被屏蔽。

(4) title：str，可选，图的标题。

(5) ax：matplotlib 的 axes，可选，在指定的 ax 上绘制栅格数据。

(6) label：matplotlib 的 labels，可选，如果设置了该参数，matplotlib 将使用这个标签列表。否则，将自动创建一个默认的标签列表。

(7) ** kwargs：key-value 对参数，可选，设置 matplotlib 的 hist 方法的关键字参数。

如可以使用以下代码绘制多波段栅格数据的直方图。

```
show_hist(raster,bins=50,lw=0.0,stacked=False,alpha=0.3,
  histtype='stepfilled',title="Histogram");
```

3.2.3 栅格数值运算

波段或栅格之间的数值运算是 GIS 的常见任务。例如，在遥感影像应用中，要了解某个区域植被覆盖及生长状况，需要计算该区域的归一化植被指数 NDVI (Normalized Difference Vegetation Index)，计算公式为：

$$NDVI = (NIR - Red)/(NIR + Red) \tag{3-2}$$

式中，NIR 为该影像近红外波段对应的像素值；Red 为红色波段对应的值。不同的遥感影像，NIR、Red 对应到不同的波段序号。对于 Landsat8 影像，一般情况下，NIR、Red 分别对应到 band5、band4；有的影像数据将所有波段组织在一个栅格文件中，有的将单个波段组织成一个栅格文件。

以下示例，根据某一区域的 Landsat8 影像计算其 NDVI，landsat_for_NDVI. tif 影像的 NIR、Red 分别对应到 band4、band3。

```
#计算 NDVI 示例
import rasterio as rio; import numpy as np
from rasterio.plot import show; import matplotlib.pyplot as plt
datapath = '../data/Chap03/'
raster = rio.open(datapath + "landsat_for_NDVI.tif")
red = raster.read(3,masked=True)
nir = raster.read(4,masked=True)
#在计算 NDVI 之前,须将波段数组数据类型转为 float 类型
red = red.astype('f4')
nir = nir.astype('f4')
```

```
ndvi = (nir-red)/ (nir + red)
plt.imshow(ndvi,cmap='terrain_r')
plt.colorbar();
show(ndvi,cmap='terrain_r');
```

NDVI 指数偏低的区域位于水域和城市区域（地图中间），NDVI 指数高的绿色区域有很多植被。

NDVI 的取值范围为-1~1。一般来说，植被密集的区域往往有正值（比如 0.3~0.8）。云和雪原的区域该指数为负值。水域的 NDVI 值往往非常低，甚至略为负，土壤的 NDVI 值也往往很小（比如 0.1~0.2）。

3.2.4 Nodata 掩码（Nodata Masks）

使用 Nodata 掩码可以识别栅格影像的有效数据区域，屏蔽无数据区域。在使用 Rasterio 时，会遇到两种不同类型的掩码。

（1）一种是 GDAL 的掩码数组，是一个与数据集具有相同行数和列数的无符号字节数组，其中非零元素（通常为 255）表明相应的数据元素是有效的，其他元素无效或无数据元素。

（2）另一种是 Numpy 的掩码数组，其意义与 GDAL 的相反，掩码数组中的 True 值表示对应的数据元素被屏蔽。

以下代码读取栅格数据文件 rgb.tif，并查看其基本信息，如行列数、波段数及 nodata 值。

```
import numpy as np; import matplotlib.pyplot as plt
import rasterio as rio; from rasterio.plot import show
datapath = '../data/Chap03/'
src = rio.open(datapath + "rgb.tif")
src.shape,src.count,src.dtypes,src.nodata    #输出为((718,791),3,('uint8','uint8','uint8'),0.0)
show(src);
```

rgb.tif 栅格数据集，具有 718 行、791 列，3 个波段，像素值类型为 uint8，nodata（无影像区域，即影像四周的黑色背景）的值为 0。

3.2.4.1 GDAL 掩码数组

A 读取数据集的掩码

栅格数据集的每一波段都有一个掩码数组，可以通过数据集的 read_masks() 方法获取一个波段或整个数据集的掩码数组。一般情况下，掩码数组中非 0 值表示有效数据的元素，0 值表示没有数据即要屏蔽的元素。

以下代码查看栅格数据集的掩码信息。

```
msk = src.read_masks(1)   #读取波段 1 的掩码数组
msk.shape,msk.min(),msk.max()   #输出为((718,791),0,255)
msks = src.read_masks()   #读取栅格数据集所有波段的掩码数组
```

msks. shape, msks. min( ), msks. max( )   #输出为((3,718,791),0,255)

msk #查看整个掩码数组 msk,周边的值都为 0

msk[140:150,120:130] #查看掩码数组部分元素[140:150,120:130],部分为 0,部分为 255

bnd1 = src. read(1)

bnd1[140:150,120:130] #查看波段 1 的部分像素值

B 写数据集掩码

编写一个适用于数据集所有波段的掩码数组，最直接的方法就是给 write_mask( ) 方法传递一个 True(True 表示有效数据，False 表示没有数据即屏蔽数据)。

以下考虑在“r+”(更新) 模式下打开 rgb. tif 数据副本 rgb_copy. tif，然后写入掩码数组，掩码数组作为一个新的波段添加到数据集，缺省作为与数据集同名的 . msk 文件存储，这里即 rgb_copy. tif. msk。当这样的 . msk GeoTIFF 文件存在时，Rasterio 将忽略 nodata 元数据值并返回基于 . msk 文件的掩码数组。

以下代码展示使用 write_mask( ) 方法将一个数据集的掩码全写为 True。

```
import shutil
copy_file = shutil. copy(datapath + "rgb. tif",datapath + "rgb_copy. tif")
rgb_copy = rio. open(copy_file,mode="r+")
rgb_copy. write_mask(True)   #mask 数组的元素全为 True
rgb_copy. read_masks( ). all( )   #输出为: True
rgb_copy. close( )
rgbcopy = rio. open(datapath + "rgb_copy. tif")
rgbcopy. shape,rgbcopy. count   #输出为:(718,791),3
msksc = rgbcopy. read_masks( )
msksc  #数组元素值均为 255
msksc. min( ),msksc. max( )   #输出为:(255,255)
rgbband1 = rgbcopy. read(1)
rgbband1[140:150,120:130]   #波段 1 的部分像素值
```

3.2.4.2 使用 Numpy 的 MaskedArray

先看以下一个一维数组的例子，可以通过 mask 参数数组设置数组对应元素是否屏蔽（为 True 则屏蔽掉，否则不屏蔽；对应一般数值的判断：0 为 False，非 0 为 True）。如：

```
import numpy. ma as ma
x = ma. array([1,2,3],mask=[0,0,1])
```

x 为：

```
masked_array(data=[1,2,--],mask=[False,False,True],fill_value=999999)
```

对于多维栅格数据集，读取数据集的波段数据时，可以将 masked 参数设置为 True，将屏蔽掉 Nodata 或值为 0 的元素。读取的波段数据返回的是 numpy. ma. core. MaskedArray 类型。MaskedArray 类型的数组由 data 和 mask 两个数组组成。

以下代码展示多维栅格数据集掩码的应用。

```
src = rio.open(datapath + "rgb.tif")
band1 = src.read(1,masked=True)
type(band1)  #输出为:numpy.ma.core.MaskedArray
band1[100:110,710:720]  #查看波段1部分像素值和掩码
#masked参数为False,读取数据集中的原始数据
band1nomsk = src.read(1,masked=False)#默认也是masked=False
print(type(band1nomsk))  #输出为:<class 'numpy.ndarray'>
band1nomsk[100:110,710:720]  #查看波段1部分像素值
```

如果将 masked_array 类型的数据集的 mask 属性设置为 True，将屏蔽数据集中的所有元素。

```
band1.mask =True
band1[100:110,710:720]  #像素值全部被屏蔽,掩码均为True
```

另外，numpy 提供了多个 masked_*() 类型的方法，如 masked_values()、masked_where()、masked_equal()、masked_less()、masked_greater() 等，实现对数组进行不同条件的屏蔽。

Note

温馨提示：不同的栅格影像数据，其 Nodata 值的存储和表达是不一样的，有的用 0 表示，有的用一个非常大或非常小的值表示。

3.2.5 栅格数据裁剪与挖空

用矢量多边形裁剪栅格数据是 GIS 的常用功能之一，rasterio.mask.mask() 方法可以实现此项功能，该方法语法格式如下：

```
out_img, out_transform = rasterio.mask.mask(dataset, shapes, all_touched=False, invert=False, nodata=None, filled=True, crop=False, pad=False, pad_width=0.5, indexes=None)
```

使用多边形创建掩码或填充数组，多边形外的像素被屏蔽或设置为 nodata，除非 invert 为 True。

该方法的返回值包含 2 个元素：一个是掩码或填充后的栅格数据（MaskedArray 类型）；另一个是 Affine 对象，用于将掩码中的像素坐标映射到另一个坐标系统的信息。

主要参数如下：

（1）dataset：需要裁剪或掩码的栅格数据。

（2）shapes：可迭代对象，用于裁剪的矢量多边形。GeoJSON 格式的字典类型，或实现了 python Geo 接口的对象，如 Shapely Polygon。

（3）all_touched：bool，可选，缺省为 False。在掩码中包含一个像素，如果它接触到 shapes。如果为 False，则仅当像素的中心位于其中一个形状内，或者通过 Bresenham 的直线算法选择该像素时，才包含该像素。

（4）invert：bool，可选，缺省为 False。若为 False，几何形状外的像素将被屏蔽；若为 True，几何形状内的像素将被屏蔽，相当于挖空裁剪。

（5） nodata：int 或 float，可选。

（6） filled：bool，可选，缺省为 True。若为 True，几何形状外的像素将被设置为 nodata；若为 False，则输出几何形状内的像素。

（7） crop：bool，可选，缺省为 False。是否对栅格数据进行裁剪。

（8） pad：bool，可选，缺省为 False。若为 True，裁剪栅格时向外扩半个像素。

（9） indexes：int 列表或单个 int，可选。若为列表，则结果为三维数组，否则为二维数组。

以下为栅格数据的裁剪/挖空的主要代码，详见本书附带的 ipynb 文件。

```
import rasterio as rio; from rasterio.plot import show; from rasterio.mask import mask
import geopandas as gpd;import matplotlib.pyplot as plt
from rasterio.plot import plotting_extent,show,show_hist
datapath = '../data/Chap03/'
src = rio.open(datapath + 'sentinel2.tiff')   #要裁剪/挖空的栅格数据
clip_vect = gpd.read_file(datapath + "forclipping.geojson")   #用于裁剪的多边形
clip_vect = clip_vect.to_crs(src.crs)
out_image,out_transform = mask(dataset=src,shapes=clip_vect.geometry,
        crop=True,all_touched=True,filled=False)
profile = src.profile
#使用 matplotlib 的 imshow()绘制裁剪后的栅格波段 1(对应 out_image[0])
fig,ax = plt.subplots(figsize=(8,6))
new_extent = plotting_extent(out_image[0],out_transform)
ax.imshow(out_image[0],cmap="viridis",extent=new_extent)
clip_vect.boundary.plot(ax=ax,color="gray",linewidth=4);
profile.update({"height":out_image.shape[1],
            "width":out_image.shape[2],
            "transform":out_transform})
src.close()
with rio.open(datapath + "sentinel2_clipped.tiff","w",**profile)as dest:
  dest.write(out_image)
```

3.2.6 栅格数据矢量特征

Rasterio 的 feature 模块提供了两个主要方法：

（1） shapes()：获取栅格数据中相连区域的边界多边形及其栅格值，即栅格矢量化（多边形化）。

（2） rasterize()：几何形状栅格化，即返回几何形状覆盖或包围的栅格数组。

shapes() 方法语法如下：

rasterio.features.shapes(source,mask=None,connectivity=4,transform=Affine(...))

返回值：为（polygon，value）对的 generator 类型。

主要参数：

（1） source：栅格数据源（array 或 dataset 或 Band，或 tuple(dataset，bidx)），数据类型须为 rasterio. int16、rasterio. int32、rasterio. uint8、rasterio. uint16 或 rasterio. float32 之一。

（2） mask：掩码数组（numpy ndarray 或 rasterio Band，可选），数组元素须能评估为 bool 类型（rasterio. bool 或 rasterio. uint8）；False 或 0 的值将被排除在要素生成之外。请注意，这与 Numpy 的意义相反，在 Numpy 中，掩码值为 True 表示数组中的数据无效。

（3） connectivity：像素连通性设置，int，可选。有两种设置：4-邻域、8-邻域。

（4） transform：仿射变换，可选。如果没有提供，要素坐标为像素坐标，即行列号。

rasterize( ) 方法语法如下：

rasterio. features. rasterize（shapes，out_shape = None，fill = 0，out = None，transform = Affine(. . .)，all_touched = False，merge_alg = MergeAlg，default_value = 1，dtype = None）

返回值：如果 out 不是 None，则返回 out(ndarray 类型)；如果 out 为 None，这将是一个新数组（ndarray 类型）。

主要参数：

（1） shapes：(geometry，value）对的迭代类型或 geometries，geometry 可以是实现 geo 接口的对象，也可以是类似 geojson 的对象。如果没有提供 value，将使用 default_value；如果 value 为 None，将使用填充值（fill value）。

（2） out_shape：输出数组 ndarray 的维度，为 tuple 或两个整数的 list。

（3） fill：几何形状外的 fill value，int 或 float，可选。

（4） out：存储结果的 ndarray，可选。

（5） transform：仿射变换，可选。

（6） all_touched：bool 类型，可选。如果为 True，所有几何图形接触的像素都将被包含。如果为 False，则只会包含中心在多边形内或由 Bresenham 的直线算法选择的像素。

（7） merge_alg：MergeAlg，可选。有两种 Merge 算法：

1） MergeAlg. replace（default），新值将覆盖现有值；

2） MergeAlg. add，新值将被添加到现有的栅格中。

（8） default_value：int 或 float，可选。shapes 参数中为 value 提供的缺省值。

（9） dtype：结果的数据类型，可选。如果 out 参数未提供，可通过该参数指定结果的数据类型。

以下为栅格矢量化（多边形化）、多边形栅格化的主要代码，详见本书附带的 ipynb 文件。

```
import rasterio as rio; from rasterio.plot import show,show_hist
from rasterio import features,crs; from rasterio.enums import MergeAlg
datapath = '../data/Chap03/'
# rasterio.features.shapes()示例
with rio.open(datapath + "rgb.tif")as dsreader:
    rsdata = dsreader.read(3)
    mask = dsreader.dataset_mask()
    trsfm = dsreader.transform
    srs = dsreader.crs
```

```
geoms = features.shapes(rsdata,mask,connectivity=8,transform=trsfm)
geom_list =[]
val_list =[]
for geom,value in geoms:
    geom = shapely.geometry.shape(geom)
    geom_list.append(geom)
    val_list.append(value)
cols = {'val':val_list,'geometry':geom_list}
geomdf = gpd.GeoDataFrame(cols,crs=srs)
geomdf.plot();

# rasterio.features.rasterize()示例
vector = gpd.read_file(datapath + "some_counties.geojson")
raster = rio.open(datapath + "for_some_counties.tif")
show(raster);
#读者可以尝试一下 vector.plot()的效果(没有 invert_yaxis())
vector.plot().invert_yaxis();
#为每行创建一个唯一值,即为每个多边形创建一个栅格值(ID)
vector['id'] = range(0,len(vector))
geom_value = ((geom,value)for geom,value in zip(vector.geometry,vector['id']))
rasterized = features.rasterize(geom_value,
    out_shape = raster.shape,transform = raster.transform,
    all_touched = True,fill = -5,   # background value
    merge_alg = MergeAlg.replace,dtype = np.int16)
```

3.2.7 重投影（Reprojection）

rasterio.warp.reproject() 方法可以将栅格数组从一种坐标系转换到另外一种坐标系，这个过程称为重投影。rasterio.warp.calculate_default_transform() 方法可以根据源栅格数组计算目标栅格的最佳分辨率和转换等信息。

rasterio.warp.reproject()方法如下:

rasterio.warp.reproject(source,destination=None,src_transform=None,gcps=None,rpcs=None,src_crs=None,src_nodata=None,dst_transform=None,dst_crs=None,resampling=,**kwargs)

如果 source 和 destination 是 ndarrays，坐标参考系（crs）和仿射变换参数（transform）或地面控制点（gcps）需要用于重投影。

如果 source 和 destination 是 rasterio 的波段数据，则将从数据集读取坐标参考系（crs）和变换（transform）或 gcps。

主要参数:

（1）source(ndarray 或 Band)：2 或 3-D ndarray，或一个或多个 Band 对象。source 和 destination 的维数必须匹配，即对于多波段重投影，source 和 destination 的第一个轴的长度

必须相同。

（2） destination（ndarray 或 Band，可选）：2 或 3-D ndarray，或一个或多个 Rasterio Band 对象。source 和 destination 的维数必须匹配，即对于多波段重投影，source 和 destination 的第一个轴的长度必须相同。

（3） src_transform（Affine（），可选）：Source 的仿射变换。如果 source 和 destination 是 ndarrays，则必须提供；如果是 rasterio Band，则可从源导出。

（4） rpcs（RPC 或 dict，optional）：source 有理多项式系数。

（5） gcps（Sequence of Ground Control Point，可选）：source 的地面控制点。如果这个参数与 src_transform 或 rpcs 一起定义，将引发错误，也即 gcps、src_transform、rpcs 三个参数只能设置其中的一个。

（6） src_crs（CRS 或 dict，可选）：source 的坐标参考系。如果 source 和 destination 是 ndarrays，则必须提供；如果是 rasterio Band，则可从源导出。

（7） dst_transform（Affine（），可选）：destination 的仿射变换。如果 source 和 destination 为 ndarrays，则必须提供；如果是 rasterio Band，则可从目标导出。

（8） dst_crs（CRS 或 dict，可选）：destination 的坐标参考系。如果 source 和 destination 是 ndarrays，则必须提供；如果是 rasterio Band，则可从目标导出。

（9） resampling（int，rasterio. enums. Resampling）：重采样方法，缺省为 rasterio. enums. Resampling. nearest。

以下为栅格数据重投影的主要代码，详见本书附带的 ipynb 文件。

```
from rasterio. plot import show
from rasterio. warp import calculate_default_transform,reproject,Resampling
datapath = '../data/Chap03/'
dst_crs = 'EPSG:4326'
#读源栅格数据
with rio. open(datapath + 'rgb. tif')as src:
    transform,width,height =calculate_default_transform(
        src. crs,dst_crs,src. width,src. height, * src. bounds)
    kwargs = src. meta. copy()
    kwargs. update({
        'crs':dst_crs,'transform':transform,
        'width':width,'height':height
    })
    destination = np. asarray(src. read())
#重投影并保存结果
    with rio. open(datapath + 'rgb_wgs84. tif','w', ** kwargs)as dst:
        dest,dest_transform = reproject(
            src. read(),destination,
            src_transform=src. transform,src_crs=src. crs,dst_transform=transform,
            dst_crs=dst_crs,#dst_crs = 'EPSG:4326'
```

```
        resampling=Resampling.nearest)
    dst.write(dest)
```

3.2.8 重采样（Resampling）

重采样是指由于栅格格网的变化而改变栅格单元的值，如：

（1）重投影过程一般需要重采样。

（2）投影不变的情况下，改变现有数据集栅格单元大小时，也需要重采样。

重采样包括上采样（也称升采样，Upsampling）和下采样（也称降采样，Downsampling）两种类型。

（1）上采样是指将栅格数据转换为更高分辨率/更小像元尺寸的采样。

（2）下采样是指将栅格数据重采样到更低的分辨率/更大的像元尺寸。

Rasterio 通过从栅格源读取数据（read()）到不同维度大小的输出数组或指定 out_shape 参数的输出维度，可以有效地重采样源数据。如：

```
out_image = src.read(out_shape=(src.count, new_height, new_width), resampling=resampling_method)
```

以下为栅格数据重采样的主要代码，详见本书附带的 ipynb 文件。可以查看重采样前后栅格数据的行列数、分辨率。

```
from rasterio import Affine; from rasterio.enums import Resampling
datapath = '../data/Chap03/'
#自定义重采样函数
def resample_raster_file(input_file,output_file,resampling_method,scale_factor=2):
  """使用 rasterio 以给定的比例因子重新采样栅格文件
  Scale factor 大于 1 时,为升采样(上采样),提高栅格数据的分辨率(即像元尺寸减小)。
  Scale factor 小于 1 时,为降采样(下采样),降低栅格数据的分辨率(即像元尺寸增大)。
  """
  with rio.open(input_file) as src:
    #将数据重新采样到目标维度
    new_width = int(src.width * scale_factor)
    new_height = int(src.height * scale_factor)
    out_image = src.read(
      out_shape=(src.count,new_height,new_width),
      resampling=resampling_method  #重采样方法
    )
    trns = src.transform
    data_profile = src.profile
    out_transform = Affine(
      trns.a / scale_factor,trns.b,trns.c,
      trns.d,trns.e / scale_factor,trns.f)
    data_profile.update({"height":new_height,
```

```
                "width":new_width,
                "transform":out_transform})
    with rio.open(output_file,"w", ** data_profile) as dst:
        dst.write(out_image)
#重采样示例1:升采样(上采样),提高栅格数据的分辨率(即像元尺寸减小)
resample_raster_file(datapath + "rgb.tif",
    datapath + "rgb_upsample.tif",Resampling.bilinear,scale_factor=2)
#重采样示例2:降采样(下采样),降低栅格数据的分辨率(即像元尺寸增大)
resample_raster_file(datapath + "rgb.tif",
    datapath + "rgb_downsample.tif",Resampling.bilinear,scale_factor=1/2)
```

3.2.9 栅格数据镶嵌

在栅格数据应用过程中，有时需要将多个栅格文件合并成一个大的栅格文件，即栅格数据镶嵌，这时可以使用 rasterio.merge() 方法轻松完成。

通常情况下，需要合并的多个栅格文件位于某个文件目录下，可以使用 Python 包 glob 中的 glob() 方法，根据搜索条件创建感兴趣的文件列表，以便栅格数据合并。

以下示例中，要合并的 DEM 栅格文件位于“../data/chap03/demtifs”目录下，共 12 个形如“L*.tif”文件；详见本书附带的 ipynb 文件。

```
from rasterio.merge import merge; import glob
datapath = '../data/Chap03/'
dirpath = datapath + "demtifs/"
out_fp = dirpath + "DEM_Mosaic.tif"
#设置文件搜索过滤条件
search_criteria = "L*.tif"
q = dirpath + search_criteria
#得到满足过滤条件的文件列表
dem_fps = glob.glob(q)
src_files_to_mosaic =[]
#打开文件列表中的每个栅格文件,并添加到 src_files_to_mosaic 中
for fp in dem_fps:
    src = rio.open(fp)
    src_files_to_mosaic.append(src)
#合并栅格
mosaic,out_trans =merge(src_files_to_mosaic)
show(mosaic,cmap='terrain',transform=out_trans);
#更新合并后栅格的元数据,并保存合并后的栅格
out_meta = src.meta.copy()
out_meta.update({"driver":"GTiff","height":mosaic.shape[1],"width":mosaic.shape[2],
```

```
    "transform":out_trans,"crs":src.crs})
with rio.open(out_fp,"w",**out_meta)as dest:
    dest.write(mosaic)
```

3.3 Xarray 基础

Pandas、GeoPandas 主要功能是分析处理二维表格类数据。NumPy 的 ndarray 缺乏与数据相关联的元数据，使用不直观，也不太方便。

Xarray 是在 NumPy 和 Pandas 之上的扩展，其数据结构被设计为带标签的多维数组，即多维数组的维度不仅有命名，还有坐标值和属性（元数据）。例如，可以将地球表面温度 T 表示为一个三维变量——多自变量的函数：

$$T = T(x, y, t)$$

其中 x 和 y 是空间坐标维度，t 是时间坐标维度。图 3-3 为一个“数据立方体”示意图数据集，其中温度和降雨量共享相同的三个维度 x，y，t，这些维度不仅有命名，还有坐标值和属性（元数据）。

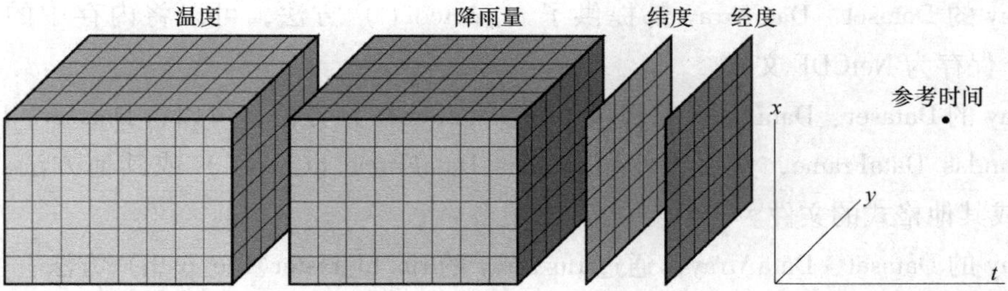

图 3-3 数据立方体示意图

3.3.1 Xarray 数据结构

Xarray 的实现借鉴了 netCDF 数据模型（网络公用数据格式，是一种用来存储温度、湿度、气压、风速和风向等多维科学数据的文件格式），其主要数据结构包括：DataArray 和 Dataset。

3.3.1.1 DataArray

DataArray：单个带有标签的多维数组，它有如下几个重要的属性：

（1）Dimensions(dims)：坐标维度的名称、长度，如（lat：89 lon：180 time：128）。

（2）Coordinates(coords)：每个坐标维度取值的一维数组。

（3）Values(data)：数组的具体数值，即某个数据变量的取值数组，如数据变量名为 sst，通过 Dataset['sst'] 或 Dataset.sst 可以获得该变量的 DataArray，通过 Dataset['sst'].values 或 Dataset['sst'].data 获取该变量的取值数组。

（4）Attributes(attrs)：元数据，如变量的名字、单位等。

可以通过 DataArray 的 dims、coords、attrs 属性（形如：da.dims 等）获取对应的相关

信息。

3.3.1.2 Dataset

Dataset 为由多个 DataArray 组成的数据集，包含共享相同坐标维度的多个数据变量，Dataset 除具有 DataArray 的 Dimensions(dims)、Coordinates(coords)、Attributes(attrs) 的属性外，还有包含一到多个数据变量的数值数组：Data variables(data_vars)。

可以通过 Dataset 的 dims、coords、data_vars、attrs 属性（形如：ds.dims 等）获取对应的相关信息。

3.3.2 Xarray 读写数据

使用 xarray.open_dataset() 方法可打开 netcdf4、scipy、pydap、h5netcdf、pynio、cfgrib、pseudonetcdf、zarr、GeoTIFF 以及其他网格类型（Gridded Data）的数据，返回 xarray 的 Dataset 类型。

默认情况下，xarray.open_dataset() 方法使用惰性加载，即只加载坐标维度和元数据等少量信息，而不是数据变量本身对应的数据。数据变量只在实际访问时加载（例如，当执行计算、切片、…）或使用 .load() 方法加载。

Xarray 的 Dataset、DataArray 都提供了 to_netcdf() 方法，可以将内存中的 Dataset、DataArray 保存为 NetCDF 文件。

Xarray 的 Dataset、DataArray 都提供了 to_dataframe() 方法，可以将 Dataset、DataArray 转换为 pandas.DataFrame，然后再使用 pandas.DataFrame.to_csv() 或其他方法，保存为 csv 文件或其他格式的文件。

Xarray 的 Dataset、DataArray，通过 rioxarray 的 rio.to_raster(file_path) 方法，可将内存中的 Dataset、DataArray 保存为 Geotiff 文件。

Xarray 数据显示格式，可以使用 xarray.set_options() 方法的 display_style 参数进行设置。display_style 取值有：'text'、'html'两种。

以下使用 open_dataset() 打开数据文件，并查看数据集的相关信息。

```
import xarray as xr
datapath = '../data/Chap03/'
#要打开 netcdf4 格式的数据集,要求预先安装 Python 包 netcdf4
ds = xr.open_dataset(datapath + "hdf/sst.mnmean.nc", engine="netcdf4")   #得到xarray.Dataset
ds   #查看 Dataset 的相关信息
ds.dims   #查看 Dataset 的坐标维度信息,如{'lat':89,'lon':180,'time':128}
ds.coords   #查看 Dataset 的各坐标维度取值信息
ds.attrs   #查看 Dataset 的元数据
ds['sst']   #查看数据变量 sst 的相关信息
ds['sst'].values   #查看数据变量 sst 取值的多维数组
```

ds['sst'].values.shape　#查看数据变量 sst 的坐标维度长度信息,如(128,89,180)

ds.data_vars　#查看 Dataset 的数据变量相关信息

3.3.3　Xarray 数学运算

Xarray 数学运算包括常规算术运算、聚合运算、分组计算等。

3.3.3.1　算术运算

与 np.ndarray 类似，xarray.DataArray 也可运用常规的算术运算，如+、-、*、/等；np 还提供了通用的数学函数，如 np.add、np.subtract、np.multiply、np.divide、np.sin、np.cos、np.exp、np.log、np.log2、np.log10、np.sqrt、np.mean、np.percentile、np.std、np.var、np.cov、np.corrcoef 等，可应用于 DataArray 的各元素。

例如，某个 DataArray 表达的是海洋表面温度（摄氏度），要转换为开尔文温度，DataArray 所有元素需+273.15 常数。

3.3.3.2　聚合运算（Aggregation）

A　常规的聚合运算

在数据分析过程中，往往需要对数据集进行某种汇总计算（如 sum()、mean()、median()、min()、max()）来观察数据集的聚合特征。

在 Xarray 中，聚合方法使用 dim 参数，进行特定维度的聚合。如：

所有维度（'lat'，'lon'，'time'）上的气温平均值：ds.sst.mean().values

以（'lat'，'lon'）为基准维度，聚合第三维（'time'）的统计值（气温平均值）：

ds.sst.mean(dim=['lat','lon'])　　#结果的维度为(time:128)

以'time'为基准维度,聚合剩余维度('lat','lon')上的统计值(气温中位数):

ds.sst.median(dim='time')　　#结果的维度为(lat:89,lon:180)

B　分组统计（GroupBy）

Xarray 提供了 GroupBy 分组统计操作，允许在 Xarray DataArray 和 Dataset 上按特定坐标维度某种属性进行分组统计。

Xarray 支持 datetime 坐标维度组件：year、season、quarter、month、day、hour、minute、second、dayofyear、week、dayofweek、weekday，可以按时间坐标维度组件进行分组统计。如：

按'time.month'分组统计剩余维度（'lat'，'lon'）上的平均气温：

air_month = ds.sst.groupby('time.month').mean()　#结果的维度为(month:12,lat:89,lon:180)

上述分组统计结果中某一点上的月气温分布曲线：

air_month.sel(lon=124,lat=35,method='nearest').plot();

3.3.4　替换或屏蔽数据

对于 Xarray Dataset 或 Xarray DataArray，使用 .where() 方法可以替换/屏蔽满足给定条件的元素，其基本语法为：

.where(cond,other=<NA>,drop=False)

如果条件 cond 为 True，元素的值为原始 DataArray 或 Dataset 中的值；否则，元素的值设置为 other 指定的值。

另外，Xarray 借用 Pandas 的 isnull( )、notnull( )、count( )、dropna( )、fillna( )、ffill( ) 和 bfill( ) 等方法来处理缺失数据。

示例代码如下：

```
sample = ds.sst.isel(time=-1)
pos_sample = sample.where(sample > 0.0)   #温度大于 0 的值保留,其余用 nan 填充
# (sample > 25) & (sample < 30)元素的值保留,其他元素的值为 0
sample.where((sample > 25) & (sample < 30),0).plot(size=6,robust=True);
sample.where((sample.lat < 5) & (sample.lat > -5) & \
        (sample.lon > 190) & (sample.lon < 240)).plot( size=6,robust=True);
```

3.3.5 索引和选择数据

Xarray 支持两种类型的数据筛选方法：

(1) 位置索引 .isel( )：提供基于坐标维度的整数索引（从 0 到轴/维度的长度-1）进行数据筛选。

(2) 标签索引 .sel( )：提供基于坐标维度的坐标值进行数据筛选。

3.3.5.1 依据位置选择（Selection by Position）

.isel( ) 方法是纯粹基于各坐标维度整数索引的主要访问方法。如：

(1) 单个整数索引：lat=10。

(2) 整数索引列表或数组：lon=[10,20,39]。

(3) 整数索引切片：time=slice(10,20)。

示例如下：

```
ds.sst.isel()   #所有原始数据
ds.sst.isel(lat=5)   #选择 lat 索引序号为 5 的数据
ds.sst.isel(lat=5,time=[-2,-1])   #选择 lat 索引序号为 5、time 索引为倒数第二、倒数第一的数据
ds.sst.isel(lon=5,time=slice(5,15))   #选择 lon 索引序号为 5、time 索引为 5~14 的数据
```

3.3.5.2 依据标签选择（Selection by Label）

.sel( ) 方法是纯粹基于坐标标签值的主要访问方法。如：

(1) 单个坐标标签：time="2021-03-01"。

(2) 坐标标签列表或数组：time=["2021-01-01","2021-03-10","2021-03-12"]。

(3) 坐标标签切片：time=slice("2021-01-01","2021-03-01")。

> **Note**
>
> **注意：**.sel( ) 方法中的切片包含头、尾。

示例如下：

ds. sst. sel(time="2013") #时间标签 time 为"2013"的所有数据,每月 1 个数据,一年 12 个月共 12 个数据。

da=ds. sst. sel(time=["2013-03-01","2013-04-01","2013-05-01"])

#时间切片,时间序列切片包含头、尾。

ds. sst. sel(time=slice("2013-01-01","2014-12-01"))

3.3.5.3 邻近查询

基于坐标标签索引的方法 . sel(),当坐标标签不是正好位于某个已有的点位时,将抛出 KeyError 类型的错误。为了解决这个问题,xarray. sel() 支持 method 和 tolerance 关键字参数,method 参数允许使用'pad','backfill'或'nearest'方法来启用最近邻(不精确)查找,如:

ds. sst. sel(lat=39.5,lon=211.5,method='nearest')查找到的准确点位是(lat=40.0, lon=212.0)。

3.3.5.4 内插

如果想要沿着坐标轴进行插值,而不是查找最近的邻居,可以使用 . interp() 方法。要使用 interp() 需要有 scipy 库。如:

ds. sst. interp(lat=[35.5,36.0,36.5],method='nearest')

3.3.6 使用空间范围筛选数据

Xarray 的 Dataset、DataArray 通常覆盖范围广、数据量大,有时只需要某一局部范围内的数据,可以使用矩形或任意形状的多边形对其进行筛选。主要实现步骤如下:

(1) 使用 Xarray. open_dataset() 方法打开格网数据文件(如 netCDF 文件),得到 Xarray. Dataset;

(2) 使用 geopandas. read_file() 方法打开包含矢量多边形的数据文件,并从中获取用于筛选 Xarray. Dataset 数据的一个或多个感兴趣区域 AOI(Area of Interest);

(3) 筛选 Xarray. Dataset 数据,有两种方式:

1) 使用 AOI 的最小外包矩形 total_bounds 进行筛选,即使用 total_bounds 的经纬度切片筛选 Xarray. Dataset 数据;

2) 使用空间范围掩码 regionmask 进行更精细筛选。

3.3.6.1 使用最小外包矩形筛选数据

使用 geopandas. read_file() 方法打开包含矢量多边形数据的 shapefile 文件,得到 GeoDataFrame:states_gdf,可以从中提取一个 AOI,如 California 州的区域范围,并进一步获取其最小外包矩形 total_bounds,然后使用 total_bounds 的经纬度切片筛选 Xarray. Dataset 数据 airtemp。

主要代码如下,详见本书附带的 ipynb 文件。

```
import regionmask
datapath = '../data/Chap03/'
#打开 netcdf 文件,该文件包含美国范围内 1990—2005 年以月为单位的大气温度数据
data_monthly = datapath + 'hdf/air_temp_monthly.nc'
```

```
with xr. open_dataset( data_monthly) as file_nc:
    airtemp = file_nc
#该数据的坐标维度:lat:444 lon:922 time:192 crs:1
#注意查看经度 lon 的表达范围
airtemp
#打开包含矢量多边形数据的 geojson 文件,用于筛选大气温度数据 airtemp
states_gdf = gpd. read_file( datapath + 'world_admin1. geojson')
#从 states_gdf 中筛选出 California 州,并查看其最小外包矩形 total_bounds
cali_aoi = states_gdf[ states_gdf. name = = "California" ]
#获取 California 州 lat、lon 的 min、max
aoi_lat =[ float( cali_aoi. total_bounds[ 1 ] ),float( cali_aoi. total_bounds[ 3 ] ) ]
aoi_lon =[ float( cali_aoi. total_bounds[ 0 ] ),float( cali_aoi. total_bounds[ 2 ] ) ]
#由于 netcdf 文件中的经度范围是[0, 360°], 而 states_gdf 中的经度范围是[-180°,180°]
#需要对 aoi_lon 进行如下调整:
aoi_lon[ 0 ] = aoi_lon[ 0 ]+ 360
aoi_lon[ 1 ] = aoi_lon[ 1 ]+ 360
#通过时间切片和空间范围(California 州的经纬度范围)筛选数据
#筛选结果为时间切片维度、经纬度切片维度的三维 DataArray
start_date = "2000-01-15"
end_date = "2000-06-15"
six_months_cali = airtemp[ "air_temperature" ]. sel(
    time=slice( start_date,end_date),
    lon=slice( aoi_lon[ 0 ],aoi_lon[ 1 ] ),
    lat=slice( aoi_lat[ 0 ],aoi_lat[ 1 ] ) )
#绘制 California 州(覆盖范围:该州的最小外包矩形)不同月份的大气温度分布图,col参数指定创建列切面图形的维度名称, col_wrap 参数指定每行输出的列切面图形的个数
six_months_cali. plot( col='time',col_wrap=3);
#仅通过经纬度范围过滤,结果为时间维度、经纬度切片维度的三维 DataArray
cali_bnd = airtemp[ "air_temperature" ]. sel(
    lon=slice( aoi_lon[ 0 ],aoi_lon[ 1 ] ),
    lat=slice( aoi_lat[ 0 ],aoi_lat[ 1 ] ) )
#通过 groupby('time. year'). max 方法,可获取 California 州范围内每年的最高大气温度,结果为年维度、经纬度切片维度的三维 DataArray
cali_year_max = cali_bnd. groupby('time. year'). max( skipna=True)
#通过 groupby( "year" ). max( [ "lat" ," lon" ] )方法,可获得整个范围的年最高气温,结果为年维度的一维数组
cali_year_val = cali_year_max. groupby( "year" ). max( [ "lat" ,"lon" ] )
```

3.3.6.2 使用空间范围掩码（regionmask）筛选数据

在处理气候等网格数据时，通常需要获取区域气温等的平均值，这时需要知道每个网格点属于哪个区域。开源 python 包 regionmask 用于为任意经纬度网格数据创建地理区域掩码（geographic region masks），这些掩码表示网格点所属的区域，通过区域掩码可以屏蔽掉区域外的网格数据。

地理区域掩码有两种变体：二维整数掩码（2D integer masks）和三维布尔掩码（3D boolean masks）。

Regionmask 提供了预定义的区域（regionmask. defined_regions），如 AR6、Giorgi、prudence、SREX、NaturalEarth 区域；另外，还支持用户自定义区域，如 shapefile 文件的定义区域，进而创建地理区域掩码。

Regionmask 提供了两个方法直接由 geopandas. GeoDataFrame 或 GeoSeries 创建地理区域掩码，即

（1） regionmask. mask_geopandas(geodataframe, lon_or_obj, lat=None, drop=True, lon_name='lon', lat_name='lat', numbers=None, method=None, wrap_lon=None, overlap=False)。

（2） regionmask. mask_3D_geopandas(geodataframe, lon_or_obj, lat=None, drop=True, lon_name='lon', lat_name='lat', numbers=None, method=None, wrap_lon=None, overlap=False)。

主要参数：geodataframe 为地理区域，lon、lat 为网格数据的经纬度维度；method 指定区域栅格化（rasterize）的方法，有三种选择：

（1） rasterize：处理速度最快，但只适用于等间距网格数据，内部使用 rasterio. features. rasterize() 方法。

（2） shapely：针对不规则网格数据，内部使用 shapely. vectorized. contains() 方法。

（3） pygeos：针对不规则网格的快速替代方案，内部使用 pygeos. STRtree。

三种方法都使用 lon 和 lat 坐标确定网格单元中心是否位于某个区域内。

创建区域掩码后，可对网格数据应用掩码筛选数据，即对 Xarray 的 Dataset、DataArray 调用 .where(mask)方法筛选数据。

A 单区域掩码

区域掩码可以是单个区域，也可以是多个区域。首先看一下单区域掩码。

使用 regionmask. mask_3D_geopandas() 方法，创建三维掩码数组（元素值为 True/False），用来标识掩码区域内部和外部的像素。三维掩码数组有一 region 维度，这里长度为 1，只有一个区域多边形。区域多边形内的掩码为 True，其外的为 False。

实现的主要代码如下，详见本书附带的 ipynb 文件。

```
#创建区域
cali_mask = regionmask.mask_3D_geopandas(
        cali_aoi,airtemp.lon,airtemp.lat)
cali_mask
#使用时间切片筛选整个数据集 airtemp 的 2002 年 1 到 6 月的部分数据 six_months
six_months = airtemp.sel(
  time=slice('2002-01-15','2002-06-15'))
```

```
#对上述的 six_months 数据应用 cali_mask,屏蔽掉其他数据。
six_months = six_months.where(cali_mask)
six_months["air_temperature"].plot(col='time',
                       col_wrap=3,figsize=(10,6));
```

上述创建区域掩码 cali_mask 时,使用的经纬度维度是整个数据集的空间维度(airtemp.lon,airtemp.lat),所以图中大部分区域为空白(屏蔽掉了)。可以增加区域经纬度切片去除空白区域。

```
#增加区域经纬度切片,仅保留感兴趣区域。
six_months_masked = airtemp["air_temperature"]\
.sel(time=slice('2002-01-15','2002-06-15'),
  lon=slice(aoi_lon[0],aoi_lon[1]),
  lat=slice(aoi_lat[0],aoi_lat[1])).where(cali_mask)
six_months_masked.dims  #('time','lat','lon','region')
#绘制不同时间,感兴趣区域气温分布图。
six_months_masked.plot(col='time',col_wrap=3,figsize=(10,6))
```

B 多区域掩码

以上讨论的感兴趣区域只有一个,实际应用中可使用多个区域过滤网格数据。实现的主要代码如下(详见本书附带的 ipynb 文件):

```
#选取 4 个州作为区域过滤
west = states_gdf[states_gdf.name.isin(
  ["California","Oregon","Washington","Nevada"])]
#创建多区域掩码,这时区域掩码的 region 维度为 4
west_mask = regionmask.mask_3D_geopandas(west,airtemp.lon,airtemp.lat)
#函数定义:获取 GeoDataFrame 的最小外包矩形的经纬度范围
def get_aoi(gdf,world=True):
  lon_lat = {}
  aoi_lat =[float(gdf.total_bounds[1]),float(gdf.total_bounds[3])]
  aoi_lon =[float(gdf.total_bounds[0]),float(gdf.total_bounds[2])]
  if world:
    aoi_lon[0] = aoi_lon[0] + 360
    aoi_lon[1] = aoi_lon[1] + 360
  lon_lat["lon"] = aoi_lon
  lon_lat["lat"] = aoi_lat
  return lon_lat
west_bounds = get_aoi(west)
#通过时间切片、经纬度切片筛选数据
start_date = "2005-01-15"
end_date = "2005-06-15"
six_months_west = airtemp["air_temperature"].sel(
```

```
    time=slice(start_date,end_date),
    lon=slice(west_bounds["lon"][0],west_bounds["lon"][1]),
    lat=slice(west_bounds["lat"][0],west_bounds["lat"][1]))
#绘制不同时间,感兴趣区域 west 气温分布图
six_months_west.plot(col="time",col_wrap=3);
#使用地理区域掩码过滤数据
six_months_west = six_months_west.where(west_mask)
#默认情况下,区域掩码将 geopandas 对象 index 用作区域标识符
six_months_west.region   # array([53,82,86,96]
#绘制不同时间、不同区域的气温分布图
# col="time",row="region"将 time 作为列,region 作为行
six_months_west.plot(col="time",row="region",sharey=False,sharex=False);
```

C 区域数据汇总统计

将数据按区域划分后，可以计算每个区域数据的汇总统计信息，如计算各区域不同时间的平均气温，然后输出为 dataframe，根据需要可保存为 csv 文件。主要代码如下：

```
summary = six_months_west.groupby("time").mean(["lat","lon"])
```

summary 的维度为(time:6, region:4)，每个时间(共 6 个月)不同区域(4 个)的平均气温。

```
summary.to_dataframe().to_csv(datapath +"mean_temp_for_time_regions.csv")
```

3.4 Rioxarray 基础

默认情况下，Xarray 没有空间处理功能。Rioxarray 是基于 Rasterio 的 Xarray 的空间扩展，使得 Xarray 具有空间处理功能，如：crs、重投影、裁剪等。

Rioxarray 通过 rio 访问器（accessor）扩展 Xarray 的功能。通过 rio 访问器，可以访问 Xarray 的 Dataset 或 DataArray 的属性、方法，如通过 .rio.crs、.rio.bounds() 可以获取 Dataset、DataArray 的空间信息。

3.4.1 读取 HDF 文件

与 rasterio.open()、xarray.open_dataset() 方法类似，rioxarray.open_rasterio() 亦可读取常规的栅格数据文件、netCDF 文件，甚至还可以读取 hdf 文件。

rioxarray.open_rasterio() 方法返回的数据类型为 Xarray 的 Dataset 或 DataArray 或 List[xarray.Dataset]。

读取数据时，可以通过 Masked=True 处理 NoData 区域。

以下为打开一个 HDF4 格式的 modis 数据文件，rioxarray 返回的是一个列表 modis_h4，而不是单个 Xarray 对象。在这个列表 modis_h4 中有两个 Xarray 对象（modis_h4[0]、modis_h4[1]），表示 HDF4 文件中的两个组。主要代码如下：

```
from shapely.geometry import mapping,box
import xarray as xr; import rioxarray as rxr; import earthpy.plot as ep
```

```
datapath = '../data/Chap03/'
modis_path = datapath + "hdf/modis.hdf"
modis_h4 = rxr.open_rasterio(modis_path,masked=True)
type(modis_h4)  #list 类型
```

列表 modis_h4 中的第一个元素 modis_h4[0] 包含所有质量保证层（Quality Assurance Layer），每一层都存储一个数据变量。

列表中的第二个元素 modis_h4[1] 为反射率数据，包含多个波段，是用于分析的影像数据。

```
#列表 modis_h4 的第一个元素
modis_qa = modis_h4[0]
#查看 modis_qa 中的某一数据变量
modis_qa["num_observations_1km"]
#列表 modis_h4 的第二个元素
modis_bands = modis_h4[1]
```

使用 rioxarray.open_rasterio() 方法打开文件时，可以使用 group 参数，指定只读取哪些子组 subgroups、层/变量；使用 variable 参数，指定只读取哪些数据变量（部分需要的波段数据）。

读取部分数据的代码如下：

```
#通过设置 group 参数,指定需要读取的部分数据组"MODIS_Grid_500m_2D"
modis_by_group=rxr.open_rasterio(
    modis_path,masked=True,group="MODIS_Grid_500m_2D").squeeze()
modis_by_group
#指定需要的波段列表
desired_bands =["sur_refl_b01_1",
                "sur_refl_b02_1",
                "sur_refl_b03_1",
                "sur_refl_b04_1",
                "sur_refl_b07_1"]
#通过设置 variable 参数,指定需要读取的波段数据
modis_bandsp = rxr.open_rasterio(
    modis_path,variable=desired_bands).squeeze()
modis_bandsp
#查看 nodata 的值
modis_bandsp.sur_refl_b01_1.rio.nodata  #这里为-28672
# masked=True,屏蔽无数据区,无数据区为 Nan
modis_bandsm = rxr.open_rasterio(modis_path,masked=True,
                variable=desired_bands).squeeze()
# masked=True,nodata(-28672)变为 nan
```

```
modis_bandsm.sur_refl_b01_1.rio.nodata
#绘制一个波段数据
ep.plot_bands(modis_bandsm.sur_refl_b01_1,figsize=(4,4));
#绘制所有波段数据
ep.plot_bands(modis_bandsm.to_array().values,figsize=(10,6));
```

3.4.2 裁剪影像数据

Xarray 的 Dataset、DataArray，通过 rioxarray 的 rio 访问器提供了栅格数据处理的常用方法，如 rio.clip、rio.clip_box、rio.reproject、reproject_match、rio.to_raster 等，用于栅格数据的裁剪、重投影等；另外 rioxarray.merge 模块提供了 merge_arrays、merge_datasets 方法，用于数据的合并。

这里仅介绍使用 rio.clip 方法裁剪影像数据，该方法的语法如下：

rio.clip(geometries, crs = None, all_touched = False, drop = True, invert = False, from_disk = False)

其中主要参数 geometries 为 geojson 类型的几何字典列表，需要使用 geometries.apply(mapping) 方法将 GeoDataFrame 的几何类型转换为 geojson 类型的表达。

rio.clip 方法，当用于裁剪多边形（如 boundary）与栅格影像（如 modis_bands）的坐标系相同时，可以直接使用 modis_bands.rio.clip(boundary) 方法进行裁剪，不需要设置其他参数。

当用于裁剪多边形与栅格影像的坐标系不同时，有两种不同的处理方式。

一是直接裁剪，即直接使用 rio.clip 方法，需要设置前两个参数：裁剪多边形及其坐标系，方法执行过程中先自动进行坐标系转换；

二是使用重投影后的裁剪多边形，即先将裁剪多边形的坐标系转换到栅格影像的坐标系，然后再调用 rio.clip 方法进行裁剪。

使用 rio.to_raster 方法，可将裁剪后的栅格数据保存为 GeoTIFF 文件。

实现的主要代码如下（详见本书附带的 ipynb 文件）：

```
modis_path = datapath + "hdf/MOD09GA.hdf"
desired_bands =["sur_refl_b01_1",
                "sur_refl_b02_1",
                "sur_refl_b03_1",
                "sur_refl_b04_1",
                "sur_refl_b07_1"]
modis_bands = rxr.open_rasterio(modis_path, masked = True, variable = desired_bands).squeeze()
#打开用于裁剪的边界文件
boundary = gpd.read_file(datapath+'for_MOD09GA.geojson')
#方式一:直接裁剪,裁剪之前自动进行坐标系转换,当数据量大时,执行速度较慢
clipped = modis_bands.rio.clip(boundary.geometry.apply(mapping),boundary.crs)
#方式二:使用重投影后的裁剪多边形
```

```
from rasterio.plot import plotting_extent
if not boundary.crs == modis_bands.rio.crs:
  bound2crs = boundary.to_crs(modis_bands.rio.crs)
clipped2 = modis_bands.rio.clip(bound2crs.geometry.apply(mapping))
modis_ext = plotting_extent(clipped2.to_array().values[0],clipped2.rio.transform())
f,ax = plt.subplots(figsize=(5,3))
ep.plot_bands(clipped2.to_array().values[0],
          ax=ax,extent=modis_ext,
          title="Plot of the data clipped to the geometry")
bound2crs.plot(ax=ax,color="purple");
#使用 rio.to_raster 方法,将裁剪后的栅格数据保存为 GeoTIFF 文件
stacked_file_path = datapath + "hdf/modis_bands_clipped2.tif"
clipped2.rio.to_raster(stacked_file_path)
modis_clipped = rxr.open_rasterio(stacked_file_path,masked=True)
ep.plot_bands(modis_clipped,figsize=(10,6));
```

3.5 遥感影像云遮盖数据处理

由于天气原因，遥感影像通常存在云覆盖区域，这将影响对数据执行的任何定量分析。可以使用掩码去除这些云覆盖的像素，然后用好的像素代替这些像素。

遥感影像数据集一般都提供质量保证图层 QA（Quality Assurance Layer），可以用来作为掩码（如云层、阴影等像素），从分析中删除“坏”像素。数据质量文件（QA）主要包括在原始数据的基础上生成的 PIXEL-QA 图层。

PIXEL-QA 图层主要是对填充值（Fill）、晴空（Clear）、云（Cloud）、云置信度（Cloud Confidence）、云阴影（Cloud Shadow）、冰雪（Snow/Ice）以及水（Water）等信息进行标识。当下载遥感影像数据时，数据包含一个经过处理的云阴影/掩码层，即质量保证图层 pixel_qa.tif。

本节以 landsat8 影像数据（除质量保证图层外，包括 7 个波段的影像数据）为例，介绍遥感影像云遮盖数据处理的一般方法、步骤。

3.5.1 遥感影像可视化

EarthPy 包用于简化矢量、栅格数据的分析处理及可视化。对于遥感影像的可视化，主要提供了以下几个方法：

（1）ep.plot_bands()：用于绘制多波段栅格数据的图像，可以展示不同波段的数据。

（2）ep.hist()：用于绘制直方图，展示数据的分布情况。

（3）ep.plot_rgb()：用于绘制彩色合成图像（真/假彩色合成），将 3 个波段的数据结合显示成彩色图像。

以下主要使用 ep.plot_rgb() 绘制 landsat8 遥感影像真/假彩色合成图像，设置该方法的参数 stretch、str_clip 拉伸影像值，可以增强图像的对比度。

（1）当像素亮度值的范围接近低端值时，默认会呈现较暗的图像。可以拉伸这些值以扩展到潜在值的完整范围，以增强图像的视觉对比度，如图 3-4 所示。

（2）当像素亮度值的范围接近高端值时，默认会呈现较亮的图像。可以拉伸这些值以扩展到潜在值的完整范围，以增强图像的视觉对比度，如图 3-5 所示。

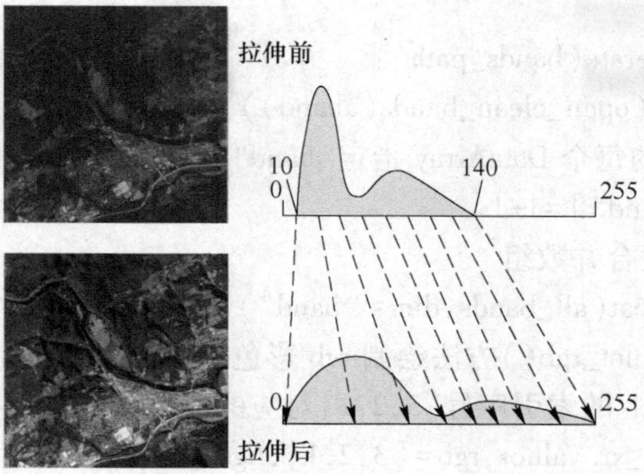

图 3-4　较暗图像拉伸示意图

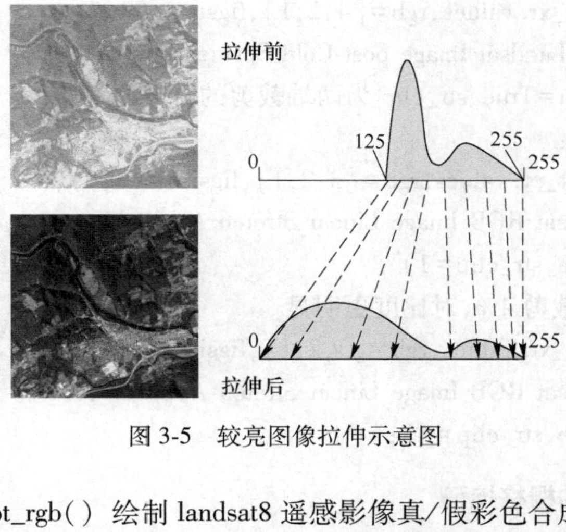

图 3-5　较亮图像拉伸示意图

以下为使用 ep. plot_rgb( ) 绘制 landsat8 遥感影像真/假彩色合成图像代码。

```
import rioxarray as rxr; import earthpy as et; import earthpy. plot as ep
datapath = '../data/Chap03/'
# landsat 原始数据所在目录
src_path = datapath + 'landsat/sources/'
#在数据所在目录中获取波段文件列表
bands_path = glob(src_path + "band*.tif")
#波段文件列表排序
bands_path.sort()
#定义一个函数,打开波段文件,并挤压数组
#打开波段文件列表中的每个文件,masked=True 将无数据区置为 Nan, squeeze()方法
```

去除 xarray. DataArray 中长度为 1 的坐标维度

```
def open_clean_bands(band_path):
    return rxr.open_rasterio(band_path,masked=True).squeeze()
#打开所有波段文件,并加入 DataArray 列表 all_bands
all_bands =[]
for i,aband in enumerate(bands_path):
    all_bands.append(open_clean_bands(aband))
    #为 all_bands 中的每个 DataArray 指定"band"维度,记录波段序号
    all_bands[i]["band"]=i+1
#沿 dim 指定的维度合并数组
landsat_xr = xr.concat(all_bands,dim="band")
#使用 earthpy.plot.plot_rgb()方法绘制 rgb 彩色图
# rgb 参数指定 r、g、b 的索引序号[3,2,1]对应的波段序号 4、3、2
ep.plot_rgb(landsat_xr.values,rgb=[3,2,1],figsize=(8,6),
        title="Landsat RGB TRUE Color Composite");
#用 Band5 (NIR)代替 Band4(Red)绘制假彩色图
ep.plot_rgb(landsat_xr.values,rgb=[4,2,1],figsize=(8,6),
        title="CIR Landsat Image post-Cold Springs Fire");
#绘图是指定 stretch=True、str_clip 为两端裁剪的百分比
#增强图像的对比度
ep.plot_rgb(landsat_xr.values,rgb=[3,2,1],figsize=(8,6),
        title="Landsat RGB Image Linear Stretch Applied",
        stretch=True,str_clip=1);
# str_clip=4,两端裁剪 4%,对比度更明显
ep.plot_rgb(landsat_xr.values,rgb=[3,2,1],figsize=(8,6),
        title="Landsat RGB Image Linear Stretch Applied",
        stretch=True,str_clip=4);
```

3.5.2 创建遥感影像的栅格掩码

结合 earthpy.mask.pixel_flags['pixel_qa']['L8'] 及 PIXEL-QA 图层提供的云(Cloud)、云置信度(Cloud Confidence)、云阴影(Cloud Shadow)等信息可以创建云覆盖区域的掩码。主要代码如下:

```
import earthpy.mask as em
#打开 Landsat8 影像的 QA 层
qa_path = src_path + 'pixel_qa.tif'
landsat_qa = rxr.open_rasterio(qa_path).squeeze()
em.pixel_flags['pixel_qa']['L8'].items()
high_cloud_confidence = em.pixel_flags["pixel_qa"]["L8"]["High Cloud Confidence"]
cloud = em.pixel_flags["pixel_qa"]["L8"]["Cloud"]
```

```
cloud_shadow = em.pixel_flags["pixel_qa"]["L8"]["Cloud Shadow"]
all_masked_values = cloud_shadow + cloud + high_cloud_confidence
#使用 QA 图层屏蔽数据
landsat_masked = landsat_xr.where(~landsat_qa.isin(all_masked_values))
ep.plot_rgb(landsat_masked.values,rgb=[2,1,0],figsize=(8,6),
        title="Landsat RGB Image removed Cloud!");
```

3.5.3 读取同区域无云数据

按以上类似步骤读取同区域无云数据，并检查影像的空间范围、CRS 是否一致，若不一致，需要做相关处理。主要代码如下：

```
# landsat 无云数据所在目录
nocld_path = datapath + 'landsat/noclound/'
#在数据所在目录中获取波段文件列表
nocld_bands_path = glob(nocld_path + "band*.tif")
#波段文件列表排序
nocld_bands_path.sort()
#打开所有波段文件,并加入 DataArray 列表 nocld_bands
nocld_bands = []
for i,aband in enumerate(nocld_bands_path):
    nocld_bands.append(open_clean_bands(aband))
    #为 nocld_bands 中的每个 DataArray 指定"band"维度,记录波段序号
    nocld_bands[i]["band"]=i+1
#沿 dim 指定的维度合并数组
nocld_landsat = xr.concat(nocld_bands,dim="band")
ep.plot_rgb(nocld_landsat.values,rgb=[2,1,0],figsize=(8,6),
        title="No Cloud Landsat RGB Image!");
#在处理之前,要先确定两种影像的空间范围、CRS 是否一致,若不一致,需要做相关处理
nocld_bounds = nocld_landsat.rio.bounds()
cld_bounds = landsat_masked.rio.bounds()
```

3.5.4 使用无云像素取代云遮盖像素

首先从云覆盖数据获取掩码层 mask（哪些像素被云覆盖），然后以该掩码层 mask 作为过滤条件，使用 xarray.where（mask，nocld_landsat，landsat_masked）方法，用无云像素（nocld_landsat）取代被屏蔽像素，其他位置的像素保持不变（landsat_masked）。主要代码如下：

```
#从云覆盖数据获取掩码层
mask = landsat_masked.isnull()
#用无云像素取代被屏蔽像素,其他位置的像素保持不变
```

```
cld_filled = xr.where(mask,nocld_landsat,landsat_masked)
ep.plot_rgb(cld_filled.values,rgb=[2,1,0],figsize=(8,6),title="Landsat RGB Image removed Cloud!");
cld_filled.rio.to_raster(datapath + "landsat/cloud_filled.tif")
```

3.6 空间数据分析处理包的数据结构比较

NumPy 的基本数据结构是多维数组 ndarray，如一个三维数组 array(i，j，k)；如果要获取数组中的某个元素或数组子集，只能通过 i、j、k 维度的整数索引或整数索引切片，如 array[2,1,3]、array[:5,10:15,-3:]等。

Pandas 主要功能是分析处理普通的二维表格数据（如 table、csv、excel 等），Geopandas 主要功能是分析处理带几何列的二维表格数据，本质上也属于二维数组，只不过是将二维数组包装为 GeoDataFrame(DataFrame)，使得处理二维表格数据更方便、更快捷。

GeoDataFrame(DataFrame)提供的.loc[]，是基于轴标签（行标签和列标签）选择数据；而.iloc[]是基于行、列整数值索引选择数据。

对于多波段的栅格数据，Rasterio 用 NumPy 的三维数组进行表达，如 raster(band，height，width)，band、height、width 分别表示栅格数据的波段数、行数、列数 3 个维度。如果要获取栅格数据中的某个栅格值或栅格数据子集，也只能通过 band、height、width 维度的整数索引或整数索引切片。

Xarray 的数据结构（Dataset、DataArray）被表达为带标签的多维数据，如 xr(time，lat，lon)，time，lat、lon 分别表示数据变量 xr 的时间、空间维度，这些维度不仅有命名，还有坐标值和属性。

Xarray 支持两种类型的数据筛选方法：.isel()和.sel()，前者是基于坐标维度的整数索引进行数据筛选，后者是基于坐标维度的坐标值进行数据筛选。

Rioxarray 的基本数据结构还是 Xarray 的 Dataset 和 DataArray，也是带标签的多维数据。

Tip

本章小结： 主要介绍了栅格数据处理与分析的 4 个包 NumPy、Rasterio、Xarray、Rioxarray 的主要功能及应用、遥感影像云遮盖数据处理。其中，NumPy 包主要介绍了创建数组、数组索引与切片、数组运算、数组堆积与分割、线性代数等内容；Rasterio 包主要介绍了栅格数据读写、栅格数据可视化、栅格数值运算、Nodata 掩码、栅格数据裁剪与挖空、栅格数据矢量特征、栅格数据重投影与重采样、栅格数据镶嵌等内容；Xarray 包主要介绍了 Xarray 的数据结构、读写数据、替换或屏蔽数据、索引和选择数据、使用空间范围筛选数据等内容；Rioxarray 包主要介绍了读取 HDF 文件、裁剪影像数据等内容；遥感影像云遮盖数据处理主要介绍了使用 EarthPy 绘制遥感影像图、结合 EarthPy 和遥感影像质量控制层创建云覆盖区域的掩码，然后使用无云像素取代云遮盖像素。

参 考 文 献

[1] NumPy developers. NumPy [CP/CL]. 2008-2024 [2024-02-02]. https://numpy.org/doc/stable/.

[2] Mapbox. Rasterio [CP/OL]. 2018-2024 [2024-03-06]. https://rasterio.readthedocs.io/en/latest/.

[3] Xarray developers. Xarray [CP/OL]. 2014-2024 [2024-03-12]. https://docs.xarray.dev/en/stable/.

[4] Corteva Agriscience. Rioxarray [CP/OL]. 2019-2024 [2024-03-16]. https://corteva.github.io/rioxarray/stable/.

[5] Boulder E L C. Use Data for Earth and Environmental Science in Open Source Python [M/OL]. 2022 [2023-03-15]. https://www.earthdatascience.org/courses/use-data-open-source-python/.

[6] Regionmask Developers. Regionmask [CP/OL]. 2016-2024 [2024-03-10]. https://regionmask.readthedocs.io/en/stable/.

[7] Earth Lab. EarthPy [CP/OL]. 2021 [2023-03-10]. https://earthpy.readthedocs.io/en/latest/index.html.

4 交互式数据探索与可视化

交互式数据探索与可视化是指通过动态交互的方式探索和理解数据，以发现数据中的模式、趋势和关联性，并将其可视化呈现。

交互式数据探索主要用于探索性数据分析（Exploratory Data Analysis，EDA），它强调的是发现数据中的模式和关系，而不是验证特定的假设或模型。交互式数据探索通常涉及多维数据分析，即探索具有多个变量或维度的数据集，通过交互式的可视化工具，用户可以同时观察多个变量之间的关系，发现隐藏在数据背后的模式和趋势。

数据可视化是以图形的方式直观展示数据的结构特征及其关系。交互式数据可视化采用动态可视化技术，如滑块、选择器、按钮等，动态地更新和呈现数据。空间数据可视化是以地图的方式直观展示空间数据的结构特征及其关系，它强调空间位置，涉及地图投影、坐标参考系等。

本章主要内容包括：

（1）Python 可视化包概述。

（2）数据分类分级方法。

（3）Matplotlib 绘图基础。

（4）GeoPandas 矢量数据绘图。

（5）Cartopy 地图绘制。

（6）HoloViz 交互式数据探索与可视化。

本章涉及的详细示例代码，详见本书附带的 ipynb 文件；为节省篇幅，本章略去了代码的绘图输出。

4.1 Python 可视化包概述

在 Python 生态中，数据可视化的包非常丰富，包括普通数据的可视化包（如 Matplotlib、Seaborn、Plotly、Bokeh、Altair、HoloViz 等）和空间数据的可视化包（如 Folium、Contextily、Cartopy、GeoViews 等），有的还提供了动态交互功能（如 HoloViz、Bokeh、Plotly 等）。

4.1.1 Matplotlib 简介

在众多的数据可视化包中，Matplotlib 是最常用的绘图包，它提供了丰富的绘图选项，可以绘制各种类型的图表，包括散点图、折线图、柱状图、饼状图等。Matplotlib 还支持添加标签、标题、图例等，并可以进行高级定制。

Matplotlib 是其他许多 Python 包的绘图基础，如前面介绍的 Pandas、GeoPandas 的绘图底层就是调用 Matplotlib 的绘图函数，同时也是其他 Python 可视化包的基础，如 Seaborn、Cartopy 等。

Matplotlib 使用面向对象的方法绘图，可以通过添加新元素逐步构建绘图。Matplotlib 能够快速将存储在各种数据结构（包括列表、numpy 数组、Pandas 的 DataFrame 和 GeoPandas 的 GeoSeries、GeoDataFrame 等）中的数据创建多种类型的图形。

Matplotlib 包含了多个模块，每个模块具有不同的功能。常用模块如下：

（1）matplotlib. figure：提供了创建和管理图形对象 Figure 及其组成部分的功能。

（2）matplotlib. axes：提供了创建和管理轴对象 Axes 及其组成部分的功能，可以绘制各种类型的图形，如折线图、散点图等。

（3）matplotlib. pyplot：是对 Matplotlib 的高层次封装，封装了常用的绘图函数和命令，如 plot( ) 用于绘制折线图、scatter( ) 用于绘制散点图等，并提供了简单方便的绘图接口，使得绘图更加高效快速。

（4）matplotlib. artist：提供了基本的绘图元素 Artist，Figure、Axes 中的所有元素都是 Artist 的实例对象。

（5）matplotlib. gridspec：提供了 GridSpec 类，用于创建和管理复杂的子图布局。

（6）matplotlib. lines：提供了点、线图形对象。

（7）matplotlib. patches：提供了多边形图形对象（如矩形、圆形、多边形等），可用来添加各种注释、标记和装饰元素。

（8）matplotlib. collections：提供了高效绘制图形元素的集合类。

（9）matplotlib. animation：用于创建动画。

（10）matplotlib. colorbar：用于创建和管理颜色条（色带）。

（11）matplotlib. backends：提供了多种后端渲染器，将图形输出到不同的文件格式或 GUI 窗口中。

4.1.2 Seaborn 简介

Seaborn 是建立在 Matplotlib 基础上并与 Pandas 数据结构紧密集成的制作统计图形的 Python 包，它提供的高级接口，使得创建具有吸引力和信息丰富的统计图形更加简单和美观。

Seaborn 提供的高级接口分为两大类：图形级（figure-level）和轴级（axes-level），以及三个模块：关系的（relational）、分布的（distributional）和分类的（categorical），如图 4-1 所示。图形级的接口通常通过 FacetGrid（多面格网）来管理图形，每个模块都有一个图形级函数（关系图 relplot、分布图 displot、分类图 catplot），为各种轴级函数提供了统一的接口。

4.1.2.1 关系图

关系图用于发现数据维度间的统计关系。Seaborn 的轴级接口提供了两种类型关系图：

（1）散点图：以点方式描述离散型变量间的关系，对应的接口函数为 scatterplot( )。

（2）折线图：以线方式描述连续型变量间的关系，特别是时间作为一个数据维度时有用，对应的接口函数为 lineplot( )。

以上基于 Axes 层面的 scatterplot( )、lineplot( ) 一次只能绘制单个图。

如果需要一次性绘制多个关系图用于比较，可以使用图形级的高级接口函数 relplot( )，且可以通过参数 kind 指定关系图的类型为'scatter'或'line'。

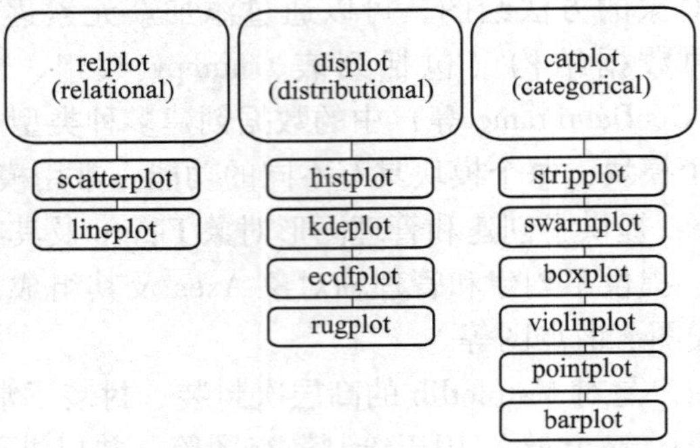

图 4-1 Seaborn 函数概览

4.1.2.2 分布图

分布图用来描述单变量或双变量的值分布情况。Seaborn 的轴级接口提供了 4 种类型的分布图：

（1）直方图：对应的接口函数为 histplot()。

（2）核密度图：可以描述等高线等图，对应的接口函数为 kdeplot()。

（3）经验累积分布函数：用于描述数据逐层累加情况，如不同年龄的累计分布：年龄在 20 岁以下有多少人，年龄在 30 岁以下有多少人……。对应的接口函数为 ecdfplot()。

（4）边缘图：通过在 x 轴或 y 轴添加刻度来绘制边缘分布，对应的接口函数为 rugplot()。

与关系图接口 relplot() 类似，图形级高级接口函数 displot() 可以在 FacetGrid 上绘制多个分布图，通过参数 kind 指定分布图的类型为'hist'、'kde'、'ecdf'或'rug'。

4.1.2.3 分类图

当需要分析的数据变量有一个为分类变量（变量值可枚举的离散型）时，可以使用分类图。Seaborn 图形级高级接口提供分类图函数为 catplot()，可以通过 kind 参数设置绘制不同类型的分类图；轴级接口提供的分类图包括以下 3 类：

（1）分类散点图（Categorical Scatterplots），主要有：

1）stripplot()：kind="strip"，为默认类型。

2）swarmplot()：kind="swarm"。

（2）分类分布图（Categorical Ddistribution Plots），主要有：

1）boxplot()：kind="box"。

2）violinplot()：kind="violin"。

3）boxenplot()：kind="boxen"。

（3）分类估计图（Categorical Estimate Plots），主要有：

1）pointplot()：kind="point"。

2）barplot()：kind="bar"。

3）countplot()：kind="count"。

4.1.2.4 其他几个重要图

在上述分类方案之外，还有两个重要函数 jointplot() 和 pairplot()，在单个图中表示数据集的多个方面。这两个绘图都是图形级函数，默认情况下创建具有多个子绘图的图形。但是它们使用不同的对象来管理图形：分别是 JointGrid 和 PairGrid。

Jointplot( ) 绘制两个变量的关系或联合分布，并在边缘轴（上边、右边）上添加分别表示每个变量的单变量自身的分布情况。

Pairplot( ) 结合联合视图和边缘视图，但它不是专注于单个关系，而是同时可视化变量的成对组合。

另外两个函数是 regplot( )、lmplot( )，用于绘制线性回归模型，后者可以同时绘制多个线性回归模型。

4.1.3 Plotly 简介

Plotly 是一款功能强大的交互式的开源绘图库，支持多种编程语言（包括 Python、R、JavaScript 等，对应有 Plotly. py、Plotly. R、Plotly. js），提供了丰富的图表类型，用户可以根据自己的需求创建各种定制化的图表。

Plotly 主要功能如下：

（1）交互式（interactive）可视化：Plotly 提供了丰富的交互功能，使用户能够在图表中进行动态操作，包括：缩放、平移和旋转，数据点的悬停显示，数据选择和过滤，自定义标签和注释，动态更新数据，动画效果、拖拽、图表联动等。

（2）丰富的图表类型（plot）：Plotly 支持多种常见图表类型，如散点图、折线图、柱状图、饼图、热力图、等高线图等，用户可以根据需要选择合适的图表类型进行数据展示。

（3）支持绘制地理数据可视化：Plotly 除了常规的图表类型，还提供了功能强大的地理数据可视化功能。用户可以绘制地理地图、热力图、轮廓图等，以展示与地理位置相关的数据。

（4）在线编辑器：Plotly 提供了在线编辑器，用户可以在网页端直接编辑图表，调整颜色、布局、样式等参数，实时预览效果，并可以保存和分享编辑后的图表。

（5）支持团队协作：Plotly 的在线平台支持团队协作，用户可以在平台上分享图表、编辑权限、版本控制等，方便团队内部共享和交流数据可视化。

（6）美观的布局和主题：Plotly 允许用户自定义图表的布局和主题，使其更符合特定需求或品位。通过调整颜色、字体和图表元素的样式，用户可以创建专业且令人印象深刻的可视化效果。

4.1.4 Bokeh 简介

Bokeh 是一个面向 web 浏览器的交互式可视化库，在 web 端实现 d3. js 的交互可视化，能够快速创建交互式绘图、仪表盘和数据应用程序，并支持大型数据集的高性能交互。使用 Bokeh，可以创建 JavaScript 支持的可视化，而无须自己编写任何 JavaScript 代码。

Bokeh 主要功能特点包括：

（1）交互式可视化：Bokeh 提供了丰富的交互式功能，使用户能够通过鼠标悬停、缩放、平移、数据选择等方式与图表进行互动。这使得用户能够更深入地探索数据集，查看感兴趣的数据点，以及更好地理解图表中的模式和趋势。

（2）丰富的图表类型：Bokeh 支持多种图表类型，包括折线图、散点图、柱状图、饼图、面积图等，用户可以根据数据的特性选择合适的图表类型，以更好地呈现数据的分布和关系。Bokeh 同时支持创建基于地图的可视化和处理地理数据，Bokeh 使用 xyzservices 库来处理瓦片地图，使用 add_tile( ) 方法可将它们添加到绘图中。

（3）布局（layout）和小部件（widget）：Bokeh 允许用户创建复杂的布局，将多个图表和小部件组合在一起，形成令人印象深刻的仪表板。小部件可用于构建用户友好的控件，如滑块、按钮和文本框，以增强用户对可视化的控制。

（4）主题（theme）和样式（style）：Bokeh 提供了丰富的主题和样式选项，用户可以根据自己的需求选择不同的颜色、字体、背景等来美化图表。

（5）服务器端应用：Bokeh 提供了服务器端功能，允许用户构建交互式的数据应用程序。通过 Bokeh 服务器，用户可以创建实时更新的可视化，响应用户输入，并支持动态数据的更新。

（6）高性能可视化：Bokeh 绘图引擎通过 Web 技术和流式数据处理支持大规模数据集的高性能绘制。这使得 Bokeh 适用于处理大规模数据集，并在不牺牲性能的情况下生成高质量的可视化。

（7）支持跨平台：Bokeh 可以在多个平台上运行，包括本地浏览器、Jupyter Lab、Bokeh 服务器端及 Flask、Django 等 Web 框架。这种灵活性使得用户能够选择最适合其需求的平台来展示和分享可视化成果。

4.1.5 Altair 简介

Altair 是基于 Vega 和 Vega-Lite 的声明式统计可视化库，提供了强大而简洁的语法来描述数据和图表，可以轻松快速构建各种统计图表。Altair 支持交互式可视化，用户可以使用鼠标、键盘与图表进行交互，探索数据的不同层面和细节。

Altair 的主要功能特点如下：

（1）声明式语法：Altair 提供了一种简单而直观的声明式语法，用户通过简单的 Python 代码描述图表的结构和属性，而无须深入了解底层的绘图细节。如：

```
import altair as alt
#示例：散点图
alt.Chart(data).mark_point().encode(x='x', y='y',color='category')
```

（2）数据绑定：Altair 支持轻松的数据绑定，允许用户将数据集与图表元素直接关联，实现动态交互和过滤。如：

```
#示例:添加交互式选择框
selection = alt.selection_multi(fields=['category'],bind='legend')
scatter_plot = alt.Chart(data).mark_point().encode( x='x',  y='y',color='category')
.add_selection(selection)
```

（3）自动缩放和轴标签：Altair 提供自动缩放功能，用户无须手动调整轴的范围，同时支持轻松自定义轴标签和标题。如：

```
#示例：自定义轴标签、标题
alt.Chart(data).mark_bar().encode( x=alt.X('category',axis=alt.Axis(title='类别')),
    y=alt.Y('count',axis=alt.Axis(title='数量')))
```

（4）多图层和复合图表：Altair 支持多图层的组合和复合图表的创建，用户能够在同一图表中展示多个视图。如：

```
#示例：多图层及组合
bar_chart = alt.Chart(data).mark_bar().encode( x='category',y='count')
line_chart = alt.Chart(data).mark_line().encode( x='category',y='average')
combined_chart = bar_chart + line_chart
```

4.1.6 地图 Python 包简介

目前，Python 生态的地图包也有不少，以下仅对常用的 3 个包作简单介绍。

（1）Folium 是基于 leaflet.js（用于创建交互式地图的 JavaScript 库）的 Python 地图包，允许用户通过 Python 轻松创建交互式地图，并支持在地图上添加标记、图层和弹出窗口等；Folium 内置了 xyzservices 包中可用的所有瓦片集，如 OpenStreetMap、CartoDB Positron 等地图瓦片，并支持自定义地图瓦片；同时支持图像、视频、GeoJSON 和 TopoJSON 的叠加，并内置了许多矢量图层。

（2）Contextily 是用于将背景地图嵌入地理数据的 Python 包，它提供的 add_basemap() 方法，能够将地图作为背景添加到用户的地理空间数据可视化中。Contextily 也支持多种地图数据源，包括 xyzservices 包中的瓦片集，并支持自定义地图瓦片。

（3）Cartopy 是一个开源的 Python 地理数据处理包，用于绘制地图和地理数据分析处理。它提供了许多功能，使用户能够创建高质量、交互式地图，并进行地理空间数据分析。Cartopy 利用强大的 PROJ、NumPy 和 Shapely 库，以及建立在 Matplotlib 之上的编程接口，可以创建出版高质量的地图。

4.1.7 HoloViz 生态概述

HoloViz 是一个交互式数据探索与可视化 Python 生态系统，旨在为用户提供一系列灵活且高效的数据探索与可视化工具。该生态系统的特点是可以无缝地集成多个库和工具，以实现从简单图表到高级交互式探索与可视化的各种需求。

HoloViz 生态系统主要由以下几个库组成：

（1）hvPlot：基于 HoloViews 的高层抽象绘图库，提供了更为直接和方便的 API，使得创建复杂的交互式图表变得简单快捷。hvPlot 可以与 Pandas、GeoPandas、Xarray、Dask 等无缝集成，并支持 Bokeh、Plotly、Matplotlib 等多种绘图后端，允许用户根据需要制作静态或交互式图表，支持平移、缩放、悬停、可点击/选择图例等一系列交互式操作。

（2）HoloViews：HoloViz 的核心库之一，允许用户轻松创建和组合各种可视化元素。通过定义基于数据的可视化规范（如绘图类型、排列方式等），用户可以快速生成交互式图表。

（3）GeoViews：构建于 HoloViews 之上，用于增强对地理数据支持的可视化库。

（4）Panel：用于构建灵活的仪表板和交互式应用程序的库。它可以将各种可视化对象与用户界面部件进行关联，使用户能够通过滑块、按钮等元素与数据进行交互。

（5）Param：用于创建和利用参数化对象的 Python 库，用户能够以简单易用的方式定义、组织和共享可视化组件的参数对象。

(6) Datashader：一个用于处理大型数据集的高性能渲染工具，能将大规模数据转化为高质量的图像。

(7) Colorcet：视觉一致的色带集合，用于 bokeh、matplotlib、holoviews 和 datashader 等的绘图色彩。

4.2 数据分类分级方法

分类分级是区分数据集中个体差异，突显数据自身特征的一种有效加工处理方法。分级统计图是利用分级方法对数据进行制图表达的地理地图，它允许用户在地理地图上显示非地理属性或变量。分级统计图的有效性取决于分级方案的选择以及所采用的颜色或符号化策略，分级方案定义了类别的数量以及赋值的规则，而符号化传递了关于类别之间数值差异的信息。

PySAL 的 mapclassify 包提供了功能丰富的分级分类方法，包括 BoxPlot、EqualInterval、FisherJenks、FisherJenksSampled、HeadTailBreaks、JenksCaspall、JenksCaspallForced、JenksCaspallSampled、KClassifiers、MaxP、MaximumBreaks、NaturalBreaks、Percentiles、Pooled、Quantiles、StdMean、UserDefined 等。

在选择分级分类方案时，应考虑属性值的统计分布。以下以区域房价数据(regions. geojson)为例，逐一介绍各种分类分级方法的基本思想。

以下代码打开区域房价数据文件，查看房价（'home_value'）的统计信息。

```
import seaborn; import numpy as np; import pandas as pd; import geopandas as gpd
import mapclassify; import matplotlib. pyplot as plt
datapath = '../data/chap04/'
gdf = gpd. read_file(datapath + "regions. geojson")
gdf['home_value']. fillna((gdf['home_value']. mean()),inplace=True)
#区域房价直方图
gdf['home_value']. hist(bins=8);
#查看房价的统计信息
gdf['home_value']. describe()
count   6. 270000e+02
mean    4. 654065e+05
std   2. 196194e+05
min    1. 720543e+04
25%    3. 226018e+05
50%    4. 054166e+05
75%    5. 699571e+05
max    1. 088952e+06
```

可以看出：数据分布呈正偏态，平均值（mean）超过了中位数（50%分位数）导致房价直方图右边尾部的偏斜，这种偏态将对分级分类方案的选择产生影响。

4.2.1　等间距分级（EqualInterval）

等间距分级法是使用相等间隔将属性值的范围划分为若干个大小相等的子范围。对于一个给定的 k 值，等间距分级法将属性空间范围划分为 k 个等长间隔，间距 $d = \frac{\text{max-min}}{k}$。

代码如下：

```
ei8 = mapclassify.EqualInterval(gdf['home_value'],k=8)
#查看分级结果，为节省篇幅，本书略去分级结果
np.round(pd.DataFrame({'bins':ei8.bins,'Counts':ei8.counts}).T,2)
```

等间距分级具有简单和易于解释的双重优点，但当数据集中在某一小范围内时，可能会导致一个或多个类别的数据稀疏，因此，等间距分级适用于数据有均匀分布的变化特征情况。

4.2.2　分位数分级（Quantiles）

为了避免潜在的数据稀疏问题，可以使用分位数来确定分级边界。分位数分级能确保每个级别中数据的个数大致相等，但区间宽度却不尽相同。代码如下：

```
q8 = mapclassify.Quantiles(gdf['home_value'],k=8)
np.round(pd.DataFrame({'bins':q8.bins,'Counts':q8.counts}).T,2)
np.round(q8.bins[1:]- q8.bins[:-1],2)
#输出为：array([52351.33, 46688.79, 36125.96, 59989.96, 104550.58, 137480.1, 381515.18])
```

从上可以看出，虽然每个类的值的数量大致相等，但间隔的宽度相差较大。

类似分类分级方法有 Percentiles，按百分位数分类分级，缺省的百分位数值为 pct=[1,10,50,90,99,100]，如：

```
p6 = mapclassify.Percentiles(gdf['home_value'],pct=[1,10,50,90,99,100])
np.round(pd.DataFrame({'bins':p6.bins,'Counts':p6.counts}).T,2)
```

4.2.3　标准差分级（StdMean）

标准差反映了各数据间的离散程度，按标准差分级要保证数据的分布符合正态分布。标准差分级使用了样本均值 $\bar{x} = \frac{1}{n}\sum_{i=1}^{n} x_i$ 和标准差 $s = \sqrt{\frac{1}{n-1}\sum_{i=1}^{n}(x_i - \bar{x})}$ 来定义分界点，以平均值作为中间分级的一个分界点，其余分界点是以平均值为中心向两侧分别递增或递减标准差的倍数，如图 4-2 所示。例如，以一倍标准差定义的分级上界为 $c_0^u = \bar{x} - 2s$，$c_1^u = \bar{x} - s$，$c_2^u = \bar{x}$，$c_3^u = \bar{x} + s$，$c_4^u = \bar{x} + 2s$。

代码如下：

```
msd = mapclassify.StdMean(gdf['home_value'])
np.round(pd.DataFrame({'bins':msd.bins,'Counts':msd.counts}).T,2)
```

这种分类方法适合于正态分布的数据，绝大多数数据集中在中间类。

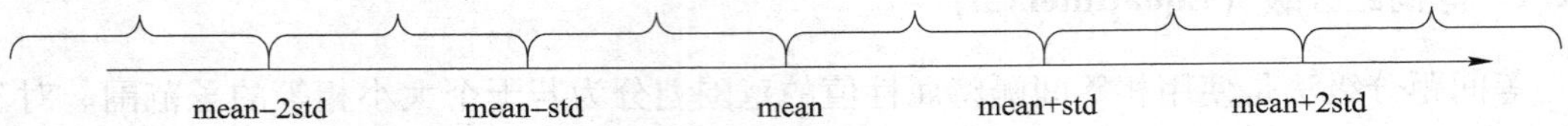

图 4-2 标准差分级示意图

4.2.4 最大裂点分级（MaximumBreaks）

最大裂点分级给定分类数，先按升序对观察值进行排序，比较排序中的每一个值与下一个值之间的差异，将 $k-1$ 个断点放置在整个序列中距离间隔最大的两个值之间。代码如下：

```
mb8 = mapclassify.MaximumBreaks(gdf['home_value'],k=8)
np.round(pd.DataFrame({'bins':mb8.bins,'Counts':mb8.counts}).T,2)
```

4.2.5 箱形图分级（BoxPlot）

箱形图分级是分位数与标准差分级的混合，其中的 k 预定义为 6，第一分级的上界为 $q_{0.25}-h$ IQR，IQR $=q_{0.75}-q_{0.25}$ 是四分位距，h 是 IQR 的倍数（默认为 1.5，也可通过 hinge 参数指定值），第六分级的下界为 $q_{0.75}+h$ IQR，中间的分级点上界设置为属性值的 0.25、0.50 和 0.75 百分位数。代码如下：

```
bp = mapclassify.BoxPlot(gdf['home_value'])
np.round(pd.DataFrame({'bins':bp.bins,'Counts':bp.counts}).T,2)
```

4.2.6 头-尾裂点分级（HeadTailBreaks）

头-尾裂点分级算法基于对数据的递归划分，使用迭代均值分割。分裂过程继续进行，直到每个类中的分布不再显示重尾分布，即分配给每个类的较小值和较大值之间存在平衡。

头-尾裂点分级专门用于对具有重尾特点的数据进行分级。所谓重尾即在整个数据中，较小的值数量往往较多，而最大的位于尾部的值数量很少，其数据分布呈现出“尾重头轻”的特点。对于具有重尾分布特征的数据，如幂律和对数正态分布，使用头-尾裂点分级往往可以出现特别好的效果。代码如下：

```
ht = mapclassify.HeadTailBreaks(gdf['home_value'])
np.round(pd.DataFrame({'bins':ht.bins,'Counts':ht.counts}).T,2)
```

4.2.7 JenksCaspall 分级

JenksCaspall 分类分级算法的目标是最小化类均值周围的绝对偏差之和。该算法从预先指定的类数量和任意的初始类分级开始，例如，使用五分位分级法；该算法试图通过考虑观测值在相邻类之间的移动来改进目标函数，例如，将第一个五分位的最大值移动到第二个五分位，将第二个五分位的最小值移动到第一个五分位；找出导致目标函数最大降幅的候选移动，并继续这个过程，直到没有其他可改进的移动为止。JenksCaspall 算法是广泛使用的 K-means 聚类算法的一维情况。代码如下：

类似分类分级方法还有：JenksCaspallForced、JenksCaspallSampled。

```
jc8 = mapclassify.JenksCaspall(gdf['home_value'],k=8)
np.round(pd.DataFrame({'bins':jc8.bins,'Counts':jc8.counts}).T,2)
```

4.2.8 FisherJenks 分级

FisherJenks 分级算法采用动态规划的方法使类中位数附近的绝对偏差和最小。与 JenksCaspall 方法相比，FisherJenks 算法能够保证为预先指定数量的类生成最佳分类。此外，FisherJenksSampled 是基于随机样本的 FisherJenks 的最优分类器，适用于大数据量场合。代码如下：

```
fj8 = mapclassify.FisherJenks(gdf['home_value'],k=8)
np.round(pd.DataFrame({'bins':fj8.bins,'Counts':fj8.counts}).T,2)
fjs = mapclassify.FisherJenksSampled(gdf['home_value'],k=8)
np.round(pd.DataFrame({'bins':fjs.bins,'Counts':fjs.counts}).T,2)
```

4.2.9 MaxP 分级

MaxP 分级分类法采用基于 max-p 区域建立算法进行地图分类。它在本质上与 JenksCaspall 相似，因为它考虑在相邻类之间进行贪婪的交换以改进目标函数。也是一种启发式算法，但与 FisherJenks 分级算法不同，不能保证有最优解。代码如下：

```
mp8 = mapclassify.MaxP(gdf['home_value'],k=8)
np.round(pd.DataFrame({'bins':mp8.bins,'Counts':mp8.counts}).T,2)
```

4.2.10 自然裂点分级（NaturalBreaks）

自然裂点分级的基本思想是最小化各级别中的变异总和以此来选择分级断点，即各类别之间差异最大化的同时类内差异尽可能的小。代码如下：

```
nb8 = mapclassify.NaturalBreaks(gdf['home_value'],k=8)
np.round(pd.DataFrame({'bins':nb8.bins,'Counts':nb8.counts}).T,2)
```

4.2.11 UserDefined 分级

UserDefined 分级是用户自行指定各分级 bins 的上界，进行分类分级。对于样例中的房价，指定 bins=[100000,200000,300000,400000,500000,600000,700000,1000000]。代码如下：

```
bins=[100000,200000,300000,400000,500000,600000,700000,1000000]
ud = mapclassify.UserDefined(gdf['home_value'],bins)
np.round(pd.DataFrame({'bins':ud.bins,'Counts':ud.counts}).T,2)
```

4.2.12 分类分级方案比较

在 PySAL 中，类中值绝对偏差 ADCM（Absolute Deviation Around Class Medians）提供了一种在相同 k 值情况下比较不同分级方法的拟合度量，可据此来比较以上几种不同的数据分级方法。

分类分级方案比较结果，详见本书附带的 ipynb 文件。

4.3 Matplotlib 绘图基础

4.3.1 Matplotlib 中的绘图对象

Matplotlib 绘图有两个主要对象，如图 4-3 所示：

（1）图形对象（matplotlib. figure. Figure）：整个绘图空间，相当于一块画布，可以包含一个或多个 Axes 对象。Figure 提供的属性方法用于管理 Figure 的元素对象。

（2）轴对象（matplotlib. axes. Axes）：在图形（Figure）中呈现的一个一个的绘图对象 Axes（子图，subplot）。Axes 对象是一个拥有自己坐标系统的绘图区域，它包含绘制的数据、坐标轴 Axis(XAxis、YAxis)、轴标签（xlabel、ylabel）、轴刻度（xticks、yticks）、图标题（title）、图例（legend）等元素。Axes 主要提供了两类属性方法：一类是用于管理 Axes 的组成元素，另一类是用于绘制各种类型的图形。

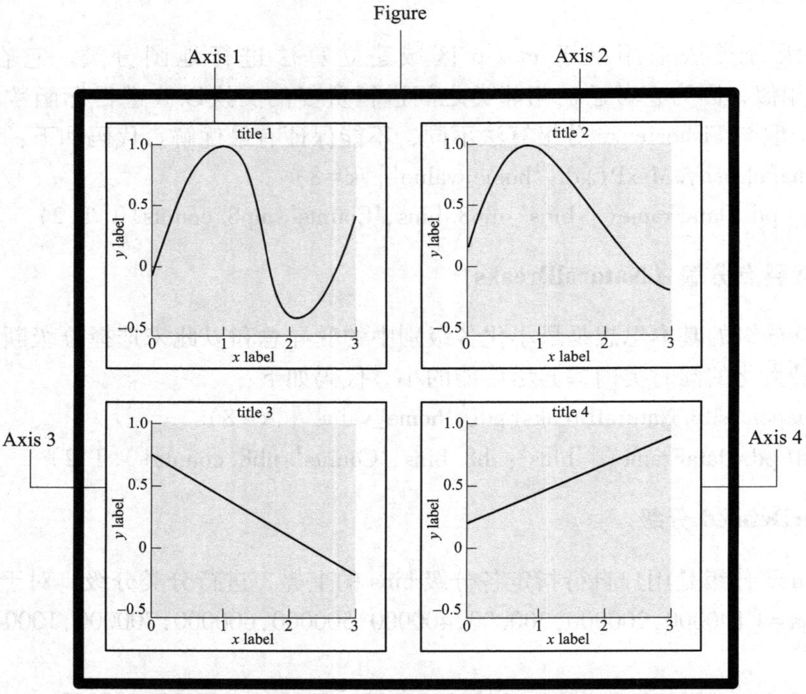

图 4-3 matplotlib 绘图对象示意图

尽管 Matplotlib 包含许多不同绘图功能的模块，但最常用的模块是 pyplot。Pyplot 提供了用于创建、获取图形对象（Figure）、轴对象（Axes）等组件的方法，如 figure( ) 方法用于创建图形对象，axes( ) 方法用于向当前图形对象中添加一个轴对象，并使其成为当前轴对象，subplots( ) 方法用于同时创建图形对象和轴对象，gcf( ) 方法用于获取当前图形对象，gca( ) 方法用于获取当前轴对象，等等。

当调用绘图方法时，matplotlib 会调用 gca( ) 获取当前的 axes 绘图区域，而且 gca 反过来调用 gcf( ) 来获得当前的 Figure；如果 Figure 为空，它会自动调用 figure( ) 生成一个 Figure。

pyplot 模块通常使用别名 plt 导入，即

import matplotlib. pyplot as plt

使用 matplotlib 的面向对象方法创建一个绘图，首先可使用 pyplot 模块的 subplots( ) 函数创建一个 Figure(如 fig) 和至少一个 Axes(如 ax)：

fig,ax = plt. subplots( )

Note

温馨提示：通过将 fig 和 ax 设置为等于 pyplot. subplots( ) 函数的输出，它们是同时创建的。由于没有提供其他参数，结果是一个 Figure 和一个空的 Axes，但可以用于后续的绘制。fig 和 ax 是 Figure 和 Axes 对象的变量名，可任意命名。

subplots( ) 语法如下：

subplots(nrows=2,ncols=3, *, sharex=False, sharey=False, squeeze=True, subplot_kw=None, gridspec_kw=None, ** fig_kw)

说明：前两个参数为子绘图（subplots）也即轴对象的行列数，其他参数可以通过关键字传递值，如 figsize=(10, 6) 指定画布的宽和高。如：

fig,(ax1,ax2)= plt. subplots(1,2,figsize = (10,6))

fig,(ax1,ax2,ax3,ax4)= plt. subplots(2,2,figsize = (12,10))

4.3.2 Matplotlib 绘图方式与类型

4.3.2.1 Matplotlib 支持的绘图方式

Matplotlib 绘图支持两种方式：

(1) 面向对象方式：显式创建图形对象（Figure）和轴对象（Axes），并调用对象的相关方法进行绘图或相关设置。

(2) pyplot 方式：使用 pyplot 隐式创建和管理图形对象（Figure）和轴对象（Axes），并使用 pyplot 函数进行绘图。

一般来说，Matplotlib 建议使用面向对象方式，尤其是对于复杂的绘图，以及打算作为大型项目的一部分重复使用的函数和脚本。不过，pyplot 方式对于快速交互式工作也非常方便。

以下为两种绘图方式的代码（为节省篇幅，略去绘图输出）：

```
import matplotlib; import matplotlib. pyplot as plt; import numpy as np
matplotlib. rc("font",family='FangSong')#使用中文仿宋字体
#面向对象方式
x = np. linspace(0,2,100)
#使用 pyplot. subplots()方法创建图形对象 fig 和轴对象 ax
fig,ax = plt. subplots(figsize=(6,4),layout='constrained')
```

```
ax.plot(x,x,label='线性')  # 在轴对象 ax 上绘制数据
ax.plot(x,x ** 2,label='平方')  # 在轴对象 ax 上再绘制数据
ax.plot(x,x ** 3,label='立方')  # 在轴对象 ax 上再绘制数据
ax.set_xlabel('x 轴')  # 轴对象 ax 添加 x 轴标签
ax.set_ylabel('y 轴')  # 轴对象 ax 添加 y 轴标签
ax.set_title("面向对象方式")  # 为轴对象 ax 添加标题
ax.legend();  #为轴对象 ax 添加图例
# pyplot 方式
x = np.linspace(0,2,100)
#使用 pyplot.figure()方法创建隐式的图形对象(Figure)
plt.figure(figsize=(6,4),layout='constrained')
#在隐式的轴对象上绘制数据
plt.plot(x,x,label='线性')
plt.plot(x,x ** 2,label='平方')
plt.plot(x,x ** 3,label='立方')
plt.xlabel('x 轴')
plt.ylabel('y 轴')
plt.title("pyplot 方式")
plt.legend();
```

4.3.2.2 Matplotlib 支持的绘图类型

Matplotlib 支持的绘图类型主要有：

（1）成对数据绘图：包括折线图 plot(x, y)、散点图 scatter(x, y)、条形图 bar(x, height)、茎叶图 stem(x, y)、区域填充图 fill_between(x, y1, y2)、堆叠区域图 stackplot(x, y)、阶梯图 stairs(values)。

（2）统计绘图：包括直方图 hist(x)、箱线图 boxplot(x)、误差棒图 errorbar(x, y, yerr, xerr)、小提琴图 violinplot(D)、事件图 eventplot(D)、二维直方图 hist2d(x, y)、六边形密度图 hexbin(x, y, C)、饼状图 pie(x)、经验累计分布图 ecdf(x)。

（3）格网数据绘图：包括栅格图 imshow(Z)、伪彩色图 pcolormesh(X, Y, Z)、等高线图 contour(X, Y, Z)、填充等高线图 contourf(X, Y, Z)、倒钩 2D 场图 barbs(X, Y, U, V)、箭头向量图 quiver(X, Y, U, V)、矢量流图 streamplot(X, Y, U, V)。

（4）不规则格网数据绘图：包括基于三角网的等高线图 tricontour(x, y, z)、基于三角网的填充等高线图 tricontourf(x, y, z)、基于三角网的伪彩色图 tripcolor(x, y, z)、三角网图 triplot(x, y)。

（5）三维绘图：包括三维散点图 scatter(x, y, z)、创建三维表面 plot_surface(X, Y, Z)、三角网表面图 plot_trisurf(x, y, z)、三维体元图 voxels([x, y, z], filled)、三维框线图 plot_wireframe(X, Y, Z)。

Axes 类、pyplot 模块均提供了以上类型的绘图函数（方法）。

4.3.3 Matplotlib 三种常用图的绘制

Matplotlib 支持的绘图类型非常丰富，本小节主要以常用的折线图、散点图、条形图的绘制为例，介绍 Matplotlib 绘图的基本思路及相关内容。

4.3.3.1 绘图函数基本语法

折线图是使用 plot( ) 函数将各坐标点（x, y）绘成折线（Line2D）或点标记（Marker）。plot( ) 函数语法如下：

plot(*args, scalex=True, scaley=True, data=None, ** kwargs)

其返回值为 Line2D 的列表，即绘制的线。其调用格式如下：

plot([x], y, [fmt], *, data=None, ** kwargs)

plot([x], y, [fmt], [x2], y2, [fmt2], ..., ** kwargs)

可以用 Line2D 的属性作为 kwargs 参数，格式中的 [ ] 为可选项，说明如下：

（1）可选项 fmt 为颜色、点标记和线条样式的字符串格式，如'bo'表示颜色为'blue'、点标记为‘圆圈’；另外，颜色、点标记和线条样式还可以通过关键字参数赋值；以下两种调用方式，结果是等价的。plot(x, y, 'go--', linewidth=2, markersize=12); plot(x, y, color='green', marker='o', linestyle='dashed', linewidth=2, markersize=12)

（2）当缺少 x 坐标时，将以 y 坐标的索引序号 0、1、…、N-1 作为 x 的坐标值。

关于可用 kwargs 参数的详细信息，可查阅 Matplotlib 的帮助文档。

散点图是使用 scatter( ) 函数将各坐标点（x, y）绘成不同大小、颜色的点图。scatter( ) 函数语法如下：

scatter(x, y, s = None, c = None, marker = None, cmap = None, norm = None, vmin = None, vmax = None, alpha = None, linewidths = None, *, edgecolors = None, plotnonfinite = False, data = None, ** kwargs)

主要参数含义如下：

（1）s：点标记的大小。

（2）c：点标记的颜色，数据类型为数值数组、颜色列表或单个颜色。

（3）marker：点标记的类型，缺省为'o'，即圆圈。

（4）cmap：色带，缺省为'viridis'，当参数 c 为数值数组时使用，即根据参数 c 的值映射 cmap 中的颜色。

（5）norm：标准化、归一化方法，将数据缩放到［0，1］范围。

（6）vmin、vmax：当没有显式归一化数据时，vmin 和 vmax 定义了 cmap 覆盖的数据范围。默认情况下，cmap 覆盖所提供数据的完整值范围。

（7）alpha：透明度，取值范围［0，1］，0 表示完全透明，1 表示不透明。

（8）linewidths：点标记边的线宽。

（9）edgecolors：点标记边的颜色。

条形图是使用 bar( ) 函数将各坐标点（x, y）绘成条状图，这些条以给定的对齐方式定位在 x 处，它们的尺寸由 height 和 width 给出，垂直基线为底部（默认为 0）。bar( ) 函数语法如下：

bar(x, height, width=0.8, bottom=None, *, align='center', data=None, ** kwargs)

另外，还可使用 barh() 函数绘制水平的条形图，其语法与上述类似：barh(y,width, height=0.8,left=None, *,align='center',data=None, ** kwargs)height)

4.3.3.2 绘图实例

使用 matplotlib.pyplot 绘图时，一般先使用 subplots() 方法创建图形对象 fig 和轴对象 ax，然后使用轴对象的方法进行绘图及相关属性设置，有时需要使用图形对象 fig 的属性方法对整个绘图属性进行设置。

以下以月平均降雨量为例，说明折线图、散点图、条形图的绘制，x 轴表示月份，y 轴表示降雨量。为了更好地对比不同类型图形的表达外观，将 3 种图形绘制在同一个轴对象 ax 上，同时通过不同的颜色、点标记符号及大小区分不同的表达类型；另外，通过使用 alpha（透明度）参数来避免后绘的图形完全遮盖先绘的图形，通过 zorder 参数来控制图层的绘制顺序，zorder 值小的先绘，zorder 值大的后绘。主要代码如下（为节省篇幅，略去绘图输出）：

```
#月平均降雨量
monthly_precip = [0.70,0.75,1.85,2.93,3.05,2.02,1.93,1.62,1.84,1.31,1.39,
0.84]
#月英文缩写名
months = [" Jan"," Feb"," Mar"," Apr"," May"," June"," July"," Aug"," Sept",
"Oct","Nov","Dec"]
#使用 pyplot.subplots()方法创建图形对象 fig 和轴对象 ax
fig,ax = plt.subplots(figsize=(6,3))
#绘制折线图,注意颜色、点标记的符号及大小、透明度,该图层第二绘制
ax.plot(months,monthly_precip,color='b',marker='o',markersize=10,alpha=0.4,
zorder=2)
#绘制散点图,注意参数 c、cmap 的使用,该图层最后绘制
ax.scatter(months,monthly_precip,c=monthly_precip,cmap='YlGnBu',marker='v',
zorder=3)
#绘制条形图,注意参数 width、edgecolor 的使用,该图层最先绘制
ax.bar(months,monthly_precip,width=0.3,color='bisque',edgecolor='darkblue',zorder=1)
#设置图标题、xy 轴标签
ax.set(title = "月平均降雨量图",xlabel = "月份",ylabel = "降雨量(英寸)");
```

4.3.4 绘图设置

绘图设置包括绘图时常用参数设置及图的辅助元素属性设置。图表中的辅助元素这里是指图的标题、坐标轴、图例等附属元素。

4.3.4.1 绘图参数设置

在使用 Matplotlib 绘图时，可以通过参数指定绘制的颜色、线型、点标记符号等。

A Matplotlib 中的颜色

Matplotlib 提供的颜色主要格式有：

（1）规范化的 RGB、RGBA：(red，green，blue)、(red，green，blue，alpha)，RGBA 取值均为［0，1］之间，如（0.1，0.2，0.5）、（0.1，0.2，0.5，0.3）。

（2）十六进制字符串：以'#'打头的十六进制表示，一般格式为'#rrggbb'、'#rrggbbaa'，如'#0f0f0f'、'#0f0f0f80'。

（3）［0，1］之间灰度值字符串：如'0'表示黑色、'1'表示白色、'0.8'表示浅灰色。

（4）单字符表示的基本颜色：'b'代表 blue、'g'代表 green、'r'代表 red、'c'代表 cyan、'm'代表 magenta、'y'代表 yellow、'k'代表 black、'w'代表 white。也可直接使用这些英文单词表示相应的颜色。

（5）X11/CSS4 颜色：如'aquamarine'、'mediumseagreen'。

（6）xkcd 颜色：以'xkcd'为命名空间，如'xkcd：sky blue'、'xkcd：eggshell'。

（7）Tableau 颜色：以'tab'为命名空间，如'tab：blue'、'tab：orange'、'tab：green'、'tab：red'、'tab：purple'、'tab：brown'、'tab：pink'、'tab：gray'、'tab：olive'、'tab：cyan'。

（8）Cn 颜色：由字符串 C 和 1 个非负整数构成，数字为默认色彩循环 rcParams["axes.prop_cycle"]的索引。

（9）连续颜色模型：包括 colorbars、colormaps，详见 Matplotlib 帮助文档。

B Matplotlib 中的线型

Matplotlib 提供的线型主要有：

（1）实线：符号为'-'，英文名为'solid'。

（2）虚线：符号为'--'，英文名为'dashed'。

（3）点划线：符号为'-.'，英文名为'dashdot'。

（4）点线：符号为'：'，英文名为'dotted'。

C Matplotlib 中的点标记符号

Matplotlib 提供的点标记符号主要有：

（1）'.'：点标记。

（2）','：像素标记（极小点）。

（3）'o'：实心圈标记。

（4）'v'：倒三角标记。

（5）'^'：上三角标记。

（6）'>'：右三角标记。

（7）'<'：左三角标记。

（8）……。

4.3.4.2 常用的辅助元素定制

图表中的辅助元素是指除了根据数据绘制的图形之外的附属元素，常用的辅助元素包括坐标轴（axis）、标题（title）、图例（legend）、网格（grid）、参考线（axhline、 axvline)、参考区域（axhspan、axvspan）等，它们都可以对图形进行补充说明。

A 坐标轴的属性

坐标轴（axis）的常用属性有：

（1）范围边界属性：xlim、ylim；xbound、ybound。

（2）标签属性：xlabel、ylabel。

（3）缩放变换：xscale、yscale。

（4）刻度及刻度标签属性：xticks、yticks；xticklabels、yticklabels。

（5）日期属性：xaxis_date、yaxis_date。

B 标题的属性

标题（title）的常用属性有：

（1）label：标题文本。

（2）fontdict：控制标题文本样式的字典。

（3）loc：标题对齐样式：'center'，'left'，'right'，default：'center'。

（4）pad：标题与图表顶部的距离，默认为 None。

C 图例的属性

图例（legend）的常用属性有：

（1）handles：由图形标识构成的列表。

（2）labels：由图例项构成的列表。

（3）loc：用于控制图例在图表中的位置，为字符串或一个二元组（离图的右边、下边的距离）；Loc 字符串与对应的代码：'best'（Axes only），0；'upper right'，1；'upper left'，2；'lower left'，3；'lower right'，4；'right'，5；'center left'，6；'center right'，7；'lower center'，8；'upper center'，9；'center'，10。

（4）ncol：图例的列数，默认值为 1。

（5）title：图例的标题，默认值为 None。

（6）shadow：是否显示阴影，默认值为 None。

（7）fancybox：是否为图例设置圆角边框，默认值为 None。

在使用 pyplot 的绘图函数绘图时，若已经预先通过 label 参数指定了图例的标签，则后续可以直接调用 legend() 函数添加图例。若未预先指定图例的标签，则后续在调用 legend() 函数时为 handles 和 labels 参数传值即可。

D 网格的属性

网格（grid）的常用属性有：

（1）b：是否显示网格。

（2）which：显示网格的类型，有 major/minor/both 三个选项，默认为 major。

（3）axis：显示哪个方向的网格，有 x/y/both 三个选项，默认为 both。

（4）linewidth 或 lw：网格线的宽度。

Note

温馨提示：若坐标轴没有刻度，则将无法显示网格。

E 参考线的属性

参考线包括水平参考线（axhline）和垂直参考线（axvline）。

（1）水平参考线（axhline）的常用属性。

1）y：水平参考线的纵坐标。

2）xmin：水平参考线的起始位置，默认为0。

3）xmax：水平参考线的终止位置，默认为1。

4）linestyle：水平参考线的类型，默认为实线。

（2）垂直参考线（axvline）的常用属性。

1）x：垂直参考线的横坐标。

2）ymin：垂直参考线的起始位置，默认为0。

3）ymax：垂直参考线的终止位置，默认为1。

4）linestyle：垂直参考线的类型，默认为实线。

F 参考区域的属性

参考区域包括水平参考区域（axhspan）和垂直参考区域（axvspan）。

水平参考区域（axhspan）的常用属性有：

（1）ymin：水平跨度的下限，以数据为单位。

（2）ymax：水平跨度的上限，以数据为单位。

（3）xmin：垂直跨度的下限，以轴为单位，默认为0。

（4）xmax：垂直跨度的上限，以轴为单位，默认为1。

垂直参考区域（axvspan）的常用属性与水平参考区域相同。

4.3.4.3 属性定制方法

以上元素属性的定制，matplotlib 提供了以下两种途径：

（1）多个属性设置的通用 set() 方法：Axes.set()、pyplot.setp() 可以一次对辅助元素的多个属性进行定制。

（2）单个属性设置的特定 set_XXXX() 方法：Axes 为辅助元素的单个属性的设置提供了特定的 set_XXXX()，如 set_xlabel()、set_ylim()；pyplot 为辅助元素的单个属性的设置提供了特定的 XXXX() 方法，如 xlabel()、ylim()。

以下以某地区日降雨量为例，说明绘图辅助元素的定制（为节省篇幅，略去绘图输出）。

```
datapath = '../data/chap04/'
data = datapath + 'daily-precip-2003-2013.csv'
daily_precip = pd.read_csv(data,parse_dates=['DATE'],na_values=['999.99'],index_
col=['DATE'])
precip_AugOct = daily_precip["2013-08-15":"2013-10-15"]
precip_AugOct[:2]
```

```
#使用 plt. subplots( )方法创建图形对象 fig 和轴对象 ax,并通过 figsize 参数指定图形对象 fig 的尺寸大小(宽、高)
fig,ax = plt. subplots(figsize=(8,5))
#绘制折线图
ax. plot(precip_AugOct. index. values,  # x 轴
    precip_AugOct['DAILY_PRECIP']. values,# y 轴
    '-o',  # fmt'-o'格式指定线型为实线('-')、点标记为圆圈('o')
    color='purple'  #指定颜色
    )
#设置 x、y 轴标签、图标题
ax. set(xlabel="Date",ylabel="Precipitation (Inches)",
    title="Daily Precipitation 2013")
#设置 x 轴的主刻度定位器,每两周一个刻度
ax. xaxis. set_major_locator(mdates. WeekdayLocator(interval=2))
#设置 x 轴的主刻度显示格式为'月-日'
ax. xaxis. set_major_formatter(DateFormatter("%m-%d"))
#设置 x 轴的次刻度定位器,每天一个刻度
ax. xaxis. set_minor_locator(mdates. DayLocator())
# x 轴刻度标签旋转 45°
plt. setp(ax. get_xticklabels(),rotation = 45);
fig,ax = plt. subplots(figsize=(8,5))
#绘制散点图
ax. scatter(precip_AugOct. index. values,
     precip_AugOct['DAILY_PRECIP']. values,
     marker = ',',  #设置标记符号类型为 pixel
     #根据降雨量的大小使用不同颜色的符号
     c = precip_AugOct['DAILY_PRECIP'],
     cmap = 'YlGnBu'  #设置色带
     )
ax. set(xlabel="Date",ylabel="Precipitation (Inches)",
    title="Daily Precipitation (inches)2013")
#设置 x 轴的主刻度显示格式为'月/日'
date_form = DateFormatter("%m/%d")
ax. xaxis. set_major_formatter(date_form);
#多子图绘制
fig,(ax1,ax2)= plt. subplots(2,1,figsize=(8,6),layout='constrained')
#设置总图标题
fig. suptitle("Dailly Precipitation 2013",fontsize = 15)
#绘制子图 1--条形图
```

```
ax1.bar(precip_AugOct.index.values,
      precip_AugOct['DAILY_PRECIP'].values,
      width=0.6,#设置条形宽度
      color = 'cyan',
      edgecolor = 'darkblue' #设置条形边的颜色
      )
#设置子图 1 的标题和轴标签
ax1.set(title = "Bar Plot",
      xlabel = "Date",
      ylabel = "Precipitation (inches)");
#绘制子图 2--散点图
ax2.scatter(precip_AugOct.index.values,
         precip_AugOct['DAILY_PRECIP'].values,
         marker = ',',
         c = precip_AugOct['DAILY_PRECIP'],
         cmap = 'YlGnBu'
         )
#设置子图 2 的标题和轴标签
ax2.set(title = "Scatter Plot",
      xlabel = "Date",
      ylabel = "Precipitation (inches)");
```

4.4 GeoPandas 矢量数据绘图

4.4.1 绘制静态地图

GeoPandas 使用 Matplotlib 作为绘图后端，利用 plot() 方法对 GeoSeries 或 GeoDataFrame 进行可视化；再结合 Matplotlib 的一些额外元素的补充，可以创建出更加精美的可视化作品及地图。

GeoDataFrame 至少包含一个 GeoSeries 列，其可视化以 GeoSeries 列为基础，同时还可以顾及其他非几何列。以下仅阐述 GeoDataFrame 的可视化。

GeoDataFrame 的可视化使用 GeoDataFrame.plot() 方法，该方法返回 Matplotlib 轴对象（ax），也即：

ax = GeoDataFrame.plot()

该方法的主要参数如下：

（1）column：用于绘图的列名（str）或 np.ndarray 或 pd.Series，缺省情况下不用指定。绘图着色将基于该列中的值，如果设置了颜色，则忽略。

（2）kind：str，绘图的类型，具体有：'geo'、'line'、'bar'、'barh'、'hist'、'box'、'kde'、'density'、'area'、'pie'、'scatter'、'hexbin'等。

（3）cmap：str，缺省情况下不用指定。matplotlib 识别的颜色映射（colormap）名称。可通过调用 matplotlib. pyplot. colormaps( ) 方法，查看内置的 colormap，目前版本有 166 种颜色映射。

（4）color：str，缺省情况下不用指定，如果指定了，所有对象的颜色将是均匀一致的。

（5）ax：matplotlib. pyplot. Artist，缺省情况下不用指定，如果指定了，就在指定的 ax 上绘图。

（6）cax：matplotlib. pyplot Artist，缺省情况下不用指定，如果指定了，就在指定的 cax 上绘制图例（在使用了 cmap 的情况下）。

（7）categorical：bool，缺省为 False。如果为 False，cmap 将反映正在绘制的列的数值。对于非数值列，将被设置为 True。

（8）legend：bool，缺省为 False。是否绘制图例。如果没有指定 column 参数，或者给出了 color 参数，则被忽略。

（9）scheme：str，缺省情况下不用指定。专题图分类方案的名称（需要 mapclassify）。mapclassify. MapClassifier 对象将在底层使用。支持 mapclassify 提供的所有方案（如'BoxPlot'，'EqualInterval'，'FisherJenks'，'FisherJenksSampled'，'HeadTailBreaks'，'JenksCaspall'，'JenksCaspallForced'，'JenksCaspallSampled'，'MaxP'，'MaximumBreaks'，'NaturalBreaks'，'Quantiles'，'Percentiles'，'StdMean'，'UserDefined'）。参数可以通过 classification_kwds 传递。

（10）k：int，缺省为 5。分类数目（如果 scheme 为 None 则忽略）。

（11）vmin：None（不用指定）或 float，缺省情况下不用指定，cmap 的最小值。如果为 None，则使用要绘制的列中的最小数据值。

（12）vmax：None（不用指定）或 float，缺省情况下不用指定，cmap 的最大值。如果为 None，则使用要绘制的列中的最大数据值。

（13）markersize：str 或 float 或 sequence，缺省情况下不用指定。仅适用于点几何对象。如果是 str，将使用由 marksize 指定的列中的值来设置标记的大小。否则，可以是一个适用于所有点的值，或一个与点数量相同长度的序列。

（14）figsize：整数元组，缺省情况下不用指定。指定生成的 matplotlib. figure. Figure 的大小（宽、高）。如果显式给出参数 axes，则忽略 figsize。

（15）legend_kwds：dict，缺省情况下不用指定。传递给 matplotlib. pyplot. legend( ) 或 matplotlib. pyplot. colorbar( ) 的关键字参数。当指定了 scheme 参数时，可接受的其他关键字：

1）fmt：str，图例中类的 bin 边缘的格式化规范。例如，没有小数：{"fmt":"{:.0f}"}。

2）labels：图例标签列表。需要与类的数量（k）相同的元素。

3）interval：bool，缺省为 False。控制 mapclassify 图例中的方括号的选项。如果为 True，则图例中显示开/闭间隔括号。

（16）categories：用于分类图类别的有序列表对象。

（17）classification_kwds：dict，缺省情况下不用指定。传递给 mapclassify 的关键字参数。

（18）missing_kwds：dict，缺省情况下不用指定。指定颜色选项（如 style_ kwds）的关键字参数将传递给缺失值的几何图形，或者覆盖其他 style kwds。如果为 None，则不绘制缺失几何值的图形。

（19）aspect：'auto'，'equal'，None 或 foat，缺省为'auto'。设置绘图（axis，subplot）的宽高比（aspect）。如果设置为'auto'，地图绘制的默认宽高比（aspect）为'equal'。如果数据没有被投影（坐标为经纬度），则 aspect 默认设置为 1/cos(df_y * pi/180)，df_y 为 GeoDataFrame 的 y 坐标的中间值，这样可以确保绘图中心的 long/lat 正方形仍被绘制为正方形，这意味着一个等矩形投影。如果为 None，则不改变 ax 的 aspect。如果为 float，则可设置绘图的宽高比。

（20）style_kwds：dict，传递给实际 plot 函数的样式选项关键字，如：edgecolor，facecolor，linewidth，markersize，alpha（透明度）。

GeoPandas 使得创建专题图（地图中每个几何形状的颜色基于一个相关变量的值）变得很容易，只需使用 plot() 方法，并将 column 参数设置为用于分配颜色值的列。

4.4.1.1 分类图的绘制

对于分类图的绘制，通常可以为不同类型的地理要素指定不同的颜色或符号。以下先绘制某区域的路网数据，道路类型（'RTTYP'）有 4 种：'S'、'C'、'M'和'Unknown'。当使用 GeoPandas 标准的 plot() 绘制数据时，将自动选择线条颜色；使用 legend=True 参数添加一个图例，但是请注意，图例是由代表每种线条类型的圆圈而不是线组成的。

主要代码如下（为节省篇幅，略去绘图输出）：

```
datapath = '../data/chap04/'
roads_data = datapath + "somecountyroads.geojson"
roads = gpd.read_file(roads_data)
#道路类型
roads['RTTYP'].unique()
array(['M','Unknown','S','C'],dtype=object)
fig,ax = plt.subplots(figsize=(8,6))
#根据道路类型'RTTYP'进行分类绘制,注意图例符号
roads.plot(column='RTTYP',categorical=True,legend=True,ax=ax)
#获取并调整图例位置
leg = ax.get_legend()
leg.set_bbox_to_anchor((1.1,0.5))
#不显示坐标轴
ax.set_axis_off()
```

以下为不同的道路类型，设置不同的颜色和线宽，分层绘制不同类型的道路，然后对图例的位置、字体大小、标题、是否显示边框等属性进行定制。

主要代码如下（为节省篇幅，略去绘图输出）：

```
#为不同的道路类型设置不同的颜色和线宽
roadPalette = {'M':'blue','S':'green','C':'purple','Unknown':'grey'}
lineWidths = {'M':1,'S':2,'C':2,'Unknown':.5}
```

```
fig,ax = plt.subplots(figsize=(8,6))
for ctype,data in roads.groupby('RTTYP'):
    color = roadPalette[ctype]
    data.plot(color=color,ax=ax,label=ctype,linewidth=lineWidths[ctype])
#定制图例
ax.legend(loc=(1,.5),#还可以使用字符串'lower right'...
        fontsize=12,#字体大小
        frameon=True,#显示图例边框
        title="LEGEND"  #图例标题
        )
ax.set(title='Some County Roads')
ax.set_axis_off();
```

4.4.1.2 分级图的绘制

对于分级图的绘制，先需要根据数值型字段的取值对要素进行分级（mapclassify 提供了 10 多种分级方案），然后不同的分级使用不同的颜色或符号进行绘制。以下是世界各国人口的分级绘制，将人口按分位数（'quantiles'）分级方案分为 8 级（八分位数），然后绘图。

主要代码如下（为节省篇幅，略去绘图输出）：

```
world = gpd.read_file(datapath + 'world.geojson')
fig,ax = plt.subplots(figsize=(8,5),facecolor="#e5e7eb")
world.plot(column='pop_est',ax = ax,
        cmap='OrRd',edgecolor="white",linewidth=0.3,
        scheme='quantiles',# 还可以设置其他分级方案,如'EqualInterval'等
        k=8,legend='True',
        legend_kwds=dict(loc="lower right",fontsize=8)
        )
ax.set_title("Quantiles:k = 8")
ax.set_aspect("equal");
```

4.4.1.3 绘图范围设置

当仅需要绘制某个范围内的图形时，可以通过轴对象的 xlim、ylim 属性设置控制绘图范围。以下示例 neroads.geojson 为全球路网数据，仅需要绘制美国范围内的路网，可以先获取美国覆盖范围 total_bounds（xmin，ymin，xmax，ymax），并将其设置为 xlim、ylim 范围。

主要代码如下（为节省篇幅，略去绘图输出）：

```
#读取美国边界数据
us_boundary = gpd.read_file(datapath + 'usboundary.geojson')
#读取全球路网数据
ne_roads = gpd.read_file(datapath + 'neroads.geojson')
```

```
fig,ax = plt.subplots(figsize = (8,6))
xlim = ([us_boundary.total_bounds[0],us_boundary.total_bounds[2]])
ylim = ([us_boundary.total_bounds[1],us_boundary.total_bounds[3]])
ax.set_xlim(xlim)
ax.set_ylim(ylim)
us_boundary.plot(alpha =.5,ax = ax)
ne_roads.plot(color='purple',ax=ax,alpha=.5)
ax.set(title='Natural Earth Global Roads \n Zoomed into the United States')
ax.set_axis_off()
```

4.4.1.4 图例与图的匹配

绘图时，将 legend 参数设置为 True，则可输出图例。默认情况下，图例和绘图的默认外观可能并不理想。这时，可以定义绘图轴（使用 ax）和图例轴（使用 cax），然后将它们传递给绘图调用。下面的例子使用 mpl_toolkits 模块中的 make_axes_locatable 来垂直或水平对齐绘图轴和图例轴。

主要代码如下（为节省篇幅，略去绘图输出）：

```
world.plot(column='pop_est',legend=True,figsize = (8,6));
#图例与绘图相匹配,设置图例的放置位置和相对大小
from mpl_toolkits.axes_grid1 import make_axes_locatable
fig,ax = plt.subplots(figsize = (8,6))
divider =make_axes_locatable(ax)
cax =divider.append_axes("right",size="5%",pad=0.1)
world.plot(column='pop_est',ax=ax,legend=True,cax=cax);
```

另外，可以通过 legend_kwds 参数设置图例的相关属性，下面的例子设置了图例的'label'、'orientation'属性。

```
#图例与绘图相匹配,通过 legend_kwds 参数设置图例的相关属性
fig,ax = plt.subplots(figsize = (8,6),layout='constrained')
ax.set_axis_off()
divider = make_axes_locatable(ax)
cax = divider.append_axes("bottom",size="3%",pad=0.1)
world.plot(column='pop_est',ax=ax,legend=True,cax=cax,
    legend_kwds={'label':"Population by Country",'orientation':"horizontal"});
```

4.4.1.5 绘制多边形边界

当绘制多边形要素时，只想显示边界，有两个选项：

一是绘图时，将参数 facecolor 设置为“none”，参数 edgecolor 设置为“black”或其他颜色。

二是使用 GeoDataFrame.boundary.plot()，这个选项更加清晰明确。

```
world.plot(facecolor="none",edgecolor="blue",figsize=(8,6));
world.boundary.plot(color='blue',figsize=(8,6));
```

4.4.1.6 多图层的地图绘制

绘制多图层地图时，要求所有图层坐标参考系要相同。制作多图层地图有以下策略：

（1）使用 GeoDataFrame.plot() 方法。

（2）使用 matplotlib 对象及方法。

（3）使用 zorder 控制图层的绘制顺序。

以下以 world（多边形）、cities（点）两个图层的绘制为例，说明以上三种策略的应用。

（1）使用 GeoDataFrame.plot() 方法。使用 GeoDataFrame.plot() 方法，绘制多图层的代码如下：

```
cities = gpd.read_file(datapath + 'worldcities.geojson')
base = world.plot(color='white',edgecolor='blue',figsize =(8,6))
cities.plot(ax=base,marker='o',color='red',markersize=5)
```

（2）使用 matplotlib 对象及方法。使用 matplotlib 对象及方法，绘制多图层的代码如下：

```
fig,ax = plt.subplots()
ax.set_aspect('equal')
world.plot(ax=ax,color='white',edgecolor='blue')
cities.plot(ax=ax,marker='o',color='red',markersize=5)
```

（3）使用 zorder 控制图层的绘制顺序。绘制多个图层时，可以使用 zorder 控制图层的绘制顺序。zorder 越低，该图层在地图上的位置就越低，反之亦然。如果没有指定 zorder，cities（点）将按照基于几何类型的默认顺序绘制在 world（多边形）之下。

主要代码如下（为节省篇幅，略去绘图输出）：

```
#先绘 cities,再绘 world,存在 world 遮盖相同位置的 cities
ax = cities.plot(color='r',figsize=(8,6))
world.plot(ax=ax,alpha = 0.9);
```

可以看出：点图层位于多边形图层下方。可以将 cities 绘制的 zorder 设置为高于 world 的，改变绘制顺序。

```
ax = cities.plot(color='r',figsize=(8,6),zorder=2)
world.plot(ax=ax,zorder=1);
```

4.4.1.7 添加背景图

Contextily 是一个用于向静态地图中添加背景图的 Python 库，它支持多种在线地图瓦片服务，如 OpenStreetMap、OpenWeatherMap、Stamen、CartoDB 等；通过 contextily.providers（或 xyzservices.providers）可以查看支持的地图瓦片服务；这些地图瓦片通常采用 Web 墨卡托投影（EPSG：3857），一般建议将所有其他图层转换为 EPSG：3857。

使用 contextily.add_basemap() 函数，可以将背景地图（基础底图）添加到现有的绘图中，该函数语法如下：

```
contextily.add_basemap(ax,zoom='auto',source=None,crs=None,...)
```

几个主要参数说明如下：

（1） ax：添加背景图的当前绘图对象。

（2） zoom：瓦片地图的缩放级别，缺省为'auto'。

（3） source：xyzservices. TileProvider 或字符串，地图瓦片提供商或文件路径。

（4） crs：坐标系，默认为 EPSG：3857，若不是，需要通过该参数指定。

主要代码如下（为节省篇幅，略去绘图输出）：

```
import contextily as ctx
roads = gpd.read_file(datapath + 'somecountyroads.geojson')
roads = roads.to_crs("EPSG:3857")
fig,ax = plt.subplots(figsize=(8,6))
roads.plot(column='RTTYP',categorical=True,
        legend=True,legend_kwds={"title":"Roads Types"},
        ax=ax)
#添加 Esri.WorldStreetMap 瓦片地图
# OpenStreetMap 可能会出现超时错误
ctx.add_basemap(ax,source=ctx.providers.Esri.WorldStreetMap)
#查看 contextily 地图瓦片服务提供商及相应的服务
dir(ctx.providers)
dir(ctx.providers.Esri)
```

4.4.2 交互式地图绘制

GeoPandas 可以使用 Folium、explore( )、hvplot( ) 方法绘制交互式地图。

4.4.2.1 使用 Folium 进行交互式地图绘制

Folium 是基于 leaflet. js 的 Python 地图库，支持放大缩小、平移、弹出窗口等基本的地图交互功能。使用 Folium 进行交互式地图绘制有两种方式：

（1） 直接使用 leaflet. js 的 Python 库。

（2） 使用 GeoPandas 的 explore( ) 方法。

A 直接使用 leaflet. js 的 Python 库

主要使用 Folium 提供的 Map 类实例化创建交互式地图底图，然后可以将用户数据、点线面、GeoJSON、Choropleth、栅格等以图层的方式叠加到地图底图之上；另外，通常需要将图层控制 LayerControl 添加到地图底图，以便控制图层的显示与否。

Map 类实例化（map=folium. Map( )）的主要参数有：

（1） location=[lat,long]，Map 显示的中心位置；

（2） width、height，地图显示的宽度、高度；

（3） tiles，地图瓦片服务，缺省为'OpenStreetMap'；

（4） zoom_start，初始的地图缩放级别。

Folium 还提供了 Choropleth 类用于生成 GeoJSON 图层，可叠加到 Map 实例中。

Folium 内置了多种地图瓦片服务，如："OpenStreetMap"、"Stamen"（Terrain，Toner，and Watercolor）、"CartoDB"（positron and dark_matter）等；Folium 还支持自定义的地图瓦

片服务。

主要代码如下（为节省篇幅，略去绘图输出）：

以下代码为使用 Folium 的 Map 对象的示例 1：

```
import geopandas as gpd; import folium
datapath = '../data/chap04/'
#创建交互式地图对象
map = folium.Map(location=(25.8332,114.9287),zoom_start=8,
    tiles="CartoDB positron",width='80%',height='100%')
#读取某市县区级行政区划图
ganzh_geo = gpd.read_file(datapath + 'ganzhou_admin6.geojson')
#将某市县区级行政区划图添加到交互式地图上
folium.GeoJson(ganzh_geo,name="Ganzhou Admin6").add_to(map)
#添加点标记
folium.Marker(
   location=[25.8332,114.9287],
   tooltip="Click me!",
   popup="City Center",
   icon=folium.Icon(icon="cloud"),
).add_to(map)
#添加点标记
folium.Marker(
   location=[24.8,115.5],
   tooltip="Click me!",
   popup="Some Place",
   icon=folium.Icon(color="green"),
).add_to(map)
#添加图层控制
folium.LayerControl().add_to(map)
map
```

以下代码为使用 Folium 的 Map 对象的示例 2：

```
import pandas as pd
map2 = folium.Map(location=[48,-102],zoom_start=3,tiles="Stamen Toner",\
width='80%',height='100%')
state_geo = gpd.read_file(datapath + 'us_states.json')
state_data = pd.read_csv(datapath + 'us_unemployment_oct.csv')
#生成专题图并添加到交互式地图
folium.Choropleth(
```

```
    geo_data=state_geo,
    name="choropleth",
    data=state_data,
    columns=["State","Unemployment"],
    key_on="feature.properties.id",#连接字段
    fill_color="YlGn",
    fill_opacity=0.5,
    line_opacity=0.2,
    legend_name="Unemployment Rate (%)",
    highlight=True,
).add_to(map2)
folium.LayerControl().add_to(map2)
map2
```

B 使用 GeoPandas 的 explore() 方法

GeoPandas 引入了 .explore() 函数，它有利用 Folium 包生成交互式 web 地图的功能，explore() 函数返回的是 folium.Map 对象。

```
world = gpd.read_file(datapath + 'world.geojson')
map3 = world.explore(column='pop_est',cmap='viridis',scheme="FisherJenks",
    k=5,tiles="CartoDB positron",width='80%',height='100%')
map3
```

4.4.2.2 使用 hvPlot 接口绘制交互式地图

GeoPandas 可以使用 hvPlot 提供的交互式绘图功能，实现地图的平移（Pan）、拉框缩放（Box Zoom）、鼠标滚轮缩放（Wheel Zoom）、悬停（Hover）信息提示等交互式功能。

对于空间数据，使用 hvplot() 函数绘制交互式的专题地图时，需要指定两个参数：

（1）geo：设置为 True。

（2）crs：要求为 EPSG：4326，若不是，需要通过该参数指定。

hvPlot 绘图提供了叠加（*）和并行布局（+）两种操作运算来组合图表。

使用 GeoDataframe 的 hvPlot() 方法实现交互式绘图的主要代码：

```
import hvplot.pandas; import geoviews
datapath = '../data/chap04/'
pd.options.plotting.backend = 'holoviews'
world = gpd.read_file(datapath + 'world.geojson')
choro = world.hvplot(c="pop_est", geo=True,cmap="viridis",hover_cols='all',frame_
width=600)
choro
#叠加瓦片地图底图
import geoviews.tile_sources as gvts
gvts.ESRI * choro
```

4.5 Cartopy 地图绘制

4.5.1 Cartopy 功能概述

Cartopy 利用 PROJ、NumPy 和 Shapely 的功能对 Matplotlib 的绘图元素进行了扩展，并增加了地图特有功能：

（1）地图投影与坐标转换：Cartopy 支持多种地图投影，包括经纬度投影、等角投影、等距投影等。用户可以选择最适合其数据的地图投影方式。Cartopy 能够执行坐标系之间的转换，例如，将经纬度坐标转换为其他坐标系，或者在不同的地图投影之间进行转换。

（2）地理要素绘制：Cartopy 可以绘制各种地理要素，如海岸线、河流、湖泊等。这些地理要素可以根据需要进行自定义修改。

（3）数据可视化：Cartopy 提供了丰富的 API 绘制矢量数据、栅格数据和点数据。用户可以使用不同的颜色、符号和标签来显示数据，并进行定制化配置。

（4）标注和注释：Cartopy 允许在地图上添加文本标注、箭头注释和图例等元素，以更好地展示和解释数据。

（5）支持多种 Web 地图服务：Cartopy 支持的 Web 地图服务，包括 WMTS、WMS 以及多种地图瓦片影像服务，如 OSM、Stamen、OrdnanceSurvey 等。

4.5.2 Cartopy 中的地图投影

Cartopy 支持多种地图投影，每个地图投影都是一个类，如 PlateCarree、AlbersEqualArea、AzimuthalEquidistant、EquidistantConic、LambertConformal、LambertCylindrical、Mercator、TransverseMercator、UTM、ObliqueMercator、Miller、Mollweide、Orthographic、Robinson、InterruptedGoodeHomolosine、RotatedPole 等。

要创建地图，首先要实例化地图投影，地图投影功能包括在 cartopy.crs 模块中，如 PlateCarree() 得到一个 cartopy.crs.PlateCarree 对象，然后基于这个投影对象可以创建地理轴对象（GeoAxes），进而可以根据需要添加各种类型的空间数据及地理要素等。实现的主要代码如下：

```
import cartopy.crs as ccrs
proj = ccrs.PlateCarree()
geoax = plt.axes(projection=proj)
geoax.coastlines();
# 5 种不同的地图投影
projections = [ccrs.PlateCarree(),ccrs.Robinson(),ccrs.Mercator(),ccrs.Orthographic(),
        ccrs.InterruptedGoodeHomolosine()]
for proj in projections:
    plt.figure()
    ax = plt.axes(projection=proj)
    ax.stock_img()
```

```
ax. coastlines( )
ax. set_title( f'{type( proj)}')
```

4.5.3 GeoAxes 与内置地理要素

GeoAxes 类添加了多种有用的方法，如：

（1）set_global( )：将坐标轴的范围设置为投影的范围。一般情况下，地图显示全球范围。

（2）set_extent(extent, crs=None)：设置地图的显示范围，extent 参数指定了地理坐标的范围，可以是一个四元组（minx，maxx，miny，maxy），crs 参数指定了坐标参考系。

（3）add_feature(feature, ** kwargs)：在地图上添加地理要素，如河流（RIVERS）、湖泊（LAKES）、海岸线（COASTLINE）等，可用的要素类型包含在 cartopy. feature 包中。可以使用 feature 参数指定要添加的地理要素类型。

（4）add_geometries(geometries, crs, ** kwargs)：在地图上添加几何对象，可以是点、线或多边形。geometries 参数是一个几何对象集合，crs 参数指定要添加的几何对象的坐标参考系。

（5）gridlines(draw_labels=True)：绘制地图的网格线，可以选择是否绘制标签。

（6）stock_img( )：添加默认的地图背景图像。

（7）coastlines(resolution='110m', color='black')：绘制海岸线。

Cartopy. feature 中内置了多种类型的地理要素，这些要素为全球背景的粗分辨率表达，并提供了 1∶10 m、1∶50 m、1∶110m 的 3 种比例尺（分辨率）表达，默认为 1∶110 m（即 1∶110 000 000，m=million）。这些地理要素具体为：

（1）cartopy. feature. BORDERS：国家边界。

（2）cartopy. feature. COASTLINE：海岸线，包括主要岛屿。

（3）cartopy. feature. LAKES：天然和人工湖泊。

（4）cartopy. feature. RIVERS：单线河流，包括湖泊中心线。

（5）cartopy. feature. OCEAN：海洋多边形。

（6）cartopy. feature. LAND：陆地多边形，包括主要岛屿。

（7）cartopy. feature. STATES：州/省边界。

以下代码主要展示在 GeoAxes 添加地理要素示例。

```
import cartopy. feature as cfeature   # 内置的地理要素模块
extent =[73,136,3,54]
central_lon = np. mean( extent[ :2])
central_lat = np. mean( extent[2:])
plt. figure( figsize=(8,5))
geoax = plt. axes( projection=ccrs. Robinson( central_lon))
#添加内置的地理要素
geoax. add_feature( cfeature. OCEAN)
geoax. add_feature( cfeature. LAND, edgecolor='black')
geoax. add_feature( cfeature. LAKES, edgecolor='darkblue')
```

```
geoax.add_feature(cfeature.RIVERS)
geoax.gridlines();
fig = plt.figure(figsize=(12,5))
res =['110m','50m','10m']
extents =[73,136,3,54]
proj = ccrs.PlateCarree()
#分别使用3种不同比例尺添加地理要素
for i,res in enumerate(['110m','50m','10m']):
    ax = fig.add_subplot(1,3,i+1,projection=proj)
    ax.set_extent(extents,crs=proj)
    ax.add_feature(cfeature.OCEAN.with_scale(res))
    ax.add_feature(cfeature.LAND.with_scale(res),edgecolor='black')
    ax.add_feature(cfeature.LAKES.with_scale(res),edgecolor='black')
    ax.add_feature(cfeature.RIVERS.with_scale(res))
    ax.add_feature(cfeature.BORDERS.with_scale(res))
    ax.gridlines(linestyle='--')
    ax.set_title('resolution=' + res)
plt.show()
```

另外，如果需要更高分辨率的地理要素，Cartopy 可以自动从 NaturalEarth 数据库或 GSHHS 数据库中下载并创建它们。主要代码如下（为节省篇幅，略去绘图输出）：

```
rivers_50m = cfeature.NaturalEarthFeature('physical','rivers_lake_centerlines','50m')
land_50m = cfeature.NaturalEarthFeature('physical','land','50m')
plt.figure(figsize=(8,5))
geoax = plt.axes(projection=ccrs.Robinson(central_lon))
geoax.set_extent(extent)  #设置显示范围
geoax.add_feature(cfeature.OCEAN)
geoax.add_feature(land_50m,facecolor='None',edgecolor='y')
geoax.add_feature(cfeature.LAKES,edgecolor='darkblue')
geoax.add_feature(rivers_50m,facecolor='None',edgecolor='b')
geoax.gridlines();
```

4.5.4 添加数据

将数据添加到已有的 GeoAxes 时，需要确保它们的地图投影一致，可以通过绘图函数的 transform 参数指定数据定义在哪个坐标系中，如果没有指定，Cartopy 将假定数据使用与底层 GeoAxes 相同的投影。主要代码如下（为节省篇幅，略去绘图输出）：

```
new_york = dict(lon=-74.0060,lat=40.7128)
honolulu = dict(lon=-157.8583,lat=21.3069)
lons =[new_york['lon'],honolulu['lon']]
lats =[new_york['lat'],honolulu['lat']]
```

```
geoax = plt.axes(projection=ccrs.PlateCarree())
geoax.plot(lons,lats,label='Equirectangular straight line')
geoax.plot(lons,lats,label='Great Circle',transform=ccrs.Geodetic())
geoax.coastlines()
geoax.legend()
geoax.set_global()
#添加的数据 data 到已有的 geoax 的投影一致
lon = np.linspace(-80,80,50)
lat = np.linspace(30,70,50)
lon2d,lat2d = np.meshgrid(lon,lat)
data = np.cos(np.deg2rad(lat2d) * 4)+ np.sin(np.deg2rad(lon2d) * 4)
geoax = plt.axes(projection=ccrs.PlateCarree())
geoax.set_global()
geoax.coastlines()
geoax.contourf(lon,lat,data); # 没有使用 transform 参数,默认数据投影与 geoax 的一致
#添加的数据 data 到已有的 geoax 的投影不一致,geoax.contourf()需要通过 transform 参数指定数据 data 的投影 ccrs.PlateCarree(),添加的数据 data 才能正确绘制
projection = ccrs.RotatedPole(pole_longitude=-177.5,pole_latitude=37.5)
geoax = plt.axes(projection=projection)
geoax.set_global()
geoax.coastlines()
geoax.contourf(lon,lat,data,transform=ccrs.PlateCarree());
```

4.5.5 添加 Web 服务

Cartopy 支持多种 Web 地图服务，包括 WMTS、WMS 以及多厂家的地图瓦片影像服务，如 OSM、Stamen、OrdnanceSurvey 等，使用以下方法可以将这三种类型的 Web 服务添加到 Geoaxes 中。

（1）geoax.add_wmts(wmtsuri,layer_name=layername)。

（2）geoax.add_wms(wms=wmsurl,layers=['layername'])。

（3）geoax.add_image(tiler,6)。

4.5.5.1 添加 wmts 的实现代码

```
import cartopy.crs as ccrs;from owslib.wmts import WebMapTileService
# arcgisonline 的 USA_Topo_Maps wmts
url = 'https://services.arcgisonline.com/arcgis/rest/services/USA_Topo_Maps/MapServer/WMTS/1.0.0/WMTSCapabilities.xml'
wmts =WebMapTileService(url)
layer = 'USA_Topo_Maps'
fig = plt.figure(figsize=(8,5))
```

```
geoax = fig.add_subplot(projection=ccrs.PlateCarree())
geoax.add_wmts(wmts,layer)
geoax.set_extent([73,135.5,4.1,53.6],crs=ccrs.PlateCarree())
geoax.set_title('USA_Topo_Maps WMTS');
```

4.5.5.2 添加 wms 的实现代码

```
fig = plt.figure(figsize=(8,6))
geoax = fig.add_subplot(projection=ccrs.InterruptedGoodeHomolosine())
geoax.coastlines()
#geoax.add_wms(wms='http://vmap0.tiles.osgeo.org/wms/vmap0',layers=['basic']);
```

4.5.5.3 添加 image 的实现代码

```
from cartopy.io.img_tiles import MapQuestOpenAerial,Stamen
tiler = MapQuestOpenAerial()
plt.figure(figsize=(8,6))
geoax = plt.axes(projection=tiler.crs)
geoax.set_extent([73,135.5,4.1,53.6],crs=ccrs.PlateCarree())
geoax.add_image(tiler,1)
geoax.coastlines('10m');
```

4.6 HoloViz 交互式数据探索与可视化

Python 生态拥有丰富的优质开源包，支持各种不同类型数据的分析处理及可视化，如 Pandas 用于分析处理常规的二维表格数据，GeoPandas 用于分析处理矢量类型的空间数据，Rasterio、Xarray、Rioxarray 用于分析处理网格化的数据（Gridded Data），如栅格类型的空间数据、多维网格数据等，这些包针对自身支持的数据格式内置了基本的绘图功能。但总的来说，这些包支持的数据格式单一，缺乏交互式的数据探索与可视化功能，且不支持大型数据集（超过百万条记录）、流数据（Stream Data）的处理。在这种背景下，HoloViz 生态应运而生。

HoloViz 生态为 Python 开发人员提供了面向 Web 浏览器的统一的、高效的、交互式的数据探索与可视化平台，以简化复杂数据的探索与可视化流程。

本节主要介绍 HoloViz 生态的相关内容及应用，具体包括：

（1）HoloViz 基础。
（2）hvPlot 交互式 API 及应用。
（3）HoloViews 及 GeoViews 基础。
（4）Panel 与 Param 基础。
（5）Panel 三种类型 API 及应用。
（6）创建交互式仪表板应用程序。
（7）使用流数据（Streaming Data）。
（8）使用 Datashader 处理大型数据集。

4.6.1 HoloViz 基础

4.6.1.1 HoloViz 主要功能特点

HoloViz 设计理念是为用户提供高效、灵活、交互式的数据探索与可视化工具，其主要功能特点如下：

（1）统一的交互式数据探索与可视化平台：HoloViz 整合了 hvPlot、HoloViews、GeoViews、Panel、Param、Datashader 等工具和库，为用户提供统一的接口和一致的操作，用户可以通过缩放、平移、悬停、选择等交互式操作探索与可视化数据，以便获取更深入的见解。这些工具还支持参数的动态调整更新，使数据探索与可视化变得更加直观灵活。

（2）简化复杂数据的探索与可视化：HoloViz 提供了一系列高级的数据处理和可视化工具，用户可以通过简单的代码处理和转换复杂的数据集，并用直观和易理解的方式呈现数据中的模式和关系。

（3）灵活的可视化布局和排版：HoloViz 提供了灵活的布局和排版工具，允许用户创建复杂的可视化布局、子图和叠加图，以呈现多个视图和数据集的多个关系。HoloViz 提供了丰富的选项和设置，使用户能够定制图表的外观、样式、布局和功能，以满足个性化的需求。

（4）支持大型数据集和流数据处理：HoloViz 与 Datashader、Streamz 无缝集成，支持分析处理大规模高维度的数据集、流数据；通过数据采样、数据聚合、数据流式处理和渲染技术，实现对大型数据集、流数据的高性能探索与可视化。

（5）支持声明式语法：HoloViz 中的许多工具采用声明式的编程范式，如 HoloViews、Panel、Param，这种方式使用户能够通过简单的代码表达数据可视化的意图，而无须关注底层的技术细节。

（6）支持多种后端绘图库：HoloViz 可以与多个可视化后端库集成，包括 Bokeh、Plotly、Matplotlib 等，用户可以根据需要选择适合自己的可视化后端。

（7）支持多种输出格式：HoloViz 支持将生成的图表输出为静态图像、交互式 HTML 图表或嵌入式 Bokeh/Plotly 图表，方便用户在不同场景下使用和共享可视化结果。

4.6.1.2 HoloViz 支持的数据源

目前，Python 生态拥有丰富的数据处理包，允许用户处理各种类型的数据，主要包括：

（1）Pandas 的 DataFrame、Series（列式/表格数据）；

（2）GeoPandas 的 GeoDataFrame（几何数据）；

（3）Rapids cuDF 的 GPUDataFrame、Series（列式/表格数据）；

（4）Polars（内存查询引擎）的 DataFrame（列式/表格数据）；

（5）Dask 的 DataFrame、Series（分布式/核外数组和列式数据）；

（6）Xarray 的 Dataset、DataArray（标签化的多维数组）；

（7）Streamz 的 DataFrames、DataFrame、Seriess、Series（流式数据）；

（8）Intake 的 DataSource（数据目录）；

（9）NetworkX 的 Graph（网络图）等。

以上这些库大多都提供了绘图 API，可以让用户非常轻松地生成常见的绘图类型。这些绘图 API 通常是基于 Matplotlib 构建的，缺少 Bokeh 和 HoloViews 等现代交互式绘图库的功能。

HoloViz 生态为上述所有格式的数据提供了通用的、一致的高层次（High Level）的交互式 API 支持。

4.6.1.3　HoloViz 支持的底层绘图库

Python 生态中，Pandas 的 . plot() API 已成为高级绘图 API 的事实标准，已得到许多不同库的支持。目前支持此 API 的库包括：

（1）Pandas：基于 Matplotlib 的 API，输出为 Jupyter Lab/Notebook 中的静态 PNG。

（2）Xarray：基于 Matplotlib 及 Pandas 的 . plot API，输出为 Jupyter Lab/Notebook 中的静态 PNG。

（3）Pandas Bokeh：基于 Bokeh 的交互式绘图，适用于 Pandas、GeoPandas 和 PySpark 等数据。

（4）Cufflinks：基于 Plotly 的交互式绘图，适用于 Pandas 数据。

（5）PdVega：基于 Vega-lite 的 JSON 格式的交互式绘图，适用于 Pandas 数据。

（6）hvPlot：基于 HoloViews 和 Bokeh 的交互式绘图，适用于 Pandas、GeoPandas、Xarray、Dask、Intake 和 Streamz 等数据。

另外，还有其他高级绘图 API：

（1）Seaborn：基于 Matplotlib 的高级 API，用于绘制统计图表。

（2）Altair：基于 Vega-lite 的声明式交互式绘图。

（3）Chartify：基于 Bokeh 的交互式绘图。

（4）Plotly Express：基于 Plotly 的交互式绘图。

（5）HoloViews：基于 Bokeh、Matplotlib 或 Plotly 的声明式交互式绘图。

HoloViews 是建立在现有可视化库（Bokeh、Matplotlib、Plotly）的基础上，并进行高级抽象，将数据、可视化元素和交互性组合在一起，用少量关键语义信息描述数据，用元数据定义可视化细节，将数据抽象为可视化元素，通过简单的代码表达数据可视化的意图，而无须关注可视化底层的细节，底层细节由 HoloViews 自动传递给其支持的绘图扩展，再由绘图扩展完成最终的图形绘制。

目前，HoloViews 支持的绘图扩展有：Bokeh（默认）、Matplotlib 和 Plotly，未来将支持更多的绘图扩展。

hvPlot 是基于 HoloViews 的高层抽象绘图库，提供了更为直接和方便的 API，这些 API 将绘图委托给 HoloViews，HoloViews 自动调用底层绘图库（Bokeh 或 Matplotlib 或 Plotly）完成绘图。GeoViews 是 HoloViews 的地理空间扩展，目前支持的绘图扩展包括 Bokeh、Matplotlib。

在实际应用中，hvPlot、HoloViews、GeoViews 都提供了 extension() 函数来设置或切换当前的绘图扩展，如：

（1）hvplot. extension('bokeh')。

（2）holoviews. extension('matplotlib','plotly')。

（3）geoviews. extension('matplotlib')。

4.6.2 hvPlot 交互式 API 及应用

hvPlot 在 HoloViews 的基础上提供了一个通用、一致的交互式 API。对其支持的数据类型提供了 3 种类型的 API：

（1）. hvplot 绘图 API：功能更全面、更强大的 . plot( ) API。

（2）. interactive( ) API：交互式数据探索与可视化，通过交互式数据对象将数据管道转化为基于 widgets 的交互式应用程序。

（3）. explorer （）API：使用 . hvplot. explorer （）提供 GUI 探索数据。

以下介绍如何应用这 3 种类型的 API 进行数据的交互式探索与可视化。

4.6.2.1 . hvplot 绘图 API

hvPlot 的 . hvplot 绘图 API，以 Pandas 的 . plot( ) API 为基础，利用 HoloViz 生态（特别是 HoloViews）提供的功能对其进行扩展，为 hvPlot 支持的数据源提供交互式绘图功能。

对于 hvPlot 支持的数据源，除了要安装 hvPlot 包外，还需安装这些数据源的依赖包（Pandas 是唯一无须单独安装的包，因为它是 hvPlot 的直接依赖包），如 Xarray、Dask、Streamz、Intake 等。

在实际应用中，要使用 . hvplot 绘图 API，需要对其支持的数据类型进行 . hvplot 访问器（accessor）注册，一般的注册方式形如：

import hvplot. <data library>

常用的数据类型注册如下：

（1）import hvplot. pandas：在 Pandas 的 DataFrame 和 Series（以及 GeoPandas 的 GeoDataFrame 和 GeoSeries）对象上注册 . hvplot 访问器，从而可以调用其上的 . hvplot 绘图 API。

（2）import hvplot. xarray：在 Xarray 的 Dataset 和 DataArray 对象上注册 . hvplot 访问器，从而可以调用其上的 . hvplot 绘图 API。

（3）import hvplot. dask：在 Dask 的 DataFrame 和 Series 对象上注册 . hvplot 访问器，从而可以调用其上的 . hvplot 绘图 API。

（4）import hvplot. networkx：导入后，hvPlot NetworkX 绘图 API 可直接替代 networkx. draw 方法。hvplot. networkx 模块中提供了 draw 和其他 draw_<>方法。

一般情况下，通过以上方式在支持的数据对象上注册 . hvplot 访问器，还将 Bokeh 绘图库设置为默认库，并加载其相应的扩展。

对于 hvPlot 支持的数据对象 data，使用 . hvplot 绘图 API 有以下 2 种方式：

（1）使用 . hvplot 名称空间提供的绘图方法，如 data. hvplot. line（）、data. hvplot. scatter( ) 等；在 Jupyterlab 的 code 单元格中，键入"'data. hvplot. <TAB>"'可以查看 . hvplot 名称空间提供的绘图方法，这里的"'<TAB>"'为键盘上的 tab 键。

（2）直接调用 . hvplot（）方法，通过 kind 参数绘制指定类型的图形，如 kind = 'points'将绘制点图。

HoloViz 生态绘图需要指定数据的维度（Data Dimensions）：包括 kdims 和 vdims；

kdims(key dimensions，键维度) 描述了如何对数据进行索引；vdims(value dimensions，值维度) 描述 kdims 空间上的数据内容。

以下以 Pandas、Xarray 数据为例，说明 .hvplot 绘图 API 的使用。

A 使用 Pandas 的 .plot()

首先读取地震数据，然后使用 pandas. plot API（基于 Matplotlib），对地震点进行可视化，绘制 x 为经度、y 为纬度的静态散点图或点图。主要代码如下：

```
import hvplot
datapath = '../data/chap04/'
df = pd.read_parquet(datapath + 'earthquakes-percent10.parq',engine='pyarrow')  #地震数据
df = df.set_index('time').tz_localize(None)
#使用 Pandas 的 .plot()
df.plot.scatter(x='longitude',y='latitude');
```

B 使用 Pandas 的 .hvplot 绘图 API

先导入 hvplot. pandas，然后使用 hvplot 以相同的参数绘制非常类似的图，与 Pandas. plot() 不同的是，这里使用底层 Bokeh 绘图，并提供了平移、拉框缩放、鼠标滚轮缩放、悬停（Hover）信息提示等交互式功能。主要代码如下：

```
import hvplot.pandas  # 为 Pandas 对象添加 hvplot 功能
hvplot.extension('bokeh')
df.hvplot.scatter(x='longitude',y='latitude')  #使用 hvplot 名称空间中的绘图方法
df.hvplot(x='longitude',y='latitude',kind='points')  #使用 hvplot()方法,通过 kind 设置绘图类型
```

C 使用 Xarray 的 .hvplot 绘图 API

Xarray 的数据对象要使用 .hvplot 绘图 API，同样须先注册 .hvplot 访问器。主要代码如下：

```
import hvplot.xarray  # 为 xarray 对象添加 hvplot 功能
import xarray as xr
air_ds = xr.open_dataset(datapath + 'air_temperature.nc')
air_ds['air'].isel(time=slice(0,1000,60)).hvplot.image(dynamic=False)
```

4.6.2.2 .interactive()API——交互式数据管道

数据分析处理通常包括一系列前后连通的数据操作——形成数据管道。当在 Jupyter Lab 中分析数据（如 Pandas DataFrame 类型数据）时，每当方法的参数修改后，不得不重新运行许多单元格，以便获得更多数据信息或对算法进行微调。hvPlot 提供的交互式数据探索方法 .interactive() 可以改善这种烦琐的工作流程。.interactive() 用小部件 widgets（如滑块）替换管道中的参数，通过小部件对管道进行交互式控制与更新。

hvPlot 在其支持的数据结构上注册了 .interactive() 方法，如 Pandas、GeoPandas、Dask 的 DataFrame，Xarray 的 DataSet 等。调用 .interactive() 会返回一个交互式数据对象（如交互式的 Pandas DataFrame），该对象可以像原始对象一样使用（如调用常规的

Pandas 方法)，其输出（如 DataFrame 视图）将在每次输入改变时重新计算。输入是一些小部件（如下拉列表框、滑块等），这些小部件可以替换通常需要硬编码并手动更新的参数。

Note

温馨提示：对于 hvPlot 支持的数据类型，以'import hvplot. <data library>'方式导入时，同时注册相应的 . hvplot、. interactive 访问器。

以下仍以地震数据为例，说明数据对象上的 . interactive() 应用。为进一步增强应用的交互性，以下使用 Panel 的 2 个小部件 widgets 筛选数据对象。这 2 个小部件分别是表达地震强度（级别）的 FloatSlider 类型的小部件 mag_slider 和表达地震发生的日期时间范围的 DatetimeRangeSlider 类型的小部件 date；然后利用这 2 个小部件筛选地震数据并绘图。主要代码如下：

（1）读取地震数据。

```
import holoviews as hv; import panel as pn;import hvplot. pandas
pn. extension( sizing_mode='stretch_width')
datapath = '../data/chap04/'
#读取地震数据,得到 Pandas DataFrame 类型的对象 df
df = pd. read_parquet( datapath + 'earthquakes-percent10. parq')  #地震数据
df = df. set_index('time'). tz_localize(None)
df = df. sort_index()
```

（2）使用 FloatSlider 小部件表达地震强度（级别）。

使用 FloatSlider 创建表达地震强度（级别）的小部件 mag_slider，用于筛选地震数据。

调用 df 上的 . interactive() 方法，创建一个交互式的 DataFrame 类型的对象 dfi，并利用小部件对其进行数据过滤等操作，操作结果随小部件的值变化而变化。

```
#创建表达地震级别的小部件
mag_slider = pn. widgets. FloatSlider( name = 'Minimum Magnitude', start = 0, end = 9,
value=6)
dfi = df. interactive()  #创建交互式数据对象
dfi[dfi['mag']>mag_slider][:2]  #查看筛选后的前两行数据
dfi[dfi['mag']>mag_slider]. shape  #查看筛选后数据的维度(行、列数)
```

（3）使用日期时间范围小部件（DatetimeRangeSlider）。

使用 DatetimeRangeSlider 创建表达地震发生的日期时间范围小部件 date，对地震数据进行过滤。代码如下：

```
date = pn. widgets. DatetimeRangeSlider(name='Date', start=df. index[0], end=df. index
[-1])
#同时使用两个小部件对地震数据进行过滤
filtered = dfi[
  (dfi['mag']>mag_slider)&
  (dfi. index >=date. param. value_start)& (dfi. index <= date. param. value_end)]
```

（4）使用 . hvplot API 绘图。

. interactive 也支持数据对象的 . hvplot 绘图 API。以下绘制地震强度、地震深度 2 个直方图，并将这 2 个直方图并排布局。代码如下：

```
mag_hist = filtered.hvplot(y='mag',kind='hist',width=400)
depth_hist = filtered.hvplot(y='depth',kind='hist',bins=np.linspace(0,50,51),width=
400)
mag_hist + depth_hist   #通过+运算符将 2 个直方图布局在同一行
```

此外，还可以通过指定 tiles 参数在背景图上绘制地震图；也可以通过 overlay 操作（*）将地震图叠加在背景图上。代码如下：

1）通过指定 tiles 参数在背景图上绘制地震图。

```
geo = filtered.hvplot(
  'easting','northing',color='mag',kind='points',
  xaxis=None,yaxis=None,responsive=True,min_height=500,tiles='ESRI')
```

2）通过 overlay 操作（*）将地震图叠加在背景图上。

```
from holoviews.element.tiles import ESRI
ESRI() * filtered.hvplot('easting','northing',color='mag',kind='points',
                xaxis=None,yaxis=None,responsive=True,min_height=500)
```

Note

温馨提示：同一小部件在整个会话过程中保持联动一致，即在 JupyterLab 的多个单元格中，一个地方改变了，其他地方也随之改变，并保持一致，其实就是同一个实例。

4.6.2.3 使用 . explorer( ) API 探索数据

Explorer 是一个基于 Panel 的 web 应用程序，可以通过它轻松探索数据。虽然使用 . hvplot（）可以方便地从数据中创建图表，但它需要一些关于数据本身及其结构的先验知识，以及关于 . hvplot( ) API 本身的知识。Explorer 是一个图形界面，它提供了一种简单的方法来选择和可视化用户想要查看数据的绘图类型，并提供了许多自定义的绘图选项。

在 JupyterLab 中使用 explorer，可以通过导入支持的数据类型（如 import hvplot. pandas）或直接加载扩展（如 hvplot. extension('bokeh')）。

Explorer 与其他绘图方法一起位于 . hvplot 命名空间，可以接受 . hvplot（）绘图 API 的大部分参数。在数据对象上使用 . explorer( ) 的代码如下：

```
import hvplot.pandas
explorer = df.hvplot.explorer(x='easting',y='northing',by=['type'])
explorer   #打开 explorer 的 GUI 进行数据探索
```

用户可以花点时间探索 explorer 界面（见图 4-4）中不同的选项及其效果，如可以尝试不同的绘图类型 kind，选择 x、y 坐标维度表达的属性，通过 by 参数选择绘图区分的属性，通过 groupby 参数选择分组的属性，等等。完成数据探索后，可以记录下最佳设置，最简单的方法是打开“plot”旁边的“code”选项卡，复制/粘贴其中的代码到新的单元格中，执行后将生成与 explorer 中完全相同的绘图；也可以通过 explorer.code 获取代码，通过 eval(explorer.code) 执行代码。

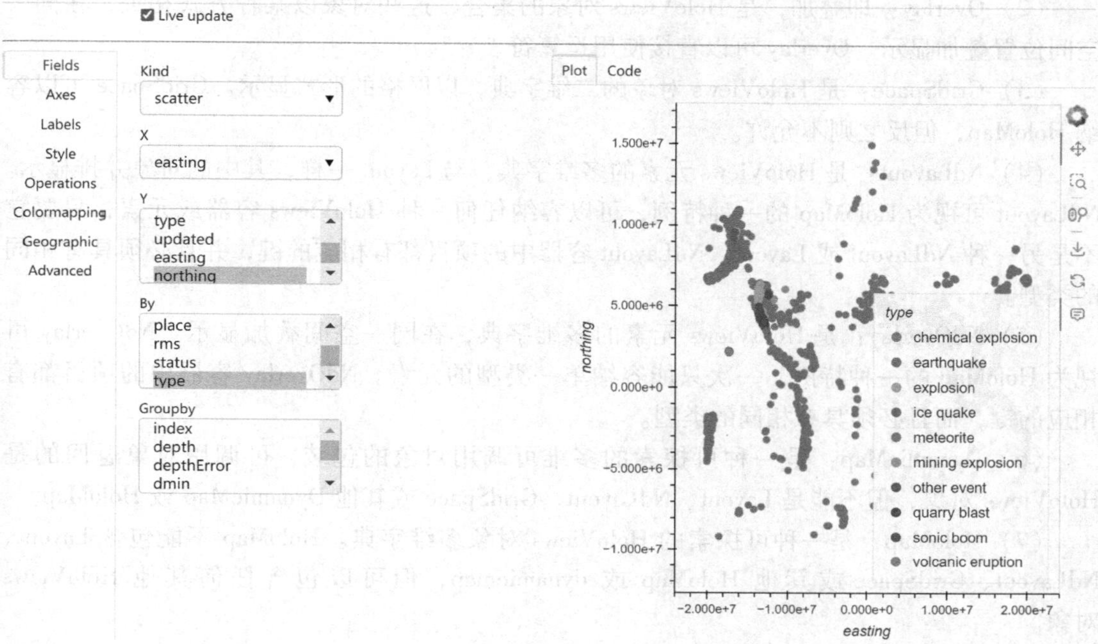

图 4-4 .explorer API 图形界面

4.6.3 HoloViews 及 GeoViews 基础

4.6.3.1 HoloViews 主要组件

HoloViews 是 HoloViz 生态的核心库。HoloViews 中的主要对象包括元素（Element）、容器（Container）和流（Stream）3 种类型。元素是 HoloViews 可视化的基本构件，是对数据的封装；容器是用于组织和组合元素的对象；流包括数据流和事件流，事件流用于响应图中的属性或事件的变化。

A HoloViews 中的元素

HoloViews 为数据可视化提供了不同类型的元素，主要有以下几种类型：

（1）图表类型（Chart）：Curve、ErrorBars、Spread、Area、Bars、Histogram、BoxWhisker、Scatter、Points、VectorField、Spikes、SideHistogram 等。

（2）路径类型（Path）：Path、Contours、Polygons、Bounds、Box、Ellipse 等。

（3）3D 图表类型（Chart3D）：Surface、Scatter3D、TriSurface 等。

（4）栅格类型（Raster）：Raster、QuadMesh、HeatMap、Image、RGB、HSV 等。

（5）表格类型（Tabular）：ItemTable、Table 等。

（6）标注类型（Annotation）：VLine、HLine、Spline、Text、Arrow 等。

B HoloViews 中的容器

为布局不同的可视化元素对象，HoloViews 提供了多种类型的容器，主要包括：

（1）Layout：即布局，是 HoloViews 对象的集合，这些对象以某种方式相关，并排显示。Layout 可以直接使用运算符 "+"。

（2）Overlay：即叠加，是 HoloViews 对象的集合，这些对象以某种方式相关，在同一空间位置叠加显示。Overlay 可以直接使用运算符 " * "。

（3）GridSpace：是 HoloViews 对象的二维字典，以网格的形式显示。GridSpace 可以容纳 HoloMap，但反之则不允许。

（4）NdLayout：是 HoloViews 元素的多维字典，与 Layout 一样，其中的对象并排显示。NdLayout 可视为 HoloMap 的一种特例，可以容纳任何一种 HoloViews 容器或元素，只要它不是另一种 NdLayout 或 Layout。NdLayout 容器中的项目都有相应的键，并且必须具有相同的类型。

（5）NdOverlay：是 HoloViews 元素的多维字典，在同一空间叠加显示。NdOverlay 可视为 HoloMap 的一种特例，一次只能容纳单一类型的元素。NdOverlay 容器中的项目都有相应的键，而且必须具有相同的类型。

（6）DynamicMap：是一种可探索的多维可调用对象的包装，可调用对象返回的是 HoloViews 对象，但不能是 Layout、NdLayout、GridSpace 或其他 DynamicMap 或 HoloMap。

（7）HoloMap：是一种可探索的 HoloViews 对象多维字典。HoloMap 不能包含 Layout、NdLayout、GridSpace 或其他 HoloMap 或 dynamicmap，但可以包含任何其他 HoloViews 对象。

C　HoloViews 中的流

为更好地处理流数据，HoloViews 提供了普通数据流和基于 LinkedStream 的事件流两大类型：

（1）普通数据流：Pipe、Buffer、Counter、Params、Styles、RegionElement 等。

（2）事件流：包括以下子类：

1）轴范围事件流：RangeX、RangeY 和 RangeXY 等。

2）鼠标指针位置事件流：PointerX、PointerY 和 PointerXY，以及 MouseEnter 和 MouseLeave 等。

3）点击位置事件流：Tap、SingleTap 和 DoubleTap 等。

4）框选边界事件流：BoundsX、BoundsY 和 BoundsXY 等。

5）要素选择事件流：SelectMode、Selection1D 和 SelectionXY 等。

6）绘图变化事件：PlotReset 和 PlotSize 等。

7）绘图与编辑事件：Draw、PointDraw、BoxEdit、CurveEdit、FreehandDraw、PolyDraw 和 PolyEdit 等。

Note

温馨提示：以上所有流都是 holoviews. streams. Stream 的子类，可以通过继承 Stream 类创建自定义的流！

4.6.3.2　GeoViews 主要组件

GeoViews 是 HoloViews 的地理空间扩展，添加了一系列基于 Cartopy 库的地理绘图类型，可以探索和可视化地理空间数据。目前，Geoviews 支持 Bokeh、Matplotlib 两种绘图扩展。

GeoViews 中的地理元素（GeoElement）是 HoloViews 元素的空间扩展，增加了 cartopy. crs（坐标参考系），允许 GeoViews 自动将数据投影到绘图的投影中。GeoViews 元素缺省的地图投影类型为 PlateCarree 投影，有时也称为等量矩形（equirectangular）投影。

目前，GeoViews 中的地理元素主要包括：

（1）地理要素：Feature。

（2）瓦片类型：Tiles、WMTS。

（3）几何类型：Shape、Points、Path、Polygons、EdgePaths、Segments、Contours、FilledContours、LineContours、Rectangles、VectorField。

（4）栅格类型：Image、ImageStack、QuadMesh、RGB、HexTiles、TriMesh。

（5）网络类型：Graph、Nodes。

（6）标注类型：Labels、Text。

GeoViews 内置的地理要素仅是 Cartopy 地理要素的简单包装，包括 borders、coastline、lakes、land、ocean、rivers、states，还有 grid；使用地理要素的 . geoms( ) 方法可以仅显示给定比例尺特定范围内的地理要素或几何形状，如：

geoviews. feature. land. geoms('50m',bounds=(-10,40,10,60))

4.6.3.3 HoloViews 及 GeoViews 中的地图瓦片元素

HoloViews、GeoViews 都提供了对 CartoDB、OpenStreetMap 和 Esri 等地图瓦片服务的支持。为了能够在 HoloViz 生态中使用地图瓦片服务，HoloViews 中提供了 Tiles 元素、GeoViews 提供了 Tiles 及 WMTS 元素，它们的主要区别是后者的 Tiles 及 WMTS 增加了 crs 参数，默认为 cartopy. crs. Mercator；使用前需要 import holoviews. element. tiles、import geoviews. tile_sources；通过以下方式，可以查看 HoloViews、GeoViews 提供的地图瓦片服务。

（1）hv. element. tiles. tile_sources：包括 CartoDark、CartoLight、EsriImagery、EsriNatGeo、EsriUSATopo、EsriTerrain、EsriStreet、EsriReference、OSM、OpenTopoMap 等 10 个，以函数形式提供。

（2）hv. element. tiles. stamen_sources：包括 StamenTerrain、StamenTerrainRetina、StamenWatercolor、StamenToner、StamenTonerRetina、StamenTonerBackground、StamenTonerBackgroundRetina、StamenLabels、StamenLabelsRetina 等 9 个，以函数形式提供。

（3）gv. tile_sources. tile_sources：包括 CartoDark、CartoEco、CartoLight、CartoMidnight、OSM、OpenTopoMap、EsriImagery、EsriNatGeo、EsriUSATopo、EsriTerrain、EsriWorldTransportation、EsriWorldStreetMap、EsriWorldPhysical、EsriWorldHillshade 等 32 个，其中 ESRI 的就有 26 个，以 WMTS 元素类型提供。

（4）gv. tile_sources. stamen_sources：与 hv. element. tiles. stamen_sources 一样共有 9 个，但这里以 WMTS 元素类型提供。

使用 HoloViews、GeoViews 支持的地图瓦片服务的几种方式：

（1）通过瓦片服务器 URL，声明 Tiles、WMTS 元素。

1）hvtiles = hv. Tiles('https://c. tile. openstreetmap. org/{Z}/{X}/{Y}. png', name =

"OSM").opts(width=600,height=480)

2) geotiles = gv.Tiles('https://server.arcgisonline.com/ArcGIS/rest/services/World_Imagery/MapServer/tile/{Z}/{Y}/{X}.jpg',name='EsriImagery').opts(width=600,height=480)

3) geowmts = gv.WMTS('https://server.arcgisonline.com/ArcGIS/rest/services/World_Imagery/MapServer/tile/{Z}/{Y}/{X}.jpg', name = 'EsriWorldTopo').opts(width = 600, height=480)

(2) 通过调用函数，创建 Tiles 元素对象。

hvtiles2 = hv.element.tiles.EsriImagery().opts(width=600,height=480)

(3) 通过瓦片服务名，创建 WMTS 元素对象。

esristreet = gv.tile_sources.EsriWorldStreetMap.opts(width=600,height=480)

Note

温馨提示：

上述中的 {X}、{Y} 定义位置，{Z} 定义缩放级别。

上述创建的 HoloViews 的 Tiles 对象的字符串表达为：:Tiles[x,y]。

GeoViews 的 Tiles、WMTS 对象的字符串表达分别为：

:Tiles[Longitude,Latitude]；

:WMTS[Longitude,Latitude]

4.6.3.4 HoloViews、GeoViews 中 Dataset 元素

HoloViews、GeoViews 中 Dataset 元素是对复杂多维数据结构的封装，为支持的数据类型提供了一个通用基类。通过 holoviews.Dataset.datatype、geoviews.Dataset.datatype 可以查看 Dataset 支持的数据类型。

Dataset 为支持的数据类型提供了统一的操作，包括索引、选择、聚合、转换等。在实际应用中，通常需要将多维 Dataset 转换成可单独可视化的较低维度的元素。

以下以某一区域地表温度分布数据 air_temperature.nc 为例，介绍 Dataset 常用方法的应用，主要包括读取数据并生成 Dataset 类型的对象、使用 to 接口将 Dataset 转换为可视化元素、使用 select 方法筛选数据、使用 range 方法筛选数据。

A 读取数据并生成 Dataset 类型的对象

使用 Xarray 的 open_dataset() 方法读取地表温度分布数据，得到 Xarray 的 Dataset 类型的数据集 temp_ds，由于 temp_ds 的 time 维度太长（2920），这里仅选取其索引范围 slice(100，120) 的部分数据得到 partds。然后依据 partds 通过指定的 kdims、vdims 参数创建 geoviews 的 Dataset 类型的数据对象 dataset。

主要代码如下：

```
import xarray as xr; import holoviews as hv; import geoviews as gv; import geoviews.feature as gf
import geoviews.tile_sources as gts; from cartopy import crs; from geoviews import opts
gv.extension('bokeh','matplotlib')
```

```
datapath = '../data/chap04/'
tempds = xr.open_dataset(datapath + 'air_temperature.nc')
tempds.dims   #这里为:{'lat':25,'time':2920,'lon':53}
#由于 temp_ds 的 time 维度太长(2920),这里仅选取其索引范围 slice(100,120)的部分数据
partds = tempds.isel(time=slice(100,120))
#创建 Dataset 对象
kdims =['time','lon','lat']
vdims =['air']
dataset = gv.Dataset(partds,kdims=kdims,vdims=vdims)
```

B 使用 to 接口将 Dataset 转换为可视化元素

与大多数其他 HoloViews 元素不同的是，Dataset 元素对象并不以视觉方式显示自己。这是因为它可以是 n 维的，在 2D 显示器上没有任何特定的直接视觉表示，不能自动将哪个维度映射到绘图的哪个轴上。可将多维 Dataset 转换成可单独可视化的元素。

dataset.to 接口可以实现这一转换，只需提供要转换的 Element 类型以及该视图的键维度（kdims），其余的维度交给 HoloViews 或 GeoViews 处理。如这里要转换为 gv.Image，指定其 kdims 为［'lon'，'lat'］，值维度（vdim）即 air 以及其余的键维度（本例中为 time）默认分配给 HoloMap 数据结构；生成的 HoloMap 会为“剩余”键维度（未映射到图像坐标轴上的维度）自动提供工具小部件，通过移动小部件可以探索数据。主要代码如下：

```
geodims =['lon','lat']
hlmap =dataset.to(gv.Image,geodims)   #将 dataset 转换为沿 time 维度的 gv.Image,即 HoloMap
print(hlmap)
#输出为:
:HoloMap[time]
   :Image[lon,lat](air)
```

C 使用 select 方法筛选数据

使用 Dataset.select() 方法，可根据单个数据点或某维度数据范围，对数据集对象进行筛选，然后对筛选后的数据进行绘图。主要代码如下：

```
#单点数据选择并绘制该点上的温度随时间变化曲线
point_sel = dataset.select(lon=-100,lat=40)
temp_curve = hv.Curve(point_sel,kdims=['time'])
temp_map = dataset.to(gv.Image,geodims) * gv.Points([(-100,40)])
(temp_map + temp_curve).opts(
    opts.Curve(aspect=2,xticks=4,xrotation=15),opts.Points(color='r',global_extent=True))
#范围选择并绘制温度分布影像
northern = dataset.select(lat=slice(25,50))   #纬度范围(25,50)筛选
```

```
overlay = northern.select(lon=slice(-120,-80)).to(gv.Image,geodims) * \
northern.select(lon=slice(-70,-30)).to(gv.Image,geodims)  #两个经度范围筛选后的影像叠加
overlay * gf.coastline  #两个经度范围筛选后的叠加影像,再叠加海岸线要素
```

D 使用 range 方法筛选数据

与 select ( ) 范围筛选类同，使用 Dataset. range ( ) 方法筛选某个维度的数值范围（min，max），进而得到其数据子集，还可对数据子集进行进一步的操作。

以下代码先使用 Dataset. range( ) 方法获取 dataset 数据集对象 air（温度）维度范围，得到其最大值 max_temp，然后根据该维度范围（280，max_temp）进一步筛选数据集对象并转换为温度分布影像，再叠加海岸线要素。

```
max_temp = dataset.range('air')[1]
range_temps = dataset.redim.range(air=(280,max_temp)).to(gv.Image,geodims)
(range_temps * gf.coastline).opts(opts.Image(cmap='viridis', xaxis=None, yaxis=None))
```

4.6.3.5 HoloMap 与 DynamicMap

HoloMap 是 HoloViews 可视化对象的字典，形如 {kdims：object}，kdims 可以是 1 维或多维，object 为 HoloViews 可视化元素对象或 Overlay 容器对象。HoloMap 的可视化表示由其可视化对象组成，可以通过改变一个或多个映射到 HoloMap 的 kdims 维度的小部件来探索这些对象。如某区域某年 3 月每天的平均温度分布图 {date：image}，可以构建一个由 31 个 images 组成的 HoloMap，通过 date 小部件可以对每天的温度分布进行探索发现是否异常。

HoloMap 最大缺陷是其构建首先要在内存中生成所有元素的可视化对象（如这里的 31 个 images），当元素对象数多到一定数量后会很快耗尽内存，导致无法执行。DynamicMap 通过动态计算和实时生成选定的元素对象（不是所有的元素对象）来解决这一问题，并允许探索更大规模的数据集。

DynamicMap 是对可调用对象的包装，可调用对象返回的是 HoloViews 对象，使用与 kdims 关联的值或流参数提供的值调用可调用对象。DynamicMap 允许用户根据需要动态地生成图形，而不是一次性生成所有的图形，如上述的日平均温度分布，当用户选择了某一天，HoloViews 实时动态生成这一天的温度分布图 image。这样可以有效地处理更大规模的数据或参数组合，同时保持交互性和性能。

以下接着上一小节的实例，介绍 HoloMap 与 DynamicMap 的使用。

A 构建 HoloMap

地表温度分布（air_temperature. nc）数据集 tempds 的维度为：{'lat'：25，'time'：2920，'lon'：53}，由于时间'time'维度长度太大（2920），无法生成这么大规模的 HoloMap，所以，以下仅选取 20 个时间片段来构建 HoloMap：先是构建由每个时间片段的温度分布 image 组成字典 img_dict，形如 {time：image}；再依据字典 img_dict 构建由 20 个时间片段的温度分布 images 组成的 HoloMap。

主要代码如下：

```
times = tempds['time'][500:520].values
geodims =['lon','lat']
img_dict = {time:gv.Image(tempds.sel(time=time),geodims)for time in times}
hmap = gv.HoloMap(img_dict,kdims='time')
```

B 构建 DynamicMap

DynamicMap 是对可调用对象的包装。要构建 DynamicMap，先要定义一个可调用的函数，这个函数可以生成某个时间片段地表温度分布的 image；为了增强程序的交互性，这里的时间选择使用 Panel 提供的小部件 DiscreteSlider；程序运行时，DynamicMap 根据用户选择的 time，动态生成对应的地表温度分布 image。

主要代码如下：

```
slider = pn.widgets.DiscreteSlider( options=list(tempds["time"].astype(str).values))
def image(time):
    df = tempds.sel(time=time)
    return gv.Image(df,geodims)
dmap = gv.DynamicMap(pn.bind(image,slider.param.value))
pn.Column(slider,dmap)
```

4.6.4 Panel 与 Param 基础

HoloViz 生态中的 Panel 库用于创建可交互式仪表板，可以将多个可视化元素组合到一个交互式界面中，并提供丰富的交互功能。Panel 提供了丰富的组件和 API，用于快速构建强大的工具、仪表板和复杂的应用程序。

HoloViz 生态中的 Param 库用于定义和管理参数化（Parameterized）的类（对象），其主要功能是提供一种简单灵活的方式来创建和利用参数化对象。通过 Param，可以在创建类时指定一组参数（Parameters），并能在后续使用中交互式地调整这些参数，从而更好地探索和分析数据。

4.6.4.1 Panel 组件构成

Panel 中的所有组件都是基于 Param 库构建的。每个组件都声明了一组参数，用于控制组件的行为和输出。当组件的参数发生变化时，如滑块值的更新，或代码中手动更新值时，会触发应用程序可以响应的事件。Panel 提供了许多高级和低级方法，用于设置响应参数更新的交互性。

Panel 组件可以分为三大类：

（1）Pane 类型：pane(窗格）类型的对象允许包装外部可视对象，如 Bokeh、Plotly、Vega 或 HoloViews 绘图，images，各种标记语言文本等，它们可以嵌入 panel(面板）中。

（2）Widget 类型：用来创建各种交互式小部件，比如滑块、复选框、下拉列表等，用户可以通过这些小部件与数据进行交互。

（3）Panel 布局类型：Panel 布局类型的对象允许将绘图组合成 Row(行)、Column(列)、Tabs(选项卡)、GridSpec(网格）等。

A Pane 类型的组件

使用 Pane 类型的对象可以在页面上显示和排列各种绘图和其他媒体，包括绘图（如

Matplotlib、Bokeh、Vega/Altair、HoloViews、Plotly 等）、图像（如 png、svg、gif、jpeg 等）和各种标记语言（如 Markdown、HTML、LaTeX 等）文本。主要包括：

（1）绘图类型：Bokeh、Folium、PyDeck & Deck. gl、PyEcharts & ECharts、HoloViews、Matplotlib、Plotly、VTK、VTKJS、VTKVolume、Altair & Vega、Vizzu 等。

（2）图像类型：GIF、Image、JPG、PNG、SVG 等。

（3）文本类型：Alert、HTML、JSON、LaTeX、Markdown、Str 等。

（4）其他类型：Audio、Video、DataFrame、IPyWidget、Param、Perspective、ReactiveExpr、Reacton、Streamz 等。

以上组件位于 panel. pane 模块中，以类（Class）的形式呈现，可以直接实例化创建相应的对象；另外，也可无须明确选择 pane 类型，使用 pn. panel( ) 函数创建对象，该函数会根据输入尝试猜测适当的表示方法。如：

```
import panel as pn
#以明确类型创建 Markdown 文本
pn. pane. Markdown('## Earthquake Dashboard')
#不明确指定类型,使用 panel()函数创建对象
pn. panel('## Earthquake Dashboard')
```

B　Widget 类型的组件

与 Panel 中的所有对象一样，Widget（小部件）组件会在对象的所有视图之间同步其参数状态。Widget 对象有一个 value 参数、layout 布局参数和不同类型的 Widget 特有的其他参数。Panel 提供了功能丰富的各种类型的 Widgets，常用的 Widgets 有：

（1）滑块（Slider）类型：EditableFloatSlider、EditableIntSlider、EditableRangeSlider、DateSlider、DateRangeSlider、DatetimeRangeSlider、DiscreteSlider、FloatSlider、IntSlider、IntRangeSlider、RangeSlider 等。

（2）数据选择类型：Select、CrossSelector、MultiSelect 等。

（3）按钮类型：Button、ChatBox、Checkbox、CheckBoxGroup、CheckButtonGroup、MenuButton、MultiChoice、RadioBoxGroup、RadioButtonGroup、Switch、Toggle、ToggleGroup 等。

（4）数据输入类型：StaticText、ArrayInput、AutocompleteInput、DatetimeInput、DatetimeRangeInput、FloatInput、IntInput、LiteralInput、PasswordInput、TextInput、TextAreaInput 等。

（5）编辑类型：CodeEditor、JSONEditor、TextEditor 等。

（6）选择器类型（Picker）：ColorPicker、DatePicker、DatetimePicker、DatetimeRangePicker 等。

（7）DataFrame 类型：Tabulator 等。

（8）文件操作类型：FileDownload、FileInput、FileSelector 等。

（9）播放器类型：Player、DiscretePlayer、VideoStream 等。

Panel 组件的详细内容请查阅其在线文档。

C　Panel 布局类型的组件

Panel 允许将 widget 小部件和 pane 窗格对象排列成固定大小或响应式调整大小的布

局，从而构建简单的应用程序或复杂的仪表板。Panel 主要有四种类型的布局：

（1）Row：用来水平排列多个组件，使它们在同一行上显示。

（2）Column：用来垂直排列多个组件，使它们在同一列上显示。

（3）Tabs：Tabs 对象将组件列表作为可选择的选项卡展开。

（4）GridSpec：GridSpec 在网格（grid）上布局组件。

此外，Panel 还有其他类型的布局对象：Accordion、Card、Divider、FlexBox、FloatPanel、GridBox、GridStack、Swipe、WidgetBox 等。

4.6.4.2 Param 库组成及功能

Param 的组成主要包括：

（1）Parameter 类：Parameter 是 Param 库的核心类，用于定义参数对象。可以使用 Parameter 类创建参数，并指定其名称、类型、默认值等属性。

（2）Parameterized 类：Parameterized 类是一个基类，用于创建参数化的类（对象）。通过继承 Parameterized 类，可以将参数引入自定义类中，并在类的方法中使用这些参数。大多数 Panel 对象（widgets、panels、layouts、templates 等）实际上继承自 Parameterized 类。

（3）Param 方法装饰器：Param 还提供了一些装饰器，用于简化创建参数化方法。可以使用这些装饰器将普通的方法转换为参数化方法，并指定参数的名称和类型。Param 最常用的装饰器为：@ param. depends。

Param 中预定义类型被组织成类层次结构，其中每个类型都是 Parameter 的子类，主要的 Parameter 类型有：

（1）普通类型：String、Color、Boolean（含子类：Event）。

（2）Dynamic 类型：Number（含子类：Integer、Magnitude、Date、CalendarDate）。

（3）Tuple类型：NumericTuple［含子类：XYCoordinates、Range（含子类：DateRange、CalendarDateRange）］。

（4）List 类型：对象列表，包含子类 HookList。

（5）Path 类型：Filename、Foldername。

（6）SelectorBase：涵盖各种选择器参数类型的抽象超类。

1）Selector：从提供的有序对象列表中选择一个对象。子类 FileSelector、ListSelector（子类：MultiFileSelector）

2）ClassSelector：指定的 Python 类（或超类）的实例或类。包括 Dict、Array、Series、DataFrame。

（7）Callable 类型：可调用对象，如函数；包含子类 Action。

（8）Composite 类型：类的其他属性或参数列表，可作为组进行设置和读取。

Panel 知道如何将参数（Parameters）映射为 widgets，因此，可以很容易地从 Parameterized 类生成一组 widgets，这些 widgets 可以控制其参数并触发任何依赖的回调。

4.6.5 Panel 三种类型 API 及应用

除了功能丰富的组件外，Panel 还提供了三种类型的 API，Panel 的几乎所有功能都可以使用 API 访问。三种类型的 API 如下：

（1）Reactive API：即反应式 API，允许定义一个反应式函数，该函数使用 pn. bind 直接绑定到一个或多个小部件上。这种 API 既高效，同时仍然是显式的、灵活的和可维护的。建议大多数用户和大多数项目使用这种方法，尤其是在刚开始使用的时候。

（2）Declarative API：即声明式 API，Param 提供了完全独立于 GUI 的参数化类（继承自 Parameterized 基类）及类中的参数化方法，在参数化类中，使用@ param. depends 装饰器可以直接表达参数与类中某些方法之间的依赖关系；然后，Panel 可以使用这些参数声明，并将其转化为 GUI 来控制参数。

（3）Callbacks API：即回调函数 API，需要低级底层控制来实现完全任意的事件处理时使用。该方法需要先定义一个回调函数来处理参数变化，然后通过 . param. watch( ) 注册回调函数来监听参数变化。

4. 6. 5. 1　Reactive API 及应用

在应用 Reactive API 时，先定义一个反应式函数（内含一个或多个参数），然后通过 pn. bind 将反应式函数与一个或多个 widgets 或 Parameters 进行绑定，将 widgets 或 Parameters 作为反应式函数的参数，之后当相应参数发生变化时，Panel 将自动调用该函数。程序员显式定义和配置 widgets 或 Parameters，将它们与反应式函数一起布局到应用程序中，每当相应参数发生变化时，每个输出都会更新。

以下示例对地震数据按年份（year）、最小地震深度（depth）、最小地震级别（mag）进行筛选，并绘制满足条件的地震点分布图。针对 3 个条件，创建了 3 个滑块小部件：year_slider, depth_slider, mag_slider，供用户交互式选择过滤条件；同时定义了反应式函数 sel_plot(year, mindepth, minmag)，通过 pn. bind 将该函数与 3 个小部件 sliders 进行绑定（得到 plot），使用 pn 的 Row、Column 将 3 个小部件和 plot 一起布局在一列中。当代码运行时，用户移动小部件，plot 绘图会随之更新。主要代码如下：

```
import holoviews as hv; import panel as pn; import hvplot. pandas
pn. extension( ); hv. extension('bokeh')
datapath = '../data/chap04/'
cols =['time','mag','depth','latitude','longitude','place','type']
df = pd. read_parquet(datapath + 'earthquakes-percent10. parq')[cols]  #读取地震数据
df = df. set_index('time'). tz_localize(None)
df = df. sort_index( )
df = df. dropna(subset=['mag'])  #删除'mag'列缺失的行记录
years = df. index. year. unique( )
#创建表达地震年份(year)、地震深度(depth)、地震级别(mag)的 3 个滑块小部件
year_slider = pn. widgets. IntSlider(name='Year',start=years[0],end=years[-1],value=
years[0])
depth_slider = pn. widgets. FloatSlider(name = 'Depth', start = df. depth. min( ), end =
df. depth. max( ),value=df. depth. mean( ))
mag_slider = pn. widgets. FloatSlider(name = 'Magnitude', start = df. mag. min( ), end =
```

```
df.mag.max(),value=df.mag.mean())
    #定义一个函数:根据3个小部件的值筛选地震数据,并绘制地震点分布图
    def sel_plot(year,mindepth,minmag):
        df_sel = df[(df.index.year == year)&(df.depth > mindepth)&(df.mag > minmag)]
        return df_sel.hvplot('longitude','latitude',color='mag',kind='points',responsive=
True,min_height=300)
    plot = pn.bind(sel_plot,year_slider,depth_slider,mag_slider)  #绑定函数与小部件
    pn.Column(pn.Row(year_slider,depth_slider,mag_slider),plot)  #布局小部件、绘图
```

另外，还可以使用等效的装饰器@pn.depends 代替 pn.bind，代码稍作修改即可。主要代码如下：

```
#使用@pn.depends 装饰器
@pn.depends(year_slider,depth_slider,mag_slider)
def sel_plot2(year,mindepth,minmag):
    df_sel = df[(df.index.year == year)&(df.depth > mindepth)&(df.mag > minmag)]
    return df_sel.hvplot('longitude','latitude',color='mag',kind='points',responsive=
True,min_height=300)
pn.Column(pn.Row(year_slider,depth_slider,mag_slider),sel_plot2)
```

4.6.5.2 Declarative API 及应用

Declarative API 利用 HoloViz 生态中的 Param 库，通过继承 param.Parameterized 基类创建带参数的子类，Panel 和其他库可以使用这些参数，并将其转换为 GUI，进而通过 GUI 来控制这些参数。Declarative API 提供的@param.depends 装饰器（与@panel.depends 类似），可用于参数化方法，直接表达参数与类方法之间的依赖关系，该装饰器告知 Panel 和其他库（如 HoloViews），当参数改变时，方法应被重新调用。

以下仍以地震数据为例，首先通过继承 param.Parameterized 基类创建带参数的子类 EarthquakesExplorer，在子类中声明了 3 个参数 year（param.Selector 类型）、mindepth（param.Number 类型）、minmag（param.Number 类型），然后通过@param.depends 装饰器表达参数与类方法 sel_plot 之间的依赖关系，再实例化该类，最后通过 Panel 布局呈现实例中的参数与方法，实现满足条件的地震数据的交互式可视化。通过 Panel 布局后，实例中的参数 year、mindepth、minmag 自动转换为 GUI，当一个或多个参数发生变化时，它将自动重新调用 sel_plot 并更新视图。主要代码如下：

```
import param
class EarthquakesExplorer(param.Parameterized):
    year = param.Selector(objects=years.to_list())
    mindepth = param.Number(10.0,bounds=(df.depth.min(),df.depth.max()))
    minmag = param.Number(5.0,bounds=(df.mag.min(),df.mag.max()))
    @param.depends('year','mindepth','minmag')
    def sel_plot(self):
        df_sel = df[(df.index.year == self.year)&(df.depth > self.mindepth)&(df.mag
```

```
> self. minmag)]
        return df_sel. hvplot('longitude','latitude',color='mag',kind='points',responsive=
True,min_height=300)
    explorer =EarthquakesExplorer()
    pn. Row(explorer. param,explorer. sel_plot)
```

4.6.5.3 Callbacks API 及应用

HoloViz 中的 Callbacks API 是最低级别的方法，具有最大的灵活性，但其复杂性也会迅速增加，因为每个新的交互行为都需要额外的回调（Callbacks）。如果需要底层控制来实现完全任意的事件处理时，可以使用 Python 或 JavaScript(JS) 回调。Python 回调对于 Python 用户来说相对简单，可以直接访问 Python 数据结构；而 JS 回调可以直接操作显示的 HTML 文档，甚至可以为导出的 HTML 文件设置动态行为。

应用 Callbacks API 时，需要先定义一个回调函数来处理参数变化，然后通过 . param. watch() 方法注册回调函数来监听参数变化。

以下代码为上一小节的 Callbacks API 实现。与其他 API 不同的是，须先定义布局，以确保定义的回调可以更新或替换某些内容。在本例中，使用单个回调来更新绘图，但在许多情况下可能需要多个回调。主要实现代码如下：

```
#以下仍用"Reactive API"小节中的3个小部件 year_slider,depth_slider,mag_slider
def hvpoints(year,mindepth,minmag):
    df_sel = df[(df. index. year == year)&(df. depth > mindepth)&(df. mag > minmag)]
    return df_sel. hvplot('longitude','latitude',color='mag',kind='points',responsive=
True,min_height=300)
layout = pn. Column(pn. Row(year_slider,depth_slider,mag_slider),
                   hvpoints(year_slider. value,depth_slider. value,mag_slider. value))
#定义回调函数
def update(event):
    layout[1]. object = hvpoints(year_slider. value,depth_slider. value,mag_slider. value)
#注册回调函数,监听参数变化
year_slider. param. watch(update,['value'])
depth_slider. param. watch(update,['value'])
mag_slider. param. watch(update,['value'])
layout
```

以上三种类型 API 的实现代码及运行效果，详见本书附带的 ipynb 文件。

4.6.6 创建交互式仪表板应用程序

本小节仍以地震数据（earthquakes-percent10. parq）和新增加的人口密度数据（population_density. nc）为例，构建由 Panel 小部件 widgets 控制的复杂而高效的数据处理管道，从而创建交互式仪表板应用。通过以下 2 种不同的方式创建交互式仪表板应用程序：

（1）主要使用 hvPlot. interactive、hv. link_selections 和 pipe，创建以 . interactive 为主导

的交互式仪表板应用。

（2）主要使用 Selection1D，创建以事件流（stream）为主导的交互式仪表板应用。

4.6.6.1 创建以 .interactive 为主导的交互式仪表板应用

本小节主要使用 hvPlot. interactive、hv. link_selections 和 pipe 创建交互式仪表板应用。hvPlot. interactive 已在 hvPlot 交互式绘图 API 及应用小节中做了介绍，对 HoloViz 支持的数据集都可以使用 . interactive( ) 方法创建相应的交互式数据对象，进而可进行后续交互式操作；. interactive( ) 创建的交互式数据对象，还提供了 pipe( ) 函数，可以将对数据对象的一个或多个操作函数链接起来，形成数据处理管道。

数据集通常包含较多属性，如本实例中的地震数据集有'time'、'mag'、'depth'、'longitude'、'latitude'、'place'、'type'等 20 多个属性，无法在单幅图中显示，HoloViews 提供了多种方法（layouts、overlays、grids、holomaps 等）同时显示不同维度的数据。然而，即使数据已经显示出来，也很难将布局在一起的不同图之间数据点联系起来，从而难以理解多维数据集。HoloViews 提供的 link_selections 类可自动链接不同 HoloViews 对象中元素之间的选择。

本实例使用的主要对象有：

（1）交互式数据对象：对地震数据集（df）使用 . interactive( ) 创建的交互式数据对象 dfi。

（2）小部件：2 个滑块对象，日期范围 date_range 和最小地震级别 mag_min，用于 dfi 数据筛选，得到 filter_dfi。

（3）link_selections 对象：用于自动链接以下 4 个可视化元素对象中的选择集。

（4）可视化元素对象：

1）filter_dfi 的表格类型（pn. widgets. Tabulator），筛选后的数据以表格形式表现；

2）filter_dfi 的地震点分布图，使用 Web Mecator 坐标（与 ESRI 瓦片地图叠加）；

3）filter_dfi 的地震级别直方图 mag_hist；

4）filter_dfi 的地震深度直方图 depth_hist。

具体实现见以下代码及其中的注释。

```
#首先加载数据
import colorcet as cc; import holoviews as hv; import panel as pn
import xarray as xr; import hvplot. pandas; import hvplot. xarray
pn. extension('tabulator',template='material',sizing_mode='stretch_width')
datapath = '../data/chap04/'
#加载数据,首先是地震数据
df = pd. read_parquet(datapath + 'earthquakes-percent10. parq')
df = df. set_index('time'). tz_localize(None)
df = df. sort_index()
#创建 2 个滑块对象:日期时间范围 date_range 和最小地震级别 mag_min
date_range = pn. widgets. DatetimeRangeSlider(name='Date', start=df. index[0], end=
df. index[-1])
mag_min = pn. widgets. FloatSlider(name='Magnitude',start=2,end=9,value=4)
```

```
#针对数据集 df 创建交互式数据对象 dfi,并对 dfi 按日期范围 date_range 和最小地震级别 mag_min 进行数据筛选得到交互式数据对象 filter_dfi
dfi = df.interactive(sizing_mode='stretch_width')
filter_dfi = dfi[(dfi['mag']> mag_min)&
(dfi.index >= date_range.param.value_start) & (dfi.index <= date_range.param.value_end)]
pn.state.template.title = 'Earthquake Interactive'
#创建 link_selections 实例,用于自动链接不同对象之间的选择集
ls =hv.link_selections.instance(unselected_alpha=0.02)
#针对 filter_dfi,使用 pipe()函数将 2 个操作链接形成数据管道,这 2 个操作分别对数据对象应用 link_selections、创建 Tabulator(表格)类型的小部件
table = filter_dfi.pipe(ls.filter,selection_expr=ls.param.selection_expr) \
[['place','mag','depth']].pipe(pn.widgets.Tabulator,pagination='remote',page_size=8)
#创建地震级别 mag、地震深度 depth 直方图
mag_hist = filter_dfi.hvplot(y='mag',kind='hist',responsive=True,min_height=200)
depth_hist = filter_dfi.hvplot(y='depth',kind='hist',responsive=True,min_height=200)
#创建地震分布图
geo = filter_dfi.hvplot('easting','northing',color='mag',kind='points',
      xaxis=None,yaxis=None,responsive=True,min_height=300,
      data_aspect=1,framewise=True,clim=(3,10),line_color='black')
#布局各元素,注意选择集同步的元素应用了 link_selections 实例 ls
pn.Column(
   pn.Row(hv.element.tiles.ESRI() * ls(geo.holoviews()),table.panel()),
   pn.Row(mag_min,date_range),
   pn.Row(ls(depth_hist.holoviews()),ls(mag_hist.holoviews())))
```

当用户对以上生成的交互式仪表板进行操作时，如移动任意一个或两个滑块、框选地震要素，4 个 HoloViews 对象（geo、table、depth_hist、mag_hist）保持同步变化，这是因为对它们应用了 link_selections 实例，使得它们根据相同的选择集构建相应的视图。

4.6.6.2 创建以事件流为主导的交互式仪表板应用

Holoviews.Streams 模块提供多种事件流用于捕获用户交互的相关信息。流（Stream）是参数化的对象，其参数随源事件的更新而变化；流的源（Source）用于指定从哪个绘图元素接收事件，任何包含源对象的绘图都将附加到相应的链接流，并根据相应的交互发送事件值。Selection1D 链式事件流（LinkedStream）用于实时捕获用户在 HoloViews 图上通过 Tap 工具选择的要素，然后根据选择的要素可进行后续相关处理。

本小节将基于地震分布图上的事件流 Selection1D，在图上选择一个地震要素，然后分析周围一定范围内受影响人口数。实现中定义了两个主要函数：

（1）earthquakes_around_point(da,index,degrees_dist=0.5)：用于选择数据集（da）中某个地震要素（index）一定范围（degrees_dist）内的所有地震要素。

（2）affected_pop（index，dist）：用于估算某个地震要素（index）一定范围（dist）内人口密度数据（cleaned_ds）中受该地震影响的人数。

具体实现见以下代码及其中的注释。

```
from holoviews. streams import Selection1D
hv. opts. defaults( hv. opts. Points( nonselection_alpha = 0. 4) )
df2 = df[ df. mag >= 6]. reset_index( )   #df. mag >= 6 的地震对周围影响较大
dataset = hv. Dataset( df2)
magpoints = df2. hvplot. points(
    x = 'longitude', y = 'latitude', c = 'mag', hover_cols = [ 'place', 'time', 'mag'],
    cmap = 'bgyw', tools = [ 'tap'], selection_line_color = 'yellow')
#创建一个 Selection1D 实例,其数据源为 HoloViews 的 Points 对象
# index = [ -3]缺省先选择倒数第 3 个地震点
index_stream = Selection1D( source = magpoints, index = [ -3])
dist_slider = pn. widgets. FloatSlider( name = 'Degree Distance', value = 0. 5, start = 0. 1,
end = 2)
#定义函数:过滤某个地震点附近的地震数据,参数为数据集 ds、索引 index 和范围
degrees_dist
def earthquakes_around_point( ds, index, degrees_dist = 0. 5):
    if not index:
        return ds. iloc[ [ ] ]
    row = magpoints. data. iloc[ index[ 0] ]
    half_dist = degrees_dist / 2. 0
    df = ds. data
    nearest = df[ ( ( df[ 'latitude'] - row. latitude). abs( ) < half_dist)
            & ( ( df[ 'longitude'] - row. longitude). abs( ) < half_dist) ]
    return hv. Dataset( nearest)
#使用 apply 方法将函数应用到 dataset,建立根据当前索引过滤 dataset 的管道
flt_ds = dataset. apply( earthquakes_around_point, index = index_stream. param. index,
                degrees_dist = dist_slider)

#加载人口密度数据
da = xr. open_dataarray( datapath + 'population_density. nc')
cleaned_ds = da. where( da. values ! = da. nodatavals). sel( band = 1)
cleaned_ds. name = 'population'
#创建人口分布图影像
rasterized_pop = cleaned_ds. hvplot. image(
    rasterize = True, cmap = 'bgyw', logz = True, clim = ( 1, np. nan),
    height = 400, xaxis = None, yaxis = None). opts( bgcolor = 'white')
cmaps = { n: cc. palette[ n] for n in[ 'kbc', 'fire', 'bgy', 'bgyw', 'bmy', 'gray', 'kbc'] }
```

```
cmap_selector = pn.widgets.Select(name='Colormap',options=cmaps)
rasterized_pop_cmapped = rasterized_pop.apply.opts(cmap=cmap_selector)
#根据过滤后的数据集 flt_ds 进一步扩展管道,构建 2 个直方图
def maghist(ds):
    return ds.data.hvplot.hist(y='mag',bin_range=(0,10),color='red',width=350,
height=250)
def depthhist(ds):
    return ds.data.hvplot.hist(y='depth',bin_range=(0,700),color='red',width=350,
height=250)
dyn_maghist =  flt_ds.apply(maghist)
dyn_depthhist = flt_ds.apply(depthhist)
#定义函数:估算某个地震点 index 附近 dist 影响的人口数
def affected_pop(index,dist):
    if not index:
        return "没有选择地震要素!"
    sel = df2.iloc[index[0]]
    lon,lat = sel.longitude,sel.latitude
    lon_dist = (np.cos(np.deg2rad(lat)) * 111.321543) * dist
    lat_dist = 111.321543 * dist
    hdist = dist / 2
    mean_density = cleaned_ds.sel(x=slice(lon-hdist,lon+hdist),y=slice(lat+hdist,lat-
hdist)).mean().item()
    population = (lat_dist * lon_dist) * mean_density
    return '地震发生在{place},地震级别为{mag},时间{date},影响周围人口约
{pop:.0f}.'\
    .format(place=sel.place,mag=sel.mag,date=sel.time,pop=population)
bound_affected_pop = pn.bind(affected_pop,index=index_stream.param.index,dist=dist_
slider)
#布局相关元素
pn.Column(
    pn.panel(bound_affected_pop,width=700),
    pn.Row(dist_slider,cmap_selector,width=700),
    rasterized_pop_cmapped * magpoints,
    pn.Row(dyn_maghist,dyn_depthhist))
```

以上效果详见本书附带的 ipynb 文件。

4.6.7 使用流数据（Streaming Data）

HoloViz 通过 hvplot.streamz、holoviews.streams 支持流数据（Streaming Data）分析处理及可视化，HoloViews 主要提供了基于 Stream 的普通数据流（如 Pipe、Buffer）和基于

LinkedStream 的事件流（如上一小节中使用的 Selection1D）；同时，在 HoloViz 生态中还可以使用独立的 Streamz 库协调流数据处理，使构建复杂的流管道变得更加简单。

流（Stream）是参数化的对象，其参数随源事件的更新而变化；所有流均为 holoviews. streams. Stream 的参数化子类，但更简捷的方法可以使用 Stream. define( ) 方法定义 Stream 的参数化子类，如使用 Time = Stream. define('Time', t = 1.0) 创建一个带参数 t 的 Time 流。HoloViews 中常用的数据流有 Pipe 和 Buffer。

Streamz 库用于构建管理连续数据流的管道，目前主要支持基于 Pandas、cudf、Dask 格式的流数据，如基于 Pandas 的流数据：DataFrame、PeriodicDataFrame、Series、Random 等。

以下以 2 个实例说明 HoloViews、Streamz 流数据处理过程。

（1）使用 HoloViews 的 Buffer 处理流数据。

（2）使用 Streamz 处理气象实时流数据。

4.6.7.1 使用 HoloViews 的 Buffer 处理流数据

HoloViews 的 Buffer 类用于（缓存）流式传输和累积来自表格数据集的行块，其语法格式如下：

Buffer(data, length = 1000, index = True, following = True, ** params)

Buffer 自动累积表格数据的最后 length 行，允许对最近的历史数据执行相关操作。Buffer 可与 Streamz 的 DataFrame 或 Series 一起实例化，它会自动订阅由 Streamz 对象发出的事件。当 DataFrame 进行流式传输时，默认情况下会重置 DataFrame 索引，使其可以作为维度提供给 HoloViews 元素，这可以通过设置 index = False 来禁用。following 参数决定订阅此流的绘图是否会在推送更新时更新坐标轴范围，这样可以控制在流式传输时是否允许坐标轴缩放。

本实例先创建一个由正态随机数和当前时间构成的行对象（new_row），并使用 Buffer 缓存 100 个行对象，然后对缓存中的数据按一定的时间间隔（window_seconds）取平均并进行绘图。这里使用了 pn. state. onload 允许指定一个回调，当相关服务完全加载时运行该回调；pn. state 对象提供各种全局状态（access_token、busy、cache、cookies、curdoc、location、headers、refresh_token、served、session_args、session_info、webdriver 等），并提供管理这些状态的方法（add_periodic_callback、as_cached、cancel_scheduled、execute、kill_all_servers、onload、schedule、sync_busy 等）。

主要代码如下：

```
from holoviews. streams import Buffer; from asyncio import sleep
pn. extension(sizing_mode = 'stretch_width')
def new_row():
    return pd. DataFrame({"y":np. random. randn()}, index = [pd. Timestamp. now()])
dfstream = Buffer(new_row(), length = 100, index = False)
def plot(data, window, alpha):
    data = data. rolling(f"{window}s"). mean()
    return data. hvplot(y = "y", ylim = (-1, 1), alpha = alpha, color = "blue", line_width = 3)
window_seconds = pn. widgets. IntSlider(value = 5, start = 1, end = 20, name = "Window
```

```
(secs)")
    alpha = pn.widgets.FloatSlider(value=0.5,start=0,end=1,name="Alpha")
    iplot = hv.DynamicMap(
      pn.bind(plot,data=dfstream.param.data,window=window_seconds,alpha=alpha)
    )
    pn.Column(iplot,window_seconds,alpha)
    async def run():
      while True:
        await sleep(0.1)
        row =new_row()
        dfstream.send(row)
    pn.state.onload(run)  # 运行该方法之前,输出的图为空白。
```

以上效果详见本书附带的 ipynb 文件。

4.6.7.2 使用 Streamz 处理气象实时流数据

本实例数据来源于 OpenWeather，通过 OpenWeather 可获取某地实时的或历史的气象数据，要获取 OpenWeather 数据需要注册并获得其 APIkey。

Streamz 提供的 PeriodicDataFrame 类，使用 Python 的 asyncio 事件循环定期调用用户提供的函数，收集结果并供后续处理。以下代码使用 PeriodicDataFrame 对象每 30 s 调用回调函数 reading_weather_data()，从 OpenWeather 获取用户输入的某城市的实时气象数据，形成气象数据流，然后对气象数据流（Temprature、Humidity、Wind Speed）绘制线图。主要代码如下：

```
    import operator as op   #将标准的操作运算用函数表达,如 lt(a,b)等价于 a<b
    import requests; import hvplot.streamz; import holoviews as hv
    from streamz.dataframe import DataFrame,PeriodicDataFrame

    pn.extension('tabulator',template='material',sizing_mode='stretch_width')
    inputcity = pn.widgets.TextInput(name='请输入城市名',placeholder='请在这里输入英
文城市名...',value='Ganzhou')
    inputcity
    city = inputcity.value
    #获取给定城市的气象数据,返回 pd.DataFrame 类型数据
    def reading_weather_data(**kwargs):
      res = requests.get(f'https://api.openweathermap.org/data/2.5/weather? q={city}\
      &APPID=5d48738995b301a60cd80df79ca10e2e')
      df = pd.DataFrame([res.json()])
      # op.itemgetter 检索字典的键/值
      df['lon'] = df['coord'].map(op.itemgetter('lon'))
      df['lat'] = df['coord'].map(op.itemgetter('lat'))
      df['Temprature'] = df['main'].map(op.itemgetter('temp'))
```

```
    df['Humidity'] = df['main'].map(op.itemgetter('humidity'))
    df['Wind Speed'] = df['wind'].map(op.itemgetter('speed'))
    df = df[['name','lon','lat','Temprature','Humidity','Wind Speed']]
    df['time'] = [pd.Timestamp.now()]
    return df.set_index('time')
#创建流式 dataframe,每 30s 调用回调函数
pdf = PeriodicDataFrame(reading_weather_data,interval='30s')
#布局气象流数据的 Temprature、Humidity、Wind Speed 线图
pn.Column(
    pdf[['Temprature']].hvplot.line(title='Temprature',backlog=1000,height=200),
    pdf[['Humidity']].hvplot.line(title='Humidity',backlog=1000,height=200),
    pdf[['Wind Speed']].hvplot.line(title='Wind Speed',backlog=1000,height=200)
)
```

以上效果详见本书附带的 ipynb 文件。

4.6.8　使用 Datashader 处理大型数据集

4.6.8.1　Datashader 概述

HoloViz 生态中的 Datashader 库用于处理大型数据集并栅格化（Rasterizing）生成高质量的可视化图像，旨在解决大型数据集可视化时遇到的性能和可扩展性问题。Datashader 的设计目标是处理数据量非常大的数据集，例如，数十亿或数百亿个数据点，而不会因为数据量过大而导致内存不足或性能下降，并可轻松扩展到核外、分布式或 GPU 处理更大的数据集。

Datashader 可以处理不同数据包提供的多种数据对象，如 Pandas（GeoPandas）或 Dask 的 Dataframe 中的列数据、Xarray 的网格化的多维数组数据、cuDF 的列数据、CuPy 的多维数组，以及 SpatialPandas 数据等。

Datashader 大型数据集栅格化管道可分解为 5 个主要步骤：

（1）投影（Projection）：将原始数据映射到二维画布（Canvas）的图像空间，通常为二维矩形网格，此外还可以是其他图形类型。投影需要选择 x、y 轴要表达的变量（数据集的属性字段），将数据集中的每个记录投影到绘图网格的零个或多个单元格（如 bin、网格单元）中。

（2）聚合（Aggregation）：将投影后的数据进行汇总，计算每个 bin 或网格单元的缩减（Reductions），将原始数据集中的大量数据汇总为相对较小的二维数组。聚合的图形类型有：raster、points、line、area、polygons、quadmesh、trimesh 等；常用的缩减操作有：count()、any()、sum()、summary()、mean()、min()、max()、var()、std() 等。

（3）变换（Transformation）：对聚合后的数据进行进一步处理，可以是数据集支持的任何操作运算；Datashader.transfer_functions 模块中预定义了几个变换函数，如 dynspread、spread、shade、stack、set_background、rgb 等。

（4）颜色映射（Colormapping）：将数据转换为颜色，通常根据数据的值或者某种统计量将数据映射到一组颜色上，从而在图像中区分数据的变化。颜色映射可以根据不同的

需求选择不同的调色板，例如，渐变色、离散色等。

（5）嵌入（Embedding）：将颜色映射后的数据图像嵌入特定的交互式应用程序或其他场景中，以便用户能够更好地进行数据分析和交互。

Datashader 库可以独立使用，但缺少动态交互功能。

HoloViz 生态对 Datashader 的支持可提供动态交互功能，主要体现在以下几个方面：

（1）hvPlot：hvplot 绘图 API 通过参数 rasterize(True)、cnorm('eq_hist'或'linear'或'log')等设置可以快速处理大型数据集的可视化。

（2）Panel：可将生成的大型数据集可视化图像嵌入 Panel 仪表板中，实现动态交互功能。

（3）HoloViews：HoloViews 对 Datashader 管道进行了高级封装，主要通过 holoviews.operation.datashader 模块提供并增强 Datashader 功能，如 rasterize、aggregate、datashade、shade、spread、dynspread、regrid 等。HoloViews 与 Datashader 可以混合使用，通过 HoloViews 对象直接使用 Datashader 进行数据处理和可视化。用户可以使用 HoloViews 提供的简单接口定义数据元素，然后通过 HoloViews 提供的 datashade 等函数将其转换为 Datashader 图像。

4.6.8.2 使用 HoloViz 与 Datashader 处理大型数据集

以下以纽约出租车大数据集（nyc_taxi.parq，记录数为 11842094 条，接近 1200 万条）为例，说明如何使用 HoloViz（主要是 HoloViews）、Datashader 处理大型数据集。

本实例主要使用了大型数据集处理的 Canvas、Canvas.points、count_cat、sum、rasterize、dynspread、shade、datashade 等功能，这些功能解释如下：

（1）Canvas：Datashader 库提供的用于放置图像的画布（canvas）。

（2）Canvas.points：按像素计算缩减（reduction），将数据（缺省为 count()）映射为像素点（points），缩减的几何图形还可以是：line、area、polygons、raster、quadmesh、trimesh 等。

（3）count_cat：Datashader 库提供的 count_cat(column)，用于按类别分组汇总指定的'column'中所有元素的计数。

（4）sum：Datashader 库提供的 sum(column)，用于对指定的'column'中所有元素求和。

（5）shade：HoloViews、Datashader 都提供了 shade，用于将数据映射为 RGBA 图像。HoloViews 中的 shade 对图像或 NdOverlay 中的图像应用标准化函数，然后进行色彩映射，并返回 RGBA 元素；HoloViews 中的 shade 融合了动态交互、数据流等功能。

（6）datashade：HoloViews 提供的 datashade 用于对数据应用聚合（aggregate）和 shade 操作，聚合指定对象中的所有元素，然后对聚合数据进行标准化和颜色映射，返回 RGBA 元素。

（7）rasterize：HoloViews 提供的 Rasterize，用于对任何元素或元素组合进行栅格化，并使用提供的聚合器（aggregator）和插值（interpolation）方法对其进行聚合。默认的聚合方法取决于 Element 的类型，通常默认为每个 bin 中的样本计数（count），但可以指定其他类型的聚合。

（8）dynspread：当数据点较稀疏时，栅格化后的图块显示不够明显；HoloViews、

Datashader 都提供了 dynspread，用于将图像中的每个像素按照给定的形状，以周边一定数量的像素为元素展开，并使用指定的合成运算符合并像素，这可以使稀疏的图块更加明显。动态扩展（dynspread）是根据密度启发式来决定扩展多少个像素。Holoviews 提供的 dynspread 融合了动态交互、数据流等功能。

本实例实现的主要步骤如下：

（1）读取数据，并随机抽取小样本进行绘图；

（2）使用 Datashader 渲染大型数据集；

（3）使用 HoloViews 动态交互栅格化大型数据集；

（4）使用交互式仪表板探索大型数据集。

A 随机抽取小样本绘图

读取数据，得到本实例所需要的大数据集 df；由于数据量太大（记录数接近 1200 万条），直接使用 hv. Points(df, ...) 对整个数据集进行可视化出现异常。所以，先随机选取 df 中的 100000 条记录作为小样本（samples），然后绘制其分布图（hv. Points(samples, ...)）。

当数据点太密时，存在过度绘图（Overplotting）问题，即太多的数据点绘制在同一位置或者非常接近的位置，导致它们在图上彼此重叠，难以看清楚每个数据点的位置及密度分布。可以通过减小点符号大小（size）、设置透明度（alpha）、使用某种数学变换等措施，来减轻过度绘图的影响。

实现的主要代码如下：

```
from holoviews import opts; from holoviews. element. tiles import EsriStreet
import param; import panel as pn; import holoviews. operation. datashader as hd
import datashader as ds; from datashader import transfer_functions as tf
from datashader. colors import Greys9; import colorcet as cc
pn. extension(sizing_mode='stretch_width')
hv. extension('bokeh')
datapath ='../data/chap04/'
#读取数据
usecols =['dropoff_x','dropoff_y','pickup_x','pickup_y','dropoff_hour','pickup_hour',
'passenger_count']
df = pd. read_parquet(datapath + 'nyc_taxi. parq',engine='fastparquet')[usecols]
#数据集记录数为 11842094 条
#默认的绘图选项设置
plot_width= int(750)
plot_height = int(plot_width//1.2)
x_range,y_range =(-8242000,-8210000),(4965000,4990000)
plot_options = hv. Options(width=plot_width,height=plot_height,xaxis=None,yaxis=
None)
```

```
opts.defaults(
    opts.Points(width=plot_width,height=plot_height,size=5,color='blue'),
    opts.Overlay(width=plot_width,height=plot_height,xaxis=None,yaxis=None),
    opts.RGB(width=plot_width,height=plot_height))
#样本数为 100000,不到整个数据集的 1%
samples = df.sample(n=100000)
tiles = EsriStreet().redim.range(x=x_range,y=y_range).opts(alpha=0.5)
points = hv.Points(samples,['dropoff_x','dropoff_y'])
tiles * points
#为减轻过度绘图的影响,将点大小由原来的 size=5 改为 size=1,并设置透明度参数 alpha=0.1
tiles * hv.Points(df.sample(n=100000),['dropoff_x','dropoff_y']).opts(size=1,alpha=0.1)
#对整个数据集(将近 1200 万条记录)进行可视化,出现异常
# points = hv.Points(df,['dropoff_x','dropoff_y'])
# tiles * points
```

以上效果详见本书附带的 ipynb 文件。

B 使用 Datashader 渲染大型数据集

从上面可以看出，使用 hv. Points(df, ...) 进行可视化构建时，当数据量达到千万级别时会出现不能正常显示的问题。Datashader 使用单独的 Python 进程将整个数据集渲染到像素缓冲区中，然后向浏览器提供一个固定大小的只包含当前可见数据的图像，而不是一次性生成所有数据的图像。这种方法将数据处理与可视化分离开来，数据处理只受可用计算能力的限制，而可视化则受显示设备限制。

使用 Datashader 进行数据着色（datashading）的主要步骤包括：（1）创建 Canvas 对象（cvs）；（2）将数据点聚合到相应的 bin 中，将数据 df（缺省为 count()）映射为像素点（points，agg）；（3）将各 bin(point) 中计数结果映射为可见颜色，以生成图像；这里是使用 shade 将 agg 转化为图像 img。

函数 shade(agg, cmap, color_key, how, alpha, min_alpha, span=None, name=None, color_baseline=None, rescale_discrete_levels=False) 将 2D 或 3D 坐标的 DataArray 根据给定的参数转换为 RGBA 图像。

这里，要特别注意 how 参数的使用，其类型为 str 或可调用对象。该参数有效字符串为“eq_hist”(默认值)、“cbrt”(立方根)、“log”(对数)和“linear”(线性)。可调用对象的参数有两个，一个是二维数值数组，另一个是表示缺失数据（“NAN”）的布尔掩码数组。

how 参数取值为“linear”(线性)，是将每个像素的计数按线性映射渲染为指定色带范围（这里 cmap=["white",'darkblue']）内的一种颜色。如果数据分布是均匀的，那么这种线性映射的结果也是均匀的，与数据分布一致。然而，真实数据很少是均匀分布的，甚至分布密度差异悬殊，如本实例中纽约出租车乘客下车点（'dropoff_x'，'dropoff_y'）分布

差异较大，大多数像素点上的下车点数量非常少，低于 3000 个，而极少数像素点上的下车点数量要多得多，高达 15000 个；当这些值被映射成用于显示的颜色时，几乎所有的像素将以该范围内最低的颜色着色，即白色或接近白色，而可用范围内的其他颜色使用甚少，导致图中的大多数像素传达的数据信息非常少，浪费了显示设备上几乎所有可用的动态范围；也即采用线性映射难以反映数据分布的这种差异；这时应该考虑使用非线性映射，如“eq_hist”、“cbrt”或“log”。

how 参数取值为“eq_hist”(均衡直方图)，是先对数值序列生成由大小相等的 bins 构成的直方图，然后为每个 bin 分配一种不同的颜色，以确保每个可显示颜色均匀使用。

how 参数取值为“cbrt”(立方根)、“log”(对数)，是分别对数值序列进行立方根、对数变换，然后再进行颜色映射。

以下可以看出，使用非线性映射更能有效地反映非均匀分布数据的差异。

主要代码如下：

```
#纽约出租车乘客下车点('dropoff_x','dropoff_y')汇总渲染
cvs = ds.Canvas(plot_width=plot_width,plot_height=plot_height,x_range=x_range,y_range=y_range)
agg = cvs.points(df,'dropoff_x','dropoff_y')
#使用线性变换,难以表达数据的实际分布
img = tf.shade(agg,cmap=["white",'darkblue'],how='linear')
img
#采用对数(log)映射,能够较好地反映数据分布的差异
tf.shade(agg,cmap=["white",'darkblue'],how='log')
#纽约出租车乘客下车点汇总直方图
frequencies,edges = np.histogram(agg.values,bins=100)
hv.Histogram((edges,frequencies)).opts(width=600).redim.range(Frequency=(0,6000))
#采用 eq_hist 映射,也能较好地反映数据分布的差异
tf.shade(agg,cmap=["white",'darkblue'],how='eq_hist')
```

以上效果详见本书附带的 ipynb 文件。

C 使用 HoloViews 动态交互栅格化大型数据集

以下使用 HoloViews 提供的 rasterize 对 hv.Points(df,['dropoff_x','dropoff_y']) 元素进行栅格化，通过 aggregator=ds.sum('passenger_count') 指定对出租车下客点的乘客数进行汇总，并通过 cmap、cnorm 分别指定栅格化使用的色带和颜色映射方法。当对栅格图像进行缩放或平移时，Datashader 都会动态渲染生成新的图像。

使用 HoloViews 提供的 dynspread 对数据点稀疏的像素点进行动态扩展。

实现的主要代码如下：

```
shaded = hd.rasterize(hv.Points(df,['dropoff_x','dropoff_y']),aggregator=ds.sum('passenger_count'))
```

```
shaded.opts(cmap=cc.fire[100:],cnorm='eq_hist',nodata=0)
hd.dynspread(shaded,threshold=0.5,max_px=10).opts(bgcolor='black',xaxis=None,
yaxis=None,width=600,height=400)
```

以上效果详见本书附带的 ipynb 文件。

D 使用交互式仪表板探索大型数据集

以下通过继承 param. Parameterized 基类创建带参数的子类 TaxiExplorer，在子类中声明了 4 个参数：

（1）alpha：param. Magnitude 类型，用于设置底图（EsriStreet）的透明度；

（2）cmap：param. ObjectSelector 类型，用于选择栅格图像的色带；

（3）hour：param. Range 类型，用于设置出租车汇总数据的时间范围（如从 8 点到 12 点）；

（4）location：param. ObjectSelector 类型，用于选择对出租车的上客点或下客点数据进行汇总。

通过@ param. depends('location', 'hour') 装饰器及 points() 方法对用户选择的数据进行筛选，并使用 view() 方法对筛选后的数据进行栅格化，并与底图叠加。

通过实例化该类，并通过 Panel 布局呈现实例中的参数与方法，实现大型数据集的交互式探索与可视化。实现的主要代码如下：

```
opts = dict(width=800,height=480,xaxis=None,yaxis=None,bgcolor='black',show_
grid=False)
cmaps =['fire','bgy','bgyw','bmy','gray','kbc']
class TaxiExplorer(param.Parameterized):
    alpha = param.Magnitude(default=0.75,doc="选择底图透明度")
    cmap = param.ObjectSelector('fire',objects=cmaps)
    hour = param.Range(default=(0,24),bounds=(0,24))
    location = param.ObjectSelector(default='dropoff',objects=['dropoff','pickup'])
    @param.depends('location','hour')
    def points(self):
        points = hv.Points(df,kdims=[self.location+'_x',self.location+'_y'],vdims=
['dropoff_hour'])
        if self.hour != (0,24):
            points = points.select(dropoff_hour=self.hour)
        return points
    def view(self,**kwargs):
        points = hv.DynamicMap(self.points)
        tiles = EsriStreet().apply.opts(alpha=self.param.alpha,**opts)
        agg = hd.rasterize(points,width=400,height=240).opts(cnorm='eq_hist',nodata=0)
        return tiles * hd.dynspread(agg).apply.opts(cmap=self.param.cmap)
```

```
taxi =TaxiExplorer(name="Taxi Trips")
pn.Row(taxi.param,taxi.view())
```

以上效果详见本书附带的 ipynb 文件。

Tip

本章小结：首先介绍了 Python 可视化包概述，PySAL 的 mapclassify 包提供的分级分类方法的基本思想及应用，使用 Matplotlib、GeoPandas、Cartopy 绘图；然后重点介绍了 HoloViz 生态交互式数据探索与可视化的相关内容，主要包括 hvPlot 交互式 API 及应用，HoloViews 及 GeoViews 基础，Panel 与 Param 基础，Panel 三种类型 API 及应用，使用 interactive、link_selections 和使用 Selection1D 创建交互式仪表板应用程序、使用 HoloViews 和 Streamz 处理流数据（Streaming Data）、使用 HoloViews 和 Datashader 处理大型数据集等内容。

参 考 文 献

[1] The Matplotlib development team. Matplotlib [CP/OL]. 2012-2024 [2024-02-03]. https://matplotlib.org/.
[2] NumPy developers. NumPy [CP/OL]. 2008-2024 [2024-02-02]. https://numpy.org/doc/stable/.
[3] Pandas developers. Pandas [CP/OL]. 2011-2024 [2024-03-01]. https://pandas.pydata.org/docs/.
[4] GeoPandas developers. GeoPandas [CP/OL]. 2013-2024 [2024-03-05]. https://geopandas.org/en/stable/.
[5] PySAL developers. Mapclassify [CP/OL]. 2018-2024 [2024-02-06]. https://pysal.org/mapclassify/.
[6] Xarray developers. Xarray [CP/OL]. 2014-2024 [2024-03-12]. https://docs.xarray.dev/en/stable/.
[7] Mapbox. Rasterio [CP/OL]. 2018-2024 [2024-03-06]. https://rasterio.readthedocs.io/en/latest/.
[8] Corteva Agriscience. Rioxarray [CP/OL]. 2019-2024 [2024-03-16]. https://corteva.github.io/rioxarray/stable/.
[9] Sean Gillies and Shapely contributors. Shapely [CP/OL]. 2011-2024 [2024-02-01]. https://shapely.readthedocs.io/en/stable/.
[10] PROJ contributors. PROJ [CP/OL]. 1983-2024 [2024-02-07]. https://proj.org/.
[11] Michael Waskom. Seaborn [CP/OL]. 2012-2024 [2024-03-11]. https://seaborn.pydata.org/.
[12] Vega-Altair Developers. Altair [CP/OL]. 2016-2024 [2024-03-09]. https://altair-viz.github.io/.
[13] Plotly developers. Plotly [CP/OL]. 2013-2024 [2024-03-13]. https://plotly.com/python/.
[14] Bokeh contributors. Bokeh [CP/OL]. 2012-2024 [2024-03-11]. https://bokeh.org/.
[15] Cartopy contributors. Cartopy [CP/OL]. 2018-2024 [2024-03-16]. https://scitools.org.uk/cartopy/docs/latest/.
[16] Anaconda. Colorcet [CP/OL]. 2017-2021 [2024-03-09]. https://colorcet.holoviz.org/.
[17] Dani Arribas-Bel & Contexily Contributors. Contextily [CP/OL]. 2020 [2024-02-20]. https://contextily.readthedocs.io/en/latest/.
[18] Rob Story. Folium [CP/OL]. 2013-2024 [2024-02-12]. https://python-visualization.github.io/folium/latest/.
[19] Holoviz contributors. HoloViz [CP/OL]. 2017-2024 [2024-03-11]. https://holoviz.org/.
[20] Holoviz contributors. hvPlot [CP/OL]. 2016-2024 [2024-02-17]. https://hvplot.holoviz.org/.
[21] HoloViz developers. HoloViews [CP/OL]. 2005-2024 [2024-02-18]. https://holoviews.org/.

[22] HoloVizdevelopers. GeoViews [CP/OL]. 2018-2024 [2024-03-18]. https://geoviews. org/.
[23] Holoviz contributors. Panel [CP/OL]. 2019-2024 [2024-03-17]. https://panel. holoviz. org/.
[24] Holoviz contributors. Param [CP/OL]. 2003-2024 [2024-03-18]. https://param. holoviz. org/.
[25] Holoviz contributors. Datashader [CP/OL]. 2016-2024 [2024-03-21]. https://datashader. org/.
[26] Matthew Rocklin. Streamz [CP/OL]. 2017-2022 [2024-01-19]. https://streamz. readthedocs. io/en/latest/.

5 网络分析

网络（Network）是由结点（Nodes）和边线（Edges）构成的一种复杂结构，用于描述地理系统、社会系统、信息系统等各种现象和事件；网络分析（Network Analysis）基于网络结构和结点边线之间的关系，通过计算和分析网络特征，揭示网络中的模式和规律，以及提出实际问题的解决方案。

本章围绕网络的基本概念、功能和应用介绍网络分析的相关功能，主要内容包括：

（1）网络分析概述。

（2）网络理论基础。

（3）NetworkX 网络建模与分析。

（4）OSMnx 城市路网建模与分析。

（5）PySAL 地理网络建模与分析。

（6）地理网络空间设施选址优化。

本章涉及的详细示例代码，详见本书附带的 ipynb 文件；为节省篇幅，本章略去了代码的绘图输出。

5.1 网络分析概述

网络是由结点和边线构成的图（Graph），用于描述人员、资源、货物等在网络中的流动或交互情况。

网络分析是 GIS 空间分析的重要功能之一，用于研究和分析网络数据，揭示网络结构、路径和连接特征。

5.1.1 网络类型

现实世界中的网络类型主要有：

（1）地理网络（Geographic Network）：在物理世界中，地理网络用来描述资源、货物等在地理空间沿线要素的流动情况，如各种交通网络、河流网络、水电气网络等。

（2）社会网络（Social Network）：在人文世界中，社会网络用来描述个体、群体和组织等在人文空间的交互情况，如各种社交网站、微博、微信、博客等。

（3）信息网络（Information Network）：在信息世界中，信息网络用来描述信息资源在信息空间的交互情况，如通信网络、计算机网络等，以及地理、社会网络在信息空间的映射。

5.1.2 网络分析的功能

不同的网络类型，所具有的网络分析功能各有侧重；综合起来，网络分析的主要功能有：路径分析、查找最近设施、服务区域分析、连通分析、流分析、设施选址、社会网络分析等。

5.1.2.1 路径分析

（1）最佳路径求解：是在网络中给定的两结点之间找一条阻碍强度最小的路径。主要包括：

1）最短路径：当阻碍强度为边线的长度，而结点无转角数据或转角数据都是0时。

2）最快路径：阻碍强度为通过边线的时间或在结点处转弯所花费的时间。

3）最小费用路径：阻碍强度为通过边线的费用或结点处费用。

4）K 最佳路径：在某些情况下，用户可能要求系统能一次求出所有结点对间的最佳路径，或者要了解两结点间的第二条、第三条乃至第 K 条最佳路径。

5）其他最佳路径：如最多旅游景点路径、最少污染路径等。

（2）最佳游历方案求解：是给定网络的一个结点和一个边线集合，求解最佳路径，使之由给定结点出发至少经过每条边线一次而回到起始结点。

（3）结点最佳游历方案求解：是给定一个起始结点、一个终止结点和若干中间结点，求解最佳路径，使之由起点出发遍历全部中间结点而到达终点。

5.1.2.2 查找最近设施（Find Closest Facilities）

根据某种成本（时间、距离或其他）查找一个或多个离事件点最近的设施点，并输出事件点与设施点间的最佳路径、所选设施点等。例如，离事故地点最近的医院、离犯罪现场最近的警车或者是离客户地址最近的商店。

还可以指定搜索设施点时不应超出的阻抗中断值（Impedance Cutoff）。例如，搜索距离事故地点 15 min 车程内的医院，结果中不会包含行程时间超出 15 min 的医院。

5.1.2.3 服务区域（Service Area）分析

某一服务设施，按照某种成本（时间、距离或其他）沿网络可达的区域范围。例如，网络上某一点的 5 min 服务区域包含从该点出发在 5 min 内可以到达的所有街道的范围。

服务区域分析可用来计算中心地、服务设施的等时区、等交通距离区、等费用距离区等。可用来进行城镇中心、商业中心或港口等的吸引范围分析。

5.1.2.4 连通分析

人们常常需要知道从某一结点或边线出发能够到达的全部结点或边线。这一类问题称为连通分析求解。另一类连通分析问题是最少费用连通方案的求解，即在耗费最小的情况下使得全部结点相互连通。

5.1.2.5 流分析

流是将资源沿网络由一个地点运送到另一个地点的资源流动。流分析的问题主要是按照某种最优化标准（时间最少、费用最低、路程最短或运送量最大等）设计资源的运送方案。

为了实施流分析，就要根据最优化标准的不同扩充网络模型，要把中心分为发货中心和收货中心，分别代表资源运送的起始点和目标点。这时发货中心的容量就代表待运送资源量，收货中心的容量代表它所需要的资源量。边线的相关数据也要扩充，如果最优化标准是运送量最大，就要设定边线的传输能力；如果目标是使费用最低，则要为边线设定传输费用。

5.1.2.6 设施选址

设施选址是在指定区域内确定服务性设施（如消防站、工厂、机场、仓库等）的最佳位置，以实现成本最小化或利益最大化或覆盖范围最大化的目标。

选址问题一般限定设施必须位于网络的某个结点。设施选址的主要类型有：位置集合覆盖问题（Location Set Covering Problem，LSCP）、最大覆盖问题（Maximum Covering Location Problem，MCLP）、PCenter、PMedian 问题。

5.1.2.7 社会网络分析

社会网络分析（Social Network Analysis，SNA）是一种研究和分析人际关系网络的方法和工具，可以揭示社会网络中的人际关系、信息传播和社会影响力。通过研究社会网络的拓扑结构、结点聚集、群组或社区，可以理解社会互动、疾病传播、舆论演化等现象。社会网络分析被广泛应用于社会学、组织管理、市场营销、公共卫生等领域，为我们深入了解社会系统和个体行为提供了有力的工具与方法。

社会网络分析中的结点代表网络中的个体，可以是人、组织、团体或其他实体；边代表结点之间的连接关系，反映了个体之间的关联性、交流和信息传递。社会网络分析主要关注以下几个方面：

（1）结点度中心性（Degree Centrality）：用于测量结点在网络中的联系数量和广度，即结点直接关联的其他结点数。结点度中心性较高的结点通常具有更多的联系和信息传递机会。

（2）中介中心性（Betweenness Centrality）：用于测量结点在网络中的桥梁作用和信息传递的控制程度。中介中心性较高的结点通常在不同结点之间扮演着重要的连接和传递者的角色。

（3）接近中心性（Closeness Centrality）：用于测量结点与其他结点之间的距离和相互关联的紧密程度。接近中心性较高的结点通常与其他结点的联系更加紧密和直接。

（4）社区发现（Community Detection）：用于识别网络中的群组或社区，即具有紧密联系的子网络。社区发现揭示了网络中的结构模块和相关性，有助于理解信息传播和社会互动的机制。

5.1.3 网络分析的主要算法概述

网络分析功能非常丰富，不同功能的实现都有多种主流算法（算法的详细内容请自行查阅相关文献），在实际应用中，根据分析目的和问题需求，选择合适的算法进行网络分析至关重要。现将网络分析的主流算法概述如下：

（1）最佳路径算法：用于计算网络中两个结点之间的最短路径、最快路径、最少费用路径或根据某种具体的优化目标确定的最优路径。常见的算法包括 Dijkstra 算法、Bellman-Ford 算法、Floyd-Warshall 算法和 A * 算法。

（2）连通分析算法：用于确定网络中结点的连通性和可达性。常见的算法包括深度优先搜索（Depth-First Search，DFS）和广度优先搜索（Breadth-First Search，BFS）。

（3）设施选址算法：常见设施选址问题 LSCP、MCLP、PCenter、PMedian 等的求解主要涉及线性规划、整数规划、混合整数线性规划等数学优化方法。主要算法有：单纯形法（Simplex Method）、内点法（Interior-Point Method）、对偶法（Duality Method）、分支定界法（Branch and Bound Method）、割平面法（Cutting Plane Method）、启发式算法（Heuristic Algorithms）等。

（4）中心性算法：用于衡量网络中结点的重要性和影响力。常见的中心性算法包括度中心性、接近度中心性、介数中心性和特征向量中心性。

（5）社区发现算法：用于检测网络中紧密连接的群组或社区。常见的社区发现算法包括 Louvain 算法、GN 算法和谱聚类算法。

（6）PageRank 算法：用于评估网络中结点的重要性，并进行排名和排序。PageRank 算法在互联网搜索领域中广泛应用。

（7）小世界模型算法：用于生成具有短平均路径和高聚集性的随机网络。其中，Watts-Strogatz 模型是一种常用的小世界模型算法。

（8）随机游走算法：包括随机游走和随机漫步，用于模拟在网络上随机移动以探索和分析网络结构。

（9）强连通分量算法：用于识别有向图中的强连通分量。常见的算法包括 Tarjan 算法和 Kosaraju 算法。

（10）图聚类算法：用于将结点或图分组成具有相似性或共同特征的集群。常见的图聚类算法包括谱聚类、K-means 算法和最大模块度算法。

5.2 网络理论基础

5.2.1 网络图的分类及特征

网络是由结点和边线构成的图，其理论基础是数学中的图论（Graph Theory）。

Note

温馨提示：

网络由点、线连通构成，点、线为网络中的两类元素，网络元素命名约定如下：

（1）完整的网络对象（Network）：弧段（Arc）、顶点（Vertex）。

（2）简化的图对象（Graph）：边线（Edge）、结点（Node）。

（3）链接（Link）：用于指网络弧段（Arc）或图的边线（Edge）。

网络按其边线（Edges）是否有方向性分为：非定向网络与定向网络，对应的网络图分别为 Graph、DiGraph。

网络按其结点之间是否允许有多条边线分为：单重网络与多重网络。多重网络可划分为非定向多重网络与定向多重网络，对应的网络图分别为 MultiGraph、MultiDiGraph。

以下主要介绍非定向网络与定向网络的特征及不同的应用场合。

5.2.1.1 非定向网络（Undirected Network）

非定向网络也称为无向网络或无向图（Graph），其中边没有明确的方向性。在非定向网络中，结点之间的连接表示无方向和对等的关系。边没有箭头表示连接的方向，表示结点之间的关系是对称的，没有起点和终点之分。

非定向网络可以用于描述一些不需要考虑方向性和引导性的关系和现象，如朋友关系、合作关系、相似性关系等。它关注的是结点之间的连接而不关注连接的方向。如现实世界中的交通网络（Transportation Network）属于非定向网络，在交通网络中，汽车和火车都是可以自由移动的物体，具有主观选择方向的能力，流向不完全由系统控制；又如社交网络中，朋友关系可被视为非定向边，没有特定的方向性。

非定向网络的主要度量指标包括：

（1）度（Degree）：结点的度是指与该结点直接连接的边的数量，表示结点与多少个其他结点相连。在非定向网络中，度代表一个结点的连接强度或重要性。

（2）连通分量（Connected Components）：非定向网络中的连通分量是指网络中由相互连接的结点所构成的一个子图，其中任意两个结点之间存在路径。连通分量可以用于分析网络的整体连通性和结构。

（3）聚集系数（Clustering Coefficient）：用于衡量结点邻居之间连接的紧密程度。在非定向网络中，聚集系数可以揭示结点所处的社区结构和群体特征。

（4）图的路径（Paths）和距离（Distances）：在非定向网络中，路径指的是从一个结点到另一个结点经过的边的序列。通过分析路径可以了解结点之间的连接关系和信息传递路径。距离是指结点之间的最短路径长度，用于衡量结点之间的接近程度。

5.2.1.2 定向网络（Directed Network）

定向网络也称为有向网络或有向图（DiGraph），其中边具有明确的方向性。在定向网络中，结点之间的连接表示从一个结点指向另一个结点的有向边。这意味着连接边所连接的结点之间存在一个起点和一个终点，从起点指向终点。有向边可以用箭头来表示，箭头的方向表示边的流向。

定向网络可以用于描述一些需要考虑方向性和引导性的关系和现象，如信息传递、影响力传播、因果关系等。它不仅关注结点之间的连接，还关注连接的方向和流向。如现实世界中的公用设施与河流网络（Utility and River Network）属于定向网络，在这些网络中，水、电、气通过管道和线路输送给消费者，水、电、气被动地由高压向低压输送，不能主观选择方向；又如互联网中，网页之间的链接就是定向边，从一个网页指向另一个网页。

定向网络的主要度量指标包括：

（1）入度（In-degree）和出度（Out-degree）：结点的入度是指向该结点的有向边的数量，表示有多少个结点连接到该结点；结点的出度是指从该结点出发的有向边的数量，表示该结点指向多少个其他结点。

（2）中心性（Centrality）：定向网络中的中心性度量可以有多种，如入度中心性、出度中心性、介数中心性等。这些度量用来衡量结点的重要性、影响力和信息传递的能力。

（3）强连通分量（Strongly Connected Components）：在定向网络中，如果从一个结点出发，可以通过有向边到达网络中的任何其他结点，那么这些结点构成一个强连通分量。强连通分量可以用于分析网络的整体结构和关键结点。

(4) 图的路径（Paths）和流向（Flow）：在定向网络中，路径指的是从一个结点到另一个结点经过的有向边的序列。通过分析路径可以了解结点之间的连接关系和信息传递路径。流向指的是网络中的边的方向性，可以用来研究信息、资源或影响力的流动方向。

5.2.1.3　非定向网络与定向网络的比较

以下主要从网络特征、网络分析的应用场合两个方面进行比较。

非定向网络与定向网络的特征可以从以下几个方面进行比较：

(1) 方向性：定向网络的边具有方向性，而非定向网络的边没有方向性。

(2) 双向关系：非定向网络可以表达双向的关系，而定向网络只能表示单向的关系。

(3) 表示能力：定向网络可以更准确地表示信息流动、因果关系等，而非定向网络适合表达对等关系、互动性等。

(4) 分析方法：定向网络与非定向网络在分析方法上有所不同，需要考虑起点和终点的区别与对称性。

非定向网络与定向网络的应用场合各有侧重。

非定向网络适用于解决以下问题：

(1) 最佳路径分析（Finding the Best Route）；

(2) 查找最邻近设施（Finding the Closest Facility）；

(3) 服务区域分析（Finding Service Areas）；

(4) 创建起始-目的地成本矩阵（Creating an OD Cost Matrix）；

(5) 车辆线路问题（Vehicle Routing Problem）；

(6) 位置分配（Location-Allocation）：选址。

定向网络适用于解决以下问题：

(1) 计算两点之间的最短路径；

(2) 查找所有连接或断开的网络元素；

(3) 查找网络中的环路；

(4) 源或汇设置后，确定边的流向；

(5) 从某个点向上/下游追踪网络元素（可用于爆管分析）；

(6) 计算从一个点上溯到另一个点的最短路径；

(7) 从多个点向上/下查找公共的网络元素。

5.2.2　网络图的表达

网络或图的表达有多种不同的方式，但最常用的两种表达为：邻接矩阵和邻接列表，如图 5-1 所示。

(1) 邻接矩阵（Adjacency Matrix）：用结点标注的行和列矩阵表达结点之间的邻接关系，其第 i 行第 j 列元素 $a_{\{ij\}}$ 的取值为 1 或 0，若结点 i 与 j 邻接（结点 i 是结点 j 的邻居），取值为 1；否则取值为 0。

(2) 邻接列表（Adjacency List）：结点列表的列表，即列出每个结点 i 的邻居列表。

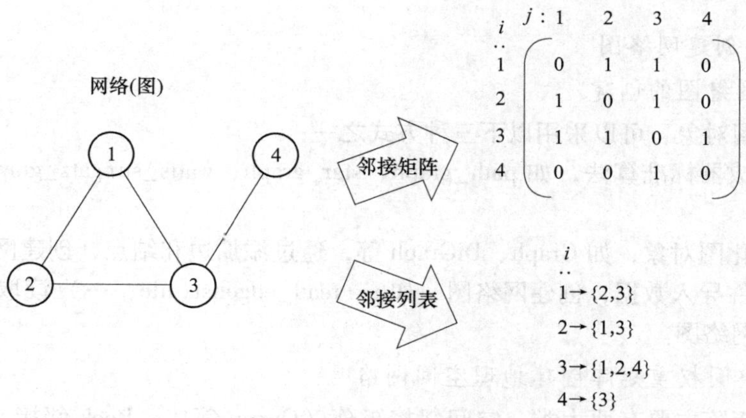

图 5-1　网络表达示意图

5.3　NetworkX 网络建模与分析

NetworkX 是一个用 Python 语言开发的基于图论的复杂网络建模与分析工具，内置了常用的图与复杂网络分析算法，可以方便地进行复杂网络数据分析、仿真建模等工作。利用 NetworkX 可以建立网络模型、分析网络结构、设计新的网络算法、进行网络绘制、生成多种随机网络和经典网络、以标准化和非标准化的数据格式存储网络等。

NetworkX 支持 4 种图结构：Graph（Undirected Graph，无多重边的无向图）、DiGraph（Directed Graph，无多重边的有向图）、MultiGraph（有多重边的无向图）和 MultiDiGraph（有多重边的有向图）。可以直接实例化创建相应的图对象。

```
G = nx.Graph()
G = nx.DiGraph()
G = nx.MultiGraph()
G = nx.MultiDiGraph()
```

图内部数据结构采用邻接列表（Adjacency List）表示，并使用 Python 字典数据结构实现。图的邻接结构是以 Python 字典的字典形式实现的；外层字典由｛结点键：值｝元素构成，值本身也是字典，由｛相邻结点键：相应的边属性｝元素构成。这种“字典中的字典”结构允许在大型图中快速添加、删除和查找结点和相邻结点。底层数据结构可通过类定义中的方法（编程接口“API”）直接访问。

本节从以下几个方面介绍 NetworkX 的网络与图分析主要功能：

（1）图及相关属性。

（2）网络图绘制。

（3）最短路径分析。

5.3.1 图及相关属性

5.3.1.1 创建网络图

A 普通网络图的创建

创建网络图对象，可以采用以下三种方式之一：

（1）图生成器标准算法，如 path_graph、star_graph、watts_strogatz_graph 等，创建网络图。

（2）实例化图对象，如 Graph、DiGraph 等，通过添加边和结点，创建网络图。

（3）从文件导入数据，创建网络图，如 nx.read_edgelist(file，…）读取保存在 file 文件中的边创建网络图。

B 根据空间权重矩阵创建地理空间网络

空间权重矩阵主要有两大类：空间邻接矩阵（Queen 邻接、Rook 邻接、Bishop 邻接）和距离权重矩阵（KNN、DistanceBand、Kernel 等），这些 PySAL 的空间权重矩阵都提供了 to_networkx( ) 方法，可以将权重对象转换为 NetworkX 的网络图。

各种网络图创建的示例代码，详见本书附带的 ipynb 文件。

5.3.1.2 网络图的基本属性

网络图的基本属性主要有：结点（nodes）、结点数（number_of_nodes）、结点度（degree）、结点邻居（neighbors、adj）、边（edges）、边数（number_of_edges）等。

NetworkX 还提供了多种方法获取网络图的相关属性，如网络密度（density）、连通组件数等。

A 结点度（degree）

结点度（Graph. degree 或 Graph. degree( )）是指结点关联的边数；加权结点度是关联到该结点的所有边的权值之和。

对于有向网络，结点的度可分为入度和出度。

（1）入度（DiGraph. in_degree）指的是指向某个结点的边的数量，也就是从其他结点指向该结点的边的数量。入度表示有多少个结点指向该结点。对于结点 i，其定义如下：$k_i^{\text{in}} = \sum_{j=1}^{N} a_{ji}$。

（2）出度（DiGraph. out_degree）指的是从某个结点出发的边的数量，也就是从该结点指向其他结点的边的数量。出度表示该结点指向多少个结点。对于结点 i，其定义如下：$k_i^{\text{out}} = \sum_{j=1}^{N} a_{ij}$。

总度数：$k_i = k_i^{\text{out}} + k_i^{\text{in}}$

平均入度：$\hat{k}^{\text{in}} = \sum_{i=1}^{N} k_i^{\text{in}}/N$

平均出度：$\hat{k}^{\text{out}} = \sum_{i=1}^{N} k_i^{\text{out}}/N$

B 结点邻居（Neighbors、Adj）

结点 v 的邻居是与之相连的其他结点。可以通过以下方式获取结点 v 的邻居：

（1）Graph. neighbors(v)：返回包含结点 v 的所有邻居的迭代对象。

（2）Graph. adj：返回每个结点的所有邻居结点，形如{node keys：neighbor-dict values，...}。

C 网络密度（density）

网络密度是指一个网络中各结点之间联络的紧密程度。网络 G 的网络密度 $d(G)$ 定义为：$d(G)=2M/[N(N-1)]$，其中 M 为网络中实际拥有的边数，N 为网络结点数。

网络密度的取值范围是[0，1]，当网络内部完全连通时，网络密度为 1，而实际网络密度通常远小于 1。

示例代码详见本书附带的 ipynb 文件。

5.3.1.3 网络图的中心性度量（Centrality Measures）

网络图的中心性度量主要有：

（1）度中心性（Degree Centrality）：度中心性是指每个结点直接连接的边的数量 k_i 的一种度量，通常定义为 $k_i/(N-1)$，N 为网络的结点数。结点的度中心性程度越高，连接到特定结点的边就越多，因此该结点拥有的邻居结点也就越多。

（2）介数中心性（Betweenness Centrality）：介数中心性也称为中间中心性，用于度量一个结点位于其他结点之间最短路径上的次数（介数 B_i），意味着它充当了桥梁的作用。具体来说，结点 v 的介数中心性是任何两个结点（除 v 外）经过 v 的所有最短路径的百分比，定义为 $2B_i/((N-2)(N-1))$。在 facebook 图中，这一度量与用户影响他人的能力有关。中间中心性高的用户充当了许多非朋友用户的桥梁，因此有能力通过传递信息（如发帖或分享帖子）来影响他们。

（3）接近度中心性（Closeness Centrality）：接近度中心性根据每个结点与网络中所有其他结点的“接近程度”对其进行评分。对于结点 v，其接近中心性度量到所有其他结点的平均距离，其定义为 $(N-1)/(\sum_{j=1,\ j\neq i}^{N} d_{ij})$，$d_{ij}$ 为结点 i、j 之间的距离。也就是说，v 的接近中心性越高，它就越靠近网络的中心。

（4）特征向量中心性（Eigenvector Centrality）：特征向量中心性是显示一个结点与网络中其他重要结点连接程度的度量。它根据结点在网络中的连接程度以及其连接的边的数量等来衡量结点的影响力。该度量可以识别出对整个网络影响最大的结点。高特征向量中心性意味着该结点与其他具有高特征向量中心性的结点相连。在本 facebook 分析中，该度量与用户影响整个图的能力相关联，因此特征向量中心性最高的用户是该网络中最重要的结点。该度量依据网络的邻接矩阵定义，计算邻接矩阵 A 对应的特征向量。

示例代码详见本书附带的 ipynb 文件。

5.3.1.4 聚集效应（Clustering Effects）

结点 v 的聚集系数（Clustering Coefficient）被定义为随机抽取的 v 的两个好友互为好友的概率；平均聚集系数是所有结点聚集系数的平均值。平均聚类系数越接近 1，图就越完整，因为网络图只有一个巨大的组成部分。平均聚集系数是三元封闭性的标志，因为图形越完整，通常出现的三角形就越多。

5.3.1.5 网络图中的桥（Bridges）

如果删除连接图中两个结点 A 和 B 的边会导致 A 和 B 位于两个不同的部分，则该边被视为桥。连接图中两个结点 C 和 D 的边是一个局部桥，如果它的端点 C 和 D 没有共同的朋友。局部桥是其端点没有共同邻居的边。

5.3.1.6 同配性（Assortativity）

同配性描述的是网络结点附加给其他结点在某些方面相似的偏好。NetworkX 提供了以下几种同配性度量：

(1) degree_assortativity_coefficient(G[, x, y, ...])。

(2) attribute_assortativity_coefficient(G, attribute)。

(3) numeric_assortativity_coefficient(G, attribute)。

(4) degree_pearson_correlation_coefficient(G[, ...])。

结点度的同配系数（Degree Assortativity Coefficient）是成对的链接结点之间度的皮尔逊相关系数，其取值范围是-1~1。同配系数为正数，表示结点的度存在相似性；为负数，则表示链接的两个结点存在不同的度。

若同配系数很小，意味着该网络几乎是非同配的，无法根据结点的度将其关联起来。换句话说，无法从一个用户的朋友数量（朋友度）得出他/她的朋友数量。

示例代码详见本书附带的 ipynb 文件。

5.3.2 网络图绘制

NetworkX 提供的绘图函数有：

(1) draw(G[, pos, ax, hold, ** kwds])：最基础的绘图函数。

(2) draw_networkx(G[, pos, arrows, with_labels, ** kwds])：功能更全面的绘图函数，允许设置标题、轴标签等。

(3) draw_networkx_nodes(G, pos[, nodelist, ...])：绘制网络结点图。

(4) draw_networkx_labels(G, pos[, labels, ...])：绘制网络结点图且带 label。

(5) draw_networkx_edges(G, pos[, edgelist, ...])：绘制网络边图。

(6) draw_networkx_edge_labels(G, pos[, ...])：绘制网络边图且带 label。

以上绘图函数中的 pos 参数用于指定各结点的位置信息，以确定绘图布局（Graph Layout）。NetworkX 提供了多种算法生成各结点的坐标，主要算法有：

(1) circular_layout(G[, scale, center, dim])：结点在一个圆环上均匀分布。

(2) random_layout(G[, center, dim])：结点在单位方格内均匀随机分布。

(3) shell_layout(G[, nlist, scale, center, dim])：结点在同心圆上分布。

(4) spring_layout(G[, k, pos, fixed, ...])：使用 Fruchterman-Reingold 力引导算法定位结点，没有指定 pos 参数时的默认算法。

(5) spectral_layout(G[, weight, scale, center, dim])：使用图拉普拉斯的特征向量定位结点。

以下几个绘图函数与 draw()、draw_networkx() 的 pos 参数设置为相应绘图布局时等效，如 draw_spring(G, ** kwargs) 与 draw(G, pos = nx. spring_layout(G), ** kwargs)、draw_networkx(G, pos = nx. spring_layout(G), ** kwargs) 等效。

(1) draw_circular(G, ** kwargs)。

(2) draw_random(G, ** kwargs)。

(3) draw_spectral(G, ** kwargs)。

(4) draw_spring(G, ** kwargs)。

(5) draw_shell(G, ** kwargs)。

示例代码详见本书附带的 ipynb 文件。

5.3.3 最短路径分析

最短路径问题是图论研究中的经典算法问题，用于计算图中一个顶点到另一个顶点的最短路径。NetworkX 支持 4 种图结构：Graph（无多重边的无向图）、DiGraph（无多重边的有向图）、MultiGraph（有多重边的无向图）和 MultiDiGraph（有多重边的有向图），这些图的边可以赋权（有权图，权重可以是距离、时间、费用或其他指标），也可以不特意赋权（无权图）。

5.3.3.1 最短路径求解函数概述

NetworkX 实现了最短路径的常用算法：Dijkstra 算法、Bellman-Ford 算法、Floyd 算法和启发式算法 A *；以下仅列出各类算法的最短路径求解函数，详情请查阅 NetworkX 帮助文档。

（1）通用最短路径求解函数有：

1) shortest_path(G[, source, target, weight, ...])。

2) all_shortest_paths(G, source, target[, ...])。

3) shortest_path_length(G[, source, target, ...])。

4) average_shortest_path_length(G[, weight, method])。

5) all_simple_paths(G, source, target, cutoff=None)。

6) has_path(G, source, target)。

以上最短路径求解函数：对于有权图，可以通过 weight 参数设置边的权重；求解算法选择，可以通过参数 method 选择'dijkstra'或'bellman-ford'，默认为'dijkstra'。

（2）针对无权图的最短路径求解函数有：

1) single_source_shortest_path(G, source[, cutoff])。

2) single_source_shortest_path_length(G, source)。

3) single_target_shortest_path(G, target[, cutoff])。

4) single_target_shortest_path_length(G, target)。

5) bidirectional_shortest_path(G, source, target)。

6) all_pairs_shortest_path(G[, cutoff])。

7) all_pairs_shortest_path_length(G[, cutoff])。

8) predecessor(G, source[, target, cutoff, ...])。

（3）针对有权图的最短路径求解函数有：

1）dijkstra 算法的求解函数：

①dijkstra_predecessor_and_distance(G, source)。

②dijkstra_path(G, source, target[, weight])。

③dijkstra_path_length(G, source, target[, weight])。

④single_source_dijkstra(G, source[, target, ...])。

⑤single_source_dijkstra_path(G, source[, ...])。

⑥single_source_dijkstra_path_length(G, source)。

⑦all_pairs_dijkstra_path(G[, cutoff, weight])。

⑧all_pairs_dijkstra_path_length(G[, cutoff, ...])。

⑨all_pairs_dijkstra(G[, cutoff, weight])。

⑩multi_source_dijkstra(G, sources[, target, ...])。

⑪multi_source_dijkstra_path(G, sources[, ...])。

⑫multi_source_dijkstra_path_length(G, sources)。

⑬bidirectional_dijkstra(G, source, target[, ...])。

2) bellman-ford 算法的求解函数:

①有 8 个函数与上述 dijkstra 算法的求解函数（前 8 个）的命名一致，仅需将命名中的 dijkstra 换为 bellman_ford。

②negative_edge_cycle(G[, weight, heuristic])。

③find_negative_cycle(G, source[, weight])。

④johnson(G[, weight])。

(4) Floyd-Warshall 算法的最短路径求解函数有:

①floyd_warshall(G[, weight])。

②floyd_warshall_predecessor_and_distance(G[, ...])。

③floyd_warshall_numpy(G[, nodelist, weight])。

④reconstruct_path(source, target, predecessors)。

(5) A * 算法的最短路径求解函数有:

1) astar_path(G, source, target[, heuristic, ...])。

2) astar_path_length(G, source, target[, ...])。

5.3.3.2 最短路径求解实例

假设有一简化的城市交通网络图为无向图，结点为交通站点（停靠点），边为城市街道，权重为通行时间（min），边正反方向通行时间相同。要求从起点 S 到终点 D，并需要满足约束条件:

(1) 以最短的时间到达终点;

(2) 必须经过指定的结点（图中结点 6、18）;

(3) 必须经过指定的边（图中路段 2-5、13-17）;

(4) 必须避开指定的结点（图中的结点 3）;

(5) 必须避开指定的边（图中的路段 11-12）。

主要步骤如下:

(1) 图的创建与可视化;

(2) 无约束条件时的最短路径;

(3) 约束条件：禁止经过指定结点或边;

(4) 约束条件：必须经过指定结点或边;

(5) 综合以上约束条件的最终结果。

A 图的创建与可视化

创建带权无向图 nx. Graph( )，边格式为（node1，node2，weight），weight 即边的通行时间，边保存在 edge_w. txt 文件中，可以使用 nx. read_edgelist( )读取带权重的边数据构建网络图；每个结点具有相对位置，以字典（dict）格式保存在 nodes_pos. txt 文件中。主要代码如下：

```
import networkx as nx
datapath ='../data/chap05/'
#图的创建和可视化
edge_file = datapath +'edge_w. txt'
nodes_pos = datapath +'nodes_pos. txt'
G = nx. read_edgelist(edge_file, delimiter=',', data=[('weight', int)])
pos_file = open(nodes_pos,'r')
pos_str = pos_file. read() #得到字符串
pos = eval(pos_str)  #将字符串转换为 dict 类型
pos_file. close()
nx. draw(G, pos, with_labels=True, alpha=0. 8)
labels = nx. get_edge_attributes(G,'weight')
nx. draw_networkx_edge_labels(G,pos,edge_labels=labels, font_color='c')
nx. draw_networkx_nodes(G,pos,nodelist=['S','D'],node_color='yellow')
nx. draw_networkx_nodes(G,pos,nodelist=['6','18'],node_color='lime')
nx. draw_networkx_edges(G,pos,edgelist=[('2','5'),('13','17')], edge_color='lime',
width=2. 5)
nx. draw_networkx_edges(G,pos,edgelist=[('11','12')],edge_color='r',width=2. 5)
nx. draw_networkx_nodes(G,pos,nodelist=['3'],node_color='r');
```

B 无约束条件时的最短路径

对于无约束条件的最短路径问题，NetworkX 提供了多种算法函数，最常用的 Dijkstra 算法有 nx. dijkstra_path( )、nx. dijkstra_path_length( )函数，求两个指定结点之间的最短加权路径和最短加权路径长度。主要代码如下：

```
#两个指定结点 S、D 之间的最短加权路径
minRoute = nx. dijkstra_path(G, source='S', target='D')
#结点 S、D 之间的最短加权路径的长度
minRouteLen = nx. dijkstra_path_length(G, source='S', target='D')
```

C 约束条件：禁止经过指定结点或边

禁止经过指定结点或边，最简单的处理办法就是从图中删除禁止经过的结点或边。

（1）使用 remove_node(n_1) 删除指定的结点 n_1，remove_edge(u, v) 删除指定的边（u, v）。

（2）使用 remove_nodes_from([n_1,⋯,n_k])删除多个结点，remove_edges_from([(u_1, v_1),⋯(u_k,v_k)])删除多条边。

本示例中，禁止经过指定的结点为3、边为（11-12）。主要代码如下：

```
#约束条件：禁止经过指定结点3和边（11-12）
#从图中删除禁止结点或边
G.remove_nodes_from(['3'])
G.remove_edge('11','12')
minRoute1 = nx.dijkstra_path(G, source='S', target='D')
minRoute1Len = nx.dijkstra_path_length(G, source='S', target='D')
```

D　约束条件：必须经过指定结点或边

当约束条件为路径必须经过两个或多个结点或边（可视为两个端点，要求是路径中相邻的必经点）时，起点到终点过程中，各必经点的次序并不确定，即从起点出发不知道应该先去哪一个必经点，因此在程序设计中要予以考虑。

NetworkX提供了all_simple_paths()函数，可以生成两个结点之间的所有简单路径。利用简单路径算法，可以通过对约束条件的判断来求解带有多个结点或边约束的最短路径问题。

程序实现的步骤包括：

（1）求解起点为S、终点为D的所有简单路径；

（2）检查路径是否满足约束条件：必经结点6、18，必经边2-5、13-17（2与5、13与17要求是路径中相邻的必经点）；

（3）在满足约束条件的简单路径中查找加权长度最短的路径；

（4）求最短路径的加权路径长度。

主要代码如下：

```
#约束条件：多个必经点（6，18）及两个必经边2-5、13-17
minRoute2 = minRoute2Len = 1e9
for path in nx.all_simple_paths(G, 'S', 'D'):
  if all(n in path for n in ('2','5','6','13','17','18')):
    #检查结点(2,5)是否相邻
    p1 = path.index('2')
    if (path[p1-1]! ='5'and path[p1+1]! ='5'): continue
    #检查结点(13,17)是否相邻
    p2 = path.index('13')
    if (path[p2-1]! ='17' and path[p2+1]! ='17'): continue
    lenPath = sum(G.edges[edge]['weight'] for edge in nx.utils.pairwise(path))
    if lenPath < minRoute2Len:
      minRoute2Len = lenPath
      minRoute2 = path
```

E　综合以上约束条件的最终结果

综合以上约束条件：必须经过指定的结点（6、18）及指定的边（2-5、13-17），还必须避开指定的结点（3）及指定的边（11-12）。

最终结果路径应该包括结点（2，5，6，13，17，18），且（2，5）、（13，17）要分别相互邻接，同时应排除结点（3）和边（11-12）。求解结果如图 5-2 所示。

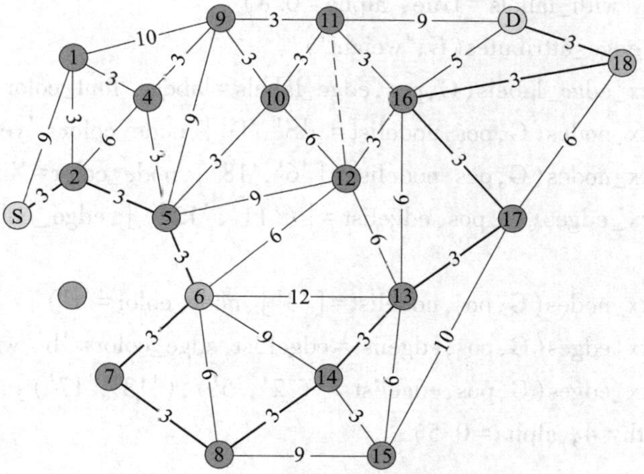

图 5-2　最短路径求解结果

主要实现代码如下：

```
#图的创建同上
#避开结点 3
G. remove_nodes_from(['3'])
#禁止经过边（11,12）
G. remove_edge('11','12')
minRoute3Len = minRoute3 = 1e9
for path in nx. all_simple_paths(G,'S','D'):
  if all(n in path for n in ('2','5','6','13','17','18')):
     #检查结点(2,5)是否相邻
     p1 = path. index('2')
     if (path[p1-1]! ='5'and path[p1+1]! ='5'): continue
     #检查结点(13,17)是否相邻
     p2 = path. index('13')
     if (path[p2-1]! ='17' and path[p2+1]! ='17'): continue
     lenPath = sum(G. edges[edge]['weight'] for edge in nx. utils. pairwise(path))
     if lenPath < minRoute3Len:
        minRoute3Len = lenPath
        minRoute3 = path
print("\n 最终结果")
print("结点 S 到 D 的最短加权路径：",minRoute3)
print("结点 S 到 D 的最短加权路径长度：",minRoute3Len)
edgeList = []
```

```
for i in range(len(minRoute3)-1):
    edgeList.append((minRoute3[i],minRoute3[i+1]))
nx.draw(G, pos, with_labels=True, alpha=0.8)
labels = nx.get_edge_attributes(G,'weight')
nx.draw_networkx_edge_labels(G,pos,edge_labels=labels, font_color='c')
nx.draw_networkx_nodes(G,pos,nodelist=['S','D'],node_color='yellow')
nx.draw_networkx_nodes(G,pos,nodelist=['6','18'],node_color='lime')
nx.draw_networkx_edges(G,pos,edgelist=[('11','12')],edge_color='r',width=2.5,
style='dashed')
nx.draw_networkx_nodes(G,pos,nodelist=['3'],node_color='r')
nx.draw_networkx_edges(G,pos,edgelist=edgeList,edge_color='b',width=3)
nx.draw_networkx_edges(G,pos,edgelist=[('2','5'),('13','17')],edge_color='green',
                width=4, alpha=0.5);
```

最终结果

结点 S 到 D 的最短加权路径：['S', '2', '5', '6', '7', '8', '14', '13', '17', '16', '18', 'D']

结点 S 到 D 的最短加权路径长度：39。

5.4 OSMnx 城市路网建模与分析

5.4.1 OpenStreetMap 简介

OpenStreetMap(OSM) 字面意思为开放式街道地图，是一个开源的、基于用户贡献的地理信息数据库和在线地图项目。它由全球志愿者团队共同创建和维护，旨在提供免费、可自由访问的地图数据。OSM 已广泛应用于各个领域，包括紧急救援、物流、城市规划等。

OSM 的核心理念是通过众包的方式，让用户参与到地理数据的收集和更新中。任何人都可以使用 GNSS 设备、卫星影像或其他工具在地图上添加信息，如道路、建筑物、自然要素及周边设施等，这些数据会被上传到 OSM 数据库中，并进行整合和更新。

OSM 采用 WGS84（EPSG：4326）地理坐标系，使用特定的数据结构来存储和管理地理空间数据，基本的数据结构有：

（1）结点（node）：OSM 中最基本的数据单元，用于表示地球表面上的一个点。结点都有一个唯一的标识（ID）和一个地理位置（经度和纬度）。

（2）路径（way）：由一系列连接在一起的结点组成，可以表示道路、河流等地理要素。路径也拥有一个唯一的标识和一些附加的属性标签，比如路径类型（公路、人行道等）和名称等。

（3）关系（relation）：是将多个结点或路径结合在一起的方式，以表示更复杂的地理功能或场景。例如，一个关系可以用于表示建筑物的边界或一条公交线路。

除了以上基本数据结构之外，OSM 数据遵循一套标签（tag）规则来描述和分类地理要素。标签是键值对（key，value）的形式，用于为结点、路径和关系添加附加的描述性信息。例如，可以使用"highway"="primary"标签来表示某个路径为主干道。

5.4.2 OSMnx 功能概述

OSMnx 是建立在 NetworkX 和 GeoPandas 之上，并与 OpenStreetMap API 进行交互的 Python 的开源工具，用于从 OpenStreetMap（OSM）提取、操作和分析城市街道网络等数据。OSMnx 在城市规划、交通分析、地理数据科学等领域具有广泛的应用。它为用户提供了一种便捷、灵活的方法来获取、处理和分析城市街道网络数据，帮助进行各种城市研究和决策。

从字面意思来看，OSMnx = OpenStreetMap(OSM) + NetworkX(nx)，是一个基于 NetworkX 的用于分析处理 OpenStreetMap 数据的 Python 开源工具。其主要功能包括：数据提取、街道网络建模、街道网络分析和街道网络可视化。

OSMnx 包括以下主要模块：graph、features、distance、plot、projection、elevation、bearing 和 utils_graph 等，模块中的每个函数都可以通过 osmnx. module_name. function_name（）访问，许多函数也可以通过 osmnx. function_name()作为快捷方式直接访问。

5.4.2.1 osmnx. graph 模块

osmnx. graph 模块用于从 OpenStreetMap 数据中下载并创建网络图。OSMnx 将所有网络建模为 NetworkX 的 MultiDiGraph 对象，利用 utils_graph 模块提供的函数，可转换为 MultiGraph、DiGraph、node/edge 的 GeoDataFrame。该模块中的主要函数为 graph_from_ *()，具体如下：

（1）graph_from_place(query，…)：下载并创建指定地点边界内的网络图，query 必须是可地理编码的，其结果为多边形。

（2）graph_from_address(address，dist = 1000，…)：下载并创建指定地址（address）一定距离（dist）范围内的网络图。

（3）graph_from_point(center_point，dist = 1000，…)：下载并创建特定点（center_point）一定距离（dist）范围内的网络图。

（4）graph_from_bbox(north，south，east，west，…)：下载并创建位于指定矩形框内（north，south，east，west）的网络图。

（5）graph_from_polygon(polygon，…)：下载并创建多边形（polygon）边界内的网络图。

（6）graph_from_xml(filepath，…)：从 .osm 格式的 XML 文件中的数据创建网络图。

（7）osmnx. utils_graph 中的 graph_from_gdfs()函数，可根据结点和边的 GeoDataFrames 创建网络图。

5.4.2.2 osmnx. features 模块

osmnx. features 模块用于下载 OpenStreetMap 地理空间要素的几何图形和属性，主要函数为 features_from_ *()，具体如下：

(1) features_from_place(query，tags，which_result，buffer_dist)。

(2) features_from_address(address，tags，dist=1000)。

(3) features_from_point(center_point, tags, dist=1000)。

(4) features_from_bbox(north, south, east, west, tags)。

(5) features_from_polygon(polygon, tags)。

(6) features_from_xml(filepath, polygon=None, tags=None)。

5.4.2.3 osmnx.routing 与 distance 模块

osmnx.routing 模块用于计算结点之间的加权最短路径。主要函数有：

(1) k_shortest_paths (G, orig, dest, k, weight='length')：使用 Yen 算法求解从起始结点（orig）到目标结点（dest）之间的第 1、第 2、…、第 k 最短路径。

(2) shortest_path (G, orig, dest, weight='length', cpus=1)：使用 Dijkstra 算法求解从起始结点（orig）到目标结点（dest）之间的最短路径，orig、dest 可以是单个结点或结点列表。

osmnx.distance 模块用于计算距离，并找到离指定点最近的结点、边。主要函数有：

(1) add_edge_lengths(G, precision=None, edges=None)。

(2) euclidean(y1, x1, y2, x2)。

(3) great_circle(lat1, lng1, lat2, lng2, earth_radius=6371009)。

(4) nearest_nodes(G, X, Y, return_dist=False)。

(5) nearest_edges(G, X, Y, interpolate=None, return_dist=False)。

5.4.2.4 osmnx.plot 模块

osmnx.plot 模块用于可视化街道网络、最佳线路、方向和地理空间要素。主要函数有：

(1) plot_graph (G, ax, figsize, bgcolor, node_color, node_size, node_alpha, node_edgecolor, node_zorder=1, edge_color, ...)。

(2) plot_graph_route(G, route, route_color, route_linewidth, ...)。

(3) plot_graph_routes(G, routes, route_colors, route_linewidths, ** pgr_kwargs)。

(4) plot_orientation(Gu, num_bins, min_length, weight, ...)。

(5) plot_figure_ground(G, address, point, dist, network_type, ...)。

(6) plot_footprints(gdf, ax, figsize, color, edge_color, ...)。

(7) get_edge_colors_by_attr(G, attr, num_bins, cmap='viridis', ...)。

(8) get_node_colors_by_attr(G, attr, num_bins, cmap='viridis', ...)。

(9) get_colors(n, cmap, start, stop, alpha, return_hex)。

5.4.2.5 osmnx.stats 模块

osmnx.stats 模块用于计算几何的、拓扑的网络度量。主要函数有：

(1) basic_stats(G, area=None, clean_int_tol=None)。

(2) circuity_avg(Gu)。

(3) count_streets_per_node(G, nodes=None)。

(4) edge_length_total(G)。

(5) intersection_count(G=None, min_streets=2)。

(6) self_loop_proportion(Gu)。

(7) street_length_total(Gu)。

(8) street_segment_count(Gu)。

(9) streets_per_node(G)。

(10) streets_per_node_avg(G)。

(11) streets_per_node_counts(G)。

(12) streets_per_node_proportions(G)。

5.4.2.6 实用工具模块

osmnx. utils_graph 模块为网络图提供了多个实用函数。主要有:

(1) graph_from_gdfs(gdf_nodes, gdf_edges, graph_attrs=None)。

(2) graph_to_gdfs(G, nodes=True, edges=True, node_geometry=True, fill_edge_geometry=True)。

(3) route_to_gdf(G, route, weight='length')。

(4) get_undirected(G)。

(5) get_digraph(G, weight='length')。

(6) remove_isolated_nodes(G)。

(7) get_largest_component(G, strongly=False)。

osmnx. utils_geo 模块提供了地理空间几个实用函数。主要有:

(1) bbox_from_point(point, dist=1000, project_utm, return_crs)。

(2) bbox_to_poly(north, south, east, west)。

(3) interpolate_points(geom, dist)。

(4) sample_points(G, n)。

5.4.2.7 其他模块

osmnx. io 模块提供了网络图的几个读写函数。主要有:

(1) load_graphml(filepath=None, graphml_str=None, ...)。

(2) save_graph_geopackage(G, filepath=None, ...)。

(3) save_graph_shapefile(G, filepath=None, ...)。

(4) save_graph_xml(data, filepath=None, ...)。

(5) save_graphml(G, filepath=None, ...)。

osmnx. projection 模块用于将网络图、GeoDataFrame 或几何图形重投影到不同的 CRS。主要函数有:

(1) project_graph(G, to_crs=None)。

(2) project_gdf(gdf, to_crs=None, to_latlong=False)。

(3) project_geometry(geometry, crs, to_crs, to_latlong=False)。

(4) is_projected(crs)。

osmnx. elevation 模块用于从栅格文件或 web API 中添加结点高程，并计算边的坡度。主要函数有:

(1) add_edge_grades(G, add_absolute=True)。

(2) add_node_elevations_google(G, ...)。

(3) add_node_elevations_raster(G, filepath, band=1, cpus=None)。

osmnx. bearng 模块：用于计算网络图中边的方位角及方向熵。主要函数有：

(1) add_edge_bearings(G, precision=None)。

(2) calculate_bearing(lat1, lng1, lat2, lng2)。

(3) orientation_entropy(Gu, num_bins=36, min_length=0, weight)。

osmnx. geocoder 模块用于地理编码、提取 OSM 元素。主要有 2 个函数：

(1) geocode(query)。

(2) geocode_to_gdf(query, which_result, by_osmid, buffer_dist)。

osmnx. simplification 模块用于简化、改正、合并网络拓扑。主要有 2 个函数：

(1) consolidate_intersections(G, tolerance=10, ...)。

(2) simplify_graph(G, strict=True, ...)。

osmnx. speed 模块用于计算网络边的速度、通行时间。主要有 2 个函数：

(1) add_edge_speeds(G, ...)。

(2) add_edge_travel_times(G)。

5.4.3 网络图的创建与最佳路径求解

5.4.3.1 创建网络图

osmnx. graph 模块提供的系列函数 graph_from_ * ( )，可根据指定的地点（place）、地址（address）、点（point）、矩形框（bbox）、多边形（polygon）下载并创建特定范围内的网络图。

创建网络图时，可指定的主要参数有：

(1) dist：int 类型，单位为米（meter），保留该距离范围内的结点、边，该距离可以是欧式距离或网络距离，具体取决于 dist_type 的取值。

(2) dist_type：string 类型，取值为"bbox"（默认值）或"network"。当 dist_type = "bbox"时，dist 为欧式距离；当 dist_type="network"时，dist 为网络距离。

(3) network_type：string 类型，可能取值为："all", "all_private", "bike", "drive", "drive_service","walk"。

(4) simplify：bool 类型，缺省为 True，使用 simplify_graph( ) 函数简化图拓扑，否则，不做简化处理。

(5) retain_all：bool 型，若为 True，则返回整个图；否则，只保留最大的弱连通分量。

(6) truncate_by_edge：bool 型，若为 True，如果至少一个结点的邻居在范围内，则保留范围外的相连的结点。

使用 graph_from_point(center_point, dist, dist_type, network_type, ...) 函数在指定点范围 dist 内创建网络图，dist 可以是欧式距离或网络距离，具体取决于 dist_type 的取值；当 dist_type="bbox"时，dist 为欧式距离；当 dist_type="network"时，dist 为网络距离。

当 dist_type="bbox" 时，首先在点（center_point）的北、南、东、西各 dist 处创建一个边界框 bbox，然后根据该边界框 bbox 内的所有 OSM 结点和路径构建网络。

当 dist_type="network" 时，首先在点（center_point）的北、南、东、西各 dist 处创建一个边界框 bbox，然后根据该边界框 bbox 内的所有 OSM 结点和路径构建网络；最后以该点为中心删除网络距离超过 dist 的所有结点。

使用 graph_from_point( )函数创建网络图的主要代码如下：

```
import osmnx as ox; from pyproj import CRS; from shapely. geometry import Point
ox. settings. use_cache = True
ox. settings. log_console = True
ox. settings. request_timeout = 10000
datapath = '../data/chap05/'
# center_point=(25.83342,114.92866),使用欧式距离 dist_type="bbox"
G = ox. graph_from_point((25.83342, 114.92866), dist = 5000, dist_type = "bbox",
network_type="drive")
# center_point=(25.83342,114.92866),使用网络距离 dist_type="network"
G2 =ox. graph_from_point((25.83342,114.92866), dist=5000, dist_type=" network",
network_type="drive")
fig, ax = ox. plot_graph(G, figsize=(8, 6), node_size=5, edge_color="b",
              edge_linewidth=1, node_color="g", bgcolor='w')
fig, ax = ox. plot_graph(G2, figsize=(8, 6), node_size=5, edge_color="b",
              edge_linewidth=1, node_color="g", bgcolor='w')
#将网络结点、边投影到 epsg=4526(CGCS2000 高斯克吕格投影 3 度带第 38 带)
crs = CRS. from_epsg(4526)
point = Point(114.92866, 25.83342)
d = {'col1': ['name'], 'geometry': [point]}
gdf = gpd. GeoDataFrame(d,crs=4326)
gdfp = gdf. to_crs(4526)
gdf_nodes, gdf_edges = ox. graph_to_gdfs(G)
gdf_nodes_proj = gdf_nodes. to_crs(crs)
gdf_edges_proj = gdf_edges. to_crs(crs)
fig, ax = plt. subplots(figsize=(8, 6))
gdf_nodes_proj. plot(ax=ax, color='g', markersize=10, zorder=2)
gdf_edges_proj. plot(ax=ax, color='b', zorder=3, linewidth=0.5, alpha=0.5)
gdfp. plot(ax=ax, color='r', markersize=50, zorder=1);
#在交互式 folium/leaflet 地图上显示网络的边、结点
m = gdf_edges. explore(color="blue", tiles="CartoDB positron")
gdf_nodes. explore(m=m, color="pink")
```

使用 graph_from_bbox( )函数创建网络图的主要代码如下：

```
#使用 graph_from_bbox( )函数创建网络图
#先定义 bbox,然后根据指定的 bbox 创建网络
rect = (25.8812, 25.7881, 114.9833, 114.7728)
G3 = ox. graph_from_bbox(bbox=rect, network_type="drive_service")
fig, ax = ox. plot_graph(G3, figsize=(8, 6), node_size=5, edge_color="b",
```

```
              edge_linewidth=1, node_color="g", bgcolor='w')
```

使用 graph_from_polygon()函数创建网络图的主要代码如下：

```
#使用 graph_from_polygon()函数创建指定多边形范围内的网络图
polygon_file = datapath + 'gz_polygon.geojson'
polygon_pdf = gpd.read_file(polygon_file)
polygon = polygon_pdf['geometry'][0]
G4 = ox.graph_from_polygon(polygon, network_type='drive')
fig, ax = ox.plot_graph(G4, figsize=(8, 6), node_size=5, edge_color="b",
              edge_linewidth=1, node_color="g", bgcolor='w')
```

MultiDiGraph 转换为 MultiGraph、DiGraph 的主要代码如下：

```
#将上述生成的 MultiDiGraph 转换为非定向的 MultiGraph
Gu = ox.utils_graph.get_undirected(G)
#将上述生成的 MultiDiGraph 转换为 DiGraph
Gd = ox.utils_graph.get_digraph(G)
```

根据结点、边的 GeoDataFrames 生成网络图的主要代码：

```
G2 = ox.graph_from_gdfs(gdf_nodes, gdf_edges, graph_attrs=G.graph)
#以 gpkg 格式保存街道网络
ox.save_graph_geopackage(G4, filepath=datapath + "network.gpkg")
#以 GraphML 格式保存街道网络
ox.save_graphml(G4, filepath=datapath + "network.graphml")
```

5.4.3.2 网络基本统计量

osmnx.stats 模块提供了用于计算几何的、拓扑的网络度量的函数，其中 basic_stats()函数提供的网络统计度量如下：

（1）n：结点数。
（2）m：边数。
（3）k_avg：平均结点度。
（4）edge_length_total：总的边长度。
（5）edge_length_avg：平均边长度。
（6）edge_density_km：每平方千米的总的边长度。
（7）streets_per_node_avg：每结点平均街道数。
（8）streets_per_node_counts：每结点街道数的统计频数。
（9）streets_per_node_proportions：每结点街道数的统计比例。
（10）intersection_count：交点数量。
（11）street_length_total：总的街道长度。
（12）street_segment_count：街道的线段数。
（13）street_length_avg：街道平均长度（street_length_total / street_segment_count）。
（14）circuity_avg：平均环路数。
（15）self_loop_proportion：自闭环比例。
（16）clean_intersection_count：洁净交点数。

（17）node_density_km：结点密度（每平方千米的结点数）。

（18）intersection_density_km：交点密度（每平方千米的交点数）。

（19）clean_intersection_density_km：洁净交点密度（每平方千米的洁净交点数）。

获取网络统计度量的代码如下：

```
#将网络图投影到 epsg=4526(CGCS2000 高斯克吕格投影 3 度带第 38 带)
G = ox.graph_from_polygon(polygon, network_type='drive')
crs = CRS.from_epsg(4526)
G_proj = ox.project_graph(G, to_crs = crs)
nodes_proj = ox.graph_to_gdfs(G_proj, edges=False)
graph_area_m = nodes_proj.unary_union.convex_hull.area
#网络统计度量
ox.basic_stats(G_proj, area=graph_area_m, clean_int_tol=15)  #结果详见本书附带的
ipynb 文档。
```

5.4.3.3 网络最佳路径求解

除了常规的最短路径之外，osmnx.speed 模块提供的两个函数 add_edge_speeds( )、add_edge_travel_times( ) 可以分别为网络图的边添加速度（speed_kph）和通行时间（travel_time，以‘秒’为单位）属性；结合 distance 模块提供的函数 nearest_nodes( )、routing 模块提供的函数 shortest_path( ) 等，可以求解两点之间的网络最佳路径。

最短、最快路径求解结果如图 5-3 所示。主要代码如下：

```
#为网络边添加速度、旅行时间
G = ox.speed.add_edge_speeds(G)    #为网络边 speed_kph 属性
G = ox.speed.add_edge_travel_times(G)    # 根据网络边的 length、speed_kph 计算其通
行时间
#获取离某市 A 点(25.82174,114.95884)最近的网络结点
orig = ox.distance.nearest_nodes(G, X=114.95884, Y=25.82174)
#获取离某市 B 点(25.82317,114.81195)最近的网络结点
dest = ox.distance.nearest_nodes(G, X=114.81195, Y=25.82317)
#两点之间的最短、最快路径
routeL = ox.shortest_path(G, orig, dest, weight="length")
routeT = ox.shortest_path(G, orig, dest, weight="travel_time")
fig, ax = ox.plot_graph_routes(G,  routes=[routeL, routeT],  route_colors=["r","b"],
route_linewidth=6,  node_size=0,  bgcolor='w')
#两点之间的最短路径长度
travel_length = ox.utils_graph.route_to_gdf(G, routeL)["length"]
print('两点之间的最短路径长度(m):', round(sum(travel_length)))
两点之间的最短路径长度(m):16618
#两点之间的最快路径时间
travel_time = ox.utils_graph.route_to_gdf(G, routeT)["travel_time"]
print('两点之间的最快路径时间(s):', round(sum(travel_time)))
```

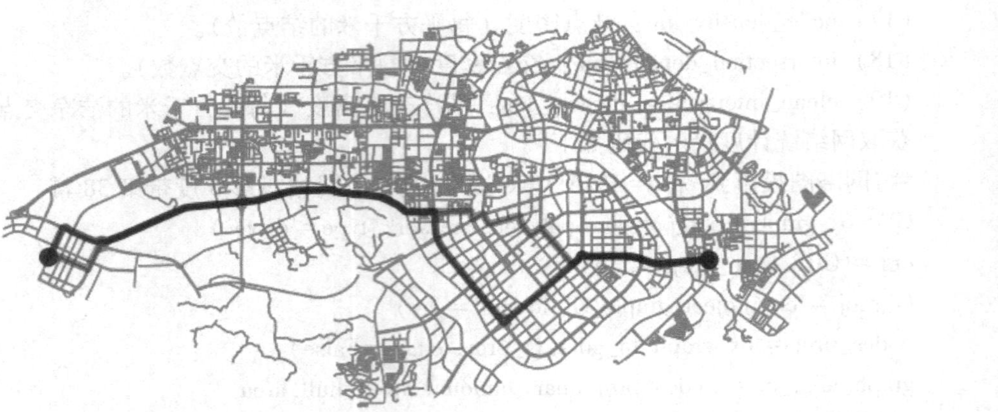

图 5-3 最佳路径求解结果

```
#两点之间的最快路径长度
travel_time_length = ox.utils_graph.route_to_gdf(G, routeT)["length"]
print('两点之间的最快路径长度(m):', round(sum(travel_time_length)))
两点之间的最快路径时间(s): 1387
两点之间的最快路径长度(m): 17694
#在交互式 folium/leaflet 地图上显示路径
map = ox.utils_graph.route_to_gdf(G, routeL, weight="length").explore(
    tiles="CartoDB positron",
    color="red",
)
map = ox.utils_graph.route_to_gdf(G, routeT, weight="travel_time").explore(
    tiles="CartoDB positron",
    color="blue",
    m=map
)
map
```

5.4.4 提取 OSM 地理要素并转换为 GeoDataFrame

OSM 使用标签化系统对地理要素进行分类（categories），如 amenity、building、landuse、highway 等，每个分类之下还可以进一步细分，如 amenity 又细分为 bar、college、library 等子类别（sub-categories），具体标签分类请查阅 OSM Wikipedia。

osmnx.features 模块提供的系列函数 features_from_*()，可根据指定的地点（place）、地址（address）、点（point）、矩形框（bbox）、多边形（polygon）提取特定范围内的特定类型的地理要素，并转换为 GeoDataFrame 格式。这些函数都有一个 dict 类型的 tags 参数，用于指定特定类型的地理要素，如 tags = {"building": True} 将提取指定范围内的所有建筑物，又如 tags = {"amenity":True, "landuse":["retail","commercial"], "highway":"bus_stop"}将提取指定范围内的所有的 amenities、土地利用类型为'retail'或'commercial'的用地，以

及所有的公交站点('bus_stop')。

提取 OSM 地理要素的示例代码如下：

```
#提取某中心点(25.83342,114.92866)5000 m 范围内的便利设施
amenities = ox.features.features_from_point((25.83342,114.92866), tags={"amenity":
True},dist=5000)
#提取某 bbox 范围内的便利设施
rect = (25.8812, 25.7881, 114.9833, 114.7728)
amenities2 = ox.features.features_from_bbox(bbox=rect, tags={"amenity": True})
#提取某多边形范围内的便利设施
amenities3 = ox.features.features_from_polygon(polygon, tags={"amenity": True})
#提取某中心点(25.83342,114.92866)5000 m 范围内的公交站点
bus_stops = ox.features.features_from_point((25.83342,114.92866), tags={"highway":
"bus_stop"},dist=5000)
#提取某点(25.83342,114.92866)5000 m 范围内的"commercial","retail"类型的土地
landuse = ox.features.features_from_point((25.83342,114.92866), tags={"landuse":
["commercial", "retail"]},dist=5000)
```

5.4.5 网络拓扑简化处理

网络拓扑简化处理主要包括交叉路口及交通圈结点群的合并处理、边的中间顶点的简化处理。

5.4.5.1 交叉路口及交通圈结点群的合并处理

现实世界中的许多街道网络具有复杂的交叉路口和交通圈，从而形成一个图结点群，而实际上只有一个真正的交叉路口；如分隔道路通常由独立的中心线边表示，两条分隔道路的交叉口因此产生了 4 个结点，分别代表每条边与垂直边相交的位置，但这 4 个结点在现实世界中只代表一个交叉口；同样，交通环岛也会在每条街道的边与环岛相交处创建一个结点群。

osmnx.simplification 模块提供的 consolidate_intersections(G, tolerance=10, ...) 函数可用于交叉路口及交通圈、环岛结点群的合并处理，将容差（tolerance）范围内的结点群合并成一个新的结点，该函数通过将附近的结点缓冲到给定距离、合并重叠的缓冲区并取其质心点作为新的结点。这里需要注意的是：tolerance 参数指的是每个结点的缓冲半径，如要合并相距 20 m 以内的结点，请使用 tolerance = 10。示例代码如下：

```
import osmnx as ox; from pyproj import CRS; from shapely.geometry import Point
import networkx as nx
datapath = '../data/chap05/'
#创建一个街道网络,并绘制所有边的交叉点
point = 25.83342,114.92866
G = ox.graph_from_point(point, network_type="drive", dist=1000)
fig, ax = ox.plot_graph(G, node_color="r", bgcolor='w')
```

从图 5-4 可以看出，复杂的交叉路口和交通圈形成了结点群。可以指定一个容差值，

将位于容差范围内的所有结点汇聚到同一个新结点。合并交叉点并重建图拓扑（rebuild_graph=True），这将边的几何图形重新连接到新的合并结点。

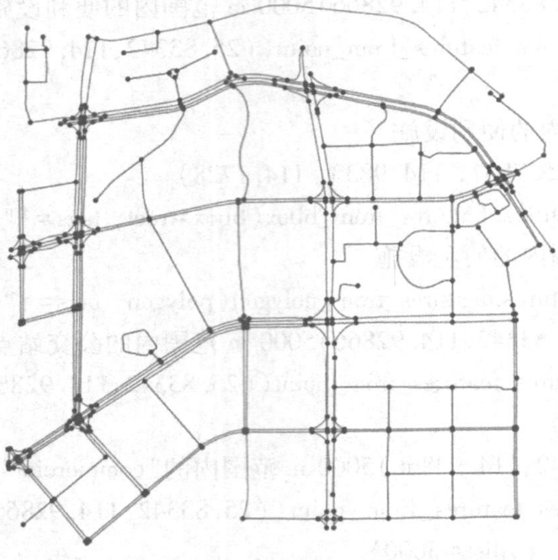

图 5-4 某区域交叉路口及交通圈结点群示意图

```
#指定容差值为 tolerance=25m,对结点进行合并 consolidate_intersections
# crs = CRS.from_epsg(4526)
G_proj = ox.project_graph(G, to_crs='4526')
# dead_ends=False 会删除死胡同结点
G2 = ox.consolidate_intersections(G_proj, rebuild_graph=True, tolerance=25, dead_ends=False)
#合并前后的结点数
len(G), len(G2)  #这里为:(362, 106)
fig, ax = ox.plot_graph(G2, node_color="r", bgcolor='w')
```

从图 5-5 可以看出，容差值为 tolerance=25 m 时，分隔道路的交叉路口及交通圈的结点群已合并成一个新的结点，并扩展边几何形状以连接到该新结点。

5.4.5.2 边的中间顶点的简化处理

使用简化清理网络边的中间顶点，但保留原始边的几何形状。默认情况下，OSMnx 在构造网络图 graph_from_*()时，其参数 simplify=True，自动执行此操作；参数 simplify=False 构建网络图后，可以使用 osmnx.simplification 模块提供的 simplify_graph(G,...)函数对网络图简化处理，删除网络边的中间顶点以及网络图中的死胡同。

实现代码及结果，详见本书附带的 ipynb 文件。

5.4.6 方向熵与极坐标直方图

方向熵是指一个区域内各方向街道布局的不规则（混乱）程度；如北京、西安街道沿东南西北四个方向规则格网布局，对应的方向熵较低（布局规则，不混乱）；但也有不少

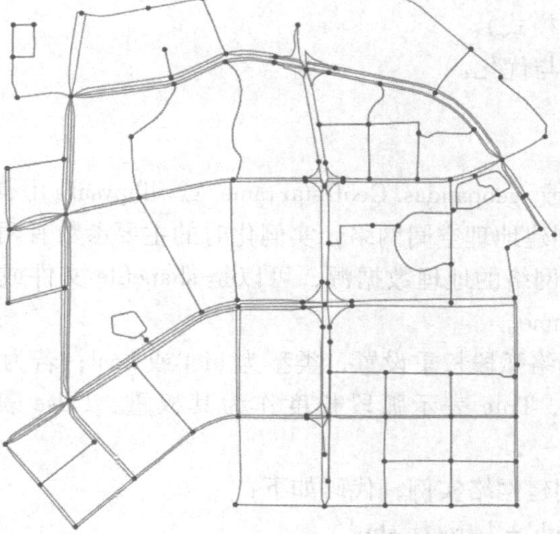

图 5-5 交叉路口及交通圈结点群简化处理结果示意图

城市受地形限制，街道布局不规则，一般沿地形布局，对应的方向熵较高（布局不规则，较混乱）。

方向熵的计算公式为：$H = -\sum_{i=1}^{n} P(o_i)\ln P(o_i)$

$P(o_i)$ 为第 i 个方向的街道比例（通常将街道方向从正北开始，以 10°为间隔划分为 36 个分区，汇总落入各分区的街道数）。

osmnx. bearing 模块中的 **add_edge_bearings**(G)、**calculate_bearing**(lat1, lng1, lat2, lng2)、**orientation_entropy**(Gu, num_bins = 36, ...) 函数用于计算网络边、任意两点的方位角以及网络方向熵。

osmnx. plot 模块中的 **plot_orientation**(Gu, num_bins, min_length, weight, ...) 函数，用于绘制空间网络双向边方位的极坐标直方图。

以下示例使用 **graph_from_polygon**() 函数创建某市、各区县范围内的网络图，并为网络边添加方位角、计算网络方向熵，然后绘制网络极坐标直方图。

示例代码及结果，详见本书附带的 ipynb 文件。

5.5 PySAL 地理网络建模与分析

PySAL 的 Spaghetti 是一个用于地理网络分析的 Python 库。它专注于处理和分析空间特征、网络结构和空间连接关系。Spaghetti 提供了一系列功能和工具，方便用户进行空间网络的建模、分析和可视化，被广泛应用于空间数据分析、城市规划、交通分析等领域。

PySAL 的 Spaghetti 包提供了地理空间网络以及网络事件相关的分析功能。本节主要内容包括：

（1）创建网络实例。

（2）网络相关属性。

（3）网络事件（点模式）。

（4）最佳路径分析与优化。

5.5.1 创建网络实例

可以从 shapefile 或 geopandas. GeoDataFrame 或 libpysal 几何图形，通过实例化 spaghetti. Network 类，创建地理空间网络，实例化时的主要参数有两个：

（1）in_data：创建网络的地理数据源，可以是 shapefile 文件或 libpysal. cg. Chain 对象或 geopandas. GeoDataFrame。

（2）weightings：网络弧段权重设置，类型为 dict 或 bool；若为 dict，每一弧段的权重列表（list）；若为 bool，True 表示弧段长度作为其权重，False 表示没有权重，默认为 False。

如，从 shapefiles 创建网络实例，代码如下：

```
streets_file = datapath + 'streets. shp'
ntw = spaghetti. Network(in_data=streets_file)
```

5.5.2 网络相关属性

创建网络实例之后，可以通过网络的属性，深入了解网络的弧段/顶点组成、连通特性、组成部分、最大/最长组件，以及网络图的相关特性等。

spaghetti. Network 的主要属性有：

（1）adjacencylist：list 类型，列表元素为顶点的邻接顶点，即 List of lists。

（2）vertex_coords：dict 类型，Key 为顶点 ID，Value 为顶点坐标。

（3）vertex_list：list 类型，顶点 ID 列表。

（4）vertices：dict 类型，Key 为顶点坐标元组，Value 为顶点 ID。

（5）arcs：list 类型，弧段列表，每一弧段为有序的顶点 ID 元组。

（6）edges：list 类型，图（graph）边（edge）列表，边为（node1，node2）形式的元组。

（7）arc_lengths：dict 类型，Key 为有序的顶点 ID 元组表达的弧段，Value 为其长度。

（8）edge_lengths：dict 类型，Key 为图边（edge），Value 为边的长度。

（9）pointpatterns：dict 类型，Key 为模式的字符串名称，Value 为 PointPattern 类型的实例。

（10）distance_matrix：numpy. ndarray 类型，网络顶点间的距离矩阵，不同网络组件中顶点间的距离默认记录为 inf。

（11）network_trees：dict 类型，Key 为顶点 ID，Value 为字典（Key 为目标顶点 ID，Value 为沿最短路径的顶点列表；如果目标顶点是源点或不可达（不同的网络组件），它被列为自己是邻居）。

（12）non_articulation_points：list 类型，所有不属于孤岛环（自闭环）组件的度数为 2 的顶点。

（13）network_n_components：int 类型，网络中相连的组件数。

（14）graph_n_components：int 类型，图中相连的组件数。

（15）network_fully_connected：bool 类型，网络是否为单个相连的组件。

（16）graph_fully_connected：bool 类型，如果图是一个单一的连接组件，则为 True，否则为 False。

（17）network_component_labels：numpy. ndarray 类型，网络弧段所在的组件标签（标识）数组。

（18）graph_component_labels：numpy. ndarray 类型，图边的组件标签数组。

（19）network_component2arc：dict 类型，以｛int：list｝的形式查找包含网络连接组件的 arcs，Key 为网络组件标签（int 类型），Value 为弧段（arc）列表。

（20）graph_component2edge：dict 类型，以｛int：list｝的形式查找包含图连接组件的 edges，Key 为图组件标签（int 类型），Value 为边（edge）列表。

（21）network_component_lengths：dict 类型，每个网络组件的长度，Key 为网络组件标签。

（22）graph_component_lengths：dict 类型，每个图组件的长度（Key 为组件标签）。

（23）network_longest_component：int 类型，网络中最长组件的 ID，这不一定等于 network_largest_component。

（24）graph_longest_component：int 类型，图中最长组件的 ID。这不一定等于 graph_largest_component。

（25）network_largest_component：int 类型，网络中最大组件的 ID。在 Spaghetti 中，最大组件是拥有最多顶点的组件。这不一定等于 network_longest_component。

（26）graph_largest_component：int 类型，图中最大组件的 ID。在 Spaghetti 中，最大组件是拥有最多顶点的组件。这不一定等同于 graph_longest_component。

（27）network_component_vertices：dict 类型，以｛int：list｝的形式查询由网络连接组件组成的顶点，Key 为网络组件标签，Value 为顶点列表。

（28）graph_component_vertices：dict 类型，以｛int：list｝的形式查询由图连接组件组成的顶点，Key 为组件标签，Value 为顶点列表。

（29）network_component_vertex_count：dict 类型，每个网络组件中的顶点数量（Key 为网络组件标签）。

（30）graph_component_vertex_count：dict 类型，每个图组件中的顶点数量（Key 为组件标签）。

（31）network_component_is_ring：dict 类型，以｛int：bool｝的形式查询，以组件标签为 Key，如果该组件是一个封闭的环，其值为 True，否则为 False。

（32）graph_component_is_ring：dict 类型，以｛int：bool｝的形式查询，以组件标签为 Key，如果该组件是一个封闭的环，其值为 True，否则为 False。

（33）w_network：libpysal. weights. W 类型，从网络弧段创建的权重对象。

（34）w_graph：libpysal. weights. W 类型，从图边创建的权重对象。

（35）网络的连通性。

1）network_fully_connected。

2）graph_fully_connected。

示例代码及相关信息，详见本书附带的 ipynb 文件。

Note

温馨提示：读者自行分析比较 NetworkX、OSMnx 以及 PySAL 的 Spaghetti 中 3 种网络的相关属性，以便更好地了解 3 种网络的特点。

5.5.3 网络事件（点模式）

5.5.3.1 捕捉网络中的事件

在许多应用中，网络被用作研究空间，可以包含观察结果或感兴趣的事件，如学校、医院、公交站点、消防站点等，通常称为网络事件，其中最常用的为点事件，对应于 Spaghetti 中的点模式（PointPattern）。

spaghetti. Network 类为处理网络中的点事件（点模式）提供了相应的属性方法，如：

（1）spaghetti. Network. pointpatterns 属性：可以获取网络中各个点模式的相关信息；

（2）spaghetti. Network. snapobservations( ) 方法：将点事件捕捉到网络的顶点（vertexes）或弧段（arcs）。

示例代码如下：

```
# schools 不带 attributes 捕捉,attribute=False
schfile = datapath + 'schools.shp'
ntw.snapobservations(schfile, "schools", attribute=False)
# crimes 带 attributes 捕捉,attribute=True
crifile = datapath + 'crimes.shp'
ntw.snapobservations(crifile, "crimes", attribute=True)
ntw.pointpatterns
```

输出如下：

```
{'schools': <spaghetti.network.PointPattern at 0x1ad417531d0>,
 'crimes': <spaghetti.network.PointPattern at 0x1ad4113c2d0>}
```

5.5.3.2 点模式的属性

事件点捕捉到网络元素后，可以通过网络的 pointpatterns 对象获取点模式的相关属性：

（1）dist_snapped：观测点到捕捉弧段的距离，dict 类型，Key 为观测点 pointid，Value 为观测点到捕捉弧段的距离；即完整格式为：{pointid0：dist0，pointid1：dist1，...}。

（2）dist_to_vertex：观测点到捕捉的弧段顶点的距离，dict 类型，Key 为 pointid，Value 为形如 {node1：distance to vertex，node2：distance to vertex} 的 dict；即完整格式为 {pointid：{node1：dist，node2：dist}，...}。

（3）npoints：点模式中观测点数。

（4）obs_to_arc：弧段对应的捕捉观测点及坐标，dict 类型，Key 为 arc，arc 表示为（node1，node2），Value 为形如 {pointID：（xcoord，ycoord），pointID：（xcoord，ycoord），...} 的 dict。

（5）obs_to_vertex：事件顶点到捕捉观测点的列表。

（6）points：点模式的 geojson 表示，若属性为 True 则包含属性。

（7）snapped_coordinates：捕捉点及坐标，dict 类型，Key 为 pointid，Value 为（xcoord, y-coord)。完整格式为:{pointid:(x-coord, y-coord), ...}。

(8) 弧段捕捉点计数:网络中,每条弧段可能有多个捕捉点;可通过 pointpatterns 的 obs_to_arc 属性获取每条弧段的捕捉点信息;进而可以获取网络弧段平均捕捉点数。

示例代码如下:

```
#某观测点到捕捉弧段的距离 dist_snapped[ ]
ntw.pointpatterns["crimes"].dist_snapped[0]  #输出为:221.587
#某观测点到捕捉的弧段顶点的距离 dist_to_vertex[ ]
ntw.pointpatterns["crimes"].dist_to_vertex[0]  #输出为:{161:83.706, 162:316.827}
#点模式中观测点数 npoints
ntw.pointpatterns["crimes"].npoints  #输出为:287
#弧段对应的捕捉观测点,可能有多个,以下为获取某一弧段(161, 162)对应的捕捉观测点
ntw.pointpatterns["crimes"].obs_to_arc[(161, 162)]  #输出为:{0:(727919.247, 875942.499)}
#事件顶点到捕捉观测点的列表,获取其中的 obs_to_vertex[0]
ntw.pointpatterns["crimes"].obs_to_vertex[0]  #输出为:161
#观测点的 geojson 表示,若属性为 True 则包含属性(properties)。
ntw.pointpatterns["crimes"].points[0]
#输出为:{'coordinates':(727913.000, 875721.000), 'properties':[[1, 1]]}
#捕捉点及坐标,完整格式为:{pointid:(x-coord, y-coord),...}
# snapped_coordinates[ ]获取某捕捉点 PointID 的坐标
ntw.pointpatterns["crimes"].snapped_coordinates[0]  #输出为:array([727919.247, 875942.499])
```

5.5.3.3 网络元素提取

可以使用 spaghetti.element_as_gdf()方法将网络元素提取为 geopandas.GeoDataFrame 对象。如:

```
#点事件 crimes 元素
true_crimes_df = spaghetti.element_as_gdf(ntw, pp_name="crimes", snapped=False)
snapped_crimes_df = spaghetti.element_as_gdf(ntw, pp_name="crimes", snapped=True)
```

5.5.4 最佳路径分析与优化

最佳(最短、最快、费用最少、…)路径分析是 GIS 网络分析最常用的功能之一,spaghetti.Network 提供了基本的最佳路径分析功能,此外,还可与线性规划、整数规划、混合规划等方法结合,求解交通运输问题、旅行推销员问题、位置集合覆盖问题(Location Set Covering Problem, LSCP)、最大覆盖问题(Maximum Covering Location Problem, MCLP)、PMedian、PCenter 等问题。

本小节主要介绍基本的最佳路径分析、物流配送交通运输问题和旅行推销员问题,设施选址问题(LSCP、MCLP、PMedian、PCenter)在设施选址优化部分介绍。

5.5.4.1 基本的最佳路径分析

A 创建网络实例，提取网络元素（vertices、arcs）为 GeoDataFrame

通过实例化 spaghetti. Network 类，创建地理空间网络。

主要代码如下：

```
import spaghetti
datapath = '../data/chap05/'
#创建网络实例,提取网络元素,并可视化
streets_file = datapath + 'streets.shp'
ntw = spaghetti.Network(in_data=streets_file)
vertices, arcs = spaghetti.element_as_gdf(ntw, vertices=True, arcs=True)
```

B 捕捉点事件，并提取点模式为 GeoDataFrame

使用 Network 的 snapobservations()方法将点事件捕捉到网络。主要代码如下：

```
#将点模式(schools.shp)捕捉到网络
schfile = datapath + 'schools.shp'
ntw.snapobservations(schfile, "schools")
#将原始的点模式提取为 GeoDataFrame
sch = spaghetti.element_as_gdf(ntw, pp_name="schools")
#将捕捉后的点模式提取为 GeoDataFrame
sch_snapped = spaghetti.element_as_gdf(ntw, pp_name="schools", snapped=True)
```

C 生成并提取最短路径

首先使用 Network 的 allneighbordistances（）方法计算所有源顶点和目标顶点之间的最短距离，形成（n，m）维度的距离数组（如下面示例中的 s2d_dist）；同时生成相应的最短路径查找树（如下面示例中的 tree），其内容为源顶点与目标顶点之间的最短路径沿着网络弧段经过网络顶点，如（6，7）：（173，64）表示 school 6、7 之间的最短路径沿着网络弧段经过网络顶点 173 和 64；然后使用 Network 的 shortest_paths()方法，从查找树 tree 中生成点模式（schools）所有点之间的最短路径（如下面示例中的 paths）。主要代码如下：

```
#生成并提取最短路径
# schools 所有要素之间的最短距离、路径
s2d_dist, tree = ntw.allneighbordistances("schools", gen_tree=True)
paths = ntw.shortest_paths(tree, "schools")
paths_gdf = spaghetti.element_as_gdf(ntw, routes=paths)
paths_gdf.head()    #查看点模式(schools)所有点之间的最短路径的前 5 条记录
```

网络最短路径的绘制，详见本书附带的 ipynb 文件。

5.5.4.2 物流配送交通运输问题

问题背景：某一物流企业在某一区域范围内，有 8 个仓库，24 个物流配送站点；仓库有存储容量属性（supply），也即需要派送的货物量，物流配送站点有需求容量属性（demand），也即能够接收的货物量。

现在的问题是：如何将 8 个仓库的货物量（supply）分配给 24 个物流配送站点（demand），同时使运输成本最小化。这类问题求解可以转化为线性规划问题，数学模型如式（5-1）所示。

$$\begin{aligned}
&\text{Minimize} && \sum_{i\in I}\sum_{j\in J} c_{ij}x_{ij} && \text{(a)}\\
&\text{Subject To} && \sum_{j\in J} x_{ij} \leqslant S_i \quad \forall i \in I; && \text{(b)}\\
& && \sum_{i\in I} x_{ij} \geqslant D_j \quad \forall j \in J; && \text{(c)}\\
& && x_{ij} \geqslant 0 \qquad \forall i \in I, \forall j \in j && \text{(d)}
\end{aligned} \tag{5-1}$$

式中，i 为仓库源结点 i；I 为仓库源结点集合，8 个仓库；j 为物流配送目标站点 j；J 为物流配送目标站点集合，24 个物流配送站点；x_{ij} 为仓库 $i \in I$ 运送到配送点 $j \in J$ 的货物量；c_{ij} 为 i、j 之间单位货物量运输成本；S_i 为结点 $i \in I$ 的供货量；D_j 为结点 $j \in J$ 的需求量。

主要求解步骤：

（1）读取相关数据文件，创建网络，并将仓库点、配送站点捕捉到网络边或结点上；

（2）计算距离矩阵，同时生成最短路径树，提取仓库、配送站点之间所有网络最短路径；

（3）线性优化问题求解。

A　读取相关数据文件，创建网络，并将仓库点、配送站点捕捉到网络边或结点上

主要代码如下：

```
import spaghetti; import mip;
datapath = '../data/chap05/'
#读取相关数据文件,并进行坐标系转换
#街道数据文件
streets_file = datapath + 'streets.geojson'
streets_gdf = gpd.read_file(streets_file)
#仓库数据文件
supplies_file = datapath + 'supplies.geojson'
supplies_gdf = gpd.read_file(supplies_file)
#配送站点数据文件
demands_file = datapath + 'demands.geojson'
demands_gdf = gpd.read_file(demands_file)
#创建网络,并将仓库点、配送站点捕捉到网络边或结点上
ntw = spaghetti.Network(in_data=streets_gdf)
vertices, arcs = spaghetti.element_as_gdf(ntw, vertices=True, arcs=True)
#将仓库点捕捉到网络边或结点上
ntw.snapobservations(supplies_gdf, "supplies", attribute=True)
supply = spaghetti.element_as_gdf(ntw, pp_name="supplies")
supply_snapped = spaghetti.element_as_gdf(ntw, pp_name="supplies", snapped=True)
#将配送站点捕捉到网络边或结点上
```

```
ntw.snapobservations(demands_gdf, "demands", attribute=True)
demand = spaghetti.element_as_gdf(ntw, pp_name="demands")
demand_snapped = spaghetti.element_as_gdf(ntw, pp_name="demands", snapped=True)
supply[:2]
```

B 计算距离矩阵，同时生成最短路径树，提取所有的仓库、配送站点之间的网络最短路径

此时得到的最短路径，是所有的仓库、配送站点之间的网络最短路径，我们的目标是如何将 8 个仓库的货物量（supply）分配给 24 个物流配送站点（demand），同时使运输成本最小化；即最终需要的是某个仓库为哪几个配送点服务，或者说某个配送点得到了哪几个仓库的服务，要实现这个目标需要后一步的线性优化求解。

```
#计算距离矩阵,同时生成最短路径树
s2d, tree = ntw.allneighbordistances("supplies", "demands", gen_tree=True)
#提取所有仓库、配送站点之间的网络最短路径
paths = ntw.shortest_paths(tree, "supplies", "demands")
paths_gdf = spaghetti.element_as_gdf(ntw, routes=paths)
```

C 线性优化问题求解

开源的线性规划建模框架有多种，如 PuLP、mip 等，可以求解线性规划（Linear Programming）、整数规划（Integer Programming）、混合整数规划（Mixed Integer Programming）问题，一般支持多种开源求解器（GLPK、Coin-OR CBC 及 CLP、SCIP、HiGHS 等）和商业求解器（CPLEX、GUROBI、MOSEK、Xpress 等），用户可以根据自己的需求选择合适的求解器，以获得更高的求解效率和准确性。

这里选择使用开源的混合整数线性规划包 mip（Mixed-Integer Linear Programming），支持 COIN-OR CLP（COIN-OR Linear Programming）、COIN-OR CBC（COIN-OR Branch-and-Cut），以及 GUROBI 等求解器。

使用 mip 进行线性优化求解的一般步骤：

（1）创建模型(model=mip.Model())；

（2）添加决策变量(model.add_var())；

（3）添加约束条件(model += <约束条件>)；

（4）设置目标函数(model.objective = mip.minimize())，模型求解后，可通过 model.objective_value 获取目标函数的值。

（5）优化求解(model.optimize())。

为节省篇幅，本部分的实现代码及运行结果，详见本书附带的 ipynb 文件。

5.5.4.3 旅行推销员问题

旅行推销员问题（Traveling Salesman Problem，TSP）是一个经典的组合优化问题。在 TSP 中，一个推销员必须在一系列需求点之间旅行，每个需求点只能访问一次，并且最终返回出发需求点。问题的目标是找到一条访问路径，使得总旅行成本最小（如距离最短）。可转化为以下线性规划问题，数学模型如式（5-2）所示。

$$
\begin{aligned}
&\text{Minimize} && \sum_{0\leqslant i,i\neq j}^{n}\sum_{j\leqslant n,j\neq i}^{n} c_{ij}x_{ij} && \\
&\text{Subject To} && \sum_{i=0} x_{ij} = 1 && j=1,\cdots,n,j\neq i; \\
& && \sum_{j=0} x_{ij} = 1 && i=1,\cdots,n,i\neq j; \\
& && u_i - u_j + px_{ij} \leqslant p-1 && i=1,\cdots,n,1\leqslant i\neq j\leqslant n; \\
& && x_{ij} \in \{0,1\} && i=1,\cdots,n,j=1,\cdots,n; \\
& && u_i \in \mathbb{Z} && i=1,\cdots,n。
\end{aligned}
\tag{5-2}
$$

式中，$x_{ij}=\begin{cases}1，如果结点 i 是结点 j 的直接前驱\\0，否则\end{cases}$；$c_{ij}$为结点 i，j 之间的距离；n 为旋行中总结点数；i 为潜在的源结点；j 为潜在的目标结点；u_i 为连续的非负实数；p 为允许在返回前访问数（这里 $n=p$）。

前两个约束条件强制在每个点只离开和到达一次，第三个约束条件用于保证产生的路径是一个连续连通路径（即不存在子路径 subtours）。

以下以一个旅行推销员遍历上述 24 个物流配送点为例，求解最佳遍历方案，使得总旅行成本最小（如距离最短）。

求解步骤与 5.5.4.2 节类同。

A　读取相关数据文件，创建网络，并将配送站点捕捉到网络边或结点上

主要代码如下：

```
#读取相关数据文件,并进行坐标系转换
#街道数据文件
streets_file = datapath + 'streets. geojson'
streets = gpd. read_file( streets_file)
#配送站点数据文件
demands_file = datapath + 'demands. geojson'
demands = gpd. read_file( demands_file)
#创建网络,并将配送站点捕捉到网络边或结点上
ntw = spaghetti. Network( in_data=streets)
vertices, arcs = spaghetti. element_as_gdf( ntw, vertices=True, arcs=True)
#将配送站点捕捉到网络边或结点上
ntw. snapobservations( demands, "demands", attribute=True)
demand = spaghetti. element_as_gdf( ntw, pp_name="demands")
demand_snapped = spaghetti. element_as_gdf( ntw, pp_name=" demands", snapped =
True)
```

B　计算距离矩阵，同时生成最短路径树，提取所有物流配送点之间的成本最小路径（最短路径）

此时得到的最短路径，是所有配送点之间的网络最短路径，我们的目标是旅行推销员遍历 24 个配送点，使得总旅行成本最小；即从某个配送点 o 开始，依次遍历剩余的配送点，最后回到配送点 o，要求总旅行成本最小化；要实现这个目标需要后一步的线性优化

求解。

主要代码如下：

```
#计算距离矩阵,同时生成最短路径树
s2d, tree = ntw.allneighbordistances("demands", gen_tree=True)
#提取所有配送站点之间的最短路径
paths = ntw.shortest_paths(tree, "demands")
paths_gdf = spaghetti.element_as_gdf(ntw, routes=paths)
# paths_gdf['id']中的id格式为(起点o,终点d)
#使用zip(*ids)将id分离出两个值o、d
ids = paths_gdf['id']
o, d = list(zip(*ids))
paths_gdf['o'] = o
paths_gdf['d'] = d
demand["dv"] = demand["id"].apply(lambda _id: "x_%s" %_id)
```

C　线性优化问题求解

开源的线性规划建模框架有多种，如 PuLP、mip 等，这里选择使用 PuLP。

使用 PuLP 进行线性优化问题求解的主要步骤如下：

（1）问题定义：model = pulp.LpProblem(name="TSP", sense=pulp.LpMinimize)；

（2）添加决策变量：使用 pulp.LpVariable()添加，对于 xij，通过参数 cat 指定变量类型为“Binary”；对于 ui，通过参数 lowBound 指定其下界为 0；

（3）添加约束条件：通过'model +=(约束条件)'类似方式添加；

（4）设置目标函数：通过 'model += ... '类似方式添加；问题定义中 pulp.LpProblem()的参数 sense 指定目标函数是最小化或最大化；

（5）模型求解：model.solve()使用默认的或指定的求解器（solver）求解；可以使用 pulp.listSolvers()查看 pulp 支持的求解器，使用 pulp.listSolvers（onlyAvailable=True）查看本机可用的求解器。

为节省篇幅，本部分的实现代码及运行结果，详见本书附带的 ipynb 文件。

5.6　地理网络空间设施选址优化

5.6.1　设施选址优化概述

空间优化（Spatial Optimization）是指在空间环境中，通过优化方法和技术，对给定约束条件下的特定目标进行优化，以找到最佳的空间配置、布局或决策方案。它涉及在特定的空间范围内，对资源、设施、路径或区域进行合理分配和规划，以达到最优化的目标。

空间优化可以应用于各种领域和问题，如城市规划、供应链管理、交通规划、设施选址、区域划分等。它可以帮助决策者或规划者做出更合理的决策，提高资源利用效率、减少成本、优化服务质量等。

设施选址优化的目标通常包括最大化覆盖范围、最小化成本、最大限度满足需求、最优化可达性、最小化路径长度等；同时，还需要考虑各种约束条件，如空间限制、容量限制、距离限制、规划规则等。

设施选址问题类型主要有：位置集覆盖问题（LSCP）、最大覆盖问题（MCLP）、PCenter、PMedian 问题，这类问题的求解以地理空间网络为基础，需使用包括线性规划、整数规划、贪心算法、启发式算法、遗传算法、模拟退火算法等数学优化方法。

目前，开源的线性规划建模框架主要有 PuLP、mip、ortools 等，可以求解线性规划（Linear Programming）、整数规划（Integer Programming）、混合整数规划（Mixed Integer Programming）问题。

本节选择使用 PuLP，它支持多种开源（GLPK、Coin-OR CBC、SCIP、HiGHS 等）和商业（CPLEX、GUROBI、MOSEK、Xpress 等）求解器，用户可以根据自己的需求选择合适的求解器，以获得更高的求解效率和准确性。

为了能够快速求解设施选址优化问题，PySAL 的 Spopt. locate 子包提供了 LSCP、MCLP、PCenter、PMedian 类，这些类提供的 from_cost_matrix( )、from_geodataframe( ) 方法，可基于网络距离、欧式距离创建相应的实例。

本节设施选址优化 4 类问题（LSCP、MCLP、PCenter、PMedian）使用的数据包括：街道数据（streets. geojson）、设施点数据（facilities. shp，候选设施数量 8 个）、需求点数据（clients. geojson，102 个客户）。

5.6.2 LSCP 模型

LSCP（Location Set Covering Problem）模型的思想：在一定区域范围内通过优化选择最小数量的服务设施来覆盖区域内所有需求点；服务设施的选址，应使尽可能多的需求点位于最大服务范围（半径/时间）内，即覆盖所有需求点所需的服务设施数量最小化，数学模型如式（5-3）所示。

$$
\begin{aligned}
&\text{最小化设施数量：} && \sum_{j \in J} Y_j && \\
&\text{约束条件：} && \sum_{j \in N_i} Y_j \geqslant 1 && \forall i \in I \\
& && Y_j \in 0,1 && \forall j \in J
\end{aligned}
\tag{5-3}
$$

式中，i 为需求点（客户）索引，属于需求点集合 I（102 个客户点）；j 为候选设施点索引，属于设施点集合 J（8 个候选设施点）；S 为最大服务距离或时间；d_{ij} 为 i、j 之间的最短距离或通行时间；$N_i = \{j \mid d_{ij} < S\}$；$Y_j = \begin{cases} 1, & \text{候选设施点 } j \text{ 被选用} \\ 0, & \text{否则} \end{cases}$。

第一个约束条件：要求每个需求点至少被一个设施服务范围所覆盖。

本小节的内容包括：

（1）基本的 LSCP 及 LSCPB 求解。

（2）使用预定义候选设施的 LSCP 及 LSCPB 求解。

（3）带容量的 LSCP 模型。

5.6.2.1 基本的 LSCP 及 LSCPB 求解

基本的 LSCP 及 LSCPB 求解步骤如下：

（1）读取相关数据文件，创建网络并将设施点、需求点捕捉到网络上。

（2）计算距离矩阵，同时生成最短路径树，提取所有设施点、需求点之间的网络最短路径。

（3）模型求解。

A 读取相关数据文件，创建网络并将设施点、需求点捕捉到网络上

主要代码如下：

```
import pulp; import spaghetti
datapath = "../data/Chap05/spopt_locate/"

#读取相关数据文件
#读取街道数据文件
streets_file = datapath + 'streets.geojson'
streets = gpd.read_file(streets_file)
#读取设施数据文件
facilities_file = datapath + 'facilities.geojson'
facilities = gpd.read_file(facilities_file)
#读取需求点数据文件
demands_file = datapath + 'clients.geojson'
demands = gpd.read_file(demands_file)
#创建网络,并将设施点、需求点捕捉到网络上
ntw = spaghetti.Network(in_data=streets)
vertices, arcs = spaghetti.element_as_gdf(ntw, vertices=True, arcs=True)
#将设施点捕捉到网络边或结点上
ntw.snapobservations(facilities, "facilities", attribute=True)
facility = spaghetti.element_as_gdf(ntw, pp_name="facilities")
facility_snapped = spaghetti.element_as_gdf(ntw, pp_name="facilities", snapped=True)
#将需求点捕捉到网络边或结点上
ntw.snapobservations(demands, "demands", attribute=True)
demand = spaghetti.element_as_gdf(ntw, pp_name="demands")
demand_snapped = spaghetti.element_as_gdf(ntw, pp_name="demands", snapped=
True)
```

B 计算距离矩阵，同时生成最短路径树，提取所有需求点、设施点之间的网络最短路径

此时得到的最短路径，是所有的需求点、设施点之间的网络最短路径，目标是从 8 个候选设施中选择最少的设施数，能够为所有的 102 个需求点提供服务，要实现这个目标需要后一步的线性优化求解。

```
#计算所有的需求点、设施点之间的网络最短距离
cost_matrix, tree = ntw.allneighbordistances("demands", "facilities", gen_tree=True)
```

C 模型求解

根据需求点-设施点距离成本矩阵 cost_matrix 和服务范围 SERVICE_RADIUS，使用

from_cost_matrix()方法实例化 LSCP 对象，使用 GLPK 求解器进行 LSCP 问题求解。

LSCP-B 以 LSCP 为基础，LSCP 的目标是最大限度地减少实现 100%覆盖所需的设施数量，而 LSCP-B 的目标则是在解决 LSCP 后最大限度地扩大备份覆盖范围（即一个需求点被多个设施覆盖）。

对于这两种模型，所有需求点都必须由 SERVICE_RADIUS 服务范围覆盖，但 LSCP-B 更进一步，最大限度地提高了需求点被一个以上服务设施覆盖的可能性。

主要代码如下：

```
from spopt.locate import LSCP, LSCPB
SERVICE_RADIUS = 1000 #最大服务范围
solver = pulp.GLPK(msg=False)
lscp =LSCP.from_cost_matrix(cost_matrix, SERVICE_RADIUS)
lscp = lscp.solve(solver)
lscpb =LSCPB.from_cost_matrix(cost_matrix, SERVICE_RADIUS, solver)
lscpb = lscpb.solve()
#获取目标设施数目
lscp_obj = lscp.problem.objective.value()
lscpb_obj = lscpb.problem.objective.value()
lscpb_lscp = lscpb.lscp_obj_value #求解 LSCP 得到的目标值(最小设施数)
lscpb_perc = round(lscpb.backup_perc, 3)
print(
  f"对于 LSCP 和 LSCP-B,在{SERVICE_RADIUS}的服务半径内实现完全覆盖所需的"
f"最小设施数量分别为{lscp_obj}和{lscpb_lscp};然而,"
f"对于 LSCP-B,我们观察到在{lscpb_perc}%的客户位置有多个设施覆盖。"
)
```

对于 LSCP 和 LSCP-B,在 1000 的服务半径内实现完全覆盖所需的最小设施数量分别为 5 和 5;然而,对于 LSCP-B,我们观察到在 89.216%的客户位置有多个设施覆盖。

```
# lscp 各服务设施服务需求点统计
for fac, cli in enumerate(lscp.fac2cli):
  print(f"facility {fac} serving {len(cli)} clients")
```

结果为：

```
facility 0 serving 40 clients
facility 1 serving 64 clients
facility 2 serving 45 clients
facility 3 serving 38 clients
facility 4 serving 0 clients
facility 5 serving 0 clients
facility 6 serving 48 clients
facility 7 serving 0 clients
# lscpb 各服务设施服务需求点统计
```

```
for fac, cli in enumerate(lscpb.fac2cli):
    print(f"facility {fac} serving {len(cli)} clients")
```

结果为：

```
facility 0 serving 0 clients
facility 1 serving 0 clients
facility 2 serving 45 clients
facility 3 serving 38 clients
facility 4 serving 0 clients
facility 5 serving 51 clients
facility 6 serving 48 clients
facility 7 serving 60 clients
```

5.6.2.2 LSCP、LSCPB 使用预定义的候选设施

在许多现实世界的应用程序中，可能已经存在现有的设施位置，其目标是添加一个或多个新设施。以下将设施 y1、y5 定义为已经存在的（它们必须出现在模型解决方案中）。

> **Note**
>
> **温馨提示**："predefined_loc" 中的设施是一个二进制数组，其中 1 表示关联的位置必须出现在解决方案中！

主要代码如下：

```
facility["dv"] = lscp.fac_vars
facility["dv"] = facility["dv"].map(lambda x: x.name.replace("_", ""))
facility["predefined_loc"] = 0
facility.loc[(1, 5), "predefined_loc"] = 1
facility
lscp_pre =LSCP.from_cost_matrix( cost_matrix,  SERVICE_RADIUS,
    predefined_facilities_arr = facility["predefined_loc"].values, name = f"LSCP-predefined")
lscp_pre = lscp_pre.solve(solver)
lscpb_pre =LSCPB.from_cost_matrix(cost_matrix,SERVICE_RADIUS, solver=solver,
    predefined_facilities_arr = facility["predefined_loc"].values, name = f"LSCPB-predefined")
lscpb_pre = lscpb_pre.solve()
lscp_obj = lscp_pre.problem.objective.value()
lscpb_obj = lscpb_pre.problem.objective.value()
lscpb_lscp = lscpb_pre.lscp_obj_value
lscpb_perc = round(lscpb_pre.backup_perc, 3)
print(
    f"对于 LSCP 和 LSCP-B,在{SERVICE_RADIUS}的服务半径内实现完全覆盖所需的"
f"最小设施数量分别为{lscp_obj}和{lscpb_lscp},然而,"f"对于 LSCP-B,我们观察到在
```

{lscpb_perc}%的客户位置有多个设施覆盖。")

对于 LSCP 和 LSCP-B，在 1000 的服务半径内实现完全覆盖所需的最小设施数量分别为 6 和 6. 然而，对于 LSCP-B，我们观察到在 97.059%的客户位置有多个设施覆盖。

5.6.2.3 带容量的 LSCP 模型

在基本的 LSCP 或 LSCP-B 模型中，没有考虑设施的供应量和需求点的需求量。但在有些应用场合，需要同时考虑设施的供应量和需求点的需求量，进行 LSCP 问题求解，即所谓的 CLSCP-SO 模型（Capacitated Location Set Covering-System Optimal）。其线性规划表达为式（5-4）：

$$
\begin{aligned}
&\text{Minimize} && \sum_{j \in J} Y_j && \\
&\text{Subject to} && \sum_{j \in N_i} z_{ij} = 1 && \forall i \in I \\
& && \sum_{i \in I} a_i z_{ij} \leqslant C_j Y_j && \forall j \in J \\
& && Y_j \in 0,1 && \forall j \in J \\
& && z_{ij} \geqslant 0 && \forall i \in I \quad \forall j \in N_i
\end{aligned}
\tag{5-4}
$$

式中，i 为需求点（客户）索引，属于需求点集合 I（102 个客户点）；j 为候选设施点索引，属于设施点集合 J（8 个候选设施点）；S 为最大服务距离或时间；d_{ij} 为 i、j 之间的最短距离或通行时间；$N_i = \{j \mid d_{ij} < S\}$；$a_i$ 为需求点 i 的需求量；C_j 为设施 j 的供应量；z_{ij} 为需求 I 被分配给设施 j 的比例；$Y_j = \begin{cases} 1，候选设施点 j 被选用 \\ 0，否则 \end{cases}$。

主要代码如下：

```
SERVICE_RADIUS = 1100
solver = pulp.GLPK(msg=False)
demand_arr=demands["demand"].to_numpy()
facility_arr=facilities["supply"].to_numpy()
CLSCP_SO =LSCP.from_cost_matrix( cost_matrix,  SERVICE_RADIUS,
  demand_quantity_arr = demand_arr, facility_capacity_arr = facility_arr, name =
"CLSCP-SO")
CLSCP_SO.solve(solver)
CLSCP_SO_obj = CLSCP_SO.problem.objective.value() # 最少设施数量
CLSCP_SO_obj   #结果为 5
# lscp 各服务设施服务需求点统计
for fac, cli in enumerate(CLSCP_SO.fac2cli):
  print(f"facility {fac} serving {len(cli)} clients")
```

结果为：

```
facility 0 serving 0 clients
facility 1 serving 69 clients
facility 2 serving 49 clients
facility 3 serving 43 clients
```

```
facility 4 serving 81 clients
facility 5 serving 60 clients
facility 6 serving 0 clients
facility 7 serving 0 clients
```

5.6.3 MCLP 模型

MCLP（Maximal Coverage Location Problem）模型是考虑在现有资源的约束下建立服务设施使其能覆盖的需求点数量最大化，即在最大的服务距离或标准时间内最大限度地满足需求，其线性规划数学模型如式（5-5）所示。

$$
\begin{aligned}
&\text{Maximize} && \sum_{i\in I} a_i X_i && \\
&\text{约束条件：} && \sum_{j\in N_i} Y_j \geqslant X_i && \forall i \in I \\
& && \sum_{j\in J} Y_j = p && \\
& && X_i \in \{0,1\} && \forall i \in I \\
& && Y_j \in \{0,1\} && \forall j \in J \\
& && N_i = \{j \mid d_{ij} < S\} &&
\end{aligned}
\tag{5-5}
$$

式中，i 为需求点（客户）索引，属于需求点集合 I（102 个客户点）；j 为候选设施点索引，属于设施点集合 J（8 个候选设施点）；p 为要确定的设施数量；S 为最大服务距离或时间；d_{ij} 为 i、j 之间最短距离或通行时间；a_i 为需求点 i 的需求量；$X_i = \begin{cases} 1，需求点 i 位于服务范围 s 之内 \\ 0，否则 \end{cases}$；

$Y_j = \begin{cases} 1，候选设施点 j 被选用 \\ 0，否则 \end{cases}$。

MCLP 问题求解与 LSCP 基本类同，不同的是还需要指定需求点的需求量（demand）和优化设施数 P_FACILITIES。

根据需求点-设施点距离成本矩阵 cost_matrix、需求点的需求量（demand）、服务范围 SERVICE_RADIUS 和优化设施数 P_FACILITIES，使用 from_cost_matrix( ) 方法实例化 MCLP 对象，然后使用 GLPK 求解器进行 MCLP 问题求解。

主要代码如下：

```
from spopt. locate import MCLP
SERVICE_RADIUS = 1000
ai = demands[ "demand" ]. to_numpy( )
P_FACILITIES = 3
mclp =MCLP. from_cost_matrix( cost_matrix, ai, service_radius=SERVICE_RADIUS,
facilities=P_FACILITIES)
mclp = mclp. solve( pulp. GLPK( msg=False) )
mclp. problem. objective. value( ) #被覆盖的总需求量
```

结果为:31700

```
for fac, cli in enumerate( mclp. fac2cli):
    print( f" facility {fac} serving {len( cli) } clients" )
```

结果为：

```
facility 0 serving 0 clients
facility 1 serving 0 clients
facility 2 serving 45 clients
facility 3 serving 38 clients
facility 4 serving 0 clients
facility 5 serving 51 clients
facility 6 serving 0 clients
facility 7 serving 0 clients
#未被覆盖的需求点数
mclp. n_cli_uncov    #结果为 3
# MCLP 覆盖需求点的比例
round(mclp. perc_cov,2)   #结果为 97.06
```

5.6.4 PMedian 模型

PMedian 模型是在一定区域范围内选择 p 个服务设施点，使需求点到服务设施点之间的加权距离和最小化，即以需求点到最近服务设施的平均距离或者总距离最小的方式确定固定数量设施的位置。其线性规划数学模型如式（5-6）所示。

$$
\begin{aligned}
&\text{Minimize} && \sum_{i\in I}\sum_{j\in J} a_i d_{ij} X_{ij} && \\
&\text{约束条件:} && \sum_{j\in J} X_{ij} = 1 && \forall i \in I \\
& && \sum_{j\in J} Y_j = p && \\
& && X_{ij} \leqslant Y_j && \forall i \in I \quad \forall j \in J \\
& && X_{ij} \in \{0,1\} && \forall i \in I \quad \forall j \in J \\
& && Y_j \in \{0,1\} && \forall j \in J
\end{aligned} \tag{5-6}
$$

式中，i 为需求点索引，属于需求点集合 I（102 个客户点）；j 为候选设施点索引，属于设施点集合 J（8 个候选设施点）；p 为要被选用的设施数量；a_i 为需求点 i 的需求量；d_{ij}=i、j 之间最短距离或通行时间；$X_{ij}=\begin{cases}1, & \text{需求点 } i \text{ 被设施 } j \text{ 服务}\\ 0, & \text{否则}\end{cases}$；$Y_j=\begin{cases}1, & \text{设施 } j \text{ 被选用}\\ 0, & \text{否则}\end{cases}$。

PMedian 求解与上述的 MCLP 类同，根据需求点-设施点距离成本矩阵 cost_matrix、需求点需求量（demand）和优化设施数 P_FACILITIES，使用 from_cost_matrix( )方法实例化 PMedian 对象，然后使用 GLPK 求解器进行 PMedian 问题求解。

主要代码如下：

```
from spopt. locate import PMedian
SERVICE_RADIUS = 1000
ai = demands["demand"]. to_numpy()
P_FACILITIES = 3
pmedian = PMedian. from_cost_matrix(cost_matrix, ai, p_facilities=P_FACILITIES)
pmedian = pmedian. solve(pulp. GLPK(msg=False))
```

```
round(pmedian.problem.objective.value(),2) # 最小加权距离和
```
结果为:17741206.58
```
# pmedian 平均权重距离
round(pmedian.mean_dist,2)
```
结果为:545.88
```
for fac, cli in enumerate(pmedian.fac2cli):
    print(f"facility {fac} serving {len(cli)} clients")
```
结果为:
```
facility 0 serving 0 clients
facility 1 serving 0 clients
facility 2 serving 19 clients
facility 3 serving 0 clients
facility 4 serving 0 clients
facility 5 serving 0 clients
facility 6 serving 37 clients
facility 7 serving 46 clients
```

5.6.5 PCenter 模型

PCenter 模型是在一定区域范围内选择 p 个服务设施点，在满足服务设施点覆盖所有需求点的条件下使每个需求点到其最近的服务设施点的最大距离最小。其线性规划数学模型如式（5-7）所示。

$$
\begin{aligned}
&\text{Minimize} \quad D \\
&\text{约束条件:} \quad \sum_{j \in J} X_{ij} = 1 && \forall i \in I \\
&\sum_{j \in J} Y_j = p \\
&X_{ij} \leqslant Y_j && \forall i \in I \quad \forall j \in J \\
&\sum_{j \in J} d_{ij} X_{ij} \leqslant D && \forall i \in I \\
&X_{ij} \in \{0,1\} && \forall i \in I \quad \forall j \in J \\
&Y_j \in \{0,1\} && \forall j \in J
\end{aligned} \tag{5-7}
$$

式中，i 为需求点索引，属于需求点集合 I（102 个客户点）；j 为候选设施点索引，属于设施点集合 J（8 个候选设施点）；p 为要被选用的设施数量；d_{ij} 为 i、j 之间最短距离或通行时间；$X_{ij}=\begin{cases}1, & \text{需求点 } i \text{ 被设施 } j \text{ 服务} \\ 0, & \text{否则}\end{cases}$；$Y_j=\begin{cases}1, & \text{设施 } j \text{ 被选用} \\ 0, & \text{否则}\end{cases}$；$D$ 为任何需求点与其关联的设施之间的最大距离。

根据需求点-设施点距离成本矩阵 cost_matrix、优化设施数 P_FACILITIES，使用 from_cost_matrix()方法实例化 PCenter 对象，然后使用 GLPK 求解器进行 PCenter 问题求解。

主要代码如下:
```
from spopt.locate import PCenter
```

```
P_FACILITIES = 3
pcenter = PCenter.from_cost_matrix(cost_matrix, p_facilities=P_FACILITIES)
pcenter = pcenter.solve(pulp.GLPK(msg=False))
pcenter.problem.objective.value() # 最小化最大距离
```

结果为:1111.17

```
for fac, cli in enumerate(pcenter.fac2cli):
    print(f"facility {fac} serving {len(cli)} clients")
```

结果为:

```
facility 0 serving 0 clients
facility 1 serving 0 clients
facility 2 serving 43 clients
facility 3 serving 35 clients
facility 4 serving 0 clients
facility 5 serving 24 clients
facility 6 serving 0 clients
facility 7 serving 0 clients
```

Tip

本章小结：主要介绍了网络及网络分析基本概念、理论基础，NetworkX、OSMnx、PySAL 的 Spaghetti 三个网络分析包的主要功能及应用，以及基于 PySAL 的 Spopt 地理网络空间设施选址优化（包括 LSCP、MCLP、PCenter、PMedian 四类问题的优化求解）。NetworkX 重点关注基于图论的复杂网络分析；OSMnx 侧重于从 OpenStreetMap 获取和分析地理空间网络数据；Spaghetti 专注于地理空间网络及网络事件的分析。

参 考 文 献

[1] NetworkX developers. NetworkX [CP/OL]. 2014-2024 [2024-03-15]. https://networkx.org/.

[2] OpenStreetMap. OSM [Z/OL]. 2014-2024 [2024-03-15]. https://www.openstreetmap.org/.

[3] Geoff Boeing. OSMnx [CP/OL]. 2016-2024 [2024-03-16]. https://osmnx.readthedocs.io/en/stable/.

[4] PySAL developers. PySAL Spaghetti [CP/OL]. 2017-2024 [2024-03-11]. https://pysal.org/spaghetti/.

[5] PySAL developers. PySAL Spopt [CP/OL]. 2020-2024 [2024-03-15]. https://pysal.org/spopt/.

[6] Túlio A. M. Toffolo, Haroldo G. Santos. Mip [CP/OL]. 2019-2024 [2024-03-15]. https://docs.python-mip.com/en/latest/.

[7] PuLP Team. PuLP [CP/OL]. 2009-2024 [2024-03-15]. https://coin-or.github.io/pulp/.

[8] Google. Ortools [CP/OL]. 2014-2024 [2024-03-12]. https://or-tools.github.io/docs/python/.

6 空间统计分析

空间统计分析是利用统计学的理论方法对空间数据和地理现象进行数据分析的一种方法，旨在揭示和解释与地理空间相关的空间模式、空间结构、空间关联性和空间分布规律。

本章围绕空间统计分析，主要介绍以下内容：

（1）空间统计分析基础。

（2）空间自相关分析。

（3）空间点模式分析。

（4）聚类与区域化。

（5）空间回归分析及应用。

本章涉及的详细示例代码，详见本书附带的 ipynb 文件。

6.1 空间统计分析基础

6.1.1 空间统计分析的基本概念

空间统计（Spatial Statistics）是统计学的一个分支，其核心是探究与地理位置相关的数据统计特征、数据间的空间依赖、空间关联或空间自相关，通过空间位置建立数据间的统计关系，旨在揭示和解释与地理空间相关的数据模式和变异性。它关注地理现象在空间上的分布、相互依赖关系和空间自相关性等问题。空间统计方法包括空间自相关分析、模式分析、聚类分析、空间插值、空间回归分析等。

地理现象（过程）在空间分布上遵循地理学第一、第二定律，即具有空间相似性和空间异质性。

（1）地理学第一定律：地理现象（过程）在空间分布上相互关联，越近的现象关联越紧密，即空间相似性（自相关性、依赖性）。

（2）地理学第二定律：地理现象（过程）在空间分布上的不均匀性及其复杂性，即空间异质性。

空间统计与经典统计都是在大量采样的基础上，通过对样本属性值的频率分布、均值、方差等关系及其相应规则的分析，确定其空间分布格局与相关关系。

经典统计中要求变量（样本）具有随机性、独立性，地理学第一、第二定律表明地理变量（样本）具有自相关、依赖性、异质性，不满足经典统计中随机独立性，导致空间统计与经典统计的显著不同：空间统计既考虑样本值的大小，又重视样本空间位置及样本间的距离（有时还包括方位）。空间数据具有空间依赖性（空间自相关）和空间非均质性（空间结构），扭曲了经典统计的假设条件——观测值相互独立（但地理现象之间大都不具有独立性)，使得经典统计模型对空间数据的分析会产生虚假的解释。

6.1.2 数据归一化处理基本方法

数据归一化处理是一种常用的数据预处理技术，用于将不同特征的数据缩放到相同的范围内。

不同特征的数据往往具有不同的量纲和取值范围。例如，一个特征的取值范围可能在0到1之间，而另一个特征的取值范围可能在0到100000之间。这种量纲差异会导致某些特征对模型的影响更大，而其他特征的影响则相对较小。通过数据归一化处理，可以将不同特征的数据缩放到相同的范围内，消除量纲差异，使得模型能够更加公平地对待多个不同的特征。

Sklearn(scikit-learn) 的 preprocessing 模块提供了多种数据归一化处理方法。

(1) scale( )方法，即常规的数据标准化方法，通过减去均值 ($\bar{x}$) 并除以标准差 (σ_x)，将数据转化为均值为0，标准差为1的分布，如式 (6-1) 所示。但这种变换易受异常值的影响。

$$z = \frac{x - \bar{x}}{\sigma_x} \tag{6-1}$$

(2) robust_scale( )方法，这种方法使用中位数 ($\tilde{x}$) 和四分位差来消除异常值的影响，如式 (6-2) 所示。

$$z = \frac{x - \tilde{x}}{\lceil x \rceil_{75} - \lceil x \rceil_{25}} \tag{6-2}$$

式中，$\lceil x \rceil_p$ 为变量 x 的第 p 个百分位数的值。

(3) minmax_scale( )方法，经过这种变换，变量的最大值为1，最小值为0，如式 (6-3) 所示。

$$z = \frac{x - \min(x)}{\max(x) - \min(x)} \tag{6-3}$$

6.1.3 基本统计量

经典统计学中基本统计量主要有数据的频数分析、数据的集中趋势分析、数据的离散程度分析和数据的分布等几种类型。

6.1.3.1 数据的频数分析

数据的频数分析主要通过频数、频率和直方图来表述。

(1) 频数：将变量 $x_i(i = 1, 2, \cdots, n)$ 按大小顺序排列，并按一定的间距分组。变量在各组出现或发生的次数称为频数。

(2) 频率：各组频数与总频数之比叫作频率。

(3) 频率直方图：若以纵轴表示频率，横轴表示分组，就可做出频率直方图，用以表示事件发生的概率和分布状况。

6.1.3.2 数据的集中趋势分析

数据的集中趋势分析是用来反映数据的一般水平，常用的指标有平均值 (mean)、中位数（median）和众数（mode）等。

如果各个数据之间的差异程度较小，用平均值（mean）就有较好的代表性；平均值有算术平均值 $\left(\bar{x}=\frac{1}{n}\sum_{i=1}^{n}x_i\right)$ 和加权平均值 $\left(\bar{x}=\frac{\sum_{i=1}^{n}P_i x_i}{\sum_{i=1}^{n}P_i}\right)$ 两种类型。

如果数据之间的差异程度较大，特别是有个别极端值的情况，用中位数（median）或众数（mode）有较好的稳健性（robustness）。

6.1.3.3 数据的离散程度分析

数据的离散程度分析主要用来反映数据之间的差异程度，常用的指标有：方差 σ^2 和标准差 σ。

方差定义为：
$$\sigma^2=\frac{\sum_{i=1}^{n}(x_i-\bar{x})^2}{n}$$

样本方差定义为：
$$S^2=\frac{\sum_{i=1}^{n}(x_i-\bar{x})^2}{n-1}$$

标准差 σ 是方差 σ^2 的平方根，方差是标准差的平方。

反映数据的离散程度的指标还包括：极差、离差、平均离差、离差平方和、变差系数等。

（1）极差：是一组数据中最大值与最小值之差。

（2）离差：一组数据集中的各数据值与其平均数之差称为离差，一个数据集的离差和恒等于0，即 $\sum_{i=1}^{n}(x_i-\bar{x})=0$。

6.1.3.4 数据的分布

在统计分析中，通常假设样本的分布属于正态分布，因此需要用偏度和峰度两个指标来检查样本是否符合正态分布。

（1）偏度（skewness）：衡量的是样本分布的偏斜方向和程度。

（2）峰度（kurtosis）：衡量的是样本分布曲线的尖峰程度。

6.1.4 正态 QQ 图和普通 QQ 图

中位数（median）将排序样本分成两个大小相等的一半的想法可以推广到具有相等数量观测值的任意数量的分区，划分的边界称为分位数（分位点），边界的数量总是比分区的数量少1。最常见的分位数有：

（1）划分为2个分区的中位数（median）。

（2）划分为4个分区的四分位数（quartiles）。

（3）划分为10个分区的十分位数（deciles）。

（4）划分为100个分区的百分位数（percentiles）。

分位数-分位数（QQ）图是一种探索性工具，用于评估一个数值变量的分布与正态分布之间的相似性，或两个数值变量分布之间的相似性，即有两种类型的 QQ 图：正态 QQ 图和普通 QQ 图。

（1）正态 QQ 图是通过以数值变量的分位数为纵坐标，以正态分布的分位数为横坐标进行绘图构建而成的。

（2）普通 QQ 图以一个数值变量的分位数为纵坐标，以第二个数值变量的分位数为横坐标进行绘图。

如果做比较的分位数的分布相同，则绘制的点将会形成一条 45°倾斜的直线。绘制的点偏离直线越远，做比较的分布相似度越低。

6.1.5 z 得分与 p 值

大多数统计检验在开始时都首先假定一个零假设（指进行统计检验时预先建立的假设）。统计分析工具通常的零假设是完全空间随机性，实际返回的 z 得分和 p 值有助于判断是否可以拒绝零假设。当运行某一统计分析工具并希望通过 z 得分和 p 值拒绝零假设，即：要素（或与要素关联的值）表现出统计意义上的显著性聚类或离散模式，而不是随机模式。

p 值表示概率。对于统计分析工具来说，p 值表示所观测到的空间模式是由某一随机过程创建而成的概率。当 p 很小时，意味着所观测到的空间模式不太可能产生于随机过程（小概率事件），因此可以拒绝零假设。

z 得分表示标准差的倍数。例如，如果统计分析工具返回的 z 得分为+2.5，即 2.5 倍标准差。

在正态分布的两端出现非常高或非常低（负值）的 z 得分，与非常小的 p 值关联，如图 6-1 所示。当运行某一统计分析工具并得到很小的 p 值以及非常高或非常低的 z 得分时，就表明观测到的空间模式不太可能反映零假设所表示的理论上的随机模式。

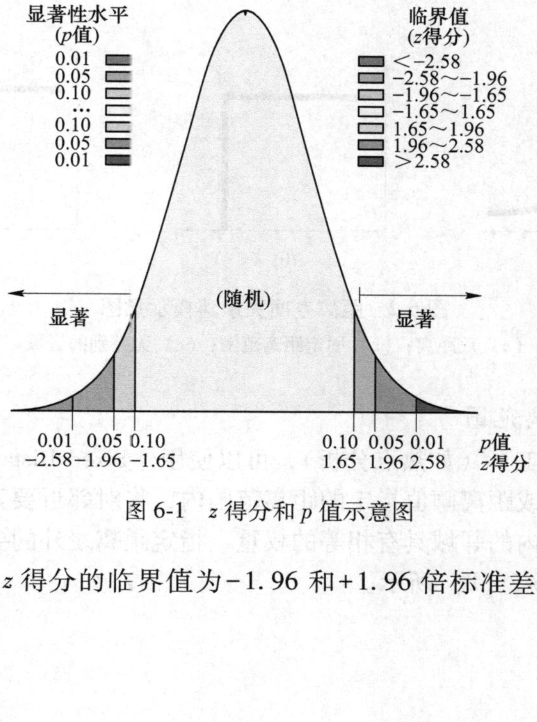

图 6-1 z 得分和 p 值示意图

置信度为 95%时，z 得分的临界值为−1.96 和+1.96 倍标准差；同时，与其关联的 p

值为 0.05。如果 z 值在-1.96 和+1.96 之间，则 p 值将大于 0.05，因而不能拒绝零假设，因为所表现出的模式很可能是随机空间过程产生的结果。如果 z 得分在该范围之外（例如，-2.8 或+5.4 倍标准差），则所观测到的空间模式可能过于罕见，不可能是随机过程产生的结果，而且 p 值很小也可以反映出这一点。在这种情况下，可以拒绝零假设，并着手找出是什么可能导致数据出现具有统计显著性的空间结构。

6.1.6 空间关系概念化建模

空间统计分析通常需要考虑空间邻近关系。不同的应用场合，空间邻近关系有不同的表达。典型的空间邻近关系有：

（1）距离的远近、固定距离。

（2）行程时间。

（3）相邻、连接。

（4）*K* 最近邻域。

6.1.6.1 反距离、反距离平方

“反距离”（Inverse Distance）空间关系的概念模型表述的是任何要素都会影响其他所有要素，但距离越远，影响越小，如图 6-2（a）所示。使用反距离这一概念化表述时，通常要指定一个距离范围或距离阈值以减少所需的计算数（尤其对于大型数据集而言）。如果未指定任何距离范围或距离阈值，将计算默认阈值。通过将距离范围或距离阈值设置为零，可将每一个要素都强制指定为其他所有要素的邻域。

反欧氏距离适用于连续数据（如温度变化）的建模；反曼哈顿距离适合于道路网络建模。

使用“反距离平方”（Inverse Distance Squared）概念模型与使用“反距离”时相同，只是曲线的坡度更陡，邻域影响下降得更快，并且只有目标要素的最近邻域会对要素的计算产生重大影响。

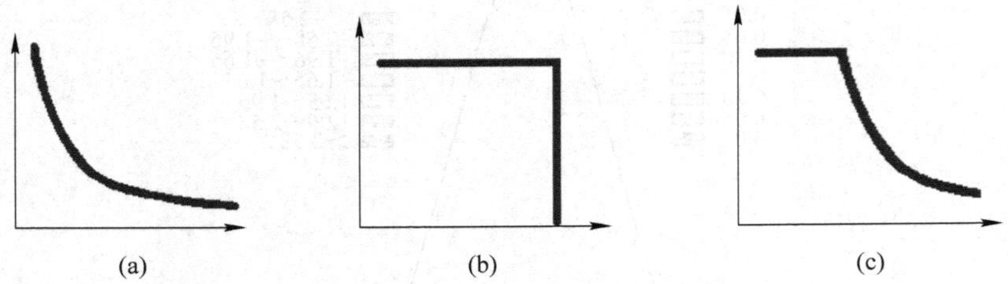

图 6-2 距离空间关系建模示意图

（a）反距离；（b）固定距离范围；（c）无差别的区域

6.1.6.2 固定距离范围

对于某些统计分析工具（如热点分析），可以使用“Fixed Distance Band”表达邻近空间关系。在为距离范围或距离阈值指定的距离范围内，将对邻近要素环境中的每个要素进行分析。指定距离范围内的邻域具有相等的权重，指定距离之外的要素不会影响计算（它们的权重为零），如图 6-2（b）所示。

6.1.6.3 无差别的区域

“无差别的区域”（Zone of Indifference）空间关系将“反距离”模型和“固定距离范围”模型合并为一体。

距离范围或距离阈值内的所有要素（具有相等的权重）都包含在对目标要素的分析中，超过关键距离外的要素（具有反距离权重），影响级别（权重）会快速下降，如图6-2（c）所示。

如果想要保持分析的尺度不变，但不想在目标要素计算中所包含的相邻要素间添加明显的边界，可以使用此方法。

6.1.6.4 面邻接（Polygon Contiguity）

对于面要素类，空间邻接（Polygon Contiguity）是指空间单元共享相同的点、边，通常有3种邻接类型：

（1）Rook 邻接：空间单元共享边，类似于国际象棋中的“车”的运动规则。

（2）Queen 邻接：空间单元共享边或顶点，类似于国际象棋中的“皇后”的运动规则。

（3）Bishop 邻接：空间单元仅共享顶点，类似于国际象棋中的“象”的运动规则。

6.1.6.5 *K* 最邻近

有些空间统计分析，需要为每个要素指定其邻域中的最近要素的数量 *K*（K nearest neighbors）；如果 *K* 为 8，则距目标要素最近的 8 个要素都会包含在该要素的计算中。

在要素密度高的位置处，分析的空间范围会比较小；要素密度稀的位置，分析的空间范围会比较大。

此空间关系模型的一个优势在于它可确保每个目标要素都有一些邻域，即使要素密度在研究区域内变化较大时也是如此。

6.1.6.6 空间时间窗

某些空间统计分析工具，需要根据空间窗（固定距离）和时间窗（固定时间间隔）来定义要素的关系。如果要素处于目标要素的指定距离和指定时间间隔内（Space-Time window），则这些要素视为相邻要素。

6.1.7 空间统计分析包 PySAL 概述

在 Python 生态中，空间统计与地统计分析的包有：PySAL、Scipy、Sklearn（scikit-learn）、GSTools、PyGSLIB、PyKrige 等，本节主要介绍 PySAL 的空间统计分析功能。

PySAL（Python Spatial Analysis Library）是开源跨平台空间分析 Python 库，重点关注地理空间矢量数据。PySAL 支持空间分析高级应用开发，如：

（1）探索性时空数据分析；

（2）空间数据的聚类、热点和异常点的探测；

（3）地理空间网络及相关的网络事件分析；

（4）空间回归和统计建模；

（5）空间计量经济学等。

PySAL 包括 Lib、Explore、Model 和 Viz 四个主要组件。

6.1.7.1 Lib（Libpysal）

Lib组件提供了空间权重矩阵、计算几何、文件IO等功能，这些功能组织在libpysal包中，包括以下4个子包：

（1）输入/输出（libpysal.io）包，为常见的地理空间文件格式，空间权重矩阵提供读写操作。

（2）空间权重矩阵（libpysal.Weights）包，提供了存储空间权重矩阵的主类，以及操作空间权重矩阵的实用程序。

（3）计算几何（libpysal.cg）包，提供了计算几何相关算法，如Voronoi细分曲面，有效地处理几何形状的α形状。

（4）带有示例数据集的附加模块（libpysal.examples）。

6.1.7.2 Explore

Explore组件提供了空间数据、时空数据探索性分析功能，该组件包含以下几个独立包：

（1）esda：主要提供了全局和局部空间自相关分析，以及其他相关统计分析功能。

（2）giddy：主要提供了地理空间分布动态性分析功能。

（3）inequality：主要提供了度量空间和时间不平等的指标，包括泰尔T信息指数（Theil T information index）和基尼指数（Gini index）等经典指标，以及相应的空间度量指标。

（4）momepy：主要提供了定量分析城市形态的功能。

（5）pointpats：支持点数据的统计分析，包括集中趋势、分散、强度和范围等。

（6）segregation：隔离分析，提供了超过40种不同的隔离指数，并为度量、可视化和统计检验提供了一套附加功能。

（7）spaghetti：主要提供了地理空间网络及相关的网络事件分析的功能。

6.1.7.3 Model

Model组件主要提供了空间最小二乘回归、多尺度地理加权回归、空间交互、空间可达性、空间优化等功能，该组件包含以下几个独立包：

（1）access：主要提供了服务设施空间可达性分析的功能。

（2）mgwr：主要提供了普通的地理加权回归（Geographically Weighted Regression，GWR）和多尺度地理加权回归（Multi-scale Geographically Weighted Regression，MGWR）分析功能。

（3）spglm：主要提供了一组广义线性回归技术，包括高斯、泊松和Logistic回归，这些技术允许在计算和估计中进行稀疏矩阵操作，以降低内存开销和计算时间。

（4）spint：主要提供了一套工具来研究空间交互过程和分析空间交互数据，包括方便校准和解释一系列重力类型的空间相互作用模型方法（包括生产约束、引力约束或两者的组合）。

（5）spopt：主要提供了用于区域化、设施选址和面向交通的空间优化问题的解决方案。

（6）spreg：支持经典的和空间计量经济学模型估计，包括标准普通最小二乘

(Ordinary Least Squares, OLS)、两阶段最小二乘(Two Stage Least Squares, 2SLS)和似不相关回归(Seemingly Unrelated Regressions, SUR)的估计方法，以及各种同态性、正态性、空间随机性和不同类型的空间自相关检验，还包括一套二元因变量模型的空间依赖性检验。

(7) tobler：主要提供了区域插值和分区密度制图功能，包括使用面积加权方法插值数据的功能、利用遥感影像数据作为辅助信息的基于回归模型的方法，以及混合方法。

6.1.7.4 Viz

Viz组件提供了支持创建地理空间可视化和各种空间分析输出的可视化功能。该组件包含以下2个独立包：

(1) mapclassify：提供数据分类分级功能。目前，该包提供了十多种分类分级方案，如Equal Interval分类、Fisher Jenks优化分类、Natural Breaks分类、Quantile分类等。

(2) splot：为空间分析提供统计可视化功能，包括splot.giddy、splot.esda、splot.libpysal、splot.mapping等方面的可视化功能。

6.2 空间自相关分析

空间自相关(Spatial Autocorrelation)是揭示空间数据分布的一个重要概念，地理实体或现象在空间上都是有联系的，且相距越近的实体或现象联系越紧密，即符合地理学第一定律，这一性质也是对空间自相关进行研究的基础。根据自相关分析的尺度范围，空间自相关可分为全局空间自相关和局部空间自相关。

6.2.1 空间权重矩阵

空间权重用于表达数据集中观测单元之间的相邻(邻接或邻近)关系。许多空间分析，如空间自相关分析和区域化算法都依赖于空间权重。本节简要介绍libpysal.weights模块提供的空间权重的两类主要类型：空间邻接矩阵和距离权重矩阵。

6.2.1.1 空间邻接矩阵

空间邻接是指空间单元共享相同的点、边，通常有3种邻接类型：共享边的Rook邻接、共享边或顶点的Queen邻接、仅共享顶点的Bishop邻接。

libpysal.weights模块提供了2种基本的空间邻接矩阵类型：

(1) libpysal.weights.Rook。

(2) libpysal.weights.Queen。

libpysal.weights模块没有提供Bishop权重类型，但可使用w_difference函数来构造，即Bishop = Queen-Rook。

libpysal.weights支持从常用的空间数据格式构造空间权重矩阵。

(1) 可以先使用geopandas.read_file()读取常用的空间数据文件(如GeoPackage, GeoJSON, Shapefile等)，得到GeoDataFrame；然后使用权重对象的from_dataframe()方法构建空间权重矩阵；

```
w_rook = libpysal.weights.Rook.from_dataframe(gdf)
```

（2）对于 shapefile 文件，可以直接使用权重对象的 from_shapefile( ) 方法构建空间权重矩阵。如：

```
w_rook = libpysal.weights.Rook.from_shapefile(pth)
w_queen = libpysal.weights.Queen.from_shapefile(pth)
```

以下代码展示了空间邻接矩阵构建的不同方法。

```
from libpysal import weights; from splot.libpysal import plot_spatial_weights
datapath = '../data/chap06/'
#使用 geopandas.read_file()读取常用的空间数据文件,得到 GeoDataFrame
#常用的空间数据文件,如 GeoPackage, GeoJSON, Shapefile 等
gdf = gpd.read_file(datapath + 'texas.geojson')
#使用权重对象的 from_dataframe()方法构建空间权重矩阵
rW = weights.Rook.from_dataframe(gdf)
plot_spatial_weights(rW, gdf);  #基于 gdf 绘制权重矩阵图,为节省篇幅,输出略去
#可直接使用权重对象的 from_shapefile()方法构建空间权重矩阵
wr = weights.Rook.from_shapefile(datapath + 'texas.shp')
plot_spatial_weights(wr, gdf);  #基于 gdf 绘制权重矩阵图,为节省篇幅,输出略去
qW = weights.Queen.from_dataframe(gdf)
plot_spatial_weights(qW, gdf);  #基于 gdf 绘制权重矩阵图,为节省篇幅,输出略去

#使用 w_difference 函数构建 Bishop 类型的权重矩阵
bW = weights.w_difference(qW, rW, constrained=False)
plot_spatial_weights(bW, gdf);
```

关于权重矩阵，有几个常用的属性：

（1）n：矩阵涉及的观测单元的个数；

（2）cardinalities：dict 类型，每个观测单元的邻居个数；

（3）histogram：cardinalities 分布情况；

（4）islands：没有邻居的观测单元 IDs 列表；

（5）$s_0 := \sum_i \sum_j w_{i,j}$；

（6）nonzero：矩阵中非 0 元素个数；

（7）pct_nonzero：矩阵中非 0 元素个数占总数的百分比；

（8）neighbors：dict 类型，每个观测单元的邻居 IDs；

（9）weights：dict 类型，每个观测单元的邻居的权重；

（10）transform：矩阵变换，有效取值：

1）B：0 或 1 二值；

2）R：行标准化，变换后行元素之和为 1；

3）D：行列标准化，变换后所有行列元素之和为 1；

4）V：方差稳定变换；

5）O：恢复变换（即回到矩阵的原始状态）。

以下代码展示了空间权重矩阵的主要属性。

```
#矩阵涉及的观测单元的个数
qW.n    #结果为254
#每个观测单元的邻居个数
# qW.cardinalities #每个观测单元的邻居个数的dict
qW.cardinalities[10] # id为10的观测单元的邻居个数,结果为7
# cardinalities分布情况,格式:(邻居个数,频数)
qW.histogram  #结果为[(1, 1), (2, 1), (3, 15), (4, 32), (5, 49), (6, 71), (7, 68), (8, 16), (9, 1)]
#绘制cardinalities的直方图
pd.Series(qW.cardinalities).plot.hist(color='g');  #为节省篇幅,略去
#没有邻居的观测单元IDs列表
qW.islands    #结果为[]
#所有矩阵元素的和
qW.s0   #结果为1460.0
#矩阵中非0元素个数及占比
qW.nonzero, round(qW.pct_nonzero,4)  #结果为(1460, 2.263)
#每个观测单元的邻居IDs
# qW.neighbors #每个观测单元的邻居IDs,dict类型
qW.neighbors[10]   # id为10的观测单元的邻居IDs列表,结果为[16, 7, 8, 9, 11, 14, 15]
#每个观测单元的邻居的权重
# qW.weights      #每个观测单元的邻居的权重,dict类型
qW.weights[10]   # id为10的观测单元的邻居权重列表,结果为:[1.0, 1.0, 1.0, 1.0, 1.0, 1.0, 1.0]
qW.transform = 'r'  #行标准化
qW.weights[10]    #输出为:[0.1429, 0.1429, 0.1429, 0.1429, 0.1429, 0.1429, 0.1429]
#矩阵变换
qW.transform = 'o'  #恢复原始矩阵
qW.weights[10]   #输出为:[1.0, 1.0, 1.0, 1.0, 1.0, 1.0, 1.0]
```

6.2.1.2 距离权重矩阵

除了邻接之外，还可以将相邻关系定义为空间观测距离的函数。通常，这意味着需要一个矩阵来表示所有观测对之间的距离，之后这些信息将提供给一个核函数，该核函数使用邻近信息将邻近性建模为一个平滑的距离函数。

libpysal.weights 模块提供了 3 种类型的距离权重矩阵：

（1）libpysal. weights. KNN：基于 k 个最近邻居创建空间权重矩阵，每个空间单元都有 k 个最近邻居。

（2）libpysal. weights. DistanceBand：基于距离范围创建空间权重矩阵，每个空间单元的邻居个数不相同，有的多有的少。

（3）libpysal. weights. Kernel：空间单元之间的权重是基于距离且由具有特定性质的核函数调控的，反映的是空间相似性/空间邻近性随距离而衰减。核函数类型有：triangular、uniform、quadratic、quartic、gaussian，默认为 triangular。

距离权重矩阵的距离是指空间单元质心之间的距离。

与空间邻接矩阵构建一样，也可使用权重对象的 from_dataframe( )方法构建距离权重矩阵；对于 shapefile 文件，可以直接使用权重对象的 from_shapefile( )方法构建距离权重矩阵，如：

(1)wkn = libpysal. weights. KNN. from_dataframe( )。

(2)wkn = libpysal. weights. KNN. from_shapefile(pth)。

(3)wdb = libpysal. weights. DistanceBand. from_shapefile(pth)。

(4)wknl = libpysal. weights. Kernel. from_shapefile(pth)。

以下代码展示了距离权重矩阵构建的不同方法。

```
gdf = gpd. read_file(datapath + 'texas. geojson')
#为每个多边形创建质心,以此来度量多边形之间的距离
wk5 = weights. KNN. from_dataframe(gdf, k=5)
wk5[10]   # ID 号为 10 的空间单元邻居的权重
输出为:{11: 1.0, 15: 1.0, 9: 1.0, 14: 1.0, 16: 1.0}
#参数 threshold 指定距离范围(distance band)
dist_band = weights. DistanceBand. from_dataframe(gdf, threshold=80000)
dist_band[10]   #ID 号为 10 的空间单元邻居的权重
输出为:{9: 1.0, 11: 1.0, 14: 1.0, 15: 1.0}
#默认核函数为三角形
w_kernel = weights. Kernel. from_dataframe(gdf)
w_kernel. function   #输出为:'triangular'
w_kernel[10]   #ID 号为 10 的空间单元邻居的权重
输出如下:
{32: 0.045,31: 0.081,20: 0.215,21: 0.361,22: 0.390,19: 0.498,16: 0.572, 15: 0.697, 14: 0.604, 11: 0.697,10: 1.0,8: 0.499,9: 0.696, 7: 0.570,3: 0.322,1: 0.393,2: 0.273,30: 0.024,23: 0.283, 25: 0.088,17: 0.033, 18: 0.319, 13: 0.082, 12: 0.390,6: 0.033,5: 0.320,4: 0.141}
#查看距离范围
w_kernel. bandwidth[:5]
输出如下:
array([[196580.983], [196580.983], [196580.983], [196580.983],[196580.983]])
```

6.2.2 空间自相关的相似性度量

空间自相关的相似性度量包括：空间相似性和属性相似性。

在空间自相关分析中，空间权重用于形式化空间相似性的概念。

属性相似性度量可通过空间滞后来表达，即空间单元 i 某个属性 y 的空间滞后定义为：$ylag_i = \sum_j w_{i,j} y_j$。

$w_{i,j}$ 是空间权重矩阵 $\boldsymbol{W}$ 中第 i 行第 j 列的元素，它反映了空间单元 i 与 j 之间的空间关系，y_j 为空间单元 j 上的观测值，因此空间单元 i 上的空间滞后就是将空间权重矩阵第 i 行所有的邻居观测值进行加权平均。空间滞后在量化空间自相关方面发挥着重要作用，可将一个变量在给定位置的行为与其邻近区域的模式联系起来。

以某区域范围内各空间单元房价为例，空间滞后倾向于强调价格在空间上的相似性，实际上，它类似于变量的局部平滑器。主要代码如下：

```
import libpysal as lps; import matplotlib.pyplot as plt
gdf = gpd.read_file(datapath + "regions.geojson")
gdf['home_value'].fillna((gdf['home_value'].mean()), inplace=True)
gdf.plot('home_value', scheme='quantiles',
         cmap='GnBu', k=5, legend=True);

wq = lps.weights.Queen.from_dataframe(gdf)
wq.transform = 'r'
y = gdf['home_value']
ylag = lps.weights.lag_spatial(wq, y)
gdf['lag_pri'] = ylag
```

6.2.3 全局空间自相关

全局空间自相关主要用来分析整个研究范围内空间对象之间的关联程度，以表明空间对象之间是否存在显著的空间分布模式。全局空间自相关度量将使用每个观测值来构建给定数据集中总体趋势的度量。

6.2.3.1 二值数据的空间相关性

对于全局空间自相关，首先考虑一种属性二分类情况，即对研究的变量离散化为 0、1 两个值。对于房价数据，需离散化使用的变量，为了简化，使用中位数对价格数据进行二值化，“高”值是指房价高于中位数的房产，“低”值是指房价低于中位数的房产。主要代码如下：

```
y = gdf['home_value']
yb = y > y.median()
labels = ["0 Low", "1 High"]
yb = [labels[i] for i in 1 * yb]
gdf['yb'] = yb
```

```
fig, ax = plt.subplots(figsize=(8,6))
gdf.plot(column='yb', cmap='binary', edgecolor='grey', legend=True, ax=ax);

yb = y > y.median()
sum(yb) #结果为 313
gdf.shape  #结果为(627, 5)
```

即地图上有 313 个“高值”黑色多边形区域，如果地图上黑色多边形是随机过程产生的，所期望的黑色与黑色多边形（BB）邻接的数量是多少?

```
import esda
yb = 1 * (y > y.median()) #转换为二进制
wq =lps.weights.Queen.from_dataframe(gdf)
wq.transform = 'b'
np.random.seed(12345)
jc = esda.join_counts.Join_Counts(yb, wq)
```

jc 对象存储了不同的邻接类型的数量

```
#黑色与黑色区域邻接数
jc.bb  #结果为 754.0
#白色与白色区域邻接数
jc.ww  #结果为 745.0
#黑色与白色区域邻接数
jc.bw  #结果为 475.0
jc.bb + jc.ww + jc.bw  #结果为 1974.0
```

若黑色与黑色多边形（BB）邻接服从零假设，即其空间分布呈现完全随机性，那么预期的邻接数为：

```
jc.mean_bb  #结果为 490
#概率 p 值
jc.p_sim_bb  #这里为 0.001
```

可以看出，实际 BB 邻接的数值 754 高于预期的邻接数 490，以及 p 值为 0.001，可以拒绝完全随机的零假设，从而判断房屋市场价格是存在空间自相关的。

6.2.3.2 连续数据的空间相关性

A Moran 指数

在离散化变量的情况下，人为地将房价划为“高值”和“低值”两类，但这忽略了最初连续属性中的大量信息，接下来回到原始数据来讨论变量值为连续情况下的全局空间自相关。Moran 指数是对连续属性全局自相关的检验，也是最常用的衡量空间自相关程度的统计量，其定义如式（6-4）：

$$I = \frac{n}{\sum_{i=1}^{n}\sum_{j=1}^{n} w_{ij}} \frac{\sum_{i=1}^{n}\sum_{j=1}^{n} w_{ij}(y_i - \bar{y})(y_j - \bar{y})}{\sum_{i=1}^{n}(y_i - \bar{y})^2} \tag{6-4}$$

式中，n 为空间要素的总数；y_i 为空间要素 i 的属性值；$\bar{y}$ 为所有空间要素属性的均值；w_{ij} 为空间要素 i 和 j 之间邻接关系的空间权重。Moran 指数的值介于-1～1，当其值大于 0 时，表示研究对象呈现空间正相关，且值越大空间相关性越明显；当其值小于 0 时，表示研究对象呈现空间负相关，且值越小空间差异越大；当 Moran 指数为 0 时，表示空间不相关，即呈现随机性。

PySAL 中的探索性空间数据分析 esda. moran 模块提供的 Moran 类，可以计算 Moran 指数。如：

```
wq. transform = 'r'
y = gdf['home_value']
mi = esda. moran. Moran(y, wq)
mi. I   # Moran 指数 I,这里为 0. 6614
mi. p_sim   #Moran 指数的 p 值,这里为 0. 001
```

可以看出，Moran 指数 I 为 0. 6614，表明研究对象呈现空间正相关，即存在高-高、低-低聚集的分布。其概率 p_sim 为 0. 001，也体现了分布的非随机性。

Moran 图是一种可视化空间数据集以探索空间自相关性质和强度的方式，通过 Moran 图可直观了解观测对象的空间聚集性。在 Moran 图中，一、三象限分别表示高-高、低-低聚集，二、四象限分别表示低-高、高-低聚集。

PySAL 中的 splot. esda 模块中的 plot_moran( ) 方法，可以绘制 Moran 图，如图 6-3 所示。代码如下：

```
from splot. esda import plot_moran
plot_moran(mi, zstandard=True, figsize=(10,4))
plt. text(1, 2, "HH", fontsize=15)
plt. text(1, -1. 5, "HL", fontsize=15)
plt. text(-2, 2, "LH", fontsize=15)
plt. text(-2, -1. 5, "LL", fontsize=15);
```

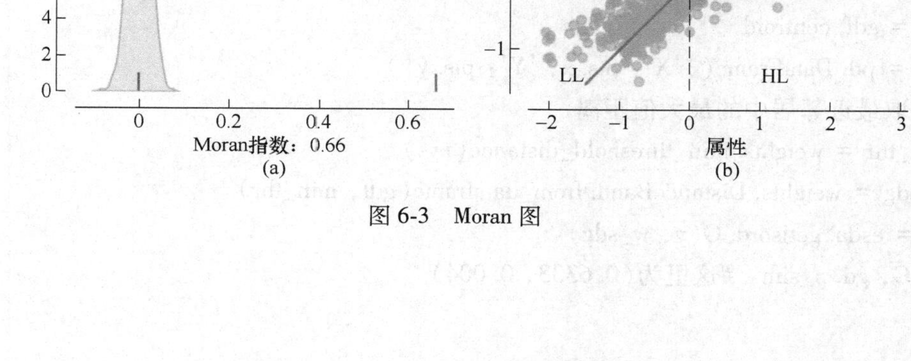

图 6-3 Moran 图

从 Moran 散点图（Moran Scatterplot）中可看到，一、三象限的点数明显多于二、四象限，说明房价较高（低）的区域在空间上更易聚集。

图 6-3（a）是灰色的经验分布，是使用房价变量（home_value）值模拟 999 个随机地图生成的，然后计算每个地图的 Moran 指数 I。蓝色短竖线（左边）代表随机分布下 Moran 指数 I 的平均值，红色短竖线（右边）代表使用实际数据计算得到的 Moran 指数 I。可见，实际的数值明显高于随机模式下的数值。这一点在图 6-3（b）中得到了证实，即房价具有明显的空间正相关特性。

B Geary C 统计量

Moran 指数是全局空间自相关中使用最广泛的统计量，但不是唯一的。Geary C 也是一种全局空间自相关统计量，其定义如式（6-5）所示：

$$C = \frac{(n-1)\sum_{i=1}^{n}\sum_{j=1}^{n} w_{ij}(y_i - y_j)^2}{2\sum_{i=1}^{n}\sum_{j=1}^{n} w_{ij}\sum_{i=1}^{n}(y_i - \bar{y})^2} \tag{6-5}$$

式中，n 为空间要素的总数；w_{ij} 为二元空间权重矩阵中的元素（空间要素 i 与 j 相邻时 $w_{ij}=1$，不相邻时 $w_{ij}=0$）；y_i 为空间要素 i 的属性值；$\bar{y}$ 为所有空间要素属性的均值。Geary C 的值总是正的，且取值范围为 0~2；当 Geary C 小于 1 时，表明存在正的空间自相关，越接近 0 正相关程度越强；当 Geary C 大于 1 时，表明存在负的空间自相关，越接近 2 负相关程度越强；当 Geary C 为 1 时，表明不存在空间自相关。

PySAL 中的 esda. geary 模块中的 Geary 类，可以计算 Geary C。

```
geary = esda. geary. Geary(y, wq)
geary. C, geary. p_sim    #这里结果为(0. 341, 0. 001)
```

C Getis-Ord G 统计量

Getis-Ord G 是一种基于距离的全局空间自相关统计量，G 的表达式如式（6-6）所示：

$$G(d) = \frac{\sum_{i=1}^{n}\sum_{j=1}^{n} w_{ij}(d)\, y_i y_j}{\sum_{i=1}^{n}\sum_{j=1}^{n} y_i y_j} \tag{6-6}$$

式中，$w_{ij}(d)$ 为根据距离规则定义的空间要素 i 和 j 之间的空间权重；y_i 为空间要素 i 的属性值。

PySAL 中的 esda. getisord 模块中的 G 类，可以计算 G 指数。代码如下：

```
pts = gdf. centroid
xys = pd. DataFrame({'X': pts. x, 'Y': pts. y})
#获取最近邻居中的最大值距离
min_thr = weights. min_threshold_distance(xys)
w_sdg = weights. DistanceBand. from_dataframe(gdf, min_thr)
gd = esda. getisord. G(y, w_sdg)
gd. G, gd. p_sim    #这里为(0. 6333, 0. 004)
```

6.2.4　局部空间自相关

全局空间自相关是从整个研究范围的尺度来探索研究对象的空间分布模式，而局部空间自相关是从特定的局部区域内探索研究对象的空间分布模式，并能够得出具体的聚集类型和聚集区域位置。局部空间自相关主要采用 LISA（Local Indications of Spatial Association）分析法来反映研究对象在局部区域范围内的空间聚集程度，局部 Moran 指数是 LISA 中应用最广泛的统计量，对于第 i 个空间要素，局部 Moran 指数定义如式（6-7）所示：

$$I_i = \frac{z_i}{m_2}\sum_{j=1}^{n} w_{ij}z_j;\ m_2 = \frac{\sum_{i=1}^{n} z_i^2}{n} \tag{6-7}$$

式中，n 为局部空间要素总数，w_{ij} 为空间要素 i 和 j 之间的空间权重，$z_i = y_i - \bar{y}$。

PySAL 中的 esda. moran 模块中的 Moran_Local 类，可以计算局部 Moran 指数。如：

```
wq. transform = 'r'
lisa = esda. moran. Moran_Local(y, wq)
```

lisa 存储了各空间对象的局部 Moran 指数（lisa. Is）、局部散点图中的象限（lisa. q）、模拟计算的 Moran 指数 I(lisa. sim)、模拟计算 Moran 指数 I 的概率（lisa. p-sim）等信息。可使用 splot. esda. plot_local_autocorrelation( )方法将其分布可视化，该方法绘制三个图：Moran 散点图（Scatteprlot）、LISA 聚集图（cluster）和 gdf 的分布图，也可使用相应的方法(moran_scatterplot、lisa_cluster)绘制单个的图。代码如下：

```
from splot. esda import plot_local_autocorrelation
plot_local_autocorrelation(lisa, gdf, 'home_value', p=0.05 );
```

输出如图 6-4 所示。

lisa. q 可获取空间对象在 Moran 散点图中所处的象限，四个象限所反映的四种特定的局部空间关联类型如下：

（1）High-High（右上，lisa. q=1）。
（2）Low-Low（左下，lisa. q=3）。
（3）High-Low（右下，lisa. q=4）。
（4）Low-High（左上，lisa. q=2）。

lisa. p_sim 可获取空间对象在模拟计算 Moran 指数 I 时的概率，通过(lisa. p_sim<0.05). sum( )可以汇总所有空间对象中模拟概率显著的空间对象数。

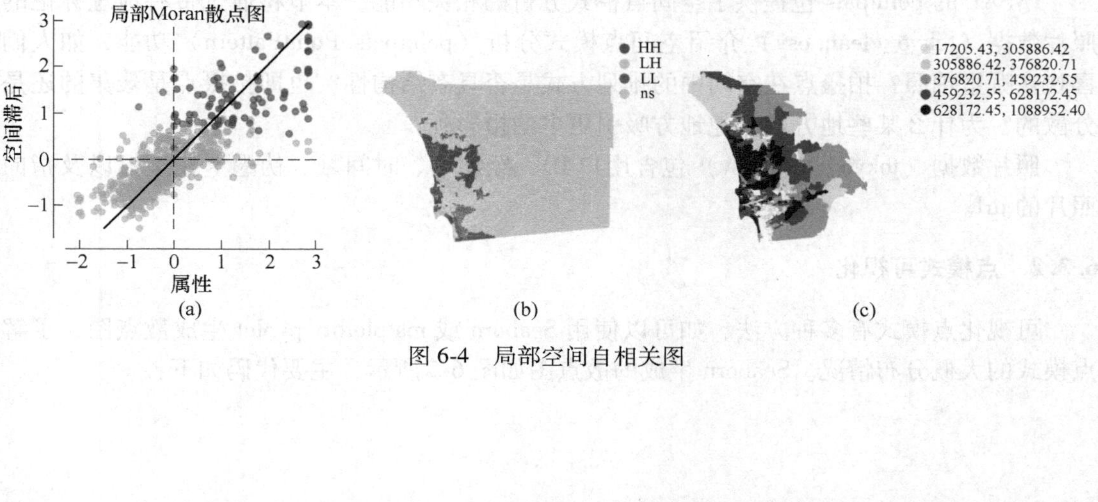

图 6-4　局部空间自相关图

此外，PySAL 中还提供了 Getis-Ord's G_i 与 G_i^* 热点分析，G_i 与 G_i^* 的区别仅在于是否在计算中排除自身值。如：

```
gostats = esda.getisord.G_Local(y, wq)  # Gi
gostars = esda.getisord.G_Local(y, wq, star=True)   # Gi*
```

6.3 空间点模式分析

6.3.1 点模式分析概述

许多地理实体或地理现象发生的位置在地图上都可使用点的形式表示出来，如商店、居民点、旅游景点、犯罪现场等都表现为点的特征。根据地理实体或地理现象发生的位置研究其分布模式的方法称为空间点模式分析。点模式分析关注的是点模式的建模、描述、统计特征和可视化，试图理解产生和解释观测数据的生成过程。

点在空间上的分布千变万化，但可归纳为三种基本分布模式：

（1）随机分布：任何一点在任何位置发生的概率相同，某点的存在不影响其他点的分布，又称泊松分布（Poisson Distribution），也称完全空间随机（Complete Spatial Randomness，CSR）。

（2）均匀分布：个体间保持一定的距离，每个点尽可能地远离其周围邻近的点。在单元（样方）中个体出现与不出现的概率几乎或完全相等。

（3）聚集分布：部分区域有大量点聚集，而其他区域没有或仅有少量点。总体中一个或多个点的存在影响其他点在同一取样单元中出现的概率。

由于点模式关注的是空间点分布的聚集性和分散性问题，因此形成了两类点模式分析方法。

（1）第一类是以聚集性为基础的基于密度的方法。事件间的绝对位置具有决定作用，通过点的密度或频率分布的各种特征来研究点分布的空间模式，也称之为测度一阶效应，主要包括样方统计法与核密度估计法。

（2）第二类是以分散性为基础的基于距离的方法。事件间的相对位置和距离具有决定作用，通过测度最近邻点的距离来分析点的空间分布模式，也称之为测度二阶效应，主要包括 Ripley's G 函数、F 函数、K 函数等。

PySAL 的 pointpats 包提供了空间点模式分析的相关功能。本节将通过带有地理标记的照片数据（tokyo_clean.csv）介绍空间点模式分析（pointpats.PointPattern）功能，如人们喜欢在哪里拍照？拍摄点在空间中的排列方式是否具有结构性？也即拍摄点是聚集的还是分散的？为什么某些地方比其他地方吸引更多的摄影师？

照片数据（tokyo_clean.csv）包含用户 ID、经纬度、时间戳、伪墨卡托坐标以及指向照片的 url。

6.3.2 点模式可视化

可视化点模式有多种方法，如可以使用 Seaborn 或 matplotlib.pyplot 生成散点图，了解点模式的大概分布情况。Seaborn 生成的散点图如图 6-5 所示，主要代码如下：

```
from matplotlib.patches import Ellipse,Polygon; import pointpats
datapath = '../data/chap06/'
#数据包含了用户 ID、经纬度、时间戳、伪墨卡托坐标以及指向照片的 url
pics = pd.read_csv( datapath + 'tokyo_clean.csv')
#通过联合分布图初步概览数据
seaborn.jointplot( x='longitude', y='latitude', data=pics, s=1);
```

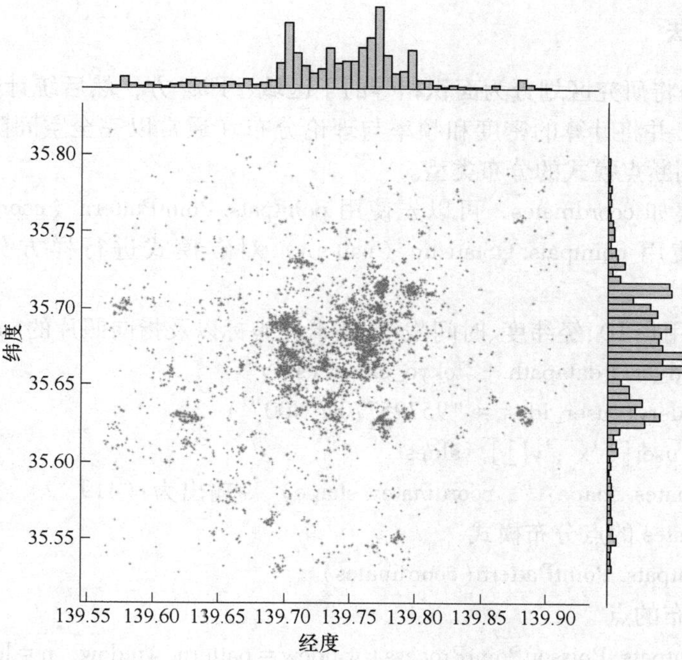

图 6-5 点模式分布图

可以看到点趋向于集中在中心区域，除中心部分外，还有许多局部集中的点簇。

当某些区域的点比较密集时，很难从中看出该区域点的分布模式，此时可通过生成规则网格并计算落入每个网格内的点数，以便更好地了解每个区域点的聚集程度。

6.3.3 中心性分析（Centrography）

中心性分析通过一组描述性统计数据提供点模式的概要信息，主要包括以下 3 种类型的信息：

（1）中心趋势（Central Tendency）：包括点模式的平均中心（mean_center）、加权平均中心（weighted_mean_center）和马氏中位数中心（manhattan_median）、欧式中位数中心（euclidean_median）。

（2）离散与方向（Dispersion and Orientation）：包括点模式的标准距离（std_distance）和标准差椭圆（ellipse）。

（3）几何形状（Shape）：包括点模式分布的最小凸多边形（hull）和最小外包矩

形（minimum_bounding_rectangle）、旋转最小外包矩形（minimum_rotated_rectangle）。

pointpats. centrography 模块提供了获取以上三类信息的相关方法：mean_center、weighted_mean_center、manhattan_median、euclidean_median，std_distance、ellipse，hull、minimum_bounding_rectangle、minimum_rotated_rectangle。

centrography 中的 hull、minimum_bounding_rectangle、minimum_rotated_rectangle 方法，可以获取特定点集的最小凸多边形和最小外包矩形、旋转最小外包矩形。

点模式以上信息的示例代码及效果，详见本书附带的 ipynb 文件。

6.3.4　样方统计法

样方统计法是将研究区划分为面积相等的子区域，即样方，然后统计落入每一样方中的点（事件）数，并将计算的密度和频率与理论分布（通常以完全空间随机 CSR 作为基准）作比较，以判断点模式的分布类型。

对于给定点集如 coordinates，可以先使用 pointpats. PointPattern（coordinates）生成点模式 pattern，再使用 pointpats. QStatistic（pattern）对点模式进行样方分析。主要代码如下：

```
#数据包含了用户 ID、经纬度、时间戳、伪墨卡托坐标以及指向照片的 url
pics = pd. read_csv( datapath + 'tokyo_clean. csv')
user = pics. query( 'user_id = = "95795770@ N00"')
coordinates = user[ [ 'x', 'y'] ]. values
print( " coordinates. shape: ", coordinates. shape)   #输出为:(419, 2)
#获取 coordinates 的点分布模式
pattern = pointpats. PointPattern( coordinates)
#产生随机分布的点
random = pointpats. PoissonPointProcess ( window = pattern. window, n = len ( coordinates ), samples = 1 ). realizations[ 0 ]
#根据随机分布的点,创建点模式
rand_ptn = pointpats. PointPattern( random)
#对 coordinates 的点模式进行样方分析
qstat = pointpats. QStatistic( pattern)
qstat. plot( );
```

样方分析结果绘图，如图 6-6 所示。

```
qstat_null = pointpats. QStatistic( rand_ptn)   # 对随机点模式 rand_ptn 进行样方分析
qstat_null. plot( );
```

随机点模式 rand_ ptn 样方分析结果绘图，如图 6-7 所示。

```
#实际数据样方统计的 chi2 及其 p 值
qstat. chi2, qstat. chi2_pvalue   #这里结果为(2553. 384, 0. 0)
#随机分布下的样方统计的 chi2 及其 p 值
qstat_null. chi2, qstat_null. chi2_pvalue   #这里结果为(9. 198, 0. 326)
```

样方统计图如图 6-6 所示，从图中看到中间样方的照片数远多于其他样方，同时卡方

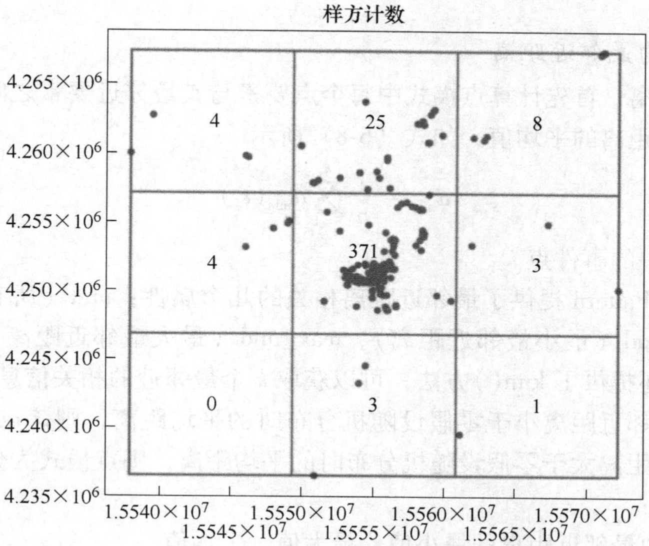

图 6-6 实际数据的样方统计图

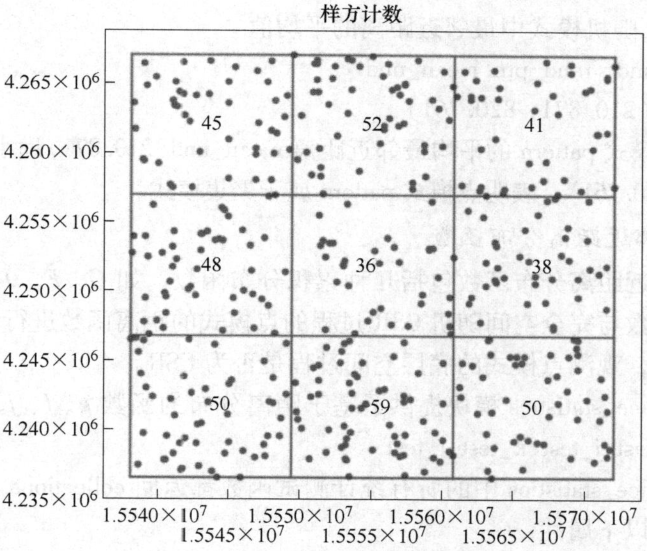

图 6-7 随机分布的样方统计图

检验具有统计显著性，p 值（chi2_pvalue）非常小（接近于 0）。与之相反，从图 6-7 可以看到，完全随机的点过程在每个样方中的数量近乎相等，同时卡方检验的 p 值较大，统计不显著。

此外，还可通过调整划分的样方数以确保每个样方不会太大或太小，在划分样方数时也应尽可能地避免空白样方占多数。

6.3.5 基于距离的点模式分析

6.3.5.1 平均最邻近距离

平均最邻近距离，首先计算点模式中每个点要素与其最邻近要素之间的距离，然后计算所有这些最邻近距离的平均值，如式（6-8）所示。

$$\bar{d}_{\min} = \frac{1}{n}\sum_{i=1}^{n} d_{\min}(s_i) \tag{6-8}$$

式中，s_i 为点模式中的事件点 i。

pointpats. PointPattern 提供了最邻近距离相关的几个属性：nnd（所有点对应的最邻近距离数组）、min_nnd（最小最邻近距离）、max_nnd（最大最邻近距离）、mean_nnd（平均最邻近距离）；还提供了 knn( )方法，可以获取 k 个最邻近的相关信息。

如果该平均最邻近距离小于零假设随机分布时的平均距离，则该点模式为聚类模式。如果该平均最邻近距离大于零假设随机分布时的平均距离，则点模式为分散模式。

示例代码如下：

```
#获取点模式中最邻近距离的最小值、最大值、平均值
pattern. min_nnd, pattern. max_nnd, pattern. mean_nnd
```

这里结果为：(0.0，7933.969，210.871)

```
#获取点模式、随机模式中最邻近距离的平均值
pattern. mean_nnd, rand_ptn. mean_nnd
```

这里结果为：(210.871，820.761)

可以看出：点模式 pattern 的平均最邻近距离 mean_nnd(210.871)远小于随机模式 rand_ptn 的 mean_nnd(820.761)，表明点模式 pattern 属于聚集模式。

6.3.5.2 最邻近距离分布函数

点过程的最邻近距离分布函数包括几种累积分布函数，如 G、F、J、K 等。通过将观测点模式的距离函数与完全空间随机 CSR 过程的点模式的距离函数进行比较，可以推断在给定的置信水平下，观测点模式的底层空间过程是否为 CSR。

pointpats. distance_statistics 模块提供了基于距离分布的函数 g、f、j、k、l 以及相应的测试函数 g_test、f_test、j_test、k_test、l_test。

pointpats. distance_statistics 中的所有统计测试函数都返回 collections. namedtuple 类型的对象，该对象包含以下属性：

（1）support：包含用于计算距离统计量的距离值 d 的数组。

（2）statistic：support 中每个 d 值对应的函数值（统计值）。

（3）pvalue：概率 p 值。

（4）simulations：空间随机过程下 statistic 的模拟值，缺省情况下不会被保存（出于效率原因），但可以使用参数 keep_simulations=True，保存该模拟值。

A　G 函数

G 函数定义如下：对于给定距离 d，$G(d)$ 是最邻近距离小于 d 的比例，如式（6-9）所示。

$$G(d) = \frac{1}{n}\sum_{i=1}^{n}\phi_i^d \tag{6-9}$$

$$\phi_i^d = \begin{cases} 1, & 如果\ d_{\min}(s_i) < d \\ 0, & 否则 \end{cases}$$

式中，n 为观测点数。

如果底层的点过程是一个 CSR 过程，G 函数的期望为式（6-10）：

$$G(d) = 1 - e^{-\lambda\pi d^2} \tag{6-10}$$

如果 G 函数值高于随机模式下的期望值，则反映聚类，而低于随机模式下的期望值，则反映离散。示例代码如下：

```
from pointpats. distance_statistics import g_test
g_t = g_test(coordinates, support=20, keep_simulations=True)
```

绘图，输出如图 6-8 所示。

```
fig, ax = plt. subplots(figsize=(5,3))
ax. plot(g_t. support, np. median(g_t. simulations, axis=0), color='orangered', label='simulated')
ax. plot(g_t. support,g_t. statistic,marker='x', color='blue', label='observed')
ax. legend();
#距离域序列(对应 x 轴)
g_t. support[15:20]  #这里结果为 array([6263. 659, 6681. 237, 7098. 814, 7516. 391, 7933. 969])
#距离 d 上累积最邻近距离分布 G(对应于 y 轴)
g_t. statistic[15:20]  #这里结果为 array([0. 993, 0. 993, 0. 995, 0. 998, 1. ])
# p 值信息
g_t. pvalue[15:20]  #这里结果为 array([0. , 0. , 0. , 0. , 0. ])
g_t. simulations[-1]
```

这里结果为：

```
array([0.    , 0. 158, 0. 592, 0. 833, 0. 959, 0. 99 , 0. 998, 1. , 1. ,
       1.  , 1.  , 1.  , 1.  , 1.  , 1.  , 1. , 1. , 1. ,
       1.  , 1. ])
```

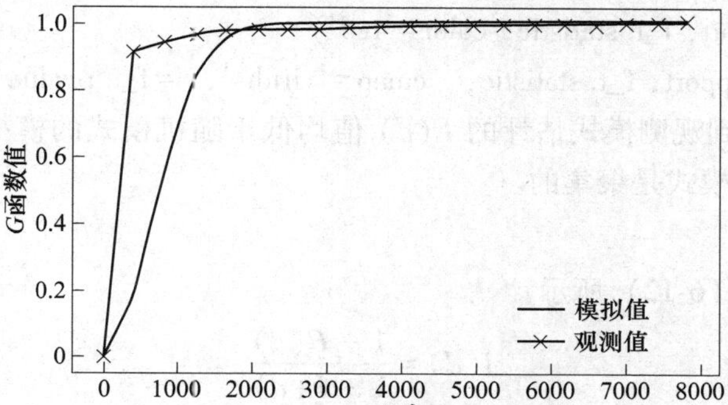

图 6-8 G 函数分布图

图 6-8 中，蓝色表示 pattern 点模式过程，橘黄色表示 CSR 过程；可以看出 0~2000 范围内，pattern 点模式中最近邻居数占比高于随机模型下的最近邻居数占比，表现为聚集模式。

B *F* 函数

当一个点模式中的事件数量较少时，*G* 函数相对粗略。解决这个问题的一种方法是使用 *F* 函数，该函数度量的是从一组已知的随机分布点到观测模式中某一点的邻近距离，它反映的是一种模式间的离散度量，其中一种模式在空间上是完全随机的，而另一种模式则是观测模式。相比之下，*G* 函数则是模式内的离散度量。

对于数量为 N_s 的随机模拟点模式，则 $F(d)$ 函数为式（6-11）：

$$F(d) = \frac{1}{N_s}\sum_{k}^{N_s} J(d_k^* < d) \tag{6-11}$$

对于给定的距离 d，从随机点模式中的点到观测模式中的点之间的距离小于 d 的比例。当估计的统计量大于给定距离的模拟值时，则认为该模式是“分散的”或“规则的”。

对于任意的 d，它可以有 N_s 个可能的值，因此可以提供更精细的点模式视图。从这个意义上说，$F(d)$ 函数通常被称为空域函数（Empty Space Function），因为它测量从“空域（Empty Space）”中的随机点到点模式中“填充”点的距离。这些随机点的数量决定了对观察到的点模式的测量有多“精细”。

示例代码如下：

```
from pointpats. distance_statistics import f_test
# coordinates 坐标点太多,计算量巨大,故从中随机选取 50 个点。
df = pd. DataFrame( coordinates)
coordinates50 = df. sample( 50)
coordinates50 = coordinates50. to_numpy( )
#计算量大,时常出现超时
f_t = f_test( coordinates50, support=10, keep_simulations=True, hull='convex')
```

绘图，输出如图 6-9 所示。

```
fig, ax = plt. subplots( figsize=(5,3))
ax. plot( f_t. support, f_t. simulations. T, alpha=. 01, color='k')
ax. plot( f_t. support, f_t. statistic, color='red')
ax. scatter( f_t. support, f_t. statistic,  cmap='viridis', c=f_t. pvalue < . 05, zorder=4);
```

从图 6-9 可以看到观测模式估计的 $F(d)$ 值均低于随机模式的模拟值，说明观测模式中存在许多间隙，点模式是聚集的。

C *J* 函数

J 函数定义如式（6-12）所示：

$$J(d) = \frac{1 - G(d)}{1 - F(d)} \tag{6-12}$$

如果 $J(d)<1$，则底层点过程是聚集的点过程；如果 $J(d) = 1$，则底层点过程是一个随机的点过程；否则，它是一个分散的点过程。示例代码如下：

```
from pointpats.distance_statistics import j_test
j_t = j_test(coordinates50, support=20)
```

绘图，输出如图 6-10 所示。

```
fig, ax = plt.subplots(figsize=(5,3))
ax.plot(j_t.support, j_t.statistic, color='orangered')
ax.axhline(1, linestyle=':', color='k');
```

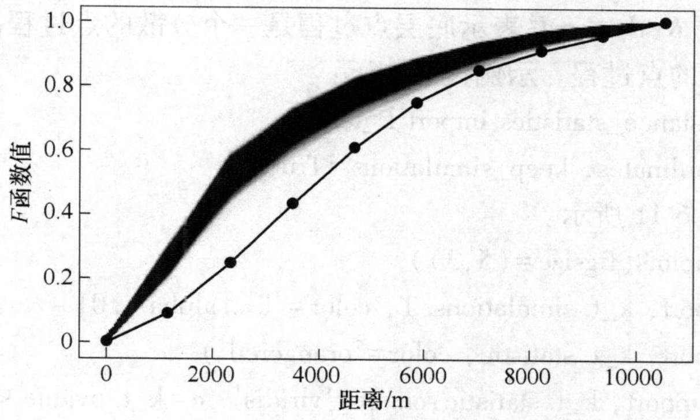

图 6-9 F 函数分布图

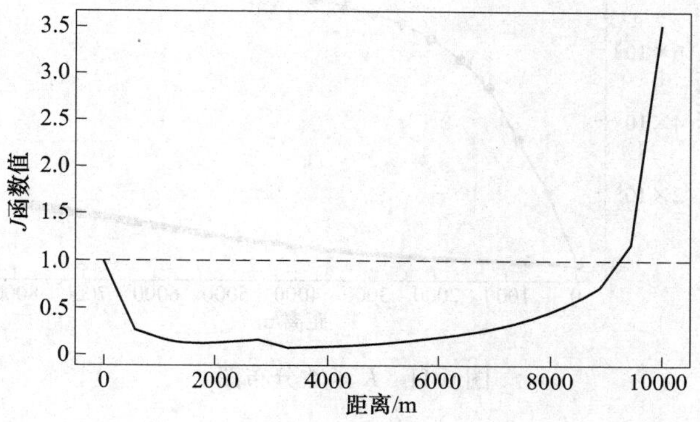

图 6-10 J 函数分布图

从图 6-10 中，可以观察到，当距离大概小于 9500 时，J 函数明显位于 $J(d)=1$ 水平线的下方，表明潜在的点过程是一个聚集的点过程。

D　K 函数

给定距离 d，$K(d)$ 定义如式（6-13）所示：

$$K(d)=\frac{\sum_{i=1}^{n}\sum_{j=1}^{n}\psi_{ij}(d)}{n\hat{\lambda}} \tag{6-13}$$

其中：

$$\psi_{ij}(d)=\begin{cases}1, & \text{如果 } d_{ij}<d\\ 0, & \text{否则}\end{cases}$$

$\sum_{j=1}^{n} \psi_{ij}(d)$ 是以事件 s_i 为中心以 d 为半径的圆内的事件数。$\hat{\lambda}$ 为点过程的强度，表示单位面积内期望得到多少个点（平均），可以将其视为模式中点的“密度”，$\hat{\lambda}$ 的大值意味着每个区域有较多点，$\hat{\lambda}$ 的小值意味着每个区域有较少的点。K 函数可通俗理解为半径 d 内事件的预期数量。

仍以 CSR 作为基准（零假设），看看从观察到的点模式中估计的 K 函数如何偏离；在 CSR 中，$K(d)=\pi d^2$；$K(d)<\pi d^2$ 表示底层点过程是一个分散的点过程。$K(d)>\pi d^2$ 表示底层点过程是一个聚集的点过程。示例代码如下：

```
from pointpats. distance_statistics import k_test
k_t = k_test( coordinates, keep_simulations = True)
```

绘图，输出如图 6-11 所示。

```
fig, ax = plt. subplots( figsize = (5,3) )
ax. plot( k_t. support, k_t. simulations. T, color = 'k', alpha = . 01)
ax. plot( k_t. support, k_t. statistic, color = 'orangered')
ax. scatter( k_t. support, k_t. statistic, cmap = 'viridis', c = k_t. pvalue < . 05, zorder = 4)
```

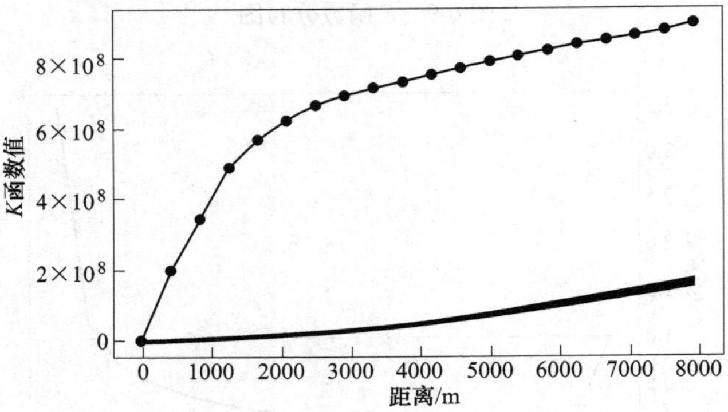

图 6-11 K 函数分布图

从图 6-11 可以看出，pattern 点模式是一个聚集的点模式。

E L 函数

$K(d)$ 函数的期望值随着 d 的增大而增大，因为随着 d 的增大，比 d 更接近的点对的数量也会增加。因此，可以对 K 进行归一化处理，以消除这种随着 d 增加而增加的情况。L 函数是对 K 函数的这种改进，其定义如式（6-14）所示：

$$L(d)=\sqrt{\frac{K(d)}{\pi}}-d \tag{6-14}$$

对于空间随机模式，$L(d)$ 在所有 d 值处均为 0；$L(d)$ 大于 0，点模式表现为聚集；$L(d)$ 小于 0，点模式表现为分散。

```
from pointpats. distance_statistics import l_test
l_t = l_test( coordinates, keep_simulations = True)
```

绘图，输出如图 6-12 所示。

```
fig, ax = plt.subplots(figsize=(5,3))
ax.plot(l_t.support, l_t.simulations.T, color='g', alpha=.01)
ax.plot(l_t.support, l_t.statistic, color='orangered')
ax.scatter(l_t.support, l_t.statistic,cmap='viridis', c=l_t.pvalue < .05, zorder=4);
```

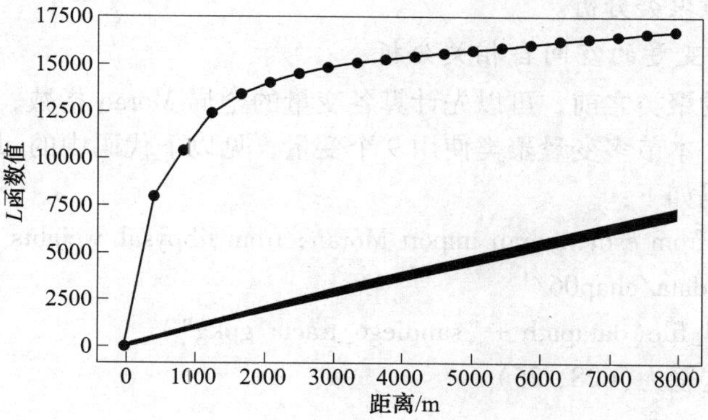

图 6-12 *L* 函数分布图

从图 6-12 可以看出，pattern 点模式的 $L(d)$ 均大于随机模拟值，点模式是一个聚集的点模式。

6.4 聚类与区域化

聚类（Clustering）是一种无监督学习方法，用于将数据集中的对象分成不同的组或簇，使得同一组内的对象相似度较高，而不同组之间的对象相似度较低。聚类分析可以帮助我们发现数据中的隐藏模式和结构，从而提供洞察力和决策支持。

区域（Region）类似于聚类中的组或簇，因为同一区域的所有成员属于一个组或簇，成员之间表现出比其他区域成员更强的相似性。区域比聚类中的簇更复杂，要求所有成员在地理上应该是连续不间断的。

创建区域的过程称为区域化（Regionalization）。区域化是一种特殊的聚类，其目的是将统计属性和空间位置相似的观测值分组。从这个意义上说，区域化嵌入了与标准聚类技术相同的逻辑，但也应用了一系列地理约束，如连通性、邻接性等。

6.4.1 聚类分析

常用的聚类分析方法有：

（1）基于划分的聚类（Partition-based Clustering）：将数据集划分为若干个互不相交的簇，不断调整划分过程以优化聚类质量。K 均值聚类就属于这一类。K 均值聚类（K-means Clustering）将所有数据点划分为 K 个互不重叠的簇，使得每个数据点到所属簇的中心点（每个簇有一个聚类中心）的距离尽可能小。

（2）基于密度的聚类（Density-based Clustering）：通过在数据集中寻找密度相连的区域形成簇，如 DBSCAN 算法。

（3）基于模型的聚类（Model-based Clustering）：假设数据集由多个潜在的分布生成，聚类过程是通过寻找最佳拟合模型来完成的，如高斯混合模型（GMM）。

（4）层次聚类（Hierarchical Clustering）：分为聚合式层次聚类和分裂式层次聚类。

以下使用 K-means 方法和 Ward 层次聚类方法，对圣地亚哥 628 个人口普查区的社会经济特征进行多变量聚类分析。

6.4.1.1　聚类变量的空间自相关分析

在探讨多变量的聚类之前，可以先计算各变量的全局 Moran 指数，从宏观上了解变量的空间自相关情况。本节多变量聚类使用 9 个变量，见以下代码中的 cluster_variables。

实现的主要代码如下：

```
import seaborn; from esda.moran import Moran; from libpysal.weights import Queen, KNN
datapath = '../data/chap06/'
data = gpd.read_file(datapath + "sandiego_tracts.gpkg")
data.shape  #这里为(628, 25)
cluster_variables = [
  "median_house_value",  #房价中位数
  "pct_white",  #白人人口占比
  "pct_rented",  #出租住户占比
  "pct_hh_female",  #母系家庭占比
  "pct_bachelor",  #拥有学士学位人口占比
  "median_no_rooms",  #住户房间数的中位数
  "income_gini",  #财富不平等的基尼系数
  "median_age",  #人口年龄中位数
  "tt_work",  #工作通勤时间
]
w = Queen.from_dataframe(data)
#为每个数据变量计算 Moran 指数
mi_results = [Moran(data[variable], w) for variable in cluster_variables]
#构建包含各数据变量及其 Moran 指数 I、概率的结果数据结构(tuple 类型的 list)
mi_results = [(variable, res.I, res.p_sim)  for variable, res in zip(cluster_variables,
mi_results)]
#将上述的结果数据结构转化为 pandas.DataFrame
table = pd.DataFrame(
  mi_results, columns=["Variable", "Moran's I", "P-value"]
).set_index("Variable")
round(table.T,3)
```

结果为：各变量的 Moran 指数 I 分别为 0.647、0.602、0.451、0.282、0.433、0.539、0.295、0.381、0.103，p 值均为 0.001（具有统计显著性）。

可以看出：各变量均表现出显著的空间正相关，表明圣地亚哥大都市区社会经济地理具有明确的空间结构。这意味着发现的集群很可能具有非随机的空间分布。

6.4.1.2 K-means 聚类方法

K-means 算法将观测值分组到预先指定数量 K 的簇中，使其满足每个观测值更接近其自身簇的平均值。K-means 问题通过在赋值步骤和更新步骤之间迭代解决。首先，所有的观测值随机分配一个标签 K。接下来，计算每个簇的所有协变量的多变量均值。然后，将每个观测值重新分配到具有最接近平均值的簇中。如果观测值已经被分配到最接近其平均值的簇中，则该观测值将保留在该簇中。这个赋值、更新过程一直持续到不再需要重新赋值为止。

不同特征的数据往往具有不同的量纲和取值范围，为了消除量纲差异，使得模型能够更加公平地对待不同类型的属性特征，需要通过数据归一化处理，将不同特征的数据缩放到相同的范围内。以下先使用 sklearn. preprocessing 提供的 robust_scale( )方法对聚类变量进行归一化处理，然后使用 scikit-learn 的 KMeans 算法对圣地亚哥大都市区社会经济特征进行聚类分析。

主要代码如下：

```
from sklearn. cluster import KMeans; from sklearn. preprocessing import robust_scale
#数据归一化处理
scaled_data =robust_scale(data[cluster_variables])
#实例化 KMeans
KMeans =KMeans(n_clusters=5)
#实施 KMeans 分类
k5cls =KMeans. fit(scaled_data)
#前 5 个要素的分类标签
k5cls. labels_[:5]   #这里为 array([0, 2, 4, 2, 3])
```

（1）聚类的空间分布。获取聚类标签后，可以通过绘图展示聚类的空间分布情况，直观了解聚类可能具有的空间模式。由于聚类表示具有相似特征的区域，因此映射它们的标签可以看到相似区域倾向于具有相似位置的程度。

（2）聚类结果统计。除了绘制聚类图外，还可以探索聚类的统计信息，如每个簇中观测值的数目、每个簇的面积以及面积占比等。

```
#分组统计每个簇中观测值的数目
k5sizes = data. groupby("k5cls"). size()
k5sizes. to_frame(). T
```

聚类结果为：分类标签为 0、1、2、3、4 中的观测值数分别为 89、247、245、9、38。以上实现代码及运行效果，详见本书附带的 ipynb 文件。

6.4.1.3 *层次聚类方法*

层次聚类（Hierarchical Clustering）通过计算不同类别数据点间的相似度来创建一棵有层次的嵌套聚类树。按照树的生成算法，层次聚类可分为两类：

（1）分裂式层次聚类（Divisive Hierarchical Clustering）：是一种自顶向下（top-down）的层次聚类算法，最开始所有的对象处于一个簇中，每次按一定的准则（距离最远）将某个簇划分为多个簇，如此往复，直至每个对象均为一个簇。

（2）聚合式层次聚类（Agglomerative Hierarchical Clustering）：是一种自底向上（bottom-up）的层次聚类算法，最开始每一个对象都是一个簇，每次按一定的准则将最相近的两个簇合并生成一个新的簇，如此往复，直至最终所有的对象都属于一个簇。

以下采用 scikit-learn 的 cluster 包提供的聚合式层次聚类方法 AgglomerativeClustering，对圣地亚哥大都市区社会经济结构进行聚类分析，AgglomerativeClustering 类间距离计算方法（linkage 参数）有：

（1）'ward'：最小化被合并簇的方差。

（2）'average'：计算两个组中的每个数据点与其他所有数据点的距离，将所有距离的均值作为两个组数据间的距离。

（3）'complete' or 'maximum'：使用两组所有观测值之间的最大距离。

（4）'single'：使用两组所有观测值之间距离的最小值。

主要代码如下：

```
from sklearn. cluster import AgglomerativeClustering
np. random. seed(2024041611)
model = AgglomerativeClustering(linkage="ward", n_clusters=5)
model. fit(scaled_data)
data["ward5"] = model. labels_
ward5sizes = data. groupby("ward5"). size()
ward5sizes. to_frame(). T
```

聚类结果为：分类标签为 0、1、2、3、4 中的观测值数分别为 198、10、48、287、85。

AgglomerativeClustering、KMeans 两种聚类算法结果绘图（为节省篇幅略去）。

尽管不同的聚类算法聚类结果不完全相同，但两种聚类解决方案都捕获了非常相似的整体空间结构。此外，这两种解决方案都稍微违反了地理学第一定律，因为所有的簇都有断开的组成部分，由许多不同的地理区域组成。

6.4.2 区域化——空间邻近约束聚类

区域化方法是对簇施加空间邻近约束的聚类技术，区域化算法的结果除了具有相似的属性特征外，还要求构建的簇都是内部连接的，簇的成员必须在地理上嵌套在区域的边界内，即不存在碎片化的聚类。

空间邻近约束通常有共享边的 Rook 邻接、共享边或顶点的 Queen 邻接、仅共享顶点的 Bishop 邻接和 KNN 邻近等（详见空间权重矩阵）。

PySAL 的 spopt 包提供了多种区域化算法：AZP（Automatic Zoning Procedure）、MaxPHeuristic、RegionKMeansHeuristic、Skater、WardSpatial、RandomRegion 等。

对于 sklearn. cluster 提供的 AgglomerativeClustering，可以通过 connectivity 参数增加 Queen 邻接、KNN 邻近两种不同的空间约束进行区域化聚类分析。

6.4.2.1 RegionKMeansHeuristic 算法

RegionKMeansHeuristic 是一种带空间约束的 K-means，其中的每个聚类簇都形成一个空间上相连的区域。RegionKMeansHeuristic()模型主要参数有：

（1）data：包含聚类变量的 $n \times m$ 维数组，n 为观测值个数，m 为变量数；

（2）n_clusters：要生成的聚类数（区域数）；

（3）w：空间邻接矩阵（权重）。

以下使用该算法将圣地亚哥大都市区社会经济特征划分为 5 个区域。主要代码如下：

```
from libpysal. weights import Queen, KNN; from spopt. region import RegionKMeansHeuristic
from sklearn. preprocessing import robust_scale
datapath = '../data/chap06/'
data = gpd. read_file(datapath + "sandiego_tracts. gpkg")
cluster_variables = [
  "median_house_value",  #房价中位数
  "pct_white",  #白人人口占比
  "pct_rented",  #出租住户占比
  "pct_hh_female",  #母系家庭占比
  "pct_bachelor", #拥有学士学位人口占比
  "median_no_rooms",  #住户房间数的中位数
  "income_gini",  #财富不平等的基尼系数
  "median_age", #人口年龄中位数
  "tt_work",  #工作通勤时间
]
#数据归一化处理
scaled_data =robust_scale(data[cluster_variables])
data[cluster_variables] = scaled_data
w =Queen. from_dataframe(data)
n_clusters = 5
np. random. seed(2024041612)
model = RegionKMeansHeuristic(data[cluster_variables]. values, n_clusters, w)
model. solve()
data["reg_k_mean"] = model. labels_
data['number'] = 1
data[['reg_k_mean','number']]. groupby(by='reg_k_mean'). count(). T
```

聚类结果为：分类标签为 0、1、2、3、4 中的观测值数分别为 113、117、143、142、113。

6.4.2.2 AZP 算法

AZP(Automatic Zoning Procedure) 将根据给定的用于衡量地区差异的变量和聚类数划分原始区域。

AZP() 模型主要参数有：

（1）gdf：包含数据的 Geodataframe。

（2）w：空间邻接矩阵（权重）。

（3）attrs_name：list 类型，用于区分区域同质性的变量。

（4） n_clusters：要生成的聚类数（区域数）。

（5） allow_move_strategy：对于允许移动的不同行为，可以将 AllowMoveStrategy 实例作为参数传递，默认为 None。

（6） random_state：随机种子，默认为 None。

以下使用 AZP 算法对圣地亚哥大都市区社会经济特征进行区域化聚类分析。主要代码如下：

```
from spopt. region import AZP
n_clusters = 5
model =AZP(data[cluster_variables], w, cluster_variables, n_clusters)
model. solve()
data["azp"] = model. labels_
data['number'] = 1
data[['azp','number']]. groupby(by='azp'). count(). T
```

聚类结果为：分类标签为 0、1、2、3、4 中的观测值数分别为 135、109、129、121、134。

6.4.2.3 MaxPHeuristic 算法

Max-P 问题涉及将一组地理区域聚集为最大数量的同质区域（将小区域聚合扩展为大区域），同时确保每个区域内部是连续的，并满足预定义最小阈值 threshold 要求，即聚合后的每个区域至少应包含 threshold 个面域单元。Max-P 问题属于 NP-hard 问题，只有在小问题规模下才有精确解。因此，已经提出了许多启发式解决方法。

MaxPHeuristic() 模型主要参数有：

（1） gdf：包含数据的 Geodataframe。

（2） w：空间邻接矩阵（权重）。

（3） attrs_name：list 类型，用于区分区域同质性的变量。

（4） threshold_name：用于空间扩展的属性变量。

（5） threshold：每一个区域的最少面域单元的个数。

（6） top_n：分配飞地时的最多考虑的区域数量。

示例代码如下：

```
from spopt. region import MaxPHeuristic as MaxP
RANDOM_SEED = 2024041613
threshold = 40  #每一个区域的最少面域单元的个数
top_n = 2  #分配飞地时的最多考虑的区域数量
#创建将用作添加到 Dataframe 的阈值属性
data["number"] = 1
threshold_name = "number"
np. random. seed(RANDOM_SEED)
model = MaxP(data, w, cluster_variables, threshold_name, threshold, top_n)
model. solve()
data["maxp"] = model. labels_
```

```
data[['maxp','number']].groupby(by='maxp').count().T
```

聚类结果为：分类标签为 1、2、3、…、14 中的观测值数分别为 47、41、48、52、41、46、41、45、41、47、43、41、50、45。

可以看出：每个区域至少包含的面域单元数量 threshold 为 40，分配飞地时的最多考虑的区域数量（top_n）为 2 时，寻求将圣地亚哥大都市区 628 个人口普查区按其社会经济特征聚类到最大数量的区域中，在这里划分为 14 个区域，详见本书附带的 ipynb 文件。

读者可自行测试 threshold 参数不同取值（20、30、40、50、60、70、…）和 top_n 参数不同取值（1、2、3、4、5、…），分析比较多种组合情况下 Max-P 的区域划分结果。

6.4.2.4 Skater 算法

Skater 是一种基于生成树剪枝的空间约束区域化算法，在一个连续树中预先指定要修剪的边数，以将空间单元分组成连续区域。

Skater 的第一步是创建一个连通图，捕捉空间对象之间的邻近关系。图中每条边的代价与它所连接的区域之间的相似性成反比。邻域由最小生成树（Minimum Spanning Tree，MST）构成，这是一棵没有回路的连接树。下一步是通过连续去除连接不相似区域的边来划分 MST。其最终结果是将空间对象划分为具有最大内部同质性的相连区域。

Skater() 模型主要参数有：

（1）gdf：包含数据的 Geodataframe。

（2）w：空间邻接矩阵（权重）。

（3）attrs_name：list 类型，用于区分区域同质性的变量。

（4）n_clusters：最终生成的区域聚类数。

（5）floor：每个区域包含的最少面域单元数。

（6）trace：bool，在树被修剪时是否存储中间标签。

（7）islands：str，'ignore'或'increase'，对孤岛如何处理。

（8）spanning_forest_kwds：传递给 SpanningForest 的参数，包括：dissimilarity、affinity、reduction 和 center。

以下使用 Skater 算法将圣地亚哥大都市区 628 个人口普查区按其社会经济特征聚类成 5 个区域，每个区域至少包含 90 个人口普查区，使得区域内每个人口普查区的社会经济特征同质性最大化。主要代码如下：

```
from spopt.region.skater import Skater; from sklearn.metrics import pairwise as skm
RANDOM_SEED = 2024041614
n_clusters = 5  #最终生成的区域聚类数
floor = 90  #每个区域包含的最少面域单元数
trace = False  #在树被修剪时是否存储中间标签
islands = "increase"  #对孤岛如何处理
spanning_forest_kwds = dict(dissimilarity = skm.manhattan_distances, affinity = None, reduction=np.sum, center=np.mean)
#区域化
model = Skater(data, w, cluster_variables, n_clusters, floor, trace, islands, spanning_forest_kwds)
```

```
model.solve()
data['skater'] = model.labels_
data['number'] = 1
data[['skater','number']].groupby(by='skater').count().T
```

聚类结果为：分类标签为 0、1、2、3、4 中的观测值数分别为 235、106、101、95、91。

读者可自行测试 n_clusters 参数不同取值（6、8、10、12、15、…）和 floor 参数不同取值（20、40、60、80、100、…），分析比较不同参数多种组合情况下 Skater 算法的区域划分结果。

6.4.2.5 WardSpatial 算法

WardSpatial 是一种自下而上的聚合式层次聚类算法，即开始每个对象都自成一类，然后在每一步中选择使得类内离差平方和增量最小的聚类簇进行合并，最后形成一个类。

以下分别采用 PySAL 的 spopt、sklearn.cluster 提供的聚合式层次聚类方法 WardSpatial、AgglomerativeClustering，对圣地亚哥大都市区社会经济结构进行聚类分析。主要代码如下：

```
from spopt.region import WardSpatial
from libpysal.weights import Queen, KNN
from sklearn.cluster import AgglomerativeClustering
n_clusters = 5
model = WardSpatial(data, w, cluster_variables, n_clusters)
model.solve()
data['wardspopt'] = model.labels_
data['number'] = 1
data[['wardspopt','number']].groupby(by='wardspopt').count().T
```

聚类结果为：分类标签为 0、1、2、3、4 中的观测值数分别为 275、85、1、227、40。

```
#指定空间约束
model = AgglomerativeClustering( linkage="ward", connectivity=w.sparse, n_clusters=5)
model.fit(scaled_data)
data["ward5wq"] = model.labels_
data['number'] = 1
data[['ward5wq','number']].groupby(by='ward5wq').count().T
```

聚类结果为：分类标签为 0、1、2、3、4 中的观测值数分别为 275、85、1、227、40。与 WardSpatial 的聚类结果一致。

```
#根据圣地亚哥大都市区人口普查区数据生成 KNN 空间邻近矩阵
knw = KNN.from_dataframe(data, k=4) #4 个最邻近
np.random.seed(2024041617)
#指定空间约束
model = AgglomerativeClustering( linkage="ward", connectivity=knw.sparse, n_clusters=5)
model.fit(scaled_data)
data["ward5wknn"] = model.labels_
```

```
data['number'] = 1
data[['ward5wknn','number']].groupby(by='ward5wknn').count().T
```

聚类结果为：分类标签为 0、1、2、3、4 中的观测值数分别为 84、224、254、1、45。

6.4.3 不同聚类方案的相似度比较

sklearn 的 metrics 模块包含的工具如 adjusted_mutual_info_score()，可用于比较由不同聚类算法生成的标签是否相似。本书附带的 ipynb 文件对上述使用的 k5cls、ward5、reg_k_mean、azp、maxp、skater、wardspopt、ward5wq、ward5wknn 九种聚类结果的相似性进行了两两比较。

以上不同聚类算法代码及不同聚类方案相似度比较结果，详见本书附带的 ipynb 文件。

6.5 空间回归分析及应用

6.5.1 线性回归基本原理

回归分析是研究两个或两个以上的变量之间关系的一种统计方法，其基本思想是将给定因变量（y）的变化表达为解释变量（自变量，x）的线性函数。线性回归问题求解最常用的方法就是普通最小二乘法（Ordinary Least Squares，OLS），故线性回归通常也称为普通最小二乘回归。线性回归表达如式（6-15）：

$$y_i = \beta_0 + \beta_1 x_{1i} + \beta_2 x_{2i} + \beta_3 x_{3i} + \cdots + \varepsilon_i$$
$$i = 1,2,3,\cdots,N \tag{6-15}$$

矩阵表达为式（6-16）：

$$\boldsymbol{Y} = \boldsymbol{X}\beta + \varepsilon \tag{6-16}$$
$$\varepsilon \sim N(0,\ \sigma^2 \boldsymbol{I})$$

线性回归的 OLS 解为式（6-17）：

$$\hat{\beta} = (\boldsymbol{X}^{\mathrm{T}}\boldsymbol{X})^{-1}\boldsymbol{X}^{\mathrm{T}}\boldsymbol{Y}$$
$$\mathrm{var}(\hat{\beta}) = \hat{\sigma}^2 (\boldsymbol{X}^{\mathrm{T}}\boldsymbol{X})^{-1}$$
$$\hat{\sigma}^2 = \frac{\sum_{i=1}^{N}(y_i - \hat{y}_i)^2}{N-q} \tag{6-17}$$

式中，N 为观测值的个数；q 为解释变量（自变量）的个数。

回归方程中，每个解释变量的系数不仅反映它与因变量之间的关系类型，也反映它与因变量之间的关系强度。

（1）当系数的符号为负时，该系数与因变量为负向关系。

（2）当系数的符号为正时，该系数与因变量为正向关系。

选择解释变量的依据：

（1）超出指定的校正 R^2 阈值；

（2）对于所有解释变量，系数 p 值小于指定的阈值；

(3) 对于所有解释变量，系数 VIF 值小于指定的阈值；

(4) 返回的 Jarque-Bera p 值大于指定的值；

(5) ……。

对于回归模型的结果，以下几个数据比较重要：

(1) R^2 /校正 R^2：R^2 /校正 R^2 都是从回归方程得到的统计数据，用于量化模型的性能，反映了解释变量对因变量的贡献；其取值范围为 0%～100%。如果模型与因变量的观测值完全拟合，则 R^2 为 1.0；如 R^2 为 0.49，意为"解释变量对因变量的贡献率为 49%"。

(2) 各系数的 p 值：大多数回归方法都会进行统计检验以针对每个自变量的关联系数计算出一个概率值 p。此统计检验的零假设为：系数与零之间无显著差异（系数均为零，关联的解释变量对于模型不起任何作用)。如果 p 值很小，即系数为零的概率很小，则表明系数不为零。

(3) 方差膨胀因子 VIF(Variance Inflation Factor)：如果理论/常识已表明某解释变量（与统计学上显著的系数相关联）与因变量之间具有有效关系，且该变量对模型中所有其他解释变量而言不是冗余变量，则该变量对回归模型而言是很重要的。

VIF 用于度量解释变量中的冗余。一般来说，与大于 7.5 的 VIF 值关联的解释变量应逐一从回归模型中移除。例如，如果某回归模型中同时含有人口变量（人数）和就业变量（就业人数)，那么，会发现这些变量很大可能与较大的 VIF 值关联，从而表明这些变量讲述的是同一个故事，因此，应将人口变量或就业变量从该模型中移除。

(4) ResidualSquares：模型中的残差平方和（残差为观测所得 y 值与模型估计值 $\hat{y}$ 之间的差值)。此测量值越小，模型越拟合观测数据。

(5) $\hat{\sigma}$：即估计的标准差。此统计值越小越好。$\hat{\sigma}$ 用于 AICc 计算。

(6) AICc：是模型性能的一种度量，有助于比较不同的回归模型。考虑到模型复杂性，具有较低 AICc 值的模型将更好地拟合观测数据。AICc 不是拟合度的绝对度量，但对于比较适用于同一因变量且具有不同解释变量的模型非常有用。如果两个模型的 AICc 值相差大于 3，具有较低 AICc 值的模型将被视为更佳的模型。

6.5.2 空间回归模型概述

空间回归模型是在经典统计回归模型中加入了空间因素考量，使得我们能够更好地解释地理事物间的空间关系。根据地理学第一、第二定律，地理现象的分布具有空间依赖性（即空间自相关性)、空间异质性两种空间效应（Spatial Effects)，空间回归模型应尽量反映这两种空间效应。

根据空间回归模型是否同质（即模型参数是否会随空间位置变化而变化)，可以将空间回归模型划分为全局空间回归模型和局部空间回归模型。

(1) 全局空间回归模型：以空间依赖性研究为主体，主要探究的是不同变量、误差项之间的空间交互效应。模型参数不随空间位置变化而变化，主要有空间滞后模型、空间误差模型、空间杜宾模型等。

(2) 局部空间回归模型：以空间异质性研究为主体，不仅要研究变量、误差项之间的空间交互效应，还要研究模型本身（通常指模型结构和模型参数）的空间变化规律，即模型参数随空间位置不同有所不同或采用非参数模型。主要有地理加权回归、空间变系数模型、空间滤波局部回归、地理加权神经网络等。

6.5.3 空间滞后模型与空间自回归模型

空间滞后的概念源自时间序列数据的时间滞后，即假设当前时刻的数据线性滞后于前一时刻的数据。与时间滞后不同的是，空间滞后更复杂，因为空间滞后可以来自不同的方向，而且是双向的。对于样本容量为 N 的空间单元 i 的响应变量 $y_i(i=1, 2, \cdots, N)$，空间滞后模型的一般形式为：

$$\begin{cases} \boldsymbol{Y} = \boldsymbol{\rho} \boldsymbol{W}\boldsymbol{Y} + \varepsilon \\ \varepsilon \sim N(0, \sigma^2 \boldsymbol{I}) \end{cases} \tag{6-18}$$

式中，$\boldsymbol{W}$ 为已知的空间权重矩阵（一般是一阶空间邻接矩阵）；$\boldsymbol{WY}$ 为对 $\boldsymbol{Y}$ 的空间滞后；$\boldsymbol{\rho}$ 为空间滞后系数；$\boldsymbol{I}$ 为单位矩阵。该模型中，每个空间单元的空间依赖性仅来自其空间滞后，因此被称为空间滞后模型（Spatial Lag Model，SLM）。空间滞后模型反映了空间单元之间存在的内生交互效应，即“空间单元 A 的响应变量 y_A 与空间单元 B 的响应变量 y_B 间的空间交互关系”，如：一个行政区的税收与相邻行政区的税收之间存在交互效应。

空间自回归模型（Spatial Auto Regression，SAR）是在空间滞后模型中加入解释变量，即式（6-19）：

$$\boldsymbol{Y} = \boldsymbol{\rho} \boldsymbol{W}\boldsymbol{Y} + \boldsymbol{X}\boldsymbol{\beta} + \varepsilon \tag{6-19}$$

式中，$\boldsymbol{X}$ 为数据矩阵（$N \times q$），包括 q 个解释变量；$\boldsymbol{\beta}$ 为解释变量的系数（$q \times 1$）。

如果 $\boldsymbol{\rho} = 0$，则 SAR 模型简化为普通线性回归模型。

6.5.4 空间误差模型

空间误差项模型（Spatial Errors Model，SEM）在普通回归模型的基础上，通过误差项来表达空间依赖性，即式（6-20）：

$$\begin{cases} \boldsymbol{Y} = \boldsymbol{X}\boldsymbol{\beta} + \mu \\ \mu = \boldsymbol{\lambda} \boldsymbol{M}\mu + \varepsilon \end{cases} \tag{6-20}$$

扰动项 μ 之间存在空间依赖性，但不依赖于 $\boldsymbol{X}$。

如果 $\lambda = 0$，则空间误差模型简化为普通线性回归模型。

6.5.5 考虑误差项的空间自回归模型

更一般的空间回归模型将空间自回归模型（SAR）与空间误差模型（SEM）结合起来，即考虑误差项的空间自回归模型（Spatial Auto Regressive Model with Spatial Autoregressive Disturbances，SARAR）：

$$\begin{cases} \boldsymbol{Y} = \boldsymbol{\rho} \boldsymbol{W}\boldsymbol{Y} + \boldsymbol{X}\boldsymbol{\beta} + \mu \\ \mu = \boldsymbol{\lambda} \boldsymbol{M}\mu + \varepsilon \end{cases} \tag{6-21}$$

式中，$\boldsymbol{W}$ 与 $\boldsymbol{M}$ 分别为响应变量 $\boldsymbol{Y}$ 与扰动项 μ 的空间权重矩阵，二者可以相同也可以不同。

6.5.6 解释变量空间滞后模型 SLX 与空间杜宾模型 SDM

解释变量空间滞后模型（Spatial Lag of X，SLX）是在普通回归模型的基础上，考虑

空间单元 i 的响应变量 y_i 依赖于其相邻空间单元的解释变量。例如：空间单元 i 的犯罪率不仅依赖于本单元警力，还可能依赖于相邻空间单元的警力。此时的模型为式（6-22）：

$$\boldsymbol{Y} = \boldsymbol{X\beta} + \boldsymbol{WX\theta} + \varepsilon \tag{6-22}$$

式中，$\boldsymbol{WX\theta}$ 为来自相邻单元解释变量的影响；$\boldsymbol{\theta}$ 为相应的系数向量。如果 $\boldsymbol{\theta} = 0$，则解释变量空间滞后模型简化为普通线性回归模型。

空间自相关组合模型（Spatial Autoregressive Combined Model，SAC）由空间自回归和自相关扰动 μ 组成，即式（6-23）：

$$\begin{cases} \boldsymbol{Y} = \boldsymbol{\rho WY} + \boldsymbol{X\beta} + \mu \\ \mu = \boldsymbol{\lambda M}\mu + \varepsilon \end{cases} \tag{6-23}$$

空间杜宾模型（Spatial Durbin Model，SDM）将协变量的空间溢出规范（SLX）与依赖变量的空间自回归相结合，即式（6-24）：

$$\boldsymbol{Y} = \boldsymbol{\rho W_1 Y} + \boldsymbol{X\beta} + \boldsymbol{W_2 X\theta} + \varepsilon \tag{6-24}$$

空间杜宾误差模型（Spatial Durbin Error Model，SDEM）由空间误差模型 SEM 和 SLX 模型组成，即式（6-25）：

$$\begin{cases} \boldsymbol{Y} = \boldsymbol{X\beta} + \boldsymbol{WX\theta} + \mu \\ \mu = \boldsymbol{\lambda M}\mu + \varepsilon \end{cases} \tag{6-25}$$

6.5.7 广义嵌套空间模型

广义嵌套空间模型（General Nesting Spatial Model，GNS）将以上所有类型的空间交互效应进行组合，即式（6-26）：

$$\begin{cases} \boldsymbol{Y} = \boldsymbol{\rho W_1 Y} + \boldsymbol{X\beta} + \boldsymbol{W_2 X\theta} + \mu \\ \mu = \boldsymbol{\lambda M}\mu + \varepsilon \end{cases} \tag{6-26}$$

（1）$\boldsymbol{\rho W_1 Y}$ 为空间滞后项，代表了内生交互效应；

（2）$\boldsymbol{W_2 X}$ 为空间杜宾项，代表了外生交互效应；

（3）μ 为误差项，代表了误差项交互效应。

其中：

（1）$\boldsymbol{W_1}$、$\boldsymbol{W_2}$、$\boldsymbol{M}$ 为空间权重矩阵，是大小为 $N \times N$ 的非负矩阵，N 为空间单元的数量，三者可以相同也可以不同。

（2）$\boldsymbol{Y}$ 为所有空间单元的响应变量观测值构成的向量，是 $N \times 1$ 的列向量。

（3）$\boldsymbol{X}$ 为解释变量矩阵，由所有空间单元内解释变量的观测值组成，大小为 $N \times q$，q 为解释变量数目。

（4）$\boldsymbol{\rho}$ 为所有空间单元之间待估计的空间滞后系数，为 $N \times N$ 的矩阵。

（5）$\boldsymbol{\beta}$ 为每个空间单元内待估计的解释变量系数，是 $q \times 1$ 的列向量。

（6）$\boldsymbol{\theta}$ 为所有空间单元待估计的外生交互系数，是 $q \times 1$ 的列向量。

（7）$\boldsymbol{\lambda}$ 是空间误差的自相关系数，为 $N \times N$ 的矩阵。

（8）ε 为 $N \times 1$ 的干扰项。如果假设 ε 为独立同分布（independent and identically distributed，i. i. d.），则 $\boldsymbol{\varepsilon} \sim N(0, \sigma^2 \boldsymbol{I})$。

6.5.8 地理加权回归模型

6.5.8.1 地理加权回归基本原理

地理加权回归（Geographically Weighted Regression，GWR）充分考虑研究范围内空间单元的异质性，其基本思想是在每个空间单元周围定义一个局部空间权重函数，使得回归系数随着位置的改变而变化。通常使用的权重函数可以是以距离衰减的函数，例如高斯核函数或指数核函数。对于每个空间单元，都可以得到一组局部估计的回归系数，从而揭示出空间数据中的局部模式和空间异质性。

对于空间单元 i 的空间响应 y_i，GWR 模型可表达为：

$$y_i = \beta_0(u_i, v_i) + \sum_{k=1}^{q} \beta_{ik}(u_i, v_i)\, x_{ik} + \varepsilon_i \tag{6-27}$$

式中，$\beta_0(u_i,\ v_i)$ 为空间单元 i 的截距；x_{ik} 为空间单元 i 的第 k 个解释变量，$k=1,\ 2,\ \cdots,\ q$；$\beta_{ik}(u_i,\ v_i)$ 为空间单元 i 的第 k 个解释变量的局部回归系数；$(u_i,\ v_i)$ 为空间单元 i 的坐标（如：质心）；ε_i 为与空间单元 i 相关的随机误差项。使用加权最小二乘估计，可以为每个空间单元的每个解释变量生成一组系数，即

$$\hat{\boldsymbol{\beta}}(u_i, v_i) = (\boldsymbol{X}^{\mathrm{T}} W(u_i, v_i) \boldsymbol{X})^{-1} \boldsymbol{X}^{\mathrm{T}} W(u_i, v_i) \boldsymbol{Y} \tag{6-28}$$

式中，$\boldsymbol{X}$ 为自变量抽样矩阵，其第一列取值为 1，以估计截距项 $\beta_0(u_i,\ v_i)$；$\boldsymbol{Y}$ 为因变量抽样值列向量；$\hat{\boldsymbol{\beta}}(u_i,\ v_i) = (\beta_0(u_i,\ v_i)\ \beta_1(u_i,\ v_i) \cdots \beta_q(u_i,\ v_i))^{\mathrm{T}}$ 为回归分析点 $(u_i,\ v_i)$ 处的回归分析系数向量；$W(u_i,\ v_i)$ 为其空间邻域对 $(u_i,\ v_i)$ 的权重值。

GWR 模型的实现需要解决局部空间权重函数的选择、模型参数的估计以及模型的诊断等问题。

当所有样本点的模型参数一致时（$\beta_{1k} = \beta_{2k} = \cdots = \beta_{nk}$），地理加权回归模型就退化为全局加权回归模型。

6.5.8.2 多尺度地理加权回归模型

多尺度地理加权回归模型（Multiscale Geographically Weighted Regression，MGWR）是地理加权回归模型（GWR）的扩展，它允许每个空间要素的邻域在每个解释变量之间变化，也即某些解释变量，邻域可以大于或小于其他变量。不同的解释变量和因变量之间的关系可能在不同的空间尺度上起作用：一些变量的系数可能在整个研究区域逐渐变化，而其他变量的系数变化很快。将每个解释变量的邻域与解释变量的空间尺度相匹配，使 MGWR 能够更准确地估计局部回归模型的系数。

MGWR 模型需要引入多尺度的空间权重函数，不同的参数（解释变量）可能具有不同的作用域（带宽）。

MGWR 模型通过考虑多个空间尺度的变化，进一步增强了对空间数据中复杂关系的建模能力，使其更适用于复杂的现实世界问题的分析和解释。

6.5.8.3 空间权重核函数与带宽

A 空间权重核函数

根据地理学第一定律，GWR/MGWR 模型计算权重的基本原则为：距离越近，赋予的权重值越大；反之，权重值越小。因此，可通过任意值域为［0，1］、关于空间距离的单

调递减函数实现权重计算，称之为核函数（Kernel Function）。针对 GWR/MGWR 模型求解，常用核函数包括高斯（Gaussian）核函数、Bi-square 核函数、K 邻近核函数、指数（Exponential）核函数、Tri-cube 核函数等。

高斯（Gaussian）核函数：

$$w_i(u_j,v_j) = K_b(d_{ij}) = \frac{1}{\sqrt{2\pi}}\exp\left(-\frac{1}{2}\left(\frac{d_{ij}}{b}\right)^2\right) \tag{6-29}$$

Bi-square 核函数：

$$w_i(u_j,v_j) = K_b(d_{ij}) = \begin{cases}\left[1-\left(\dfrac{d_{ij}}{b}\right)^2\right]^2, d_{ij} \leqslant b \\ 0, d_{ij} > b\end{cases} \tag{6-30}$$

K 邻近核函数：给定 K，d_{iK} 为（u_i，v_i）到第 K 个邻近点的距离，则

$$w_i(u_j,v_j) = K_b(d_{ij}) = \begin{cases}\left[1-\left(\dfrac{d_{ij}}{d_{iK}}\right)^2\right]^2, d_{ij} \leqslant d_{iK} \\ 0, d_{ij} > d_{iK}\end{cases} \tag{6-31}$$

以上，b 为带宽（Bandwidth），d_{ij} 为（u_i，v_i）、（u_j，v_j）之间的距离。

B 带宽 b 的确定与优化

在 GWR/MGWR 模型中，最优带宽 b 的选取准则有交叉验证方法、广义交叉验证方法、Akaike 信息准则、贝叶斯信息准则等。

a 交叉验证方法

交叉验证方法（Cross-validation，CV）的过程如下：给定一个 b，去掉第 i 组观测值（Y_i，X_i），用剩下的 N-1 组数据在给定的 b 下进行地理加权回归参数估计，然后得到在 X_i 处的拟合值 $\hat{Y}_{(-i)}(b)$。令

$$\mathrm{CV}(b) = \frac{1}{b}\sum_{i=1}^{N}(Y_i - \hat{Y}_{(-i)}(b))^2 \tag{6-32}$$

则最优带宽 b_0 的选取如下：

$$b_0 = \mathrm{argmin}(\mathrm{CV}(b)) \tag{6-33}$$

即 CV(b) 最小时的参数 b 的值。

为减少计算量，Loader 于 1999 年提出了一种近似交叉验证统计量的方法，称为广义交叉验证方法（Generalized Cross Validation，GCV）。设

$$\hat{\boldsymbol{Y}}(b) = (\hat{Y}_1(b), \hat{Y}_2(b), \cdots, \hat{Y}_N(b))^{\mathrm{T}} = \boldsymbol{L}(b)Y \tag{6-34}$$

其中，$\boldsymbol{L}(b)$ 为“帽子”矩阵，令

$$\mathrm{GCV}(b) = \frac{N}{(N-\mathrm{tr}(\boldsymbol{L}(b)))^2}\sum_{i=1}^{N}(Y_i - \hat{\boldsymbol{Y}}_i(b))^2 \tag{6-35}$$

则最优带宽 b_0 的选取如式（6-36）所示：

$$b_0 = \mathrm{argmin}(\mathrm{GCV}(b)) \tag{6-36}$$

即 GCV(b) 最小时的参数 b 的值。

b Akaike 信息准则

Akaike 通过对基于极大似然原理的参数估计方法加以修正，提出了一种较为通用的模

型选择准则，称为 Akaike 信息准则（Akaike Information Criterion，AIC），也即赤池信息准则。在一般的情况下，AIC 表示为：

$$\mathrm{AIC}(b) = 2q - 2\ln(L) \tag{6-37}$$

式中，q 为参数的个数；L 为参数的极大似然估计函数。

假设条件是模型的误差服从独立正态分布，N 为观测值的个数，RSS 为残差平方和，那么 AIC 变为：

$$\mathrm{AIC}(b) = 2q + N\ln(\mathrm{RSS}/N) \tag{6-38}$$

AIC 准则应用比较广泛，经学者修正形成 AICc 信息准则（Corrected Akaike Information Criterion，AICc），其一般表达式为：

$$\mathrm{AICc}(b) = 2N\ln(\hat{\sigma}) + N\ln(2\pi) + N\frac{N + \mathrm{tr}(\boldsymbol{L}(b))}{N - 2 - \mathrm{tr}(\boldsymbol{L}(b))} \tag{6-39}$$

式中，N 为观测值的个数（即样本个数）；$\hat{\sigma}$ 为误差项估计的标准差；$\boldsymbol{L}(b)$ 为“帽子”矩阵；$\mathrm{tr}(\boldsymbol{L}(b))$ 为矩阵的迹。

AICc 简单形式表示为：

$$\mathrm{AICc}(b) = 2N\ln(\hat{\sigma}) + N\ln(2\pi) + N + \mathrm{tr}(\boldsymbol{L}(b)) \tag{6-40}$$

最后，最优带宽 b_0 的选取如下：

$$b_0 = \mathrm{argmin}(\mathrm{AIC}(b)) \text{ 或 } \mathrm{argmin}(\mathrm{AICc}(b)) \tag{6-41}$$

c　贝叶斯信息准则

贝叶斯信息准则（Bayesian Information Criterion，BIC）与 AIC 准则相似，其一般表达式为：

$$\mathrm{BIC}(b) = q\ln(N) - 2\ln(L) \tag{6-42}$$

式中，q 为参数的个数；L 为参数的极大似然估计函数。

则最优带宽 b_0 的选取如下：

$$b_0 = \mathrm{argmin}(\mathrm{BIC}(b)) \tag{6-43}$$

$q\ln(N)$ 表示惩罚项，考虑了样本数量，样本数量过多时，可有效防止模型精度过高造成的模型复杂度过高。AIC 和 BIC 前半部分是惩罚项，当 $N \geqslant 8$ 时，$q\ln(N) \geqslant 2q$。所以，当样本数量足够大时，BIC 相比 AIC 对模型参数惩罚得更多，导致 BIC 更倾向于选择参数少的简单模型。

6.5.9 空间回归分析应用实例

本小节主要介绍普通最小二乘法回归（spreg. OLS）、空间回归中的空间异质性（spreg. OLS_Regimes）、空间回归中的空间依赖（自变量的空间滞后 SLX 模型、空间误差模型 spreg. GM_Error_Het 等、空间滞后模型 spreg. GM_Lag 等）、GWR 与 MGWR 的应用，使用的数据为加利福尼亚州圣地亚哥 Airbnb 房产数据集，其中包含的主要属性有：log_price：房产价格取对数。以下分析中，该属性作为因变量；其他属性作为解释变量（自变量），包括：

（1）accommodates：房屋可容纳的人数；

（2）bathrooms：浴室数；

（3）bedrooms：卧室数；

（4）beds：床数；

（5）rt_Private_room：房间租用类型：私有；

（6）rt_Shared_room：房间租用类型：共享；

（7）pg_Condominium：资产分组：公寓；

（8）pg_House：资产分组：住宅；

（9）pg_Townhouse：资产分组：连排房；

（10）pg_Other：资产分组：其他；

（11）d2balboa：到 balboa 公园的距离；

（12）neighborhood：邻居信息；

（13）……。

6.5.9.1 普通最小二乘法回归应用

本实例中，因变量为房产价格（log_price），解释变量（自变量）为房产属性，因变量与解释变量的关系可表达为：

$$P_i = \alpha + \sum_{k=1}^{q} \boldsymbol{X}_{ik} \boldsymbol{\beta}_k + \varepsilon_i \tag{6-44}$$

式中，P_i 为房屋 i 的价格；$\boldsymbol{X}$ 为解释变量；$\boldsymbol{\beta}$ 为参数向量；常数项 α（当所有其他变量为 0 时的平均房价）；ε_i 为误差，它包含了影响房价但不包括在 $\boldsymbol{X}$ 中的因素。其矩阵形式为：

$$P = \alpha + \boldsymbol{X\beta} + \varepsilon \tag{6-45}$$

可以使用 PySAL 中 spreg. OLS 进行普通最小二乘法回归估计。主要代码如下：

```
import multiprocessing as mp; from libpysal import weights; import spreg
from mgwr. gwr import GWR, MGWR; from mgwr. sel_bw import Sel_BW
n_proc = 12   # 12 processors
mypool =mp. Pool(n_proc)
datapath = '../data/chap06/'
db = gpd. read_file(datapath + "regression_db. geojson")
variable_names = [
    "accommodates",  #房屋可容纳的人数
    "bathrooms",  #浴室数
    "bedrooms",  #卧室数
    "beds",  #床数
    #以下为二进制变量
    "rt_Private_room",  #房间租用类型:私有
    "rt_Shared_room",  #房间租用类型:共享
    "pg_Condominium",  #资产分组:公寓
    "pg_House",  #资产分组:住宅
    "pg_Townhouse",  #资产分组:连排房
    "pg_Other",  #资产分组:其他
]
```

```
#拟合最小二乘回归模型
m_OLS = spreg. OLS(
   #依赖变量(因变量)
   db[["log_price"]]. values,
   #独立变量(自变量、解释变量)
   db[variable_names]. values,
   #依赖变量名
   name_y="log_price",
   #独立变量名
   name_x=variable_names
)
print(m_OLS. summary)  #回归结果和诊断信息汇总,详见本书附带的 ipynb 文件。
#最小二乘回归结果的 R 平方,校正的 R 平方
round(m_OLS. r2, 3),  round(m_OLS. ar2, 3)  #这里为:(0.668, 0.668)
#残差平方和
round(m_OLS. utu, 3)  #这里为 1320.148
#最小二乘回归系数
np. round(m_OLS. betas. T, 4)
这里为:
array([[ 4.3884,0.0835,0.1924,0.1525, -0.0417, -0.5507, -1.2383,
   0.1436, -0.0105, -0.0417,0.1412]])
```

可以看出：拟合效果较好，R^2 为 0.668；拟合结果基本符合预期，如果房屋可容纳的人数更多、有更多的浴室和卧室、是公寓或属于“其他”房屋类型，那么房屋的价格往往要高得多；相反，给定房间数的情况下，床位多的房子（即比较“拥挤”的房源）往往会更便宜，这与不租整栋房子而只租一个房间(rt_Private_room)甚至合租一个房间(rt_Shared_room)的情况一样。

6.5.9.2　空间回归中的空间异质性（顾及分区的 OLS）

地理现象（过程）在空间分布上遵循地理学第一、第二定律，即具有空间相似性和空间异质性。

顾及分区的 OLS 中的空间异质性是指回归模型如何考虑各区域变量估计随地理位置的不同而变化，通常情况下有两种情形：

（1）α 变化（文献通常将 α 的地理变化称为“空间固定效应”），β 不变，这时回归模型表达为：

$$P_i = \alpha_r + \sum_{k=1}^{q} \boldsymbol{X}_{ik} \boldsymbol{\beta}_k + \varepsilon_i \tag{6-46}$$

其中 α 随区域 r 变化，即每个区域有不同的 α_r，但所有区域解释变量保持全局不变。

（2）α 变化，β 也变化，这时回归模型表达为：

$$P_i = \alpha_r + \sum_{k=1}^{q} \boldsymbol{X}_{ki} \boldsymbol{\beta}_{k,r} + \varepsilon_i \tag{6-47}$$

其中不仅 α 随区域 r 变化（α_r），解释变量也随区域 r 变化（$\beta_{k,r}$）。

PySAL 的 spreg. OLS_Regimes( )可用于以上两种类型的回归分析。主要代码如下：

```
#各区域常数项变化,但解释变量保持不变
m_OLS_Regimes = spreg. OLS_Regimes(
    db[["log_price"]]. values,
    db[variable_names]. values,
    #邻居成员变量
    db["neighborhood"]. tolist(),  #各观测值所属区域
    #允许常数项随组/区域而变化
    constant_regi="many",
    #允许变量变化(True)或保持不变(False),这里设置为 False
    cols2regi=[False] * len(variable_names),
    #允许按区域估算单独的 σ 系数(False,即单个 σ)
    regime_err_sep=False,
    name_y="log_price",
    name_x=variable_names)

#各区域常数项变化,解释变量也变化
m_OLS_Regimes_var = spreg. OLS_Regimes(
    db[["log_price"]]. values,
    db[variable_names]. values,
    db["neighborhood"]. tolist(),
    constant_regi="many",
    cols2regi=[True] * len(variable_names),
    #regime_err_sep=False,
    name_y="log_price",
    name_x=variable_names,
)
# OLS_Regimes 模型拟合的 R2 以及 adjusted R2
round(m_OLS_Regimes. r2, 3), round(m_OLS_Regimes. ar2, 3)  #这里为(0.712, 0.709)
# OLS_Regimes 模型拟合结果,各区域常数项变化,但解释变量保持不变,即解释变量系数全局一致
fe_df =m_OLS_Regimes. output
fe_df[:5]  #详见本书附带的 ipynb 文件
# OLS_Regimes 模型拟合结果,各区域常数项变化,解释变量系数也变化,即各区域有一套自己的常数项、解释变量系数
fe_var_df =m_OLS_Regimes_var. output
fe_var_df[:5]  #详见本书附带的 ipynb 文件
```

上述的区域回归中，不同区域的每个变量的估计在统计上是否不同？对于这种统计检验，回归模型提供了 Chow 检验（邹氏检验），其零假设是来自不同区域的估计是不可区分的，即是一致的。

Chow 检验有两种类型：

（1）OLS_Regimes. chow. joint：全局的联合检验两个区域之间的差异；

（2）OLS_Regimes. chow. regi：通过查看各变量的估计及概率。

```
# OLS_Regimes. chow. joint:全局的联合检验两个区域之间的差异
np. round( m_OLS_Regimes_var. chow. joint, 3)
```

这里为：array([1661. 248， 0.])

上述第一个值表示统计量，而第二个值为 p 值，p 值统计显著，说明两个区域之间的变量估计在统计上彼此不同。如：

```
# OLS_Regimes. chow. regi:通过查看各变量的估计及概率
res = pd. DataFrame(
  m_OLS_Regimes_var. chow. regi,
  index=m_OLS_Regimes_var. name_x_r,
  columns=[ "Statistic" , "P-value" ],
)
round( res. T,3)
```

这里各变量的统计量均大于 0，p 值均为 0，说明以上变量估计具有统计显著性。

6.5.9.3 空间回归中的空间依赖

空间回归分析中的空间依赖是指回归模型如何通过空间权重矩阵考虑空间单元的相互依赖，通常情况下有 3 种情形：

（1）自变量的空间滞后 SLX 模型（Spatial lag of X）。

（2）空间误差模型（Spatial error）。

（3）空间滞后模型（Spatial lag）。

A 自变量的空间滞后 SLX 模型

自变量的空间滞后 SLX 模型，这里表示特定房屋的价格与其周围平均环境的单位变化之间的间接关联，第 i 个地点的变量变化将导致其周围环境的外溢：当 x_i 发生变化时，第 i 个地点附近任何地点的空间滞后也会发生变化。滞后变化的大小取决于空间权重矩阵 W 的结构。SLX 模型如下：

$$P_i = \alpha + \sum_{k=1}^{q} X_{ik}\beta_k + \sum_{k=1}^{q}\left(\sum_{j=1}^{N} w_{ij}x_{jk}\right)\gamma_k + \varepsilon_i \tag{6-48}$$

式中，$\sum_{j=1}^{N} w_{ij}x_{jk}$ 为第 k 个解释变量的空间滞后。

其矩阵表达形式为：

$$P = \alpha + \boldsymbol{X}\beta + \boldsymbol{WX}\gamma + \varepsilon \tag{6-49}$$

以下仅考虑几个 pg_ * 变量的空间滞后，先计算这几个变量的空间滞后，然后与之前的自变量 variable_names 合并，再进行兼顾自变量空间滞后的最小二乘回归。主要代码如下：

```
wq = weights.Queen.from_dataframe(db)
wq.transform = 'r'
wx = ( db.filter( like="pg_" ) .apply( lambda y: weights.spatial_lag.lag_spatial(wq, y))
  .rename(columns=lambda c: "w_" + c)
  .drop("w_pg_Apartment", axis=1)
)
#合并 variable_names 与空间滞后变量'wx'
slx_exog = db[variable_names].join(wx)
slx = spreg.OLS(
  db[["log_price"]].values,
  slx_exog.values,
  name_y="lx_price",
  name_x=slx_exog.columns.tolist()
)
#获取'pg_*'变量及其空间滞后变量'w_pg_*'
vars_of_interest = ( db[variable_names].filter(like="pg_").join(wx).columns)
#获取自变量的回归结果
pd.DataFrame(
  {"Coeff.": slx.betas.flatten(),
   "Std. Error": slx.std_err.flatten(),
   "P-Value": [i[1] for i in slx.t_stat]},
  index=slx.name_x
).reindex(vars_of_interest).round(3).T    #结果详见本书附带的 ipynb 文件
```

可以看出：pg_House、pg_Townhouse、w_pg_Townhouse 三个自变量不具统计显著性（P-Value 值分别为：0.140、0.333、0.151）外，其余自变量都具统计显著性。此外，空间滞后自变量 w_pg_Condominium、w_pg_Other 的贡献均大于其对应的自变量 pg_Condominium、pg_Other。

B 空间误差模型（Spatial Error）

空间误差模型是指其误差项中包含空间滞后，即

$$\begin{cases} P_i = \alpha + \sum_{k=1}^{q} \boldsymbol{\beta}_k \boldsymbol{X}_{ki} + u_i \\ u_i = \lambda u_{\text{lag}-i} + \boldsymbol{\varepsilon}_i \end{cases} \tag{6-50}$$

其中，$u_{\text{lag-}i} = \sum_j w_{i,j} u_j$。

可以使用 spreg 中的 GM_Error、GM_Error_Het、GM_Error_Hom 等模型快速实现空间误差模型估计，求解误差项 λ。

此外，可以使用 spreg 中的 GM_Error_Regimes、GM_Error_Het_Regimes、GM_Error_Hom_Regimes 等模型快速实现分区空间误差模型估计。

以下代码使用 GM_Error_Het 模型快速实现空间误差模型估计，求解误差项 λ。

```
#空间误差模型(Spatial error)
spatial_error = spreg. GM_Error_Het(
    db[["log_price"]]. values,
    db[variable_names]. values,
    w=wq,
    name_y="log_price",
    name_x=variable_names
)
pd. DataFrame(
    {"Coeff. ": spatial_error. betas. flatten(),
     "Std. Error": spatial_error. std_err. flatten(),
     "P-Value": [i[1] for i in spatial_error. z_stat]},
    index=spatial_error. name_x
). reindex(["lambda"]). round(3)
```

输出如下：

Lambda:0. 402;Std. Error:0. 015;P-Value:0. 0

C 空间滞后模型（Spatial Lag）

空间滞后模型（Spatial Lag）是将依赖变量的空间滞后纳入回归模型，即

$$P_i = \alpha + \rho P_{\text{lag-}i} + \sum_k \beta_k X_{ki} + \varepsilon_i \tag{6-51}$$

可以使用 spreg 中的 GM_Lag 模型快速实现空间滞后模型估计，求解解释变量系数。主要代码如下：

```
spatial_lag = spreg. GM_Lag(
      db[["log_price"]]. values,
      db[variable_names]. values,
      w=wq,
      name_y="log_price",
      name_x=variable_names,
)
pd. DataFrame(
      {"Coeff. ": spatial_lag. betas. flatten(),
       "Std. Error": spatial_lag. std_err. flatten(),
       "P-Value": [i[1] for i in spatial_lag. z_stat]},
      index=spatial_lag. name_z
). round(3). T   #结果详见本书附带的 ipynb 文件
```

可以看出：pg_House、pg_Townhouse 两个自变量在空间滞后模型中仍不具统计显著性（P-Value 值分别为：0. 747、0. 459）。

此外，还可以使用 spreg 中的 GM_Lag_Regimes 模型快速实现分区空间滞后模型估计。

读者可以自行分析比较不同类型的空间回归模型中解释变量、解释变量空间滞后、空间误差、依赖变量空间滞后等对依赖变量的作用、贡献和影响。

6.5.9.4 GWR 与 MGWR 应用

地理加权回归（GWR）本质上是一种局部加权回归模型，根据每个空间对象的周围信息，逐个对象建立起回归方程，即每个对象都有自己的回归方程。GWR 最大的优势是考虑了空间对象的局部效应，允许参数估计局部变化，以将不同区域的空间异质性纳入模型，对传统的线性回归进行扩展。

多尺度地理加权回归（Multiscale Geographically Weighted Regression，MGWR）是地理加权回归的进一步优化，其相较于 GWR 放宽了不同参数对带宽的设置，即考虑了不同解释变量对因变量的空间作用尺度是不同的，这在描述空间异质性上更进了一步。

带宽的确定是实施 GWR、MGWR 的重要步骤。PySAL 的 mgwr 包为地理加权回归分析提供了 3 个主要类：GWR、MGWR 和 Sel_BW；Sel_BW 类可自动搜索获取最优带宽，该类实例化时的主要参数如下：

（1）coords：用于带宽选择的点（x，y）列表。

（2）y：因变量数组 $n \times 1$。

（3）X_glob：固定的解释变量数组 $n \times k_1$。

（4）X_loc：局部固定的解释变量数组 $n \times k_2$，包含常量。

（5）family：底层概率模型：Gaussian（ ）或 Poisson（ ）或 Binomial（ ），缺省为 Gaussian( )。

（6）kernel：核函数：'gaussian'或'bisquare'或'exponential'，缺省为'bisquare'。

（7）fixed：固定带宽（True）或自适应带宽（False）。

（8）multi：不同的变量可以有多个带宽（True，适用于 MGWR）或所有变量只有 1 个带宽（False，适用于 GWR），缺省为 False。

（9）constant：模型中是否包含截距，缺省为包含（True）。

（10）spherical：坐标为经纬度还是投影坐标，缺省为投影坐标（False）。

GWR、MGWR 的实例化参数与上述类同。

Sel_BW 类的 search( ) 方法为 gwr 模型选择一个唯一带宽，或为 mgwr 模型选择一个带宽向量（包含多个带宽），该方法的主要参数如下：

（1）search_method：搜索方法，'golden_section'或'interval'。

（2）criterion：带宽确定准则，'AICc'或'AIC'或'BIC'或'CV'。

（3）bw_min：用于带宽搜索的最小值。

（4）bw_max：用于带宽搜索的最大值。

（5）multi_bw_min：用于 mgwr 带宽搜索的最小值列表。

（6）multi_bw_max：用于 mgwr 带宽搜索的最大值列表。

（7）interval：'interval'搜索方法的间距值。

（8）tol：用来决定收敛的容差值。

（9）max_iter：如果没有收敛于 tol，最大迭代次数。

（10）pool：使用多处理器。

GWR 模型应用的主要代码如下：

```
g_y = db[["log_price"]].values.reshape((-1,1))
g_X = db[variable_names].values
u = db.geometry.x
v = db.geometry.y
g_coords = list(zip(u,v))
g_X = (g_X - g_X.mean(axis=0)) / g_X.std(axis=0)
g_y = (g_y - g_y.mean(axis=0)) / g_y.std(axis=0)
bw =Sel_BW(g_coords, g_y, g_X, fixed=False, spherical=True)
bw.search(pool=mypool)
这里为:441.0
model =GWR(g_coords, g_y, g_X, bw.bw[0])
results = model.fit()
results.summary()    #详见本书附带的 ipynb 文件
#模型拟合的 R2 以及 adjusted R2
round(results.R2,3), round(results.adj_R2,3)
这里为:(0.758, 0.742)
#残差平方和
round(results.resid_ss,3)
这里为 1478.976
```

可以看出：全局回归的残差平方和（2026.415）要大于地理加权回归的残差平方和（1478.976），而较低的残差平方和表明模型的拟合效果越好；此外，还可通过比较 R^2 和校正 R^2 来评估模型拟合效果，R^2 值越大空间回归效果越好，这里全局回归的 R^2 和校正 R^2 均为 0.668，GWR 的 R^2 和校正 R^2 为 0.758、0.742，说明 GWR 模型效果更佳。

另外，可以通过 localR2 了解局部回归模型与观测所得 y 值的拟合程度，若值非常低，则表示局部模型性能不佳，局部 R^2 有助于了解 GWR 对各区域预测的准确情况。如：

```
np.round (results.localR2 [: 5], 4) .T
这里为: array([[0.6522, 0.6966, 0.6111, 0.7693, 0.6787]])
```

MGWR 模型应用的主要代码如下：

```
# db 共有 6110 条记录,MGWR 计算量巨大,故对其进行 20%的采样
db_sample20 = db.sample(frac=0.2, replace=True, random_state=1)
g_y = db_sample20[["log_price"]].values.reshape((-1,1))
g_X = db_sample20[variable_names].values
u = db_sample20.geometry.x
v = db_sample20.geometry.y
g_coords = list(zip(u,v))
g_X = (g_X - g_X.mean(axis=0)) / g_X.std(axis=0)
g_y = (g_y - g_y.mean(axis=0)) / g_y.std(axis=0)
#使用多处理器
n_proc = 12
```

```
mypool =mp.Pool(n_proc)
mgwr_selector =Sel_BW(g_coords,g_y,g_X,multi=True)
mgwr_bw = mgwr_selector.search(multi_bw_min=[2], pool=mypool, max_iter=50)
print(mgwr_bw)
Backfitting:0%|          | 0/200 [00:00<?, ? it/s]
[104. 136. 124.  1220.  1220.  1220. 740. 490. 1220.  1128. 360. ]
mgwr_results =MGWR(g_coords,g_y,g_X,mgwr_selector).fit()
mgwr_results.summary()   #详见本书附带的 ipynb 文件
```

可以看出：在 MGWR 拟合中，各解释变量（constant、accommodates、bathrooms、bedrooms、beds、rt_Private_room、rt_Shared_room、pg_Condominium、pg_House、pg_Townhouse、pg_Other）的带宽分别为：104、136、124、1220、1220、1220、740、490、1220、1128、360。

MGWR 拟合结果汇总信息主要包含两大部分：

（1）全局回归结果信息：

1）残差平方和：424.147。

2）对数似然函数值：-1087.405。

3）AIC：2196.810。

4）AICc：2199.068。

5）BIC：-8183.936。

6）R2：0.653。

7）Adj. R2：0.650。

8）各解释变量估计信息：系数（Est）、标准差（SE）、t 统计量（Est/SE）、*p* 值。

（2）MGWR 估计结果信息：

1）空间核函数：Adaptive bisquare。

2）带宽优化准则：AICc。

3）变化分值（SOC）类型：Smoothing f。

4）MGWR 终止准则：10^{-5}。

5）MGWR 各解释变量的带宽信息：带宽、参数的有效数目（ENP_j）、Adj t-val（95%）、Adj alpha（95%）。

6）诊断信息：

①残差平方和：294.711。

②参数的有效数目（trace(S)）：99.393。

③自由度（n-trace(S)）：1122.607。

④ σ 估计值：0.512。

⑤对数似然函数值：-864.949。

⑥AIC：1930.683。

⑦AICc：1948.850。

⑧BIC：2443.514。

⑨R2：0.759。

⑩Adjusted R2：0.737。

7）MGWR 各解释变量估计汇总信息：Mean、STD、Min、Median、Max。

回归模型小结：根据地理学第一、第二定律，地理现象的分布具有空间依赖性（即空间自相关性、空间相似性）和空间异质性两种空间效应（Spatial Effects）。空间回归模型应充分考虑。

空间回归模型中重点关注空间依赖性的有：普通最小二乘法回归（spreg.OLS）是一种全局模型，主要关注因变量与解释变量间的依赖关系，模型参数不随空间位置变化而变化；空间滞后模型（GM_Lag、GM_Lag_Regimes 等）主要关注空间单元之间因变量的内生交互效应；自变量的空间滞后 SLX 模型主要关注空间单元之间解释变量的外生交互效应；空间误差模型（GM_Error、GM_Error_Het、GM_Error_Regimes 等）主要关注误差项的空间交互效应。

空间回归模型中重点关注空间异质性的有：spreg.OLS_Regimes 等模型主要关注回归模型中的 α 变化、β 不变，α 变化、β 也变化的两种类型的空间异质性；GWR 充分考虑各空间单元的异质性，每个空间单元建立局部回归方程，允许参数估计局部变化，要求所有解释变量使用相同的带宽（邻域）；MGWR 不仅允许解释变量系数随空间变化，且不同的系数具有不同的带宽，从而更全面地捕捉空间数据的复杂性。

Tip

本章小结：主要介绍了空间统计分析基础、空间自相关分析、空间点模式分析、聚类与区域化、空间回归分析及应用。其中，空间统计分析基础主要包括基本概念、数据归一化处理、基本统计量、正态 QQ 图和普通 QQ 图、z 得分与 p 值、空间关系概念化建模等内容；空间自相关分析主要包括空间权重矩阵、全局和局部空间自相关等内容；空间点模式分析主要包括点模式分析的基本概念、样方统计、基于距离的点模式分析等内容；聚类与区域化主要包括普通的聚类分析、带空间邻近约束的聚类分析——区域化等内容；空间回归分析及应用主要内容包括各种空间回归模型的基本原理，以及普通最小二乘法回归、空间回归中的空间异质性、空间回归中的空间依赖、GWR 与 MGWR 等的应用。

参 考 文 献

[1] Sebastian Müller, Lennart Schüler. GSTools [CP/OL]. 2018-2024 [2024-02-15]. https://geostat-framework.readthedocs.io/projects/gstools/en/stable/.

[2] Adrian Martinez Vargas. PyGSLIB [CP/OL]. 2016-2022 [2024-02-15]. https://opengeostat.github.io/pygslib/.

[3] PyKrige developers. PyKrige [CP/OL]. 2017-2024 [2024-02-17]. https://geostat-framework.readthedocs.io/projects/pykrige/en/stable/.

[4] PySAL developers. PySAL [CP/OL]. 2018-2024 [2024-02-17]. https://pysal.org/pysal/.

[5] Scipy Teams. Scipy [CP/OL]. 2006-2024 [2024-02-17]. https://scipy.org/.

[6] Scikit-learn developers. Sklearn [CP/OL]. 2007-2024 [2024-02-17]. https://scikit-learn.org/stable/.

[7] Rey Sergio J, et al. Geographic Data Science with Python [M/OL]. 2020 [2024-02-15]. https://geographicdata.science/book/intro.html.

7 空间变异分析与克里金模型

地统计（Geostatistics）又称地质统计，是以区域化变量为基础，借助变异函数，通过统计推断和建模来描述和解释地理现象的空间分布、变异性和相关性。

关于空间相关性建模，前面已经介绍了 Moran 指数等描述地理实体之间的空间自相关性（全局的/局部的），其中的地理实体是可区分、可识别、有边界的；对于区域化变量的连续性变化（没有单个地理实体的概念），这些空间相关性指标并不适用，需要使用半变异函数或协方差函数度量其空间自相关性。

本章以区域化变量为基础，主要介绍以下内容：

（1）区域化变量分析基础。

（2）半变异函数的理论模型与拟合。

（3）克里金模型。

（4）半变异函数及克里金模型应用。

本章涉及的详细示例代码，详见本书附带的 ipynb 文件。

7.1 区域化变量分析基础

7.1.1 区域化变量的特征

区域化变量是呈现一定空间分布的变量，它反映了区域内的某种特征或现象。区域化变量具有两个显著特征：即随机性和空间自相关性。

（1）随机性：区域化变量是一个随机变量，它具有局部的、随机的、异常的特征。大多数情况下，统计学假设大量样本是服从正态分布，地统计学也不例外。在获得数据后首先应对数据进行分析，若不符合正态分布的假设，应对数据进行变换，转为符合正态分布的形式，并尽量选取可逆的变换形式。

（2）空间自相关性：地统计学认为研究区域中的所有样本值都是随机过程的结果，即所有样本值都不是相互独立的，它们是遵循一定的内在规律的，区域化变量具有一定的结构性特点，即变量在点 s 与 $s+h$ 处的值 $Z(s)$、$Z(s+h)$ 具有某种程度的空间自相关。这里 s 仅标识位置，可将其视为包含空间 x（经度）和 y（纬度）坐标，h 为包含大小和方向的空间距离向量，也称为空间滞后（Lag）。

区域化变量还具有空间局限性、不同程度的连续性和不同程度的各向异性等特征。

7.1.2 区域化变量的平稳性假设

区域化变量是连续变化的，为了提高研究结果的精度，总是希望能够获取区域化变量更多、更全面的属性值。然而，在实际研究、工作中，由于人力、成本、资源等外部条件限制，不可能对全部未知区域加以采样与测量，而往往只能得到研究区域内有限数量的采样点及相关的属性值。因此，需要考虑选取合适的空间采样点，采用合适的数学模型，对研究区域未知位置的属性加以预测。预测的前提是需要满足以下平稳性条件。

(1) 均值平稳，即假设均值是不变的，并且与位置无关。$E(Z(s))=E(Z(s+h))=m$。

(2) 二阶平稳，即假设具有相同的距离和方向的任意两点的协方差是相同的，协方差只与这两点的距离方向相关而与位置无关。

7.1.3 区域化变量两种测度

区域化变量可以使用相似性、相异性两种测度进行度量。

7.1.3.1 区域化变量相似性度量——协方差函数

协方差表示两个随机变量之间的差异。概率论中，随机变量 X 与 Y 的协方差定义为：

$$\mathrm{Cov}(X,\ Y)=E[(X-E(X))(Y-E(Y))]=E(XY)-E(X)E(Y)$$

借鉴上式，对于区域化变量 Z：

$$\begin{aligned}\mathrm{Cov}(Z(s),\ Z(s+h))&=E(Z(s)Z(s+h))-E(Z(s))E(Z(s+h))\\&=E(Z(s)Z(s+h))-m^2=C(h)\end{aligned}$$

即有式（7-1）：

$$C(h)=E(Z(s)Z(s+h))-m^2 \tag{7-1}$$

当 $h=0$ 时，式（7-1）变为式（7-2）：

$$C(0)=E(Z(s)^2)-m^2=\mathrm{Var}(Z(s))=\sigma^2 \tag{7-2}$$

σ^2 为 $Z(s)$ 变量的方差。

对于离散化随机变量有式（7-3）：

$$C(h)=\frac{1}{N(h)}\sum_{i=1}^{N(h)}[Z(s_i)-\overline{Z}(s_i)][Z(s_i+h)-\overline{Z}(s_i+h)] \tag{7-3}$$

式中，$Z(s)$ 为区域化随机变量，并满足二阶平稳假设，即随机变量 $Z(s)$ 的空间分布规律不因位移而改变；h 为两样本点的空间距离；$Z(s_i)$ 为 $Z(s)$ 在空间点 s_i 处的样本值；$N(h)$ 为分隔距离为 h 的样本点对总数。

7.1.3.2 区域化变量相异性度量——半变异函数

半变异函数（Semivariogram）又称半变差函数、半变异矩，是地统计分析的特有函数。区域化变量 $Z(s)$ 在点 s 和 $s+h$ 处的值 $Z(s)$、$Z(s+h)$ 差的方差的一半称为区域化变量 $Z(s)$ 的半变异函数，记为 $\gamma(h)$，$2\gamma(h)$ 称为变异函数。

根据方差定义：$D(X)=\mathrm{Var}(X)=E([X-E(X)]^2)=E(X^2)-[E(X)]^2$

有

$$\gamma(h)=\frac{1}{2}\mathrm{Var}[Z(s)-Z(s+h)]=\frac{1}{2}(E([Z(s)-Z(s+h)])^2-(E[Z(s)]-E[Z(s+h)])^2)$$

区域化变量 $Z(s)$ 满足二阶平稳假设，因此对于任意的 h 有：$E(Z(s))=E(Z(s+h))=m$

因此，半变异函数可改写为式（7-4）：

$$\gamma(h)=\frac{1}{2}E([Z(s)-Z(s+h)])^2 \tag{7-4}$$

$$\gamma(h)=\frac{1}{2}E([Z(s)-Z(s+h)])^2=E[Z(s)^2]-E[Z(s)Z(s+h)]$$

依据 $C(h)=E(Z(s)Z(s+h))-m^2$ 、$C(0)=E(Z(s)^2)-m^2$，可得式（7-5）：

$$\gamma(h)+C(h)=C(0) \tag{7-5}$$

或式（7-6）：

$$\gamma(h)=C(0)-C(h) \tag{7-6}$$

根据相关系数 $\rho(X, Y)$ 的定义：$\rho(X, Y)=\dfrac{\mathrm{Cov}(X, Y)}{\sqrt{\mathrm{Var}(X)\mathrm{Var}(Y)}}$

区域化变量 $Z(s)$ 的自相关系数 $\rho(h)$ 为：

$$\rho(h)=\frac{C(h)}{C(0)}=\frac{C(h)}{\sigma^2}\rightarrow C(h)=\rho(h)C(0)=\rho(h)\sigma^2 \tag{7-7}$$

当 $h=0$，有 $\rho(0)=\dfrac{C(0)}{C(0)}=1$。

依据式（7-6），半变异函数与协方差函数关系，还可写为式（7-8）：

$$\gamma(h)=C(0)(1-\rho(h))=\sigma^2(1-\rho(h)) \tag{7-8}$$

半变异函数与协方差函数上述关系的图形表达如图 7-1 所示。

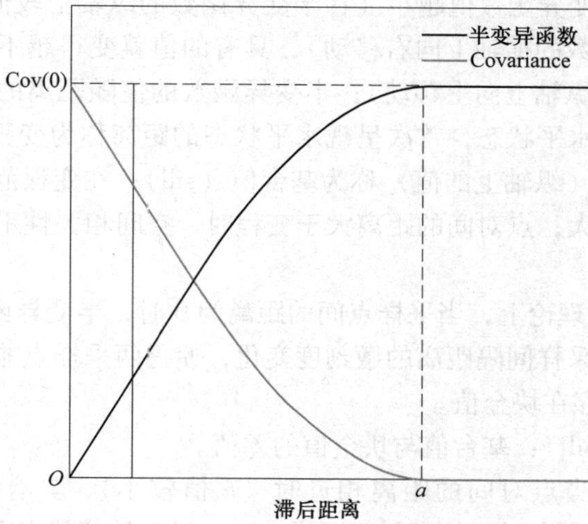

图 7-1 半变异函数-协方差函数叠合图

离散情况下，半变异函数的估计可写为式（7-9）：

$$\hat{\gamma}(h)=\frac{1}{2N(h)}\sum_{i=1}^{N(h)}[Z(s_i)-Z(s_i+h)]^2 \tag{7-9}$$

从上述关系可以看出：既可用半变异函数、也可用协方差来估计点对之间的空间相关性，但一般使用半变异函数，因为它的估计不需要知道均值。

7.1.3.3 半变异函数的特征

半变异函数和协方差函数将地理学第一定律加以量化。半变异函数描述点对间的差异度，协方差函数描述点对间的相似度。当点对间彼此距离较小时，它们应该是相似的，因此协方差值较大，而半变异函数值较小；反之，协方差值较小，而半变异函数值较大。半变异函数的值随着距离的加大而增加，协方差的值随着距离的加大而减小，如图 7-2 所示。

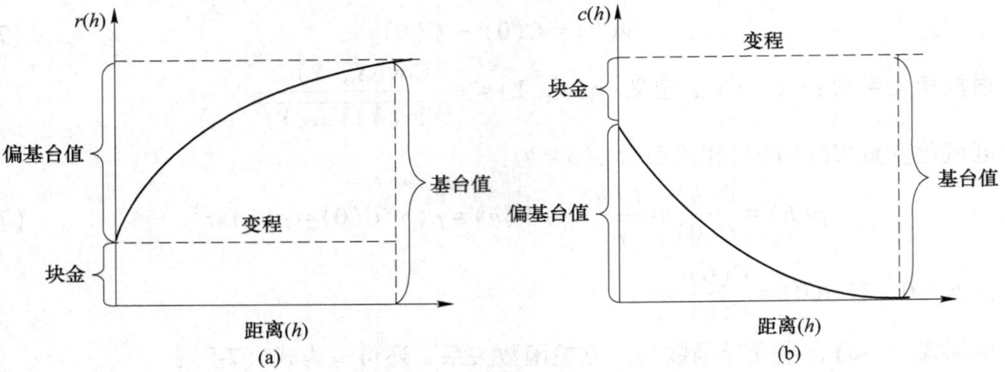

图 7-2 半变异函数-协方差函数图

对于半变异函数，点对间的距离越近（h 值较小，在半变异函数的横轴上最左侧），具有的值就越相似，半变异函数值越小（在半变异函数的纵轴上较低处）；点对间的距离变得越远（在半变异函数的横轴上向右移动），具有的值就变得越不同，差值的平方就会更高（在半变异函数的纵轴上向上移动）；半变异函数的值随距离的增大而增加，当距离增大到特定距离处呈现水平状态，首次呈现水平状态的距离称为变程（range），在变程处半变异函数所获得的值（纵轴上的值）称为基台值（sill）；在变程范围内，点对间的距离越小，其空间相关性越大；点对间的距离大于变程时，空间相关性不存在，数据不能用于内插或外推。

块金值（nugget）：理论上，当采样点间的距离为 0 时，半变异函数值应为 0，但由于测量误差的存在和小于采样间隔距离的微刻度变化，使得两采样点非常接近时，它们的半变异函数值不为 0，即存在块金值。

偏基台值（partial sill）：基台值与块金值的差值。

对于协方差函数，当点对间的距离相近时（h 值较小），具有的值就越相似，协方差（相关性）值较大；当点对间的距离逐渐增大时，具有的值就变得越来越不相似，协方差（相关性）值越来越小；点对间的距离大于变程时，协方差为 0；由 $\gamma(h) + C(h) = C(0)$ 可以推断出 $C(0) = \text{Sill}$。

7.1.4 地统计分析包 GSTools 概述

地统计（geostatistics）分析的研究对象是区域化变量，也即空间随机场（Spatial Random Field）。GSTools 是一个强大的地统计分析和建模的 Python 库，提供了丰富的功能和工具，用于空间随机场建模、半变异函数拟合、克里金插值与模拟等。

GSTools 的主要功能包括：

（1）空间随机场建模：GSTools 提供了多种方法和模型，用于生成地理属性的随机场。这些模型包括球形模型、高斯模型、指数模型等，可以根据不同的需求生成符合实际情况的地理、地质数据。GSTools 支持任意和非各向同性协方差或半变异函数模型。

（2）变异函数估计与拟合：GSTools 提供了估计、拟合半变异函数的功能，可以根据已知点的属性值和位置信息，自动拟合适合数据的变异函数，帮助分析数据的空间变异性和不确定性。

（3）克里金插值：GSTools 支持多种（简单的、普通的、通用的、带漂移的）克里金插值方法的实现，使用户能够在地理、地质属性数据中进行空间插值，以获取未知位置的属性值估计。

（4）克里金模拟：使用已知点的属性值和位置信息，GSTools 可以创建克里金模型，并可使用该模型进行模拟，生成具有与已知数据相似空间变异性的新数据。

GSTools 提供的子包（subpackages）有：

（1）covmodel：提供了多种协方差/半变异函数模型，如：Linear、Circular、Spherical、HyperSpherical、SuperSpherical、Gaussian、Exponential、Stable、Integral、Matern、Rational、Cubic、JBessel、TPLGaussian 等。

（2）field：提供了生成空间随机场的类、方法，如 SRF、CondSRF 类等。

（3）variogram：提供了经验半变异函数估计的方法，如 standard_bins( )、vario_estimate( )、vario_estimate_axis( )。协方差/半变异函数模型提供的 fit_variogram( )用于根据经验半变异函数拟合理论模型。

（4）krige：提供了克里金模型，如 Krige、Simple、Ordinary、Universal、ExtDrift、Detrended。

（5）random：提供了随机数生成的 RNG、MasterRNG 类。

（6）tools：提供了 vtk、几何等相关操作。

（7）transform：提供了随机场变换功能。

（8）normalizer：提供了随机场标准化的几个模型。

7.2 半变异函数的理论模型与拟合

7.2.1 半变异函数的理论模型概述

半变异函数的值为非负值，且具有变程、基台值、块金值等特征，符合半变异函数特征的主要模型有：线性模型、球形模型、圆形模型、五维球状模型、高斯模型、指数模型、Stable 模型等；这些模型分为两大类：

（1）具有固定变程的模型。具有固定变程的模型，其变程（range）是确定的、不变的，如线性（Linear）模型、圆形（Circular）模型、球形（Spherical）模型、五维球状（Pentaspherical）模型等；它们的几何形状如图 7-3 所示。

（2）具有渐近变程的模型。该类模型具有渐近的变程（range），如指数（Exponential）模型、Whittle 模型、高斯（Gaussian）模型、Stable 模型等；它们的几何形

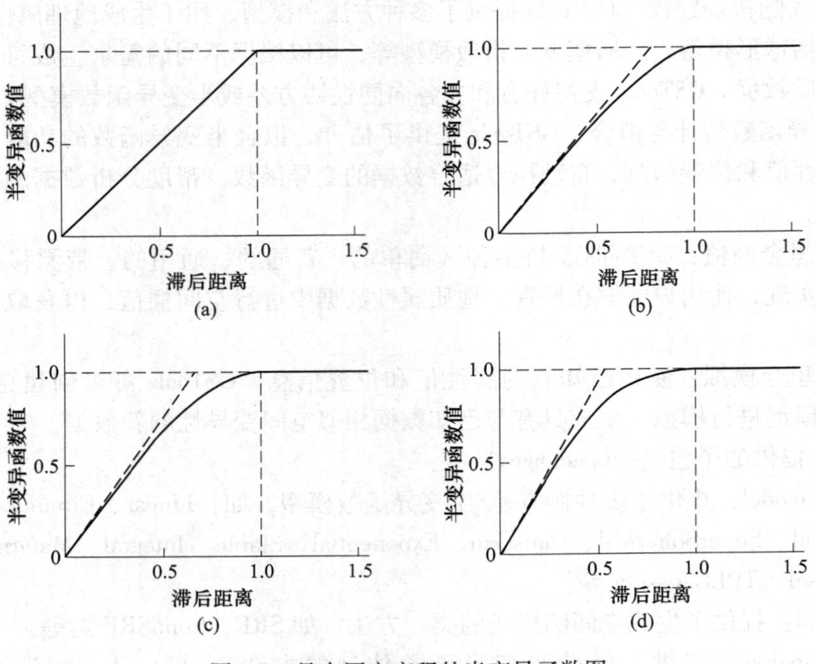

图 7-3 具有固定变程的半变异函数图

（a）边界线性模型；（b）圆形模型；（c）球形模型；（d）五维球状模型

状如图 7-4 所示，图中模型经过缩放处理，使得函数达到其 sill 的 0.95，近似为 1（图上的垂直线标记）。

7.2.2 具有固定变程的理论模型

具有固定变程的理论模型具有确定的变程，以下这些模型的变程（range）均为 a，也即距离大于 a 后，$Z(h)$ 的点对之间的自相关性消失。

（1）线性模型。

$$\gamma(h)=\begin{cases} c\left(\dfrac{h}{a}\right), & h \leqslant a \\ c, & h > a \end{cases} \tag{7-10}$$

c 为基台值（sill）$=C(0)=\sigma^2$，a 为变程（range）。这时自相关系数为：

$$\rho(h)=\begin{cases} 1-\dfrac{h}{a}, & h \leqslant a \\ 0, & h > a \end{cases} \tag{7-11}$$

（2）球形模型（Spherical Model）。

$$\gamma(h)=\begin{cases} c\left[\dfrac{3h}{2a}-\dfrac{1}{2}\left(\dfrac{h}{a}\right)^3\right], & h \leqslant a \\ c, & h > a \end{cases} \tag{7-12}$$

式中，c 为基台值（sill）$=C(0)=\sigma^2$；a 为变程（range）。

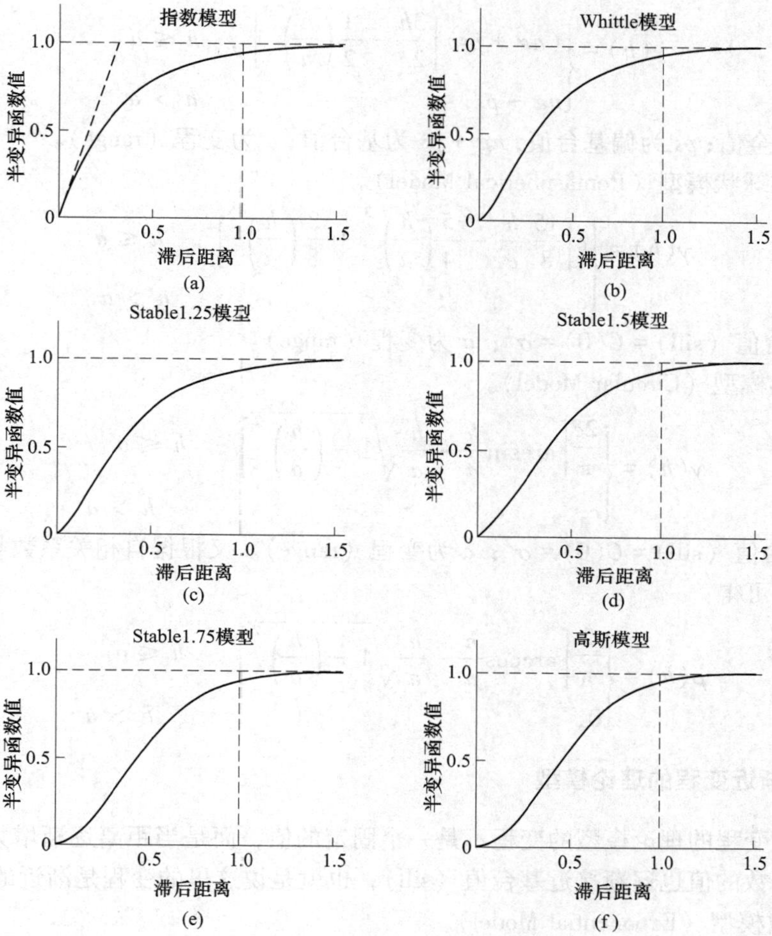

图 7-4　具有渐近变程的半变异函数图

(a) $\alpha = 1$(exponential), $r = 0.333$; (b) Whittle, $r = 0.25$; (c) $\alpha = 1.25$(stable), $r = 0.416$; (d) $\alpha = 1.5$(stable), $r = 0.478$; (e) $\alpha = 1.75$(stable), $r = 0.533$; (f) $\alpha = 2$(Gaussian), $r = \frac{1}{\sqrt{3}}$

根据自相关系数与半变异函数之间的关系 $\rho(h) = 1 - \dfrac{\gamma(h)}{C(0)}$，可得：

$$\rho(h) = \begin{cases} 1 - \dfrac{3h}{2a} + \dfrac{1}{2}\left(\dfrac{h}{a}\right)^3, & h \leqslant a \\ 0, & h > a \end{cases} \tag{7-13}$$

根据协方差函数与自相关系数之间的关系 $C(h) = \rho(h)C(0) = \rho(h)\sigma^2$，可得其协方差模型为：

$$C(h) = \begin{cases} c\left[1 - \dfrac{3h}{2a} + \dfrac{1}{2}\left(\dfrac{h}{a}\right)^3\right], & h \leqslant a \\ 0, & h > a \end{cases} \tag{7-14}$$

也有文献用块金值（nugget）和偏基台值（partial sill）来表达半变异函数模型，如球形模型写为：

$$\gamma(h)=\begin{cases}(ng+ps)\left[\dfrac{3h}{2a}-\dfrac{1}{2}\left(\dfrac{h}{a}\right)^3\right], & h\leqslant a\\ ng+ps, & h>a\end{cases}\tag{7-15}$$

式中，ng 为块金值；ps 为偏基台值；$ng+ps$ 为基台值；a 为变程（range）。

（3）五维球状模型（Pentaspherical Model）。

$$\gamma(h)=\begin{cases}c\left[\dfrac{15}{8}\dfrac{h}{a}-\dfrac{5}{4}\left(\dfrac{h}{a}\right)^3+\dfrac{3}{8}\left(\dfrac{h}{a}\right)^5\right], & h\leqslant a\\ c, & h>a\end{cases}\tag{7-16}$$

式中，c 为基台值（sill）$=C(0)=\sigma^2$；a 为变程（range）。

（4）圆形模型（Circular Model）。

$$\gamma(h)=\begin{cases}\dfrac{2c}{\pi}\left[\arcsin\dfrac{h}{a}+\dfrac{h}{a}\sqrt{1-\left(\dfrac{h}{a}\right)^2}\right], & h\leqslant a\\ c, & h>a\end{cases}\tag{7-17}$$

式中，c 为基台值（sill）$=C(0)=\sigma^2$；a 为变程（range）。又根据自相关系数与半变异函数之间的关系，可得：

$$\rho(h)=\begin{cases}\dfrac{2}{\pi}\left[\arccos\dfrac{h}{a}-\dfrac{h}{a}\sqrt{1-\left(\dfrac{h}{a}\right)^2}\right], & h\leqslant a\\ 0, & h>a\end{cases}\tag{7-18}$$

7.2.3 具有渐近变程的理论模型

具有渐近变程的理论模型的变程不是一个固定的值，而是当距离逐渐增大到一定程度时，半变异函数的值也逐渐接近基台值（sill），也就是说这里的变程是渐近的。

（1）指数模型（Exponential Model）。

$$\gamma(h)=c(1-e^{-\frac{h}{r}})\tag{7-19}$$

式中，c 为基台值（sill），当 $h=3r$ 时，$\gamma(h)\approx c$，所以该模型的变程近似为 $3r$。该模型的自相关系数为：$\rho(h)=e^{-\frac{h}{r}}$。

（2）Whittle 模型（Whittle Model）。

$$\gamma(h)=c\left(1-\frac{h}{r}K_1\frac{h}{r}\right)\tag{7-20}$$

式中，参数 c 为基台值（sill）；K_1 为改进的第二类贝塞尔函数（感兴趣的读者可查阅相关文献）。

（3）高斯模型（Gaussian Model）。

$$\gamma(h)=c(1-\mathrm{e}^{-\left(\frac{h}{r}\right)^2})\tag{7-21}$$

式中，c 为基台值（sill），但 r 不是变程，由于当 $h=\sqrt{3}r$ 时：

$$1-\mathrm{e}^{-\frac{h^2}{r^2}}=1-\mathrm{e}^{-3}\approx 0.95\approx 1$$

即当 $h=\sqrt{3}r$ 时，$\gamma(h)\approx c$。

所以该模型的变程近似为 $\sqrt{3}r$。

该模型的自相关系数为：$\rho(h)=\mathrm{e}^{-\left(\frac{h}{r}\right)^2}$

（4）Stable 模型（Stable Model）。Stable 模型使用参数 $\alpha\in(0,\ 2]$ 对高斯模型进行改进，即

$$\gamma(h)=c\left(1-\mathrm{e}^{-\left(\frac{h}{r}\right)^\alpha}\right) \tag{7-22}$$

式中，c 为基台值（sill），这里的 $\rho(h)=\mathrm{e}^{-\left(\frac{h}{r}\right)^\alpha}$。

7.2.4 经验半变异函数的计算

经验（实验）半变异函数是指应用观测值计算得到的半变异函数。对于不同方向、不同空间距离 h 的点对，可以计算出相应的经验半变异函数的值。

7.2.4.1 点对的空间搜索

经验半变异函数的计算，首先需要搜索不同方向上不同空间距离 h 的点对。

对于一维情况，只需在一个坐标轴方向上找到不同空间距离的点对，如图 7-5 和图 7-6 所示，总共有 10 个观测点，可以找到空间滞后 h 为 0、0.5、1.0、1.5、…、4.5 的点对数分别为 10、9、8、7、…、1，然后计算其对应的经验半变异函数的值。

s_i	$z(s_i)$	Δ_0^2	$\Delta_{0.5}^2$	$\Delta_{1.0}^2$	$\Delta_{1.5}^2$	$\Delta_{2.0}^2$	$\Delta_{2.5}^2$	$\Delta_{3.0}^2$	$\Delta_{3.5}^2$	$\Delta_{4.0}^2$	$\Delta_{4.5}^2$
7.0	3.2	0.0	1.21	3.24	10.89	22.09	24.01	18.49	16.81	12.25	6.76
7.5	4.3	0.0	0.49	4.84	12.96	14.44	10.24	9.00	5.76	2.25	
8.0	5.0	0.0	2.25	8.41	9.61	6.25	5.29	2.89	0.64		
8.5	6.5	0.0	1.96	2.36	1.0	0.64	0.04	0.49			
9.0	7.9	0.0	0.04	0.16	0.36	1.44	4.41				
9.5	8.1	0.0	0.36	0.64	1.96	5.29					
10.0	7.5	0.0	0.04	0.64	2.89						
10.5	7.3	0.0	0.36	2.25							
11.0	6.7	0.0	0.81								
11.5	5.8	0.0									
	$\sum\Delta_h^2$	0.0	7.52	22.74	38.97	50.15	43.99	30.87	23.21	14.50	6.76
	$n(h)$	10	9	8	7	6	5	4	3	2	1
	$\lambda(h)$	0.0	0.42	1.42	2.78	4.18	4.40	3.85	3.86	3.62	3.38

图 7-5 半变异函数计算表

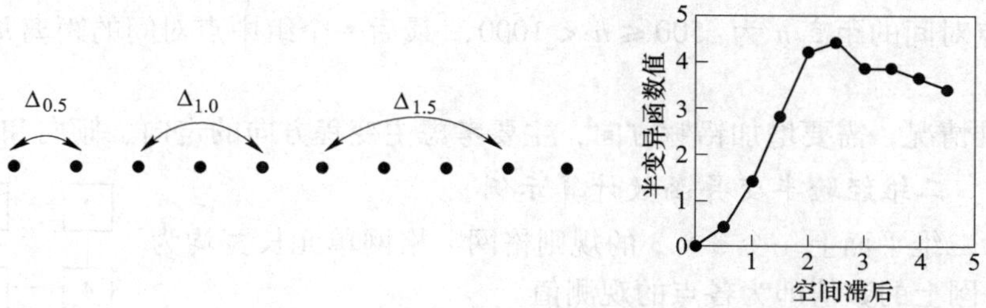

图 7-6 不同距离点对示意图

对于二维情况，需要按方向、按距离间隔，对点对进行分组。方向通常按东西、南北、北东-南西、北西-南东 4 个方向进行划分，还可以根据问题的需要进行更细的划分；

按方向划分之后，然后在每个方向按相等距离间隔（步长）如 L，对点对进行分组，分为空间滞后分别为 L、$2L$、$3L$、$4L$、$\cdots$ 的点对组，并分组计算经验半变异函数的值。

按方向、按距离等间隔划分时，可以指定相应的方向容差 δ、距离容差 t_h（通常为步长的一半），如图 7-7 所示。

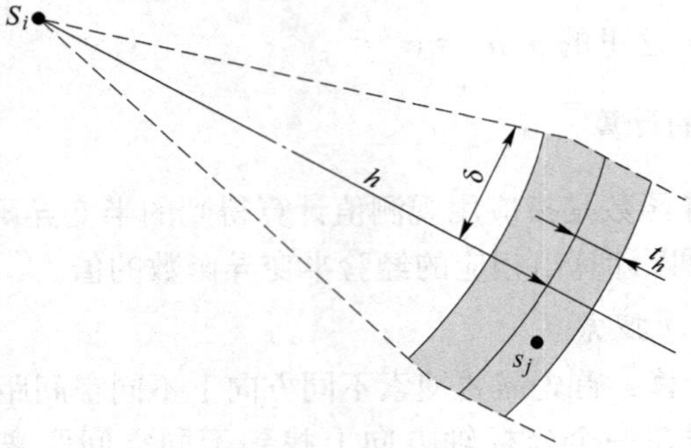

图 7-7 方向距离划分示意图

分组计算时，先计算组内各点对的经验半变异函数值，然后计算组内各点对的平均值，作为该组的唯一一个经验半变异函数值，即每一个分组对经验半变异函数图只贡献一个值，如图 7-8 所示。

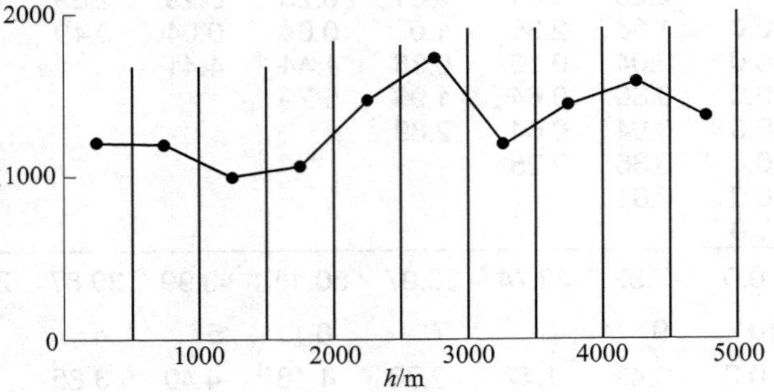

图 7-8 点对分组计算示意图

如图 7-8 所示，分组的步长为 500 m，第一个组中点对间的距离 h 为：$0 \leqslant h < 500$，第二个组中点对间的距离 h 为：$500 \leqslant h < 1000$，最后一个组中点对间的距离 h 为：$4500 \leqslant h < 5000$。

对于三维情况，需要增加铅锤方向，主要考虑主变程方向的走向、倾向和倾角。

7.2.4.2 二维经验半变异函数计算示例

图 7-9 为二维平面上一个 3 × 3 的规则格网，格网单元长宽均为 1 个单位，格网上的数值即为各点的观测值。

以下按东西、南北、北东-南西、北西-南东 4 个方向进行划分。

（1）东西、南北方向按相等距离间隔 1 个单位进行分组，可以计算空间滞后分别为 1 个单位、2 个单位的点对组的经验半变异函数的值。

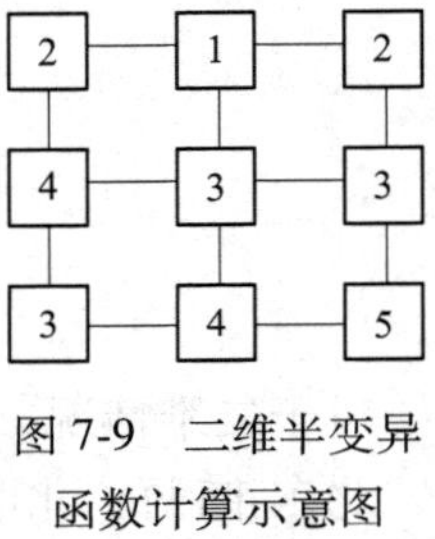

图 7-9 二维半变异函数计算示意图

$$\gamma_{东西}(1)=\frac{1}{2\times 6}(1^2+1^2+1^2+0^2+1^2+1^2)=0.42$$

$$\gamma_{东西}(2)=\frac{1}{2\times 3}(0^2+1^2+2^2)=0.83$$

$$\gamma_{南北}(1)=\frac{1}{2\times 6}(2^2+1^2+2^2+1^2+1^2+2^2)=1.25$$

$$\gamma_{南北}(2)=\frac{1}{2\times 3}(1^2+3^2+3^2)=3.17$$

（2）北东-南西、北西-南东方向按相等距离间隔 $\sqrt{2}$ 个单位进行分组，可以计算空间滞后分别为 $\sqrt{2}$ 个单位、$2\sqrt{2}$ 个单位的点对组的经验半变异函数的值。

$$\gamma_{北东\text{-}南西}(\sqrt{2})=\frac{1}{2\times 4}(3^2+0^2+1^2+1^2)=1.38$$

$$\gamma_{北东\text{-}南西}(2\sqrt{2})=\frac{1}{2\times 1}(1^2)=0.5$$

$$\gamma_{北西\text{-}南东}(\sqrt{2})=\frac{1}{2\times 4}(2^2+1^2+2^2+0^2)=1.13$$

$$\gamma_{北西\text{-}南东}(2\sqrt{2})=\frac{1}{2\times 1}(3^2)=4.5$$

根据各方向分组计算结果，可以大致了解主变程方向、次变程方向。

7.2.5 根据经验半变异函数拟合理论模型

经验半变异函数仅给出了区域化变量有限方向有限距离有限点对的半变异函数的值，要预测未知点上的值以及创建预测表面，需要根据经验半变异函数拟合特定的理论模型。

根据经验半变异函数拟合理论模型主要步骤：

（1）选择合适的半变异函数理论模型：如球状模型、高斯模型、指数模型等，需要估计模型的参数，如变程（range）、块金值（nugget）C_0、偏基台值（partial sill）C 等。

（2）选择合适的参数估计方法：如最小二乘估计等。

（3）模型拟合度检验：对拟合的半变异函数模型进行拟合度检验，可以使用统计指标如均方根误差（RMSE）来评估模型的拟合程度。

（4）模型比较与选择：如果需要，可以选择不同的半变异函数理论模型进行比较，比较不同模型的拟合度和预测性能，选择最适合的半变异函数模型。

（5）应用：克里金插值并生成预测表面。

最小二乘估计是最常用的参数估计方法，基本思想是：将观测数据的实际值（这里的点对的经验半变异函数）与模型的预测值之间差的平方和作为目标函数，通过最小化目标函数来估计模型参数。

7.3 克里金模型

7.3.1 克里金模型概述

对于区域化变量 $Z(s)$，可以表达为由确定性趋势部分 $\mu(s)$ 和随机自相关误差 $\varepsilon(s)$ 两部分组成，即克里金模型通用表达式：

$$Z(s) = \mu(s) + \varepsilon(s) \tag{7-23}$$

（1）简单克里金（Simple Kriging）模型假设：对于所有位置 s，$\mu(s)$ 为已知常量 m，即模型为：

$$Z(s) = m + \varepsilon(s) \tag{7-24}$$

（2）普通克里金（Ordinary Kriging）模型假设：对于所有位置 s，$\mu(s)$ 为未知常量 μ，即模型为：

$$Z(s) = \mu + \varepsilon(s) \tag{7-25}$$

（3）泛克里金（Universal Kriging）模型假设：对于所有位置 s，$\mu(s)$ 为确定性函数，如坐标 x、y 的二阶多项式函数：

$$\mu(s) = \beta_0 + \beta_1 x + \beta_2 y + \beta_3 x^2 + \beta_4 y^2 + \beta_5 xy \tag{7-26}$$

（4）指示克里金（Indicator Kriging）模型，对 $Z(s)$ 进行二值变换，给定一个阈值 Z_t，当 $Z(s) \geqslant Z_t$ 时，取值为 1，当 $Z(s) < Z_t$ 时，取值为 0，指示克里金模型为：

$$I(s) = \mu + \varepsilon(s)$$

$$I(s) = \begin{cases} 1, Z(s) \geqslant Z_t \\ 0, Z(s) < Z_t \end{cases} \tag{7-27}$$

（5）概率克里金（Probability Kriging）模型假设：

$$\begin{cases} I(s) = I(Z(s) \geqslant Z_t) = \mu_1 + \varepsilon_1(s) \\ Z(s) = \mu_2 + \varepsilon_2(s) \end{cases} \tag{7-28}$$

式中，μ_1 和 μ_2 为未知常量；$I(s)$ 为通过使用阈值指示 $I(Z(s) \geqslant Z_t)$ 创建的二值变量。

该模型有两种随机误差 $\varepsilon_1(s)$ 和 $\varepsilon_2(s)$，它们各自存在自相关，并且它们之间存在互相关。

（6）析取克里金（Disjunctive Kriging）模型，对 $Z(s)$ 进行任意的函数 $f(Z(s))$ 变换，即

$$f(Z(s)) = \mu_1 + \varepsilon(s) \tag{7-29}$$

式中，μ_1 为一个未知常量。

（7）协同克里金（Cokriging）模型处理多个变量的自相关与互相关，如两个变量的普通协同克里金模型：

$$\begin{cases} Z_1(s) = \mu_1 + \varepsilon_1(s) \\ Z_2(s) = \mu_2 + \varepsilon_2(s) \end{cases} \tag{7-30}$$

式中，μ_1 和 μ_2 为未知常量。

7.3.2 普通克里金插值原理及公式推导

克里金插值方法非常丰富，以下主要介绍普通克里金插值，其他克里金插值方法可参阅相关文献。

对于区域化变量 $Z(s)$，假设有 n 个已知位置的样本点，属性值分别为 $Z(s_1)$，$Z(s_2)$，…，$Z(s_n)$，其中 s_i 表示样本点的空间位置，对于未知点 s_0 的普通克里金插值 $\hat{Z}(s_0)$ 表示为：

$$\hat{Z}(s_0)=\sum_{i=1}^{n}\lambda_i Z(s_i) \tag{7-31}$$

式中，λ_i 为 s_i 样本点对未知点 s_0 属性值的贡献，即权重，也是需要估计的参数，需要满足残差的方差最小和无偏估计两个条件：

$$\begin{cases}\min(\mathrm{Var}(\hat{Z}(s_0)-Z(s_0)))\\E(\hat{Z}(s_0)-Z(s_0))=0\end{cases} \tag{7-32}$$

式中，$Z(s_0)$ 为未知点 s_0 的真实值。

Note

温馨提示：为表述简洁，以下叙述中对位置点 s_i 的表述有时直接使用点的索引序号 i。

普通克里金 $Z(s)=\mu+\varepsilon(s)$ 插值满足一、二阶平稳性假设条件，即对于区域化变量 $Z(s)$ 空间任意一点 s，都有相同的期望 μ 与方差 σ^2，也即

$$\begin{cases}Z(s)=\mu+\varepsilon(s)\\E(Z(s))=\mu\\\mathrm{Var}(Z(s))=\mathrm{Var}(\varepsilon(s))=\sigma^2\end{cases} \tag{7-33}$$

7.3.2.1 无偏约束条件

无偏估计条件 $E(\hat{Z}(s_0)-Z(s_0))=0$，将 $\hat{Z}(s_0)=\sum_{i=1}^{n}\lambda_i Z(s_i)$ 代入，则有

$$E(\sum_{i=1}^{n}\lambda_i Z(s_i)-Z(s_0))=0 \tag{7-34}$$

又因为对于空间任意一点 s 都有 $E(Z(s))=\mu$，则 $\mu\sum_{i=1}^{n}\lambda_i-\mu=0$，即

$$\sum_{i=1}^{n}\lambda_i=1 \tag{7-35}$$

这是 λ_i 的约束条件之一。

7.3.2.2 目标函数构建

几个引理：

（1）引理 1

$$E((\sum_{i=1}^{n}\lambda_i Z(s_i))^2)=\sum_{i=1}^{n}\sum_{j=1}^{n}\lambda_i\lambda_j E(Z(s_i)Z(s_j)) \tag{7-36}$$

（2）引理 2

$$\mathrm{Var}\left(\sum_{i=1}^{n}\lambda_i Z(s_i)\right)=\sum_{i=1}^{n}\sum_{j=1}^{n}\lambda_i\lambda_j\mathrm{Cov}(s_i,s_j) \quad (7\text{-}37)$$

（3）引理 3

$$\gamma(s_i-s_j)=\gamma(s_i-s)+\gamma(s_j-s)-\mathrm{Cov}(s_i-s,s_j-s) \quad (7\text{-}38)$$

目标函数为：

$$J=\mathrm{Var}(\hat{Z}(s_0)-Z(s_0))=\sigma^2(s_0)=\mathrm{Var}\left(\sum_{i=1}^{n}\lambda_i Z(s_i)-Z(s_0)\right)$$

因 $\sum_{i=1}^{n}\lambda_i=1$，可写为：

$$J=\mathrm{Var}\left(\sum_{i=1}^{n}\lambda_i Z(s_i)-\sum_{i=1}^{n}\lambda_i Z(s_0)\right)=\mathrm{Var}\left(\sum_{i=1}^{n}\lambda_i(Z(s_i)-Z(s_0))\right)$$

根据引理 2，目标函数写为：

$$J=\sum_{i=1}^{n}\sum_{j=1}^{n}\lambda_i\lambda_j\mathrm{Cov}(s_i-s_0,s_j-s_0)$$

根据引理 3，上式可写为：

$$J=\sum_{i=1}^{n}\sum_{j=1}^{n}\lambda_i\lambda_j(\gamma(s_i-s_0)+\gamma(s_j-s_0)-\gamma(s_i-s_j))$$

再次利用 $\sum_{i=1}^{n}\lambda_i=1$，上式进一步可写为：

$$J=\sum_{i=1}^{n}\lambda_i\gamma(s_i-s_0)+\sum_{j=1}^{n}\lambda_j\gamma(s_j-s_0)-\sum_{i=1}^{n}\sum_{j=1}^{n}\lambda_i\lambda_j\gamma(s_i-s_j)$$

上式前两项是相同的，所以目标函数最后写为：

$$J=\sigma^2(s_0)=2\sum_{i=1}^{n}\lambda_i\gamma(s_i-s_0)-\sum_{i=1}^{n}\sum_{j=1}^{n}\lambda_i\lambda_j\gamma(s_i-s_j) \quad (7\text{-}39)$$

7.3.2.3 目标函数最优解

目标是寻找使 J 最小的一组 λ_i，直接将 J 对 λ_i 求偏导数并令其为 0，即

$$\frac{\partial J}{\partial\lambda_i}=0;i=1,2,\cdots,n$$

需要注意的是：λ_i 的最优解还需满足 $\sum_{i=1}^{n}\lambda_i=1$，这是一个带约束条件的最优化问题。使用拉格朗日乘数法求解，求解方法为构造一个新的目标函数：

$$L=2\sum_{i=1}^{n}\lambda_i\gamma(s_i-s_0)-\sum_{i=1}^{n}\sum_{j=1}^{n}\lambda_i\lambda_j\gamma(s_i-s_j)+2\phi\left(\sum_{i=1}^{n}\lambda_i-1\right) \quad (7\text{-}40)$$

目标函数对未知数 λ_i 求偏导，即

$$\frac{\partial L}{\partial\lambda_i}=2\gamma(s_i-s_0)-2\sum_{i=1}^{n}\lambda_i\gamma(s_i-s_j)+2\phi=0,i=1,2,\cdots,n \quad (7\text{-}41)$$

最终方程组为：

$$\sum_{i=1}^{n}\lambda_i\gamma(s_1,s_i)-\phi=\gamma(s_1,s_0)$$

$$\vdots$$

$$\sum_{i=1}^{n}\lambda_i\gamma(s_n,s_i)-\phi=\gamma(s_n,s_0)$$

$$\sum_{i=1}^{n}\lambda_i=1 \tag{7-42}$$

求解上述方程组可以得到 λ_i、ϕ 的值。

对上述 n 个方程分别乘以 λ_1、λ_2、…、λ_n，然后相加得到：

$$\sum_{i=1}^{n}\lambda_i\sum_{j=1}^{n}\lambda_j\gamma(s_i,s_j)=\sum_{i=1}^{n}\lambda_i\gamma(s_i,s_0)+\phi\sum_{i=1}^{n}\lambda_i \tag{7-43}$$

$J=\sigma^2(s_0)$ 代入上述表达式，得到：

$$J=\sigma^2(s_0)=2\sum_{i=1}^{n}\lambda_i\gamma(s_i,s_0)-\sum_{i=1}^{n}\lambda_i\gamma(s_i,s_0)-\phi \tag{7-44}$$

即 $Z(s_0)$ 的估计方差为：

$$\sigma^2(s_0)=\sum_{i=1}^{n}\lambda_i\gamma(s_i,s_0)-\phi \tag{7-45}$$

$Z(s_0)$ 的估计值为：

$$\hat{Z}(s_0)=\sum_{i=1}^{n}\lambda_i Z(s_i) \tag{7-46}$$

方程组的矩阵表达为：

$$\begin{pmatrix}\gamma(s_1,s_1) & \cdots & \gamma(s_n,s_1) & 1\\ \vdots & \ddots & \vdots & \vdots\\ \gamma(s_1,s_n) & \cdots & \gamma(s_n,s_n) & 1\\ 1 & \cdots & 1 & 0\end{pmatrix}\begin{pmatrix}\lambda_1\\ \vdots\\ \lambda_n\\ -\phi\end{pmatrix}=\begin{pmatrix}\gamma(s_0,s_1)\\ \vdots\\ \gamma(s_0,s_n)\\ 1\end{pmatrix} \tag{7-47}$$

方程组的解为：

$$\begin{pmatrix}\lambda_1\\ \vdots\\ \lambda_n\\ -\phi\end{pmatrix}=\begin{pmatrix}\gamma(s_1,s_1) & \cdots & \gamma(s_n,s_1) & 1\\ \vdots & \ddots & \vdots & \vdots\\ \gamma(s_1,s_n) & \cdots & \gamma(s_n,s_n) & 1\\ 1 & \cdots & 1 & 0\end{pmatrix}^{-1}\begin{pmatrix}\gamma(s_0,s_1)\\ \vdots\\ \gamma(s_0,s_n)\\ 1\end{pmatrix} \tag{7-48}$$

由协方差与半变异函数之间的关系，方程组也可以用协方差表示：

$$\begin{pmatrix}\mathrm{Cov}(s_1,s_1) & \cdots & \mathrm{Cov}(s_n,s_1) & 1\\ \vdots & \ddots & \vdots & \vdots\\ \mathrm{Cov}(s_1,s_n) & \cdots & \mathrm{Cov}(s_n,s_n) & 1\\ 1 & \cdots & 1 & 0\end{pmatrix}\begin{pmatrix}\lambda_1\\ \vdots\\ \lambda_n\\ -\phi\end{pmatrix}=\begin{pmatrix}\mathrm{Cov}(s_0,s_1)\\ \vdots\\ \mathrm{Cov}(s_0,s_n)\\ 1\end{pmatrix} \tag{7-49}$$

7.3.3 克里金插值步骤

克里金插值一般步骤：

（1）数据预处理，半变异函数估计要求区域化变量（观测数据）服从正态分布。对于不满足正态分布的数据，可以通过 LogNormal、BoxCox 等数据变换或去趋势化（detrend）处理，满足正态分布条件。

（2）对于观测数据，两两计算距离与经验半变异函数值。

（3）根据经验半变异函数拟合理论模型，从而能根据任意距离计算出相应的半变异函数值。

（4）根据拟合后的理论模型，计算所有已知点之间的半变异函数值 $\gamma(i, j)$。

（5）对于未知点 Z_0，计算它到所有已知点 Z_i 的距离 d_{i0}，并根据拟合后的理论模型，估计半方差 γ_{i0}。

（6）求解方程组，得到最优的 λ_i。

（7）使用最优 λ_i 对已知点的属性值进行加权求和，得到未知点 Z_0 的估计值，即 $\hat{Z}_0 = \sum_{i=1}^{n} \lambda_i Z_i$。

7.3.4　使用交叉验证评估插值结果

任何插值模型的作用就是要对未知点的值进行预测（插值），而未知点的真实值是不知道的，那么如何才能知道模型是否对这些值进行了准确可靠的预测？一种常用且广泛使用的方法，即交叉验证方法，可用来评估插值的准确度和可靠性。

交叉验证是一种留一法（leave-one-out，留一个不选）重采样方法，该方法首先使用所有 n 个输入点来估计插值模型的参数。然后移除某个输入点 s_i 并使用剩余的 $n-1$ 个点来预测 s_i 位置处的值，再将预测值与测量值进行比较。接下来，将 s_i 点添加回数据集，并对不同点进行移除和预测。对所有输入点重复此过程。

7.4　半变异函数及克里金模型应用

本节结合两个实例，主要阐述如何应用 GSTools 提供的空间随机场建模、变异函数估计与拟合、克里金插值与模拟等功能。

7.4.1　地下含水层导水性建模

本实例的数据来源于某局部区域地下含水土层的导水性数据，主要进行各向同性半变异函数估计与拟合、特定方向半变异函数估计与拟合、不同理论模型拟合比较等探索性分析建模工作。

该实例包括两个数据文件：

（1）grid_dim_origin_spacing. txt：网格划分的元数据，包括网格的行列数（320，200）、原点坐标（0，0）和 x、y 方向网格单元的尺寸（0.5，0.5），单位为 m。

（2）transmissivity. txt：各网格单元对应的导水系数。

7.4.1.1　创建网格

根据网格划分元数据（grid_dim_origin_spacing. txt）创建用于估计经验半变异函数的网格，这里先假设半变异函数各向同性。代码如下：

```
import gstools as gs
matplotlib.rc("font",family='FangSong') #使用仿宋字体
datapath = '../data/chap06/'
```

```
#读取网格划分元数据及相应网格单元的导水系数(transmissivity)
dim, origin, spacing = np.loadtxt(datapath + "grid_dim_origin_spacing.txt")
# np.log()对网格单元的导水系数进行对数变换
log_T = np.log(np.loadtxt(datapath + "transmissivity.txt"))
#根据网格划分元数据生成各网格单元的x、y坐标
x_s = np.arange(origin[0], origin[0] + dim[0] * spacing[0], spacing[0])
y_s = np.arange(origin[1], origin[1] + dim[1] * spacing[1], spacing[1])
#提取部分网格单元(样本数据),用于半变异函数估计与拟合
idx_x, idx_y = np.mgrid[20:180:10, 20:180:10]
idx_x, idx_y = idx_x.flatten(), idx_y.flatten()
obs_x = x_s[idx_x]
obs_y = y_s[idx_y]
obs_val = log_T[idx_x, idx_y].reshape(-1)
#绘制研究区域导水系数分布及样本数据,详见本书附带的ipynb文件。
```

7.4.1.2 各向同性半变异函数估计与拟合

研究区域划分为（320，200）的网格，为减少计算工作量，提取子网格作为样本，进行经验半变异函数估计及理论模型的拟合，拟合结果如图 7-10 所示。主要代码如下：

```
#样本数据分组
bins = np.linspace(0, 70, 22)
#经验半变异函数估计,得到各分组中心及对应的经验半变异函数值
bin_center, gamma = gs.vario_estimate((obs_x, obs_y), obs_val, bins)
#根据经验半变异函数进行理论模型的拟合,这里先选择Spherical理论模型
fit_model = gs.Spherical(dim=2)
fit = fit_model.fit_variogram(bin_center, gamma, nugget=False, return_r2=True)
print("拟合系数的R²= {:.3}".format(fit[2]))
拟合系数的R²= 0.955
print("各向同性半变异函数模型:", fit_model)
各向同性半变异函数模型: Spherical(dim=2, var=0.0188, len_scale=37.6, nugget=0.0)
#绘制经验半变异函数各分组中心及对应的经验半变异函数值以及拟合后的理论模型图
ax = fit_model.plot(x_max=max(bin_center))
ax.scatter(bin_center, gamma)
ax.plot(bin_center, gamma)
ax.set_xlabel(r"Distance $r$ / m")
ax.set_ylabel(r"Variogram");
```

7.4.1.3 特定方向半变异函数估计与拟合

在上一小节中，假设区域化变量 log_T 各向同性，使用 vario_estimate() 方法对样本数

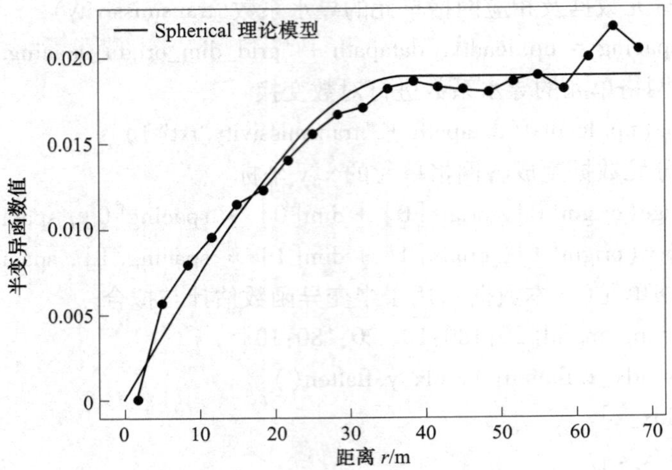

图 7-10 经验半变异函数理论模型拟合结果图

据进行了经验半变异函数的估计。另外，可以使用 vario_estimate_axis( )方法对特定方向的经验半变异函数进行估计。x、y 方向半变异函数估计与拟合结果如图 7-11 所示，详见本书附带的 ipynb 文件。主要代码如下：

```
#提取部分数据,x、y 方向的步长均为 10
x_s_skip = np.ravel(x_s)[::10]
y_s_skip = np.ravel(y_s)[::10]
t_skip = log_T[::10, ::10]
#按方向进行经验半变异函数估计
gamma_x = gs.vario_estimate_axis(t_skip, direction="x")
gamma_y = gs.vario_estimate_axis(t_skip, direction="y")
#从部分数据中提取样本数据
x_plot = x_s_skip[:21]
y_plot = y_s_skip[:21]
#理论模型拟合
fit_model_x = gs.Spherical(dim=2)
fit_model_x.fit_variogram(x_plot, gamma_x[:21], nugget=False)
fit_model_y = gs.Spherical(dim=2)
fit_model_y.fit_variogram(y_plot, gamma_y[:21], nugget=False)
print("x 方向的半变异函数模型:\n", fit_model_x)
x 方向的半变异函数模型：
Spherical(dim=2, var=0.0207, len_scale=38.0, nugget=0.0)
print("y 方向的半变异函数模型:\n", fit_model_y)
y 方向的半变异函数模型：
Spherical(dim=2, var=0.0377, len_scale=1.13e+02, nugget=0.0)
#绘制分组经验半变异函数、各向同性拟合、特定方向拟合图
```

```
plt.figure()
(line,) = plt.plot(bin_center, gamma, label="各向同性半变异函数估计值")
plt.plot( bin_center,fit_model.variogram(bin_center), color=line.get_color(),
   linestyle="--",label="各向同性半变异函数期望(理论)值"
)
(line,) = plt.plot(x_plot, gamma_x[:21], label="x 方向半变异函数估计值")
plt.plot( x_plot, fit_model_x.variogram(x_plot), color=line.get_color(),
   linestyle="--",label="x 方向半变异函数理论值")
(line,) = plt.plot(y_plot, gamma_y[:21], label="y 方向半变异函数估计值")
plt.plot( y_plot,fit_model_y.variogram(y_plot),  color=line.get_color(),
   linestyle="--", label="y 方向半变异函数理论值",
)
```

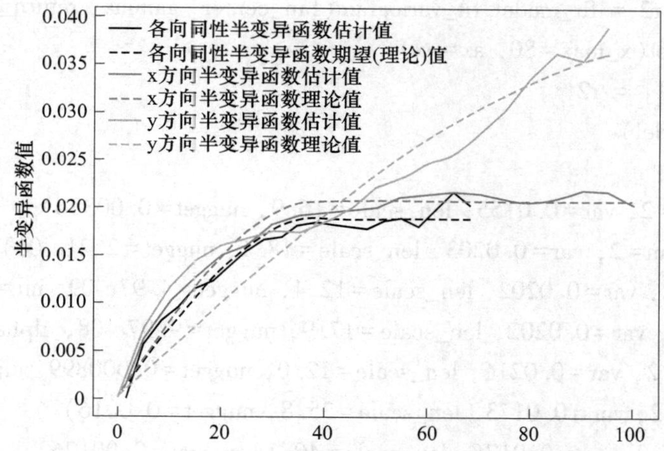

图 7-11　x、y 方向半变异函数估计与拟合结果

可以看出，采用 Spherical 理论模型进行各向同性、x 与 y 特定方向的半变异函数拟合，拟合的基台值分别为（0.0188、0.0207、0.0377）、变程分别为（37.6、38、113），y 方向的变程差异明显。

7.4.1.4　不同理论模型拟合比较

以下采用几种协方差/半变异函数理论模型 Gaussian、Exponential、Matern、Stable、Rational、Circular、Spherical、SuperSpherical 对经验半变异函数进行拟合，仅通过拟合的 R^2 进行比较。不同理论模型拟合比较结果如图 7-12 所示。

```
#采用几种协方差/半变异函数理论模型进行拟合
models = {
   "Gaussian": gs.Gaussian,
   "Exponential": gs.Exponential,
   "Matern": gs.Matern,
   "Stable": gs.Stable,
```

```
    "Rational": gs.Rational,
    "Circular": gs.Circular,
    "Spherical": gs.Spherical,
    "SuperSpherical": gs.SuperSpherical
}
scores = {}
#绘制半变异函数估计的散点图
plt.scatter(bin_center, gamma, color="k", label="data")
ax = plt.gca()
#对半变异函数估计拟合所有的理论模型
for model in models:
    fit_model = models[model](dim=2)
    para, pcov, r2 = fit_model.fit_variogram(bin_center, gamma, return_r2=True)
    fit_model.plot(x_max=80, ax=ax)
    scores[model] = r2
    print(fit_model)
```

输出结果如下：

```
Gaussian(dim=2, var=0.0155, len_scale=16.9, nugget=0.00336)
Exponential(dim=2, var=0.0203, len_scale=18.1, nugget=2.21e-06)
Matern(dim=2, var=0.0202, len_scale=12.4, nugget=4.97e-09, nu=0.533)
Stable(dim=2, var=0.0202, len_scale=17.9, nugget=9.97e-08, alpha=1.02)
Rational(dim=2, var=0.0216, len_scale=12.0, nugget=0.000899, alpha=0.5)
Circular(dim=2, var=0.0173, len_scale=35.8, nugget=0.0016)
Spherical(dim=2, var=0.0176, len_scale=40.1, nugget=0.00126)
SuperSpherical(dim=2, var=0.0186, len_scale=1.96e+02, nugget=0.000652, nu=50.0)
```

```
ranking = sorted(scores.items(), key=lambda item: item[1], reverse=True)

print("RANKING by Pseudo-r2 score")
for i, (model, score) in enumerate(ranking, 1):
    print(f"{i:>6}. {model:>15}: {score:.3}")
```

输出如下：

```
RANKING by Pseudo-r2 score
     1.          Matern: 0.977
     2.          Stable: 0.977
     3.     Exponential: 0.977
     4.        Rational: 0.974
     5.  SuperSpherical: 0.968
     6.       Spherical: 0.959
```

7.　　　　Circular：0.955
8.　　　　Gaussian：0.941

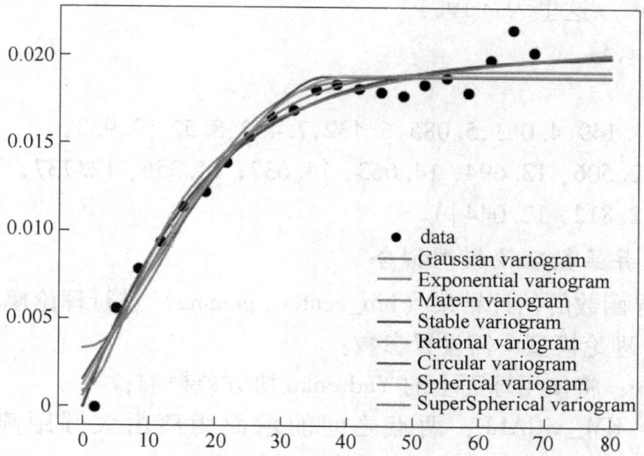

图 7-12　不同理论模型拟合比较结果图

可以看出：仅从拟合的 R^2 角度看，以上 8 种理论模型的拟合结果都非常满意，拟合的 R^2 都大于 0.94，Matern、Stable、Exponential、SuperSpherical 模型，都在 0.97 左右，最小的 Gaussian 模型为 0.941。

7.4.2　区域温度插值与模拟

本实例的数据来源于某区域温度分布观测数据，主要进行经验半变异函数估计、半变异函数理论模型拟合、多种克里金插值与模拟等探索性分析建模工作。

该实例包括两个数据文件：

（1）borders. txt：研究区域边界多边形特征点经纬度坐标。

（2）temperature. txt：研究区域各观测站点的温度，格式为 id、lat、lon、temp。

7.4.2.1　经验半变异函数估计

本实例中观测站点的坐标为经纬度表达，在使用 standard_bins( )、vario_estimate( ) 方法进行经验半变异函数估计时，需将参数 latlon 设置为 True。

使用 standard_bins( ) 进行点对分组时，选择 8°作为最大分组距离，对应的弦长约为 900 km。实现代码如下：

```
import gstools as gs
datapath = '../data/chap06/'
border = np.loadtxt(datapath + "borders.txt")
ids, lat, lon, temp = np.loadtxt(datapath + "temperature.txt").T
#首先按距离对数据点对进行分组,选择 8°作为最大分组距离,对应的弦长约为 900 km。
#然后进行经验半变异函数估计,得到各分组的经验半变异函数值
bins = gs.standard_bins((lat, lon), max_dist=np.deg2rad(8), latlon=True)
```

```
bin_center, gamma = gs.vario_estimate(
    (lat, lon), temp, bin_edges=bins,latlon=True)
bin_center.shape    #这里为:(19,)
np.round(gamma,3)
```

输出如下：

```
array([ 2.374,3.149,4.061,5.085,6.432,7.452,8.52 ,9.933,
    11.242, 12.506, 13.694, 14.663, 14.637, 14.356, 12.737, 11.672,
    12.654, 12.812, 12.044])
```

7.4.2.2 半变异函数理论模型拟合

根据经验半变异函数的估计结果（bin_center，gamma）进行理论模型拟合时，由于 x、y 坐标为地理坐标，理论模型中需设置参数：

（1）latlon=True：将使用球面上的 Yadrenko 协方差模型；

（2）rescale=gs.KM_SCALE：两点之间的球面距离由大圆距离弧度表达变换为 km（千米）长度表达。

理论模型可以选择合适的协方差/半变异函数模型，这里先使用 Spherical 模型，然后对常用的几种模型进行比较。常用的几种半变异函数理论模型拟合结果如图 7-13 所示。具体实现代码如下：

```
#根据经验半变异函数拟合球形理论模型,这里的 x、y 坐标为地理坐标
#理论模型中需设置参数:latlon=True,rescale=gs.KM_SCALE
model = gs.Spherical(latlon=True, rescale=gs.KM_SCALE)
model.fit_variogram(bin_center, gamma, nugget=False)
print(model)
```

Spherical 模型拟合结果：

```
Spherical(latlon=True, var=13.1, len_scale=5.93e+02, nugget=0.0, rescale=6.37e+03)
```

采用几种协方差/半变异函数理论模型进行拟合：

```
models = {
    "Gaussian": gs.Gaussian,
    "Exponential": gs.Exponential,
    "Matern": gs.Matern,
    "Stable": gs.Stable,
    "Rational": gs.Rational,
    "Circular": gs.Circular,
    "Spherical": gs.Spherical,
    "SuperSpherical": gs.SuperSpherical
}
scores = {}
#绘制半变异函数估计的散点图
plt.scatter(bin_center, gamma, color="k", label="data")
ax = plt.gca()
```

```
#对半变异函数估计拟合所有的理论模型
for model in models:
    fit_model = models[model](dim=2, latlon=True, rescale=gs.KM_SCALE)
    para, pcov, r2 = fit_model.fit_variogram(
        bin_center, gamma, return_r2=True, nugget=False)
    fit_model.plot(x_max=max(bin_center), ax=ax)
    scores[model] = r2
    print(fit_model)
```

模型拟合结果：

```
Gaussian(latlon=True, var=13.0, len_scale=2.65e+02, nugget=0.0, rescale=6.37e+03)
Exponential(latlon=True, var=14.3, len_scale=2.96e+02, nugget=0.0, rescale=6.37e+03)
Matern(latlon=True, var=13.4, len_scale=1.51e+02, nugget=0.0, rescale=6.37e+03, nu=1.35)
Stable(latlon=True, var=13.2, len_scale=2.61e+02, nugget=0.0, rescale=6.37e+03, alpha=1.52)
Rational(latlon=True, var=13.0, len_scale=2.61e+02, nugget=0.0, rescale=6.37e+03, alpha=24.4)
Circular(latlon=True, var=13.2, len_scale=5.29e+02, nugget=0.0, rescale=6.37e+03)
Spherical(latlon=True, var=13.1, len_scale=5.93e+02, nugget=0.0, rescale=6.37e+03)
SuperSpherical(latlon=True, var=13.1, len_scale=5.93e+02, nugget=0.0, rescale=6.37e+03, nu=1.0)
```

```
ranking = sorted(scores.items(), key=lambda item: item[1], reverse=True)
print("RANKING by Pseudo-r2 score")
for i, (model, score) in enumerate(ranking, 1):
    print(f"{i:>6}. {model:>15}: {score:.3}")
```

模型拟合的 R^2 值：

```
RANKING by Pseudo-r2 score
     1.        Circular: 0.95
     2.       Spherical: 0.946
     3.  SuperSpherical: 0.946
     4.          Stable: 0.916
     5.          Matern: 0.907
     6.        Rational: 0.903
     7.        Gaussian: 0.903
```

8. Exponential: 0. 893

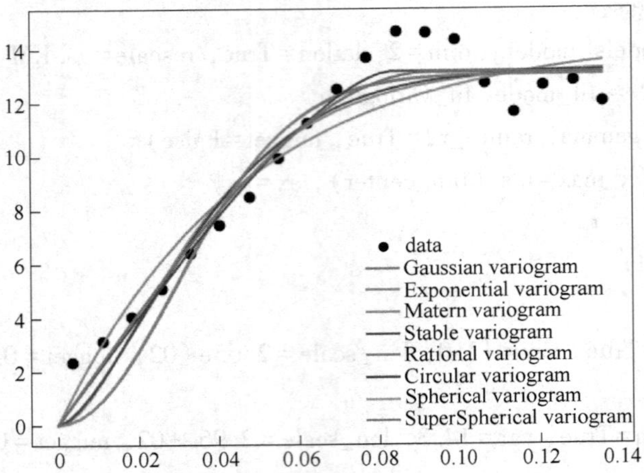

图 7-13 常用的几种协方差/半变异函数理论模型拟合结果图

7. 4. 2. 3 克里金插值与模拟

这里假设温度与纬度线性相关，使用带漂移的克里金（Universal Kriging，通用克里金，也即泛克里金）插值。具体实现代码如下：

```
#假设温度与纬度的线性相关,使用南北漂移
def north_south_drift(lat, lon):
    """南北漂移(趋势)与纬度呈线性关系。"""
    return lat
model = gs.Circular(latlon=True, rescale=gs.KM_SCALE)
model.fit_variogram(bin_center, gamma, nugget=False)
uk = gs.krige.Universal( model=model,cond_pos=(lat, lon),cond_val=temp,
    drift_functions=north_south_drift  #插值前考虑漂移函数
)
#拟合温度随纬度变化的线性回归模型
regress = stats.linregress(lat, temp)
trend = lambda x, y: regress.intercept + regress.slope * x
dk = gs.krige.Detrended(model=model,cond_pos=(lat, lon),cond_val=temp,
trend=trend  #插值前考虑去趋势
)
#普通克里金插值
ok = gs.krige.Ordinary( model=model,cond_pos=(lat, lon),cond_val=temp)
#通过定义覆盖某个范围的经纬度网格,生成克里金场
slat = np.arange(47, 56.1, 0.1)
slon = np.arange(5, 16.1, 0.1)
fld_uk =uk((slat, slon), mesh_type="structured", return_var=False)
```

```
mean  =uk((slat, slon), mesh_type="structured", only_mean=True)
fld_dk  =dk((slat, slon), mesh_type="structured", return_var=False)
fld_ok  =ok((slat, slon), mesh_type="structured", return_var=False)
```

查看生成的场、输入数据以及估计的平均值，以及通过经度为 10°(slon[50])的横截面查看估计的南北漂移和趋势，详见本书附带的 ipynb 文件。

Tip

本章小结：主要介绍了区域化变量分析基础、半变异函数的理论模型与拟合、克里金模型、半变异函数及克里金模型的应用。其中：区域化变量分析基础主要包括区域化变量的平稳性假设、相似性测度（协方差函数）、相异性测度（半变异函数），以及两种测度的关系和特征等内容；半变异函数的理论模型与拟合主要包括具有固定变程和渐近变程的半变异函数理论模型、根据经验半变异函数拟合理论模型等内容；克里金模型主要包括常用的克里金模型、克里金插值原理及步骤、效果评估等内容；半变异函数及克里金模型的应用结合两个实例，介绍了如何应用 GSTools 进行空间随机场建模、半变异函数估计与拟合、克里金插值与模拟等内容。

参 考 文 献

[1] Sebastian Müller, Lennart Schüler. GSTools [CP/OL]. 2018-2024 [2024-02-15]. https://geostat-framework.readthedocs.io/projects/gstools/en/stable/.

8 空间分布不均及空间分布动态性分析

空间分布不均和空间分布动态性分析关注地理空间中资源、机会和社会现象的分布不均、相互隔离以及随时间变化的动态性。

空间分布不均主要包括空间不平等和空间隔离两种类型。空间不平等关注地理空间中资源、权力、机会和福利的分布不均现象。这种不平等可能基于地理位置、社会经济地位、种族、性别、年龄等因素，可能导致某些地区或人群享有更多的资源和机会，而其他地区或人群则面临资源匮乏和机会限制。空间隔离关注地理空间中不同地区或空间单元之间的隔离程度，这种分析可以揭示不同类型的空间隔离现象，如种族隔离、社会隔离、经济隔离等。通过空间统计方法，可以量化空间隔离的程度，并进一步分析其影响因素和空间模式。

空间分布动态性分析关注地理空间中事物分布的变化趋势和模式，帮助理解地理现象随时间变化的规律，揭示空间分布背后的动态过程和机制。

本章主要介绍空间不平等、空间隔离和空间分布动态性分析三方面的内容。

本章涉及的详细示例代码，详见本书附带的 ipynb 文件。

8.1 空间不平等测度

Inequality 字面意思为不平等、不平衡、不均匀、不均衡，如人们通常说的社会地位、人权、教育、工作机会和收入等方面的不平等、不均衡。

空间不平等（Spatial Inequality）是指资源和服务在不同地区或地点的不平等分配，如教育、医疗保健、福利、公共服务、家庭收入和基础设施等。这些特征在空间上的分布可以用接近、距离、集群和集中来描述。在地理空间上，不同区域（地区、县、省、国家）显示出不同的空间不平等。

常用的不平等测度有：二八法则、Gini 指数和 Theil 指数。

本节使用的数据为美国各县 1969—2017 年每年的人均收入，通过计算常用的不平等测度，分析美国各县的人均收入差异。

8.1.1 二八法则

衡量分配不平等的一个常用指标是二八法则，也称为 20：20 比率，它的定义是第 80 个百分位数的收入与第 20 个百分位数的收入之比。实现的主要代码如下：

```
import libpysal; import esda; import inequality; import matplotlib
matplotlib.rc("font",family='FangSong') #使用中文仿宋字体
datapath = '../data/chap06/'
gdf = gpd.read_file(datapath + 'uscountypcincome.geojson')
```

```
gdf.shape  #(3076, 77)
top20, bottom20 = gdf["1979"].quantile([0.8, 0.2])
```

top20(bottom20)对象包含边界值，该边界值将分布的顶部（底部）20%与其余部分分开。有了这些，可以生成比率：

```
round(top20 / bottom20, 2)  #这里为:1.41
```

可以看出：1979 年，最富有的 20%县的收入是最贫穷的 20%县的 1.41 倍。20∶20 比率的优点是对分布顶部和底部的异常值具有稳健性。

计算每年的 20∶20 比率，通过绘图可以得到不同年份 20∶20 比率的随时间变化趋势。主要代码如下：

```
def ineq_20_20(values):
    top20, bottom20 = values.quantile([0.8, 0.2])
    return top20 / bottom20
years = np.arange(1969, 2018).astype(str)
ratio_2020 = gdf[years].apply(ineq_20_20, axis=0)
ax = plt.plot(years, ratio_2020)  #为节省篇幅,此处略去绘图
```

8.1.2 基尼指数（Gini Index）

基尼指数（Gini Index、Gini Coefficient）是常用于衡量一个国家或地区的居民收入差异状况的分析指标，其定义如下：首先收集一个国家或地区所有人的收入，并从少至大排序，分组计算累积函数（Cumulative Function），然后绘制人口累积、收入累积分布曲线，即洛伦兹曲线（Lorenz Curve），如图 8-1 所示，图中横轴为人口比例的累积值，纵轴是收入比例的累积值；图中过坐标原点的 45°直线，称为收入分配绝对平等线，实际收入分配曲线即洛伦兹曲线在绝对平等线的右下方。假设收入最低的前 1%的人其收入占比为 1%，前 2%的人收入占比为 2%，…，前 99%的人收入占比为 99%，那么洛伦兹曲线就与收入分配绝对平等直线重合，此时所有人的收入都均等。

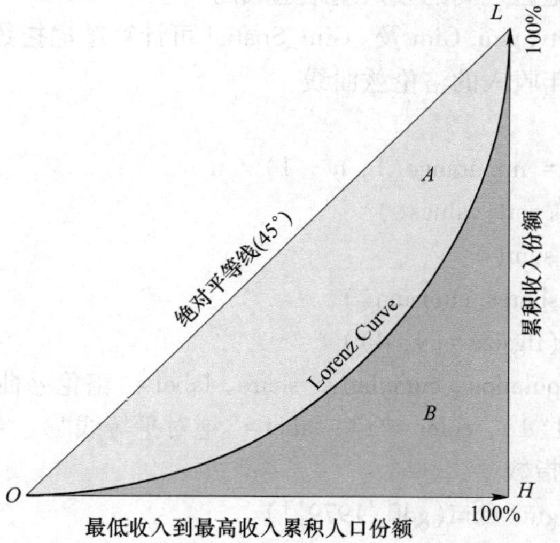

图 8-1 洛伦兹曲线

为了定量地更精确地反映不平衡程度，将洛伦兹曲线与45°直线之间的部分 A 叫作“不平等面积”，当收入分配达到完全不平等时，洛伦兹曲线成为折线 OHL，OHL 与45°直线之间的面积 $A+B$ 叫作“完全不平等面积”。不平等面积与完全不平等面积之比，即为基尼指数：

$$G = \frac{S_A}{S_A + S_B} \tag{8-1}$$

式中，S 表示面积，S_A 表示绝对平等线与洛伦兹曲线之间的面积，S_B 表示洛伦兹曲线与水平垂直方向之间的面积；若水平垂直两个方向的长度均为单位长度，则 $S_A + S_B = 1/2$，$G = 2S_A$；若A越大，实际图形与绝对平均差距越大，基尼系数就越大，就意味着收入分配差距越大。如果基尼系数等于1，那就是绝对不平均，即100%的收入被少数人全部占有了；如实际图形和绝对平均情况完全一致，那么 $S_A = 0$，基尼系数为0，人与人之间收入完全平等。

实际应用中，通常使用以下公式计算基尼系数：

$$G = \frac{\sum_{i=1}^{n}\sum_{j=1}^{n}\left|x_i - x_j\right|}{2n^2\bar{x}} \tag{8-2}$$

式中，x_i 为样本观测值；$\bar{x}$ 为样本均值；n 为样本总数。

空间基尼系数计算公式：

$$G_s = \frac{\sum_{i=1}^{n}\sum_{j=1}^{n} w_{i,j}\left|x_i - x_j\right|}{2n^2\bar{x}} + \frac{\sum_{i=1}^{n}\sum_{j=1}^{n}(1 - w_{i,j})\left|x_i - x_j\right|}{2n^2\bar{x}} \tag{8-3}$$

式中，第一项表示邻居之间的分量；第二项为非邻居之间的分量。

空间基尼系数（Spatial Gini）允许考虑不平等的空间依赖性。如果空间依赖性非常强且为正，则附近观测值之间的收入非常相似，因此“附近”差异的不平等将很小；大部分不平等是由相对较远的地区之间的收入差距造成的。

PySAL 中的 inequality. gini. Gini 及 . Gini_Spatial 可计算基尼指数。主要代码如下：

```
#构建并绘制1979年收入的洛伦兹曲线
n = len(gdf)
share_of_population = np.arange(1, n + 1) / n
gdp = gdf["1979"].sort_values()
shares = gdp / gdp.sum()
cumulative_share = shares.cumsum()
f, ax = plt.subplots(figsize=(4, 4))
ax.plot(share_of_population, cumulative_share, label="洛伦兹曲线")   #此处略去
ax.plot((0, 1), (0, 1), color="r", label="绝对平等线")   #此处略去
#计算1979的Gini指数
gini79 = inequality.gini.Gini(gdf['1979'])
round(gini79.g,3)    #0.116
```

计算1969—2017年人均收入的 Gini 指数，并绘制其曲线图，如图8-2所示。

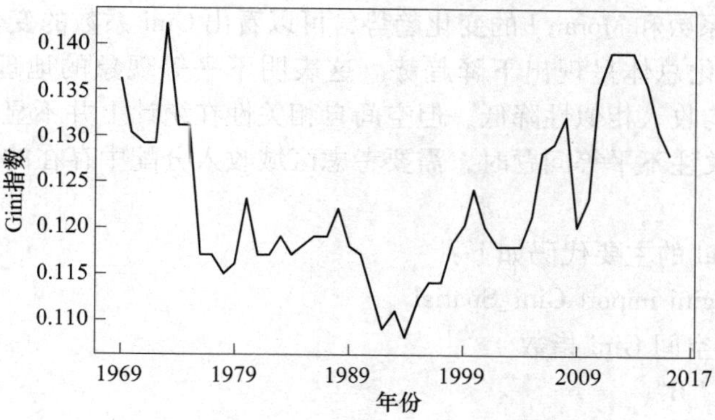

图 8-2 1969—2017 年人均收入的 Gini 指数曲线

```
years = np.arange(1969, 2018).astype(str)
def gini_by_col(column):
    return inequality.gini.Gini(column.values).g
ginis = (gdf[years].apply(gini_by_col, axis=0).to_frame("gini")).round(3)
ginis.plot(figsize=(5, 3));
```

空间自相关分析，计算 1969—2019 年各县人均收入的 Moran 指数 I，并绘制其曲线图，如图 8-3 所示。主要代码如下：

```
wq = libpysal.weights.Queen.from_dataframe(gdf)
def moran_by_col(y, w=wq):
    mo = esda.Moran(y, w=w)
    return mo.I,mo.p_sim
moran_stats = gdf[years].apply(moran_by_col, axis=0).T
moran_stats.columns = ['Moran I','Moran p']
moran_stats['year'] = years
moran_stats = moran_stats.set_index('year')
ginis = ginis.join(moran_stats).round(3)
ginis[:5]
ginis[["Moran I", "Moran p"]].plot(subplots=True, figsize=(5, 3));
```

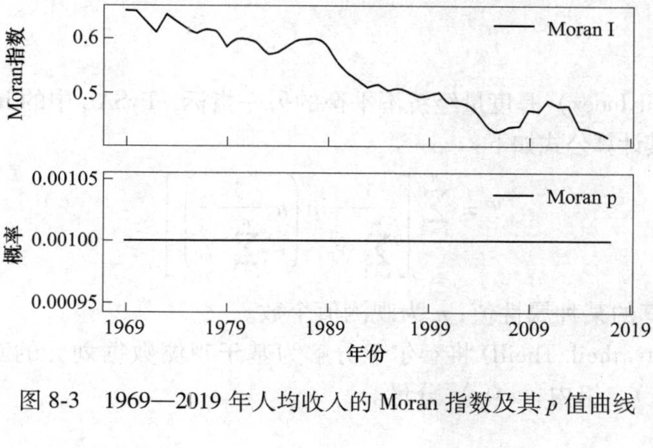

图 8-3 1969—2019 年人均收入的 Moran 指数及其 p 值曲线

对比分析 Gini 系数和 Moran I 的变化趋势，可以看出 Gini 系数的变化总体呈现出“V”字形，Moran I 的变化总体呈现出下降趋势。这表明不平等现象的地理结构在逐渐下降，邻近县域之间的人均收入相似性降低，但空间自相关性在统计上并不显著的年份从未出现过。换句话说，在关注不平等问题时，需要考虑区域收入分配中存在的强大地理结构（空间自相关性）。

应用 Gini_Spatial 的主要代码如下：

```
from inequality. gini import Gini_Spatial
#计算某一年的空间 Gini 指数
wq. transform = "B"
gs69 =Gini_Spatial(gdf["1969"], wq)
round(gs69. g,3)
#输出为:0. 136
round(gs69. wg,3),round(gs69. wcg,3),round(gs69. wcg_share,3),round(gs69. p_sim,3)
#输出为:(8447638. 0, 7930520220. 0, 0. 135, 0. 01)
```

空间基尼系数中，. wg 为邻居不平等分量，. wcg 为非邻居不平等分量。可以看出：空间基尼系数中，. wg 邻居不平等分量很小，. wcg 非邻居不平等分量很大，也即不平等主要是由远的非邻居之间的差距造成的。

```
#计算每年的空间 Gini 指数
def gini_spatial_by_col(incomes, weights):
   gs =Gini_Spatial(incomes, weights)
   denom = 2 * incomes. mean() * weights. n ** 2
   near_diffs = gs. wg / denom
   far_diffs = gs. wcg / denom
   out = pd. Series({"gini": gs. g,"near_diffs": near_diffs,"far_diffs": far_diffs,"p_sim": gs. p_sim})
   return out
spatial_gini_results = (gdf[years]. apply(gini_spatial_by_col, weights=wq). T)
spatial_gini_results[:3]
ginis['near_diffs'] = spatial_gini_results['near_diffs']
```

8. 1. 3 泰尔指数

泰尔指数（Theil Index）是度量经济不平衡的另一指标，PySAL 中的 inequality. theil. Theil 可计算泰尔指数，其计算公式如下：

$$T = \sum_{i=1}^{n}\left[\frac{y_i}{\sum_{i=1}^{n} y_i}\ln\left(n\frac{y_i}{\sum_{i=1}^{n} y_i}\right)\right] \tag{8-4}$$

式中，y_i 为参与计算的某种属性值；n 为观测值个数。

另外，inequality. theil. TheilD 将泰尔 T 分解为基于观测数据划分的互斥的组，将泰尔 T 分解为组间（. bg）、组内（. wg）分量。

以下计算 1969—2017 年人均收入的 Theil 指数，并绘制其曲线，如图 8-4 所示。主要代码如下：

```
def theil(column):
    return inequality.theil.Theil(column.values).T
ginis["theil"] = gdf[years].apply(theil, axis=0)
ginis["theil"].plot(color="orange", figsize=(8, 3));
```

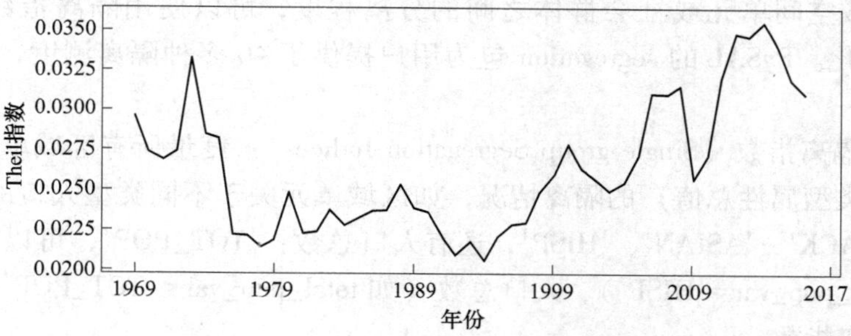

图 8-4　1969—2017 年人均收入的 Theil 指数曲线

以下计算 1969—2017 年人均收入的 TheilD 指数，并绘制其各部分（组间、组内分量）曲线，如图 8-5 所示。

```
theil_dr = inequality.theil.TheilD(gdf[years].values, gdf.Region)
# theil_dr.bg, .wg 分别为组间、组内分量
ginis["theil_between"] = theil_dr.bg
ginis["theil_within"] = theil_dr.wg
ginis["theil_between_share"] = ginis["theil_between"] / ginis["theil"]
ginis[["theil_between", "theil_within", "theil_between_share"]].plot(subplots=True, figsize=(8, 6));
```

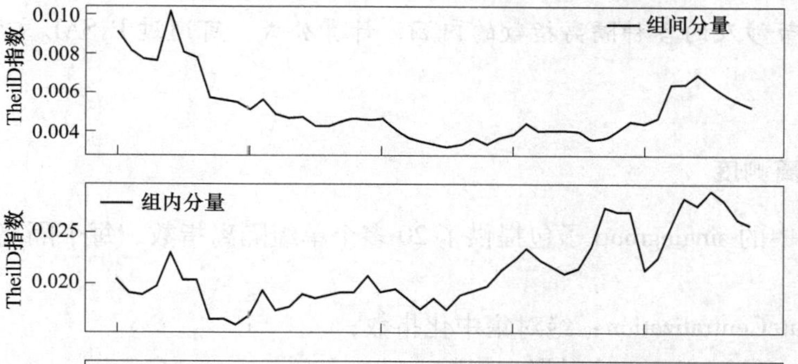

图 8-5　1969—2017 年人均收入的 TheilD 指数各组成部分曲线

8.2 空间隔离分析

隔离（Segregation）分析用于研究社会群体（如种族、阶层、文化等）在地理空间上的分离程度和空间关系，揭示不同群体之间的空间分布不均和可能造成的社会问题，探索分离现象背后的影响因素和机制。

不同区域或空间单元或社会群体之间的分离程度，可以使用隔离指数（Segregation Index）进行量化。PySAL 的 segregation 包为用户提供了 40 多种隔离测度，可分为以下 3 大类：

（1）单组隔离指数（Single-group Segregation Indices）：度量所有区域单元某个分组属性（相对于该类型属性总值）的隔离情况，如区域单元关于不同类型人口的分组属性有：'WHITE'、'BLACK'、'ASIAN'、'HISP'，还有人口总数：'TOT_POP'，可以针对某个分组属性（如 group_pop_var='HISP'）、人口总数（如 total_pop_var='TOT_POP'）计算该分组属性的某种隔离指数。

（2）多组隔离指数（Multi-group Segregation Indices）：度量所有区域单元多个分组属性的隔离情况。

（3）局部隔离指数（Iocal Segregation Indices）：区域局部隔离度量。

所有隔离指数实例都有两个属性：

（1）statistic：隔离指数的值。

（2）core_data：用于计算隔离指数的数据源。

PySAL 的 segregation 包还提供了检验隔离估计是否具有统计学意义等功能。

以下示例以美国加利福尼亚州萨克拉门托大都会区 2000 年人口普查数据进行隔离分析。

Note

文献查阅：本节涉及的各种隔离指数的内涵、计算公式，可通过 PySAL 文档查找相关参考文献。

8.2.1 单组隔离测度

segregation 中的 singlegroup 子包提供了 20 多个单组隔离指数，每个隔离指数都作为一个类实现。

（1）AbsoluteCentralization：绝对集中化指数；

（2）AbsoluteClustering：绝对聚类指数；

（3）AbsoluteConcentration：绝对集中度指数；

（4）Atkinson：Atkinson 指数；

（5）BiasCorrectedDissim：偏差校正差异指数；

（6）BoundarySpatialDissim：边界-区域差异指数；

（7）ConProf：ConProf 指数；

（8）CorrelationR：CorrelationR 指数；

（9）Delta：Delta 指数；

（10）DensityCorrectedDissim：密度校正差异指数；

（11）Dissim：差异指数；

（12）DistanceDecayInteraction：距离衰减相互作用指数；

（13）DistanceDecayIsolation：距离衰减隔离指数；

（14）Entropy：熵指数；

（15）Gini：Gini 指数；

（16）Interaction：相互作用指数；

（17）Isolation：隔离指数；

（18）MinMax：Min-Max 指数；

（19）ModifiedDissim：修改后的差异指数；

（20）ModifiedGini：修改后的 Gini 指数；

（21）PARDissim：周长-面积比差异指数；

（22）RelativeCentralization：相对集中化指数；

（23）RelativeClustering：相对聚类指数；

（24）RelativeConcentration：相对集中度指数；

（25）SpatialDissim：空间差异指数；

（26）SpatialProxProf：空间接近度概况指数；

（27）SpatialProximity：空间接近度指数。

8.2.1.1 单组隔离指数计算示例

可以从 pandas. DataFrame 或 geopandas. GeoDataFrame 构建隔离指数类的实例。一般情况下，一个隔离指数既可以是空间相关，也可以是空间无关，具体看实例化时传入的参数。

将一个隔离指数类实例化为非空间隔离指数（Aspatial Segregation Index），一般需要传入 3 个参数：

（1）data：pandas. DataFrame，包含相关数据。

（2）group_pop_var：单个组的人口列名，如区域单元分组类型的收入、房价、人口等。

（3）total_pop_var：总人口数的列名，如区域单元总人口或其他属性。

将一个隔离指数类实例化为空间隔离指数（Spatial Segregation Indices），一般需要传入 3 个参数：

（1）data：geopandas. GeoDataFrame，包含相关数据，要有几何列。

（2）group_pop_var：单个组的人口列名，如区域单元分组类型的收入、房价、人口等。

（3）total_pop_var：总人口数的列名，如区域单元总人口或其他属性。

此外，有些空间隔离指数实例化时，还需要传递空间相关的其他参数，如距离、空间权重矩阵、网络等。

以下通过非空间/空间隔离指数的几个示例，说明单组隔离指数的使用。主要代码如下：

```
from segregation. singlegroup import Dissim; from segregation. singlegroup import SpatialDissim
datapath = '../data/chap06/'
mp = gpd. read_file(datapath + 'sacramentot. geojson')
gdf = mp[['geometry', 'HISP','TOT_POP']]
#差异指数 Dissim 与空间差异指数
dissim =Dissim(gdf, group_pop_var='HISP', total_pop_var='TOT_POP')
spatialdissim =SpatialDissim(gdf, 'HISP', 'TOT_POP')
dissim. statistic. round(4), spatialdissim. statistic. round(4)
结果为:(0. 3218, 0. 2612)
# Gini 指数与空间 Gini 指数
from segregation. singlegroup import Gini
gini =Gini(gdf, 'HISP', 'TOT_POP')
#空间 Gini 指数,distance 参数作为核函数的距离带宽
spatialgini =Gini(gdf, 'HISP', 'TOT_POP', distance=2000)
round(gini. statistic, 4), round(spatialgini. statistic, 4)
结果为:(0. 4351, 0. 3931)
#利用交通网络上的可达性分析,代替基于欧氏距离的核,计算各种广义空间隔离指数
from pandana import Network
#生成网络时间较长,如需多次使用,可将生成的网络保存为 h5 格式的文件
#然后使用 pandana. Network. from_hdf5 方法读取网络文件
net =Network. from_hdf5(datapath +'network. h5')
net_spatialgini =Gini(gdf, 'HISP', 'TOT_POP', distance=3000,
                  network=net, decay='linear')
net_spatialgini. statistic
#边界-区域差异指数
from segregation. singlegroup import BoundarySpatialDissim
index =BoundarySpatialDissim(gdf,'HISP', 'TOT_POP')
round(index. statistic, 4)
结果为:0. 2639
#周长-面积比差异指数
from segregation. singlegroup import PARDissim
index =PARDissim(gdf, 'HISP', 'TOT_POP')
round(index. statistic, 4)
结果为:0. 3113
#空间接近度指数
from segregation. singlegroup import SpatialProximity
index =SpatialProximity(gdf, 'HISP', 'TOT_POP', alpha = 0. 6, beta = 0. 5)
round(index. statistic, 4)
```

结果为:1.0468

```
#绝对聚类指数与相对聚类指数
from segregation.singlegroup import AbsoluteClustering
from segregation.singlegroup import RelativeClustering
absCluster =AbsoluteClustering(gdf, 'HISP', 'TOT_POP', alpha = 0.6, beta = 0.5)
relCluster =RelativeClustering(gdf, 'HISP', 'TOT_POP', alpha = 0.6, beta = 0.5)
round(absCluster.statistic, 4), round(relCluster.statistic, 4)
```

结果为:(0.0607, 0.5173)

```
#绝对集中度指数与相对集中度指数
from segregation.singlegroup import AbsoluteConcentration
from segregation.singlegroup import RelativeConcentration
absCon =AbsoluteConcentration(gdf, 'HISP', 'TOT_POP')
relCon =RelativeConcentration(gdf, 'HISP', 'TOT_POP')
round(absCon.statistic,4), round(relCon.statistic, 4)
```

结果为:(0.8511, 0.1264)

8.2.1.2 批量计算单组隔离测度

使用 segregation.batch 包提供的 batch_compute_singlegroup 方法，可以一次性计算所有单组隔离指数。

```
from segregation.batch import batch_compute_singlegroup
all_singlegroup =batch_compute_singlegroup(gdf, 'HISP', 'TOT_POP')
all_singlegroup.T  #为节省篇幅,此处略去输出
```

8.2.2 多组隔离测度

多组隔离测度与单组隔离测度类似，所不同的是传递的不是单个组别列名字符串而是多个组别列名字符串列表。segregation 中的 multigroup 子包提供了以下多组隔离指数：

(1) GlobalDistortion：多组全局失真指数；

(2) MultiDissim：多组差异指数；

(3) MultiDivergence：多组发散指数；

(4) MultiDiversity：多组多样性指数；

(5) MultiGini：多组 Gini 指数；

(6) MultiInfoTheory：多组信息论指数；

(7) MultiNormExposure：多组标准化暴露指数；

(8) MultiRelativeDiversity：多组相对多样性指数；

(9) MultiSquaredCoefVar：多组平方变异系数指数；

(10) SimpsonsConcentration：多组 Simpsons 集中度指数；

(11) SimpsonsInteraction：多组 Simpsons 交互作用指数。

以下通过几个示例，说明多组隔离指数的使用。主要代码如下：

```
from segregation.multigroup import MultiDissim
datapath = '../data/chap06/'
```

gdf = gpd. read_file(datapath + 'sacramentot. geojson')

#多组 groups=['WHITE', 'BLACK', 'HISP']隔离指数,'WHITE','BLACK','HISP'为各类人种人口数

groups_list = ['WHITE', 'BLACK', 'HISP']

#非空间/空间 MultiDissim

multi_dissim =MultiDissim(gdf, groups=groups_list)

spatial_multidis =MultiDissim(gdf, groups=groups_list, distance=3000)

round(multi_dissim. statistic, 4), round(spatial_multidis. statistic, 4)

结果为:(0. 4247, 0. 3495)

#非空间/空间 MultiGini, 空间 MultiGini,需要传递距离参数

from segregation. multigroup import MultiGini

multigini =MultiGini(gdf, groups_list)

spatial_MultiGini =MultiGini(gdf, groups=['WHITE', 'BLACK', 'HISP'], distance=3000)

round(multigini. statistic, 4), round(spatial_MultiGini. statistic, 4)

结果为:(0. 5565, 0. 468)

from pandana import Network

net =Network. from_hdf5(datapath + 'network. h5')

net_multigini =MultiGini(gdf, groups=['WHITE', 'BLACK', 'HISP'],
    distance=3000, network=net, decay='linear')

net_multidis =MultiDissim(gdf, groups=['WHITE', 'BLACK', 'HISP'],
    distance=3000, network=net, decay='linear')

round(net_multigini. statistic, 4), round(net_multidis. statistic, 4)

结果为:(0. 0, 0. 0)

#一次性计算多组隔离指数

#使用 segregation. batch 包中的 batch_compute_multigroup 方法

from segregation. batch import batch_compute_multigroup

all_multigroup =batch_compute_multigroup(gdf, groups=['WHITE', 'BLACK', 'HISP'])

all_multigroup. T   #为节省篇幅,此处略去输出

8. 2. 3 局部隔离测度

segregation 中的 local 子包提供了以下局部隔离指数:

(1) LocalDistortion;

(2) LocalRelativeCentralization;

(3) MultiLocalDiversity;

(4) MultiLocalEntropy;

(5) MultiLocationQuotient;

(6) MultiLocalSimpsonInteraction;

(7) MultiLocalSimpsonConcentration。

以下通过 2 个示例说明局部隔离指数的使用。

```
from segregation. local import MultiLocationQuotient, MultiLocalDiversity
from segregation. local import LocalRelativeCentralization
datapath = '../data/chap06/'
gdf = gpd. read_file(datapath + 'sacramentot. geojson')
groups_list = ['WHITE', 'BLACK', 'ASIAN','HISP']
#多组局部多样性指数 Location Quotient(LQ)
index =MultiLocationQuotient(gdf, groups_list)
np. round(index. statistics, 4)
#部分结果如下:
array([[1.3654, 0.0748, 0.1625, 0.3809],
       [1.18, 0. , 0.1484, 1.1854],
       [0.6807, 0.0353, 0. , 3.3112],
       ...,
       [0.9961, 0.1055, 0.2091, 1.8616],
       [0.928 , 0.2471, 0.4746, 1.928 ],
       [1.0682, 0.0767, 0.7076, 1.2922]])
index. statistics. shape, gdf. shape  #输出为:((403, 4), (403, 31))
index. statistics[0]. round(4), index. statistics[-1]. round(4)
输出如下:
(array ([1.3654, 0.0748, 0.1625, 0.3809]), array ([1.0682, 0.0767, 0.7076, 1.2922]))
```

gdf 每一单元（每一行）都有一组局部隔离指数，列 k 在组中具有位置 k 的位置商（LQ）。因此，第一个单元的 "WHITE" 的LQ 为 1.3654，而最后一个空间单元"BLACK" 的 LQ 为 0.0767。另外，可以绘制 gdf 中每一组的 LQ 图。

```
#多组局部多样性指数 MultiLocalDiversity
index =MultiLocalDiversity(gdf, groups_list)
index. statistics. shape       #(403,)
index. statistics[0:10]. round(4)
输出如下:
array([0.3433, 0.5611, 0.7056, 0.2971, 0.2239, 0.2974, 0.1232, 0.1127, 0.094 , 0.2513])
```

8.2.4 多尺度隔离测度剖面

多尺度隔离测度剖面（Multiscalar Segregation Profiles）是度量不同尺度条件下空间隔离指数动态变化，即空间隔离指数随着邻域距离的变化而变化，提供微观和宏观尺度下隔离模式信息。其基本思想是计算隔离统计量，然后扩大邻域的空间范围，重新计算统计量，重复以上步骤直至计算完最后一个统计量。对于任何广义空间隔离指数，都可以计算得到一个多尺度剖面。

segregation 中的 dynamics 子包提供的 compute_multiscalar_profile()方法，可以计算各种隔离指数的多尺度剖面。

```
from segregation. singlegroup import Dissim, Gini
from segregation. dynamics import compute_multiscalar_profile
datapath = '../data/chap06/'
gdf = gpd. read_file(datapath + 'sacramentot. geojson')
# Gini 指数的多尺度剖面
gini_profile =compute_multiscalar_profile(gdf, segregation_index=Gini,
        group_pop_var='BLACK', total_pop_var='TOT_POP',
        distances= range(500,5000,500))
gini_profile. round(4)
```

结果为不同尺度(distance)的 Gini 隔离指数:

```
0       0. 6362
500     0. 6361
1000    0. 6238
1500    0. 5855
2000    0. 5368
2500    0. 4994
3000    0. 4728
3500    0. 4524
4000    0. 4367
4500    0. 4244
```

```
# Dissim 指数的多尺度剖面
dissim_profile =compute_multiscalar_profile(gdf, segregation_index=Dissim,
        group_pop_var="BLACK", total_pop_var="TOT_POP",
        distances= range(500,5000,500))
#多组多尺度剖面
from segregation. multigroup import MultiInfoTheory, MultiGini
multi_info_profile =compute_multiscalar_profile(gdf, segregation_index=MultiInfoTheory,
  groups=["HISP", 'BLACK', "WHITE"], distances=range(500,5000,500))
multi_gini_profile = compute_multiscalar_profile(gdf, segregation_index=MultiGini,
  groups=["HISP", 'BLACK', "WHITE"], distances=range(500,5000,500))
#批量计算多尺度剖面
from segregation. batch import batch_multiscalar_singlegroup
from segregation. batch import batch_multiscalar_multigroup
single_profs = batch_multiscalar_singlegroup(gdf, group_pop_var="BLACK",
  total_pop_var="TOT_POP", distances= range(500,4000,500))
multi_profs = batch_multiscalar_multigroup(gdf, distances=range(500,4000,500),
  groups=["HISP", 'BLACK', "WHITE"])
```

8.2.5 统计推断

计算得到隔离指数后，可以在零假设下对其进行统计推断，以验证其统计显著性。可以对单个测度或同一测度的两个值进行推断。对于某一测度，segregation 中的 inference 子包提供了单值（SingleValueTest）、双值（TwoValueTest）两种统计推断，它们的输入、输出如下：

（1）SingleValueTest。

1）输入参数：seg_class，iterations_under_null，null_approach，two_tailed；

2）输出结果包括：p_value，est_sim，statistic。

（2）TwoValueTest。

1）输入参数：seg_class_1，seg_class_2，iterations_under_null，null_approach；

2）输出结果包括：p_value，est_sim，est_point_diff。

以下代码展示 SingleValueTest、TwoValueTest 两种统计推断的应用。

```
from segregation.inference import SingleValueTest, TwoValueTest
datapath = '../data/chap06/'
gdf = gpd.read_file(datapath + 'sacramentot.geojson')
from segregation.singlegroup import Dissim
dissim =Dissim(gdf, 'HISP', 'TOT_POP')
round(dissim.statistic,3)
```

输出为:0.322

上面计算得到的 dissim.statistic 值 0.322 是否具有统计显著性，可以使用 SingleValueTest 方法在零假设下生成同一指数的多个值，如 1000 个，并将它们与估计值 0.322 进行比较。SingleValueTest 方法接收一个预先计算好的隔离指数，然后使用底层数据迭代零假设，并将结果与隔离指数的点估计进行比较；其中 null_approach 参数的可能取值有：'systematic'，'bootstrap'，'evenness'，'person_permutation'，'geographic_permutation'，'systematic_permutation'，'even_permutation'。

```
infer_d_evenness =SingleValueTest(dissim, iterations_under_null = 1000,
                    null_approach = "evenness", two_tailed = True)
infer_d_evenness.p_value
```

输出为:0.0

p_value 接近于 0,可以得出结论,dissim 在显著性水平为 5%（p< 5%,默认值）下存在统计学隔离。

```
round(infer_d_evenness.est_sim.mean(),3)  #零假设下迭代计算得到的平均值
```

这里为:0.016

可以清楚地看到,dissim 指数 0.322 在分布图的最右边（大于零假设下迭代计算得到的平均值 0.016）,这表明在均匀（evenness）假设下,HISP 组确实在 Dissimilarity 指数方面存在显著的隔离。

```
# null_approach = "systematic",所得结论与均匀法相似
infer_d_sys = SingleValueTest(dissim, iterations_under_null = 5000,
```

```
        null_approach = "systematic", two_tailed = True)
# RelativeConcentration
from segregation.singlegroup import RelativeConcentration
rco = RelativeConcentration(gdf,'HISP','TOT_POP')
infer_rco_per =SingleValueTest(rco, iterations_under_null = 1000,
         null_approach = "person_permutation",two_tailed = True)
round(infer_rco_per.statistic, 4), round(infer_rco_per.p_value, 4)
```

这里为：(0.1264，0.0)，说明 rco 指数具有统计显著性。

要比较两个不同的值，可以使用 TwoValueTest 方法。与前面的方法类似，需要传递两个隔离类进行比较，使用 iterations_under_null 建立零假设下的迭代次数，使用 null_approach 参数指定推理迭代的零假设类型，还可以指定额外参数。

```
#两个 Gini 指数的比较
from segregation.singlegroup import Gini
G_MALES = Gini(gdf, 'MALES', 'TOT_POP')
G_FEMALES = Gini(gdf, 'FEMALES', 'TOT_POP')
compare_G_fit = TwoValueTest(G_MALES, G_FEMALES, iterations_under_null = 1000,
              null_approach = "random_label")
compare_G_fit.p_value, compare_G_fit.est_point_diff
```

这里为:(0.994，-0.0)

从测试的.p_value 、.est_point_diff 可以看出,G_MALES、G_FEMALES 两个指数的差异不显著。

```
#两个空间差异指数的比较
from segregation.singlegroup import SpatialDissim
sd_w = SpatialDissim(gdf, 'WHITE', 'TOT_POP')
sd_b = SpatialDissim(gdf, 'BLACK', 'TOT_POP')
compare_sd_fit = TwoValueTest(sd_w, sd_b, iterations_under_null = 1000,
              null_approach = "composition")
compare_sd_fit.p_value, compare_sd_fit.est_point_diff
```

这里为:(0.0，-0.143)

从测试的.p_value、.est_point_diff 可以看出，'WHITE'、'BLACK' 两个空间差异指数的差值为-0.143，且具有统计显著性。

8.3 地理空间分布动态性分析

地理空间分布动态性分析关注地理现象在空间上的变化和演化过程，侧重地理现象在不同时间和空间尺度上的分布、变化和影响因素分析。

PySAL 的 giddy 包专门用于地理空间分布动态性分析，涉及时间序列地理数据处理、地理空间动态模型（如 Markov 模型和 Spatial Markov 模型）构建与估计、地理空间分布动态性指标（如转移概率、转移矩阵、空间集聚等）解释等内容。

8.3.1 Markov 模型

Markov 模型是一种用于描述随机过程的数学模型，其中状态之间的转移具有马尔可夫性质，即未来的状态只依赖于当前状态，而不依赖于过去状态的序列。

本节的 Markov 模型主要讨论离散 Markov 链（DMC）、空间 Markov 模型和局部空间 Markov 模型。

8.3.1.1 经典 Markov 模型

经典 Markov 模型也即离散 Markov 链（DMC），是一个事物的状态随时间变化的离散随机过程模型。

在遥感影像时间序列土地利用分类中，我们关注每个像素的土地利用类型的状态转换。为讨论问题简便，假设有 5 个像素单元，在接下来的每个时间周期内，其状态可转为 *a*、*b*、*c* 中的一种，若 5 个像素单元都遵循相同的动态转换规则，那么每个像素单元随时间变化的状态转移都是一个离散 Markov 链（DMC）过程的实现。

PySAL 中的 giddy. markov 模块中的 Markov 类，可用于经典 Markov 链估计；Markov 类有以下几个重要属性：

（1）transitions：状态转移矩阵。

（2）p：状态转移概率。

（3）steady_state：稳态分布概率，即从长远看，某种状态的分布概率。如果 Markov 只有一个循环类（Recurrent Class），即 num_rclasses = 1，稳态分布的维度为（k）；如果 Markov 有多个循环类（Recurrent Classes），即 num_rclasses>1，稳态分布的维度为（num_rclasses，k），k 为状态数目。

对于上述的 5 个像素单元，*a*、*b*、*c* 三种状态的离散 Markov 链（DMC）实现代码如下：

```
import esda; import giddy
datapath = '../data/chap06/'
#第一个像素时段 1 的状态为'b',时段 2 的状态为'a',时段 3 的状态为'c'
#其他像素的状态转移如以下数据
c = np.array([['b','a','c'],['c','c','a'],['c','b','c'],
        ['a','a','b'],['a','b','c']])
m = giddy.markov.Markov(c)
#输出如下：
The Markov Chain is irreducible and is composed by:
1 Recurrent class (indices):
[0 1 2]
0 Transient classes.
The Markov Chain has 0 absorbing states.
#状态转移矩阵(a、b、c 三种状态转移汇总)
print(m.transitions)
#输出如下：
```

```
[[1. 2. 1.]
[1. 0. 2.]
[1. 1. 1.]]
```

transitions 属性统计了从一个状态转移到另一状态的次数，即在 5 个像素单元状态转移过程中，第一行为 $a->a$、$a->b$、$a->c$ 转移的次数，分别为 1、2、1；第二行为 $b->a$、$b->b$、$b->c$ 转移的次数，分别为 1、0、2；第三行为 $c->a$、$c->b$、$c->c$ 转移的次数，分别为 1、1、1。

属性 p 给出了状态转移概率，状态 i 到 j 的转移概率为 $p_{i,j}$，状态 i 到 j 的转移次数为 $n_{i,j}$，k 为状态的数量（如 a、b、c，则 $k=3$）：$\hat{p}_{i,j}=\frac{n_{i,j}}{\sum_{q=1}^{k} n_{i,q}}$。

```
#状态转移概率
np.round(m.p, 3)
#输出如下：
array([[0.25 , 0.5   , 0.25 ],
       [0.333, 0.    , 0.667],
       [0.333, 0.333, 0.333]])
```

这意味着 5 个像素单元中的任一状态为 c，其在下一阶段仍为 c 或转换为 a、b 的概率是相同的（0.333），而若其当前状态为 b，则在下一阶段有较大概率（0.667）转为 c。

```
np.round(m.steady_state, 3)   #输出为:array([0.308, 0.288, 0.404])
```

从长远看稳态分布概率，像素单元状态稳定为 a、b、c 分别为 0.308、0.288、0.404。

接下来加载 1929—2009 年美国 48 个州的人均收入数据（statesincome.csv），以理解 Markov 方法在美国地区收入动态性分析中的应用。首先对每年各州人均收入分为五个等级（0、1、2、3、4），然后分析各州人均收入状态（等级）变化。主要代码如下：

```
df = pd.read_csv(datapath + "statesincome.csv",index_col='Name')
df[:2]   #数据列包括:Name、STATE_FIPS、1929—2009(81 年各州的人均收入)
dft = df.iloc[:,df.columns != 'STATE_FIPS'].T
dft.values.shape   #输出为:(81, 48)
pci = dft.values
pci[0, :]   # 1929 年美国 48 个州的人均收入
#输出如下:
array([ 323,  600,  310,  991,  634, 1024, 1032,  518,  347,  507,  948,
        607,  581,  532,  393,  414,  601,  768,  906,  790,  599,  286,
        621,  592,  596,  868,  686,  918,  410, 1152,  332,  382,  771,
        455,  668,  772,  874,  271,  426,  378,  479,  551,  634,  434,
        741,  460,  673,  675], dtype=int64)
import mapclassify as mc
#对 pci 的每一行的值(某一年各州人均收入),使用分位数分类法分为 k=5 个等级
#得到各值的分类等级(0、1、2、3、4 中的一个)
```

```
q5 = np.array([mc.Quantiles(y, k=5).yb for y in pci])
q5[0, :] # 1929 年美国 48 个州的人均收入等级
#输出如下:
array([0, 2, 0, 4, 2, 4, 4, 1, 0, 1, 4, 2, 2, 1, 0, 1, 2, 3, 4, 4, 2, 0, 2, 2, 2, 4, 3,
4, 0, 4, 0, 0, 3, 1, 3, 3, 4, 0, 1, 0, 1, 2, 2, 1, 3, 1, 3, 3])
```

使用分位数法将人均收入经济水平分为五个等级(0、1、2、3、4),可以看到 1929 年亚拉巴马州(Alabama)人均收入水平(323 美元)处在第一(0)等级,而怀俄明州(Wyoming)人均收入水平(675 美元)处在第四(3)等级。

```
#数组转置,得到各行的数据为某州 1929—2009 年人均收入所属的等级
q5t = q5.T  #每个州都有一个人均收入水平分级的时间序列(1929—2009)
q5t.shape        #输出为:(48, 81)
q5t[4,:]   #科罗拉多州人均收入水平分级时间序列(1929—2009)
#输出如下:
array([2, 3, 2, 2, 3, 2, 2, 3, 2, 2, 2, 2, 2, 2, 2, 3, 2, 3, 2, 3, 2, 3, 3, 3, 2, 2,
3, 3, 3, 3, 3, 3, 3, 3, 3, 3, 2, 2, 2, 3, 3, 3, 3, 3, 3, 3, 3, 3, 3, 4, 4, 4, 4, 4, 4, 3,
3, 3, 3, 3, 3, 3, 3, 3, 4, 4, 4, 4, 4, 4, 4, 4, 3, 3, 3, 4, 3, 3, 3])
```

通过 Markov 模型的 transitions 属性,可以获得人均收入水平分级之间的转换次数及状态转移矩阵。

```
m5 = giddy.markov.Markov(q5t)
m5.transitions
#输出如下:
The Markov Chain is irreducible and is composed by:
1 Recurrent class (indices):
[0 1 2 3 4]
0 Transient classes.
The Markov Chain has 0 absorbing states.
array([
      [729.,71., 1., 0., 0.],
      [ 72., 567.,80.,3.,0.],
      [0.,81., 631.,86.,2.],
      [0.,3.,86., 573.,56.],
      [0.,0.,1.,57., 741.]])
```

通过假设一阶马尔可夫性、时间同质性、空间同质性和空间独立性,可以得到一个转移概率矩阵。

```
#转移概率矩阵
np.round(m5.p,3)
#输出如下:
array([[0.91, 0.089, 0.001, 0., 0.],
    [0.1, 0.785, 0.111, 0.004, 0.],
```

```
[0.  , 0.101, 0.789, 0.108, 0.002],
[0.  , 0.004, 0.12 , 0.798, 0.078],
[0.  , 0.  , 0.001, 0.071, 0.927]])
```

对角线上的 5 个元素均大于 0.78，这表明美国区域收入动态系统具有高度稳定性。DMC 模型中的另一个重要特征是稳态分布，如果 t 点的分布是稳态分布，那么之后的任何分布都是相同的分布。

```
#稳态分布
np.round(m5.steady_state, 3)  # 输出为:array([0.208, 0.187, 0.207, 0.188, 0.209])
```

有了状态转移概率矩阵，可以估计第一次平均通过时间（First Mean Passage Time，fmpt），即第一次从一个状态到另一个状态的平均步数（Average Number of Steps）。giddy.ergodic 模块提供的 fmpt()方法，可以根据状态转移概率矩阵计算得到第一次平均通过时间信息。

```
#第一次平均通过时间
np.round(giddy.ergodic.fmpt(m5.p), 1)
#输出如下:
array([[4.8,11.5,29.6,53.4, 103.6],
       [ 42.  , 5.3,18.7,42.5,92.7],
       [ 69.3,27.2, 4.8,25.3,75.4],
       [ 84.9,42.9,17.2, 5.3,51.6],
       [ 98.4,56.4,30.7,14.2, 4.8]])
```

可以看出，该实例中处于第一等级收入水平的州平均需要 11.5 年才能迈入第二等级，迈入第三、第四等级分别需要 29.6 年和 53.4 年，而进入最富裕的第五级则需 103.6 年。

还可以分析每年各州人均收入的空间自相关性变化趋势，如图 8-6 所示。主要代码如下：

```
w = lps.io.open(datapath + 'states48.gal').read()
w.transform = 'R'
# pci 中的每行为某年各州人均收入
#计算每年 48 州的全局 Moran
mits = [esda.moran.Moran(cs, w) for cs in pci]
# Moran.I: Moran 指数; Moran.EI: 正态假设下的 Moran 指数期望值
# Moran.seI_norm:正态假设下 I 的标准差;Moran.sim[974]:随机模拟次数
res = np.array([(mi.I, mi.EI, mi.seI_norm, mi.sim[974]) for mi in mits])
years = np.arange(1929, 2010)
fig, ax = plt.subplots(figsize = (8,6) )
ax.plot(years, res[:,0], label='Moran\'s I')
ax.plot(years, res[:,1], label='E[I]')
ax.plot(years, res[:,1]+1.96 * res[:,2], label='Upper bound',linestyle='dashed')
ax.plot(years, res[:,1]-1.96 * res[:,2], label='Lower bound',linestyle='dashed')
ax.set_title("美国人均收入全局空间自相关 Moran 指数年际变化", fontdict={'fontsize':15})
```

```
ax.set_xlim([1929, 2009])
ax.legend();
```

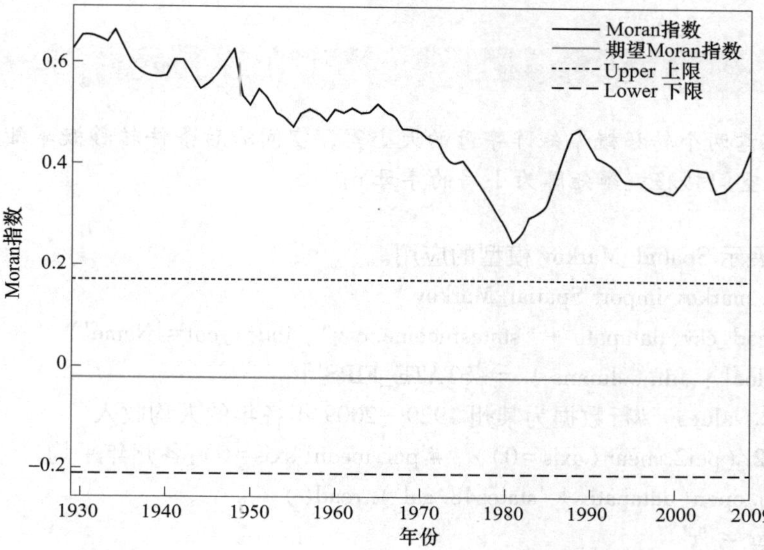

图 8-6 美国人均收入全局空间自相关 Moran 指数年际变化

从图 8-6 可以看出 1929—2009 年间 Moran 指数为正值且是显著的，表明美国各地区的收入变化并不是相互独立的，区域环境可能对塑造地区收入动态变化很重要，然而经典 Markov 无法考虑到空间效应，因此引入空间 Markov 和 LISA Markov 来更好地分析地区收入的动态变化。

8.3.1.2 空间 Markov 模型

空间 Markov 是经典 Markov 的扩展，允许对动态转换过程的空间维度进行更全面的分析。在实例中，空间 Markov 需要估计 k 个转移概率矩阵，而不是一个转移概率矩阵，每个转移概率矩阵都取决于前一时期的区域背景。区域背景通常由空间滞后形式化，即邻居的加权平均收入水平：

$$z_{r,t} = \sum_{s=1}^{n} w_{r,s}\, y_{s,t} \tag{8-5}$$

式中，w 为空间权重矩阵；$w_{r,s}$ 为在 t 时期空间单元 s 作用于空间单元 r 局部区域环境的权重。

利用 giddy 中的 Spatial_Markov 类创建 Markov 实例。采用 Markov 类和 Spatial_Markov 类的唯一区别是后者接受原始的连续收入数据，而前者需要预先分类/离散化。换句话说，这里不需要像前面那样显式应用 mapclassify 进行分类。事实上，Spatial_Markov 类内嵌了分位数分类方法，所需要做的就是在创建 Spatial_Markov 实例时设置所需的分类数 k，如 $k=5$（五分位分类），此外，还可以指定其空间滞后的分类数 m（分位数）。

Spatial_Markov 实例主要属性有：

（1）空间滞后条件转移概率矩阵（.P）：形如 array(m, k, k)。

（2）全局空间转移概率矩阵（.p）：形如 array(k，k)。

（3）条件稳态分布信息（.S）：形如 arraylike(m，k)。

（4）第一次平均通过时间（.F）：形如 array(m，k，k)，第一个维度以空间滞后为条件。

Note

温馨提示： 注意两个转移概率矩阵字母的大小写，空间滞后条件转移概率矩阵为大写的字母 P，全局空间转移概率矩阵为小写的字母 p。

以下代码展示 Spatial_Markov 模型的应用。

```
from giddy.markov import Spatial_Markov
df = pd.read_csv(datapath + "statesincome.csv", index_col='Name')
df2 = df.iloc[:, df.columns != 'STATE_FIPS']
pci2 = df2.values   #行数据为某州 1929—2009 年各年的人均收入
rpci = pci2/(pci2.mean(axis=0))   # pci.mean(axis=0):各州年平均
w = lps.io.open(datapath + 'states48.gal').read()
w.transform = 'r'
#收入数据全局五分位离散化(k=5),收入的空间滞后全局五分位离散化(m=5)。
sm =Spatial_Markov(rpci, w, fixed=True, k=5, m=5, variable_name='rpci')
#查看收入、空间滞后的分界点
sm.cutoffs.round(3), sm.lag_cutoffs.round(3)
#输出为:(array([0.84 , 0.947, 1.032, 1.149]), array([0.89 , 0.959, 1.015, 1.118]))
#查看空间 Markov 汇总信息,包含全局状态转移概率 P(H0)= sm.p、空间滞后条件转移概率 P(LAG0)-P(LAG4)
sm.summary()   #为节省篇幅,此处略去输出
#查看估计的空间滞后条件转移概率矩阵:array(m, k, k)
#注意:这里的 P 为大写
np.round(sm.P, 3)
#输出如下:
array([[[0.963, 0.03 , 0.006, 0. , 0. ],
        [0.06 , 0.832, 0.107, 0. , 0. ],
        [0. , 0.14 , 0.74 , 0.12 , 0.],
        [0. , 0.036, 0.321, 0.571, 0.071],
        [0. , 0. , 0. , 0.167, 0.833]],
       [[0.798, 0.168, 0.034, 0. , 0. ],
        [0.075, 0.882, 0.042, 0. , 0. ],
        [0.005, 0.07 , 0.866, 0.059, 0. ],
        [0. , 0. , 0.064, 0.902, 0.034],
```

```
        [0. , 0. , 0. , 0.194, 0.806]],
       [[0.847, 0.153, 0. , 0. , 0.],
        [0.081, 0.789, 0.129, 0. , 0. ],
        [0.005, 0.098, 0.793, 0.098, 0.005],
        [0. , 0. , 0.094, 0.871, 0.035],
        [0. , 0. , 0. , 0.102, 0.898]],
       [[0.885, 0.098, 0. , 0.016, 0. ],
        [0.039, 0.814, 0.14 , 0. , 0.008],
        [0.005, 0.094, 0.777, 0.119, 0.005],
        [0. , 0.023, 0.129, 0.754, 0.094],
        [0. , 0. , 0. , 0.097, 0.903]],
       [[0.333, 0.667, 0. , 0. , 0. ],
        [0.048, 0.774, 0.161, 0.016, 0. ],
        [0.011, 0.161, 0.747, 0.08 , 0. ],
        [0. , 0.01 , 0.062, 0.896, 0.031],
        [0. , 0. , 0. , 0.024, 0.976]]])
```

从空间滞后条件转移概率矩阵 sm.P 可以看出：处于最低收入水平的州，若其邻居处于第一个五分位数水平，则其仍为低水平收入的概率为 0.963；若其邻居处于第二个五分位数水平，则其仍为低水平收入的概率为 0.798。处于最高水平收入的州，若其邻居处于第五个五分位数水平，那么它仍保持为高水平收入的概率为 0.976，而若其邻居处于第四个五分位数水平，则保持为高水平收入的概率将下降至 0.903。

```
#全局转移概率矩阵:array(k, k)
#注意:这里的 p 为小写
np.round(sm.p, 3)
#输出如下:
array([[0.915, 0.075, 0.009, 0.001, 0. ],
       [0.066, 0.827, 0.105, 0.001, 0.001],
       [0.005, 0.103, 0.794, 0.095, 0.003],
       [0.  , 0.009, 0.094, 0.849, 0.048],
       [0.  , 0.  , 0. , 0.062, 0.938]])
#空间马尔可夫的稳态分布信息 .S:array(m, k)
#每一行是一个条件稳态分布
sm.S
#输出如下:
array([[0.435, 0.264, 0.204, 0.068, 0.029],
       [0.134, 0.340, 0.252, 0.233, 0.041],
       [0.121, 0.211, 0.264, 0.290, 0.114],
       [0.078, 0.197, 0.254, 0.225, 0.247],
       [0.018, 0.200, 0.190, 0.255, 0.337]], dtype=object)
```

从空间马尔可夫的稳态分布信息 sm. S 可以看出：具有贫穷（富裕）邻居的州的长期分布在第一个五分位数中有 0. 435(0. 018)，在第二个五分位数中有 0. 264(0. 200)，在第三个五分位数中有 0. 204(0. 190)，在第四个五分位数中有 0. 068(0. 255)，在第五个五分位数中有 0. 029(0. 337)。

```
#第一次平均通过时间(fmpt). F:array(m, k, k),第一个维度以空间滞后为条件
np. round(sm. F,3)
array([[[2. 298,28. 956,46. 143,80. 81 , 279. 429],
        [ 33. 865,3. 795,22. 571,57. 238, 255. 857],
        [ 43. 602, 9. 737,4. 911,34. 667, 233. 286],
        [ 46. 629,12. 763, 6. 257,14. 616, 198. 619],
        [ 52. 629,18. 763,12. 257,6. ,34. 103]],
       [[7. 468,9. 706,25. 768,74. 531, 194. 234],
        [ 27. 767, 2. 942,24. 971,73. 735, 193. 438],
        [ 53. 575,28. 484, 3. 976,48. 763, 168. 467],
        [ 72. 036,46. 946,18. 462, 4. 284, 119. 703],
        [ 77. 179,52. 089,23. 604, 5. 143,24. 276]],
       [[8. 248,6. 533,18. 388,40. 709, 112. 767],
        [ 47. 35 ,4. 731,11. 854,34. 175, 106. 234],
        [ 69. 423,24. 767,3. 795,22. 321,94. 38 ],
        [ 83. 723,39. 067,14. 3, 3. 447,76. 367],
        [ 93. 523,48. 867,24. 1, 9. 8, 8. 793]],
       [[ 12. 88 ,13. 348,19. 834,28. 473,55. 824],
        [ 99. 461, 5. 064,10. 545,23. 051,49. 689],
        [117. 768,23. 037, 3. 944,15. 084,43. 579],
        [127. 898,32. 439,14. 569, 4. 448,31. 631],
        [138. 248,42. 789,24. 919,10. 35 , 4. 056]],
       [[ 56. 282, 1. 5,10. 572,27. 022, 110. 543],
        [ 82. 922,5. 009, 9. 072,25. 522, 109. 043],
        [ 97. 177,19. 531,5. 26 ,21. 424, 104. 946],
        [127. 141,48. 741,33. 296,3. 918,83. 522],
        [169. 641,91. 241,75. 796,42. 5,2. 965]]])
```

从第一次平均通过时间 sm. F 可以看出：收入处于第一五分位数的州与其邻州，在 2. 298 年后又回到第一五分位数水平，经过 80. 81 年后进入第四个五分位数水平。收入处于第五五分位数的州与其邻州，在 56. 282 年后又回到第一五分位数水平，经过 27. 022 年后进入第四个五分位数水平。

Note

自行实践：读者可自行实践 k、m 为不同取值（如 $k=5$，$m=4$）情况下的人均收入动态分布模式。

对于上述条件类型空间依赖性的检验，可以使用似然比（LR）检验（.LR 属性）、χ^2 检验（卡方检验，.Q 属性）和基于信息论的检验。

giddy. markov. Homogeneity_Results( )可以获取除似然比（LR）检验、χ^2 检验之外的其他信息。

giddy. markov. kullback( )可以获取基于信息论检验的有关信息，详见本书附带的 ipynb 文件。

8.3.1.3　局部空间 Markov 模型

另一种包含空间效应的 Markov 是 LISA Markov 模型，即局部空间 Markov，可以使用 giddy. markov. LISA_Markov 类进行分析处理。主要代码如下：

```
from giddy.markov import LISA_Markov
df = pd.read_csv(datapath + "statesincome.csv",index_col='Name')
df2 = df.iloc[:,df.columns != 'STATE_FIPS']
pci2 = df2.values  #行数据为某州 1929—2009 年各年的人均收入
w = lps.io.open(datapath + 'states48.gal').read()
w.transform = 'r'
lm =LISA_Markov(pci2,w)
# classes:array(4, 1)
# Pysal 定义:1=HH, 2=LH, 3=LL, 4=HL
# geoda 定义(if geoda_quads=True):1=HH, 2=LL, 3=LH, 4=HL
print("lm.classes:", lm.classes)  #输出为:lm.classes:[1 2 3 4]
# transitions:array(4, 4), 状态 I 和 j 之间的转换计数
print("lm.transitions:\n", lm.transitions)
#输出如下:
lm.transitions:
[[1087.   44.    4.   34.]
 [  41.  470.   36.    1.]
 [   5.   34. 1422.   39.]
 [  30.    1.   40.  552.]]

# p:array(k, k),  转移概率矩阵
print("lm.p:\n", np.round(lm.p, 3))
#输出如下:
lm.p:
[[0.93 0.038 0.003 0.029]
 [0.075 0.858 0.066 0.002]
 [0.003 0.023 0.948 0.026]
 [0.048 0.002 0.064 0.886]]

# steady_state:array(k, ), 稳态分布
```

```
print("lm. steady_state: \n", np. round(lm. steady_state,3))
#输出为:lm. steady_state:[0. 286 0. 142 0. 405 0. 168]
```

从以上信息可以看出，1(HH)、3(LL) 象限比 2(LH)、4(HL) 象限更突出，转移次数、转移概率、稳态概率都更高，具有正相关特性。

```
#第一次平均通过时间(fmpt)
np. round(giddy. ergodic. fmpt(lm. p), 3)
#输出如下:
array([[ 3. 501, 37. 93 , 40. 558, 43. 174],
       [31. 728,7. 047, 28. 682, 49. 915],
       [52. 445, 47. 421,2. 47  , 43. 756],
       [38. 768, 51. 518, 26. 316,5. 969]])
np. round(lm. chi_2, 3)# (chi square test statistic, p-value, degrees of freedom)
#输出为:array([1058. 208,0.  ,9. ])
```

8.3.2 基于等级的动态性分析

PySAL giddy 还提供了基于等级的方法来分析变量之间的交换流动性（Exchange Mobility)，包括经典 Kendall τ(giddy. rank. Tau)、空间 Kendall τ(giddy. rank. SpatialTau)、局部 Kendall τ(giddy. rank. Tau_Local)。

8.3.2.1 经典 Kendall τ

Kendall τ 是对交换流动性的一种全局度量，对于两个时期的 n 个空间单元，其定义形式如下：

$$\tau = \frac{c - d}{[n(n - 1)]/2} \tag{8-6}$$

c 是具有一致性元素的对数（两个空间单元在两个时期内不交换等级)，d 是不一致性元素的对数（两个空间单元在两个时期内交换等级)，$-1 \leqslant \tau \leqslant 1$，$\tau$ 值越小，表明交换流动性越高。这一经典的等级相关性度量表明这两个时期 n 个空间单元分布模式的相对稳定性。

以下代码展示 giddy. rank. Tau 的应用。

```
from giddy. rank import Tau,SpatialTau,Tau_Local
geo = gpd. read_file(datapath + 'us48. gpkg')
income = pd. read_csv(datapath + 'statesincome. csv')
geo_income = geo. merge(income,left_on='STATE_NAME', right_on='Name')
geo_income[:2]
#以下通过指定两个时期的收入来构建一个 Tau 实例
#以便查看美国各州在 1929 年、2009 年的全局交换流动性
tau = giddy. rank. Tau(geo_income["1929"], geo_income["2009"])
tau. concordant, tau. discordant
(856.0, 271.0)
```

从上面可以看出，1929 年、2009 年有 856 对州人均收入具有一致性，271 对州人均收

入不具有一致性。

```
# tau 值及其概率
tau.tau.round(3), tau.tau_p.round(3)
(0.519, 0.0)
```

从上可以看出，τ 统计量为 0.519，其 p 值接近于 0。因此，可以拒绝 1929 年和 2009 年间各州人均收入无关联的原假设。

8.3.2.2 空间 Kendall τ

Kendall τ 是基于两个变量的 n 个观测单元具有一致等级的观测单元对的数量比较。空间 Kendall τ 将这些观测单元对分解为空间相邻的和非空间相邻的，并检查相对于空间随机性下的预期，这两个变量之间的等级相关是否不同。

$$\tau_{\mathrm{w}} = \frac{\iota'(\boldsymbol{W}\circ\boldsymbol{S})\iota}{\iota'\boldsymbol{W}\iota} \tag{8-7}$$

式中，$\boldsymbol{W}$ 为空间权重矩阵；$\boldsymbol{S}$ 为一致性矩阵；ι 为$(n, 1)$的单位向量。零假设是等级交换的空间随机性。

美国经济分析局（BEA）根据各地经济实力划分出了八大经济区：新英格兰地区（New England Region）、中东地区（Mideast Region）、五大湖区（Great Lakes Region）、平原地区（Plains Region）、东南地区（Southeast Region）、西南地区（Southwest Region）、落基山脉区（Rocky Mountain Region）、远西部地区（Far West Region）。

以下代码计算各区之间的空间 Kendall τ。

```
BEA_regions = ["New England Region","Mideast Region","Great Lakes Region",
        "Plains Region","Southeast Region","Southwest Region",
        "Rocky Mountain Region","Far West Region"]
BEA_regions_abbr = ["NENG","MEST","GLAK","PLNS","SEST","SWST",
"RKMT","FWST"]
BEA = pd.DataFrame({'Region code' : np.arange(1,9),
        'BEA region' : BEA_regions,'BEA abbr':BEA_regions_abbr})
BEA.T
#生成各州的区域码
region_code = list(np.repeat(1,6))+list(np.repeat(2,6))\
+list(np.repeat(3,5))+list(np.repeat(4,7))+list(np.repeat(5,12))\
+list(np.repeat(6,4))+list(np.repeat(7,5))+list(np.repeat(8,6))
#各州编码
state_code = ['09','23','25','33','44','50','10','11','24','34','36','42','17','18','26',
'39','55','19','20','27','29','31','38','46','01','05','12','13','21','22','28','37','45','47',
'51','54','04','35','40','48','08','16','30','49','56','02','06','15','32','41','53']
#生成州编码-区域编码对应表
state_region = pd.DataFrame(
  {'Region code':region_code,"State code":state_code})
```

```
#合并生成州编码-区域编码-区域名称表
state_region_all = state_region.merge(
  BEA,left_on='Region code', right_on='Region code')
geo_income = geo_income.merge(
  state_region_all, left_on='STATE_FIPS_x', right_on='State code')
geo_income[:2]
state_region_all[:2]
from libpysal import weights
#按区域生成块权重矩阵
w = weights.block_weights(geo_income["BEA region"])
np.random.seed(12345)
s_tau =SpatialTau(geo_income["1929"], geo_income["2009"], w, 999)
#空间 Kendall τ 的一致性
s_tau.concordant, s_tau.concordant_spatial
#输出为:(856, 103)
#空间 Kendall τ 的不一致性
s_tau.discordant, s_tau.discordant_spatial
#输出为:(271, 41)
```

从上可以看出，856 对具有一致性人均收入的州中，有 103 对属于同一经济区（被视作邻居）；271 对具有不一致性人均收入的州中，有 41 对属于同一经济区。

```
#空间 Kendall τ 及其概率
round(s_tau.tau_spatial,3), round(s_tau.tau_spatial_psim,3)
(0.431, 0.001)
```

从上可以看出，空间 Kendall τ 的估计值为 0.431，其概率为 0.001，远小于概率显著性水平 0.05。因此，我们拒绝交换流动性的空间随机性零假设。$\tau_w = 0.431$，小于全局平均 $\tau = 0.519$，表明空间一致性减少。

8.3.2.3　局部 Kendall τ

局部 Kendall τ 是经典 Kendall τ 的局部分解，对于空间单元 r，其定义形式如下：

$$\tau_r = \frac{c_r - d_r}{n - 1} \tag{8-8}$$

以下代码计算各空间单元的局部 Tau_Local。

```
tau_r =Tau_Local(geo_income["1929"], geo_income["2009"])
pd.DataFrame({"STATE_NAME":geo_income['STATE_NAME']\
        .tolist(),"$\\tau_r$":np.round(tau_r.tau_local,3)}).head()
#输出如下:前 5 个州的 tau_local
Washington 0.617
Montana 0.447
Maine 0.404
North Dakota -0.021
```

South Dakota 0.319

北达科他州的局部一致性测度为负值（-0.0214），表明在1929—2009年间北达科他州（North Dakota）人均收入经济排名与许多州发生了次序交换，而华盛顿（Washington）具有一个较高的值（0.617），表明了华盛顿州人均收入经济排序具有高度稳定性。

Tip

本章小结：主要介绍了空间不平等、空间隔离和空间分布动态性分析的相关内容。空间不平等内容主要包括二八法则、Gini 指数和 Theil 指数三种不平等测度。空间隔离内容主要包括单组/多组、局部三种类型的隔离指数，以及多尺度隔离测度剖面、隔离测度的统计推断。空间分布动态性分析内容主要包括离散 Markov 链（DMC）、空间 Markov 模型和局部空间 Markov 模型。

参考文献

[1] PySAL developers. PySAL Inequality [CP/OL]. 2018-2023 [2024-02-22]. https://pysal.org/inequality/.

[2] PySAL developers. PySAL Segregation [CP/OL]. 2018-2023 [2024-02-22]. https://pysal.org/segregation/.

[3] PySAL developers. PySAL Giddy [CP/OL]. 2018-2024 [2024-02-22]. https://pysal.org/giddy/.

[4] Scipy Teams. Scipy [CP/OL]. 2006-2024 [2024-02-17]. https://scipy.org/.